测试设计思想

周海旭 ◎ 编著

清華大学出版社
北 京

内容简介

“测试设计思想”是本书的主题。针对测试的两个基本目的和五个基本问题，本书归纳了八类测试设计思想，即系统的思想、枚举的思想、准则化的思想、多样化的思想、统计的思想、冗余的思想、推理的思想、控制的思想。围绕每一类思想，本书深入讲解来自不同领域的测试设计方法、实践及理念，借此剖析如何依据该思想缓解测试的基本问题。

“测试设计思想”来源于工程，又超越工程；立足于具体领域，又跨越具体领域。了解这些思想，有助于读者奠定扎实的测试理论基础，适应当代研发生产活动“多学科交叉、多领域融合”的发展趋势。

本书可供软件测试、硬件测试、产品质量检验相关从业者以及测试相关学术领域研究人员参考，也适合作为理工类高等院校通识教育课程的教材或参考书。

图书在版编目(CIP)数据

测试设计思想/周海旭编著. —北京：清华大学出版社，2023.7
ISBN 978-7-302-63878-0

Ⅰ. ①测… Ⅱ. ①周… Ⅲ. ①软件－测试 Ⅳ. ①TP311.5

中国国家版本馆 CIP 数据核字(2023)第 113410 号

责任编辑：袁金敏
封面设计：杨玉兰
责任校对：李建庄
责任印制：丛怀宇

出版发行：清华大学出版社
网　　址：http://www.tup.com.cn，http://www.wqbook.com
地　　址：北京清华大学学研大厦 A 座　　邮　　编：100084
社 总 机：010-83470000　　邮　　购：010-62786544
投稿与读者服务：010-62776969，c-service@tup.tsinghua.edu.cn
质量反馈：010-62772015，zhiliang@tup.tsinghua.edu.cn
课件下载：http://www.tup.com.cn，010-83470236
印 装 者：北京鑫海金澳胶印有限公司
经　　销：全国新华书店
开　　本：148mm×210mm　　印　张：12.75　　字　　数：353 千字
版　　次：2023 年 7 月第 1 版　　印　　次：2023 年 7 月第 1 次印刷
定　　价：79.00 元

产品编号：102120-01

前言

质量发展是兴国之道、强国之策。2023 年 2 月，中共中央、国务院印发的《质量强国建设纲要》中明确指出，建设质量强国是推动高质量发展、促进我国经济由大向强转变的重要举措，是满足人民美好生活需要的重要途径。同时我们也看到，随着人类改造世界的能力日益增长，质量问题的潜在风险也日趋严重。产品缺陷导致的灾难时有发生，不仅给许多人造成了生命财产的损失，也给人类文明的生存发展蒙上了一层阴影。因此，无论是在国家层面，还是在人类社会层面，加强质量基础能力建设、提高产品质量控制水平，都具有非常重大的现实意义。

在产品研发生产过程中，测试是最重要的质量控制手段，而测试设计又是测试中最富创造性、挑战性的智慧活动。无数测试者于此呕心沥血，留下了大量卓越的研究和实践成果。长期以来，这些成果被视为计算机软件、集成电路、产品质量管理等各个专业领域理论技术体系的下属部分，形成了诸如"软件测试设计""电路测试设计""抽样检验设计"等子体系，各个子体系之间鲜见连接与融汇。而实际上，当我们思考测试设计的本质时，会发现不同专业领域的测试活动都有着类似的行为内涵，不同专业领域的测试者也面对着类似的矛盾和问题。为了缓解这些矛盾和问题，各种测试设计方法应运而生。这些方法的具体形式因领域不同而各具特色，但其背后却蕴涵了一些共通的测试设计思想。

多学科交叉、多领域融合已经成为了当代科学技术和工业生产的发展趋势。未来的测试者，势必要面对更加复杂、更加综合的被测对象，单靠某一个专业领域的测试知识，很可能无法较好地完成测试设计任务。

基于此，我们看到了这样一种可能性：测试设计将成为一种跨领域的综合性工作，测试者将成为一种跨领域的通用型人才。进而，我们也看到了从形而上的角度对测试设计进行讲解的必要性。

这正是本书尝试做的事情。“测试设计思想”是本书的主题。这些思想来源于工程，又超越工程；立足于具体领域，又跨越具体领域；依托于方法论，又接近认识论。第 1 章主要明确“测试”的语义设定，并归纳测试的两个基本目的和五个基本问题；第 2～9 章逐一讲解八类测试设计思想，即系统的思想、枚举的思想、准则化的思想、多样化的思想、统计的思想、冗余的思想、推理的思想、控制的思想。围绕每一类思想，会深入讲解来自不同领域的测试设计实践和理念，借此剖析如何依据该思想缓解测试的基本问题。

所有测试设计思想的诞生，都来源于测试者对质量孜孜不倦的追求，对学问精益求精的打磨。更重要的，是守护世界的雄心壮志。借此机会，向那些守护世界的测试者们致敬：Elaine J. Weyuker、Tsong Yueh Chen、Hong Zhu、Phyllis G. Frankl、William E. Howden、Dick Hamlet、Ali Mili、Fairouz Tchier、Ammann Paul、Jeff Offutt、David R. MacIver，以及各章参考文献中提及的所有学者和工程师。向所有奋战在各领域测试一线，奋战在理想与现实之间的测试者们致敬。

本书能够最终得以完成，与作者父母、爱人、孩子的支持密不可分，在此向他们致以深深的谢意。

本书适合作为理工类高等院校通识教育课程、测试专业课程的教材或参考书，也可供各领域测试从业者、研究者参考。

由于作者自身能力的限制，书中内容难免出现错误，由衷期待各位读者的批评指正。

周海旭

2023 年 6 月于北京

目录

第1章 基本概念 …… 1

1.1 测试的语义设定 …… 1
1.2 被测对象的质量与缺陷 …… 2
1.3 测试的两个基本目的 …… 5
1.4 测试的五个基本问题 …… 6
1.4.1 正确性判定问题 …… 7
1.4.2 测试完整性问题 …… 8
1.4.3 测试选择问题 …… 8
1.4.4 测试可信性问题 …… 10
1.4.5 测试准绳问题 …… 10
1.5 测试设计思想 …… 11
1.6 本章小结 …… 13
本章参考文献 …… 14

第2章 系统 …… 15

2.1 被测对象的系统性 …… 16
2.1.1 被测对象与环境的普遍相关性 …… 16
2.1.2 被测对象的边界 …… 17

2.1.3 被测对象的整体涌现性 …… 18
2.2 分层测试 …… 19
2.2.1 硬件分层测试 …… 20
2.2.2 软件分层测试 …… 22
2.3 被测对象期望 …… 23
2.3.1 被测对象期望的相关概念 …… 23
2.3.2 被测对象期望的影响因素 …… 25
2.3.3 被测对象期望的具象化分解 …… 26
2.3.4 被测对象期望树 …… 28
2.4 故障树分析 …… 30
2.4.1 故障树的表示方法 …… 30
2.4.2 故障树的构建过程 …… 33
2.4.3 故障树的割集 …… 35
2.5 本章小结 …… 37
本章参考文献 …… 38

第3章 枚举 …… 39

3.1 组合测试 …… 40
3.1.1 组合测试的概念 …… 40
3.1.2 组合测试的枚举本质 …… 42
3.1.3 贪心法 …… 43
3.1.4 排除法 …… 44
3.2 分割测试 …… 46
3.2.1 测试输入空间的分割 …… 46
3.2.2 基于缺陷的分割测试 …… 51
3.2.3 等比例采样策略 …… 53
3.3 模型检验 …… 56
3.3.1 形式化模型 …… 57
3.3.2 形式化规约 …… 64
3.3.3 标记算法 …… 74

3.4　本章小结 …… 78
本章参考文献 …… 79

第4章　准则化 …… 81

4.1　基于结构覆盖的充分准则 …… 82
4.1.1　控制流覆盖准则 …… 83
4.1.2　数据流覆盖准则 …… 87
4.1.3　修改的条件/决策覆盖准则 …… 89
4.2　基于缺陷的充分准则 …… 95
4.2.1　边界缺陷检出准则 …… 96
4.2.2　布尔逻辑缺陷检出准则 …… 99
4.2.3　电路单固定缺陷检出准则 …… 105
4.2.4　变异充分准则 …… 112
4.3　回归测试充分准则 …… 116
4.3.1　基于变更的回归测试充分准则 …… 116
4.3.2　基于优先级排序的回归测试充分准则 …… 118
4.4　准则的选用与定制 …… 123
4.4.1　目标与成本的考量 …… 123
4.4.2　准则之间的包含关系 …… 126
4.4.3　充分准则基本性质 …… 127
4.4.4　绝对充分度 …… 131
4.5　本章小结 …… 135
本章参考文献 …… 136

第5章　多样化 …… 138

5.1　随机测试 …… 139
5.1.1　基于伪随机数发生器的随机测试 …… 140
5.1.2　随机选取用例的其他方法 …… 142
5.1.3　模糊测试 …… 144
5.2　反随机测试 …… 145

5.2.1 测试输入点之间的距离 …… 145
5.2.2 反随机测试的过程 …… 148
5.3 自适应随机测试 …… 150
5.3.1 自适应随机测试的过程 …… 150
5.3.2 对缺陷检出效率的改善 …… 152
5.4 基于执行档案的测试 …… 153
5.5 基于模型的测试 …… 155
5.6 正交设计 …… 156
5.6.1 试验设计的基本概念 …… 156
5.6.2 正交表 …… 160
5.6.3 在测试中应用正交设计的过程 …… 164
5.7 均匀设计 …… 167
5.7.1 均匀性 …… 167
5.7.2 均匀设计表及均匀设计过程 …… 170
5.8 本章小结 …… 173
本章参考文献 …… 174

第6章 统计 …… 177

6.1 统计抽样测试 …… 178
6.1.1 数理统计基础 …… 178
6.1.2 统计抽样原理 …… 193
6.1.3 操作特性曲线 …… 201
6.2 假设检验 …… 209
6.2.1 抽样分布 …… 210
6.2.2 假设检验原理 …… 217
6.2.3 批不合格品率的假设检验 …… 226
6.2.4 软件功能测试中的假设检验 …… 230
6.3 事件分布列 …… 232
6.3.1 事件分布列的建立过程 …… 234
6.3.2 基于事件分布列的随机测试 …… 245

6.4　基于统计模型的测试 …… 250
6.4.1　马尔可夫链 …… 250
6.4.2　基于马尔可夫链的测试设计 …… 252
6.5　软件随机性失效 …… 253
6.5.1　随机性失效的常见诱因 …… 254
6.5.2　面向随机性失效的测试 …… 256
6.6　统计结构测试 …… 257
6.7　本章小结 …… 259
本章参考文献 …… 260

第7章　冗余 …… 263

7.1　差错控制编码 …… 265
7.1.1　基本原理 …… 265
7.1.2　分组码 …… 267
7.1.3　卷积码 …… 273
7.2　被测对象期望的冗余分解 …… 275
7.2.1　用关系来描述期望 …… 276
7.2.2　冗余分解 …… 278
7.2.3　钝化 …… 282
7.3　基于属性的测试 …… 285
7.4　蜕变测试 …… 287
7.4.1　蜕变关系 …… 287
7.4.2　测试集的测试准绳 …… 290
7.4.3　在线蜕变测试 …… 292
7.4.4　缺陷检出能力 …… 294
7.5　差分测试 …… 298
7.5.1　冗余实现 …… 298
7.5.2　产品演化过程中的差分测试 …… 299
7.6　测试准绳的一般性讨论 …… 305
7.6.1　测试准绳的有效性和完整性 …… 305

7.6.2 测试准绳的相对强度 …… 306
7.6.3 测试准绳与测试充分准则 …… 306
7.6.4 互相制约的关系 …… 308
7.7 模糊冗余信息 …… 309
7.7.1 模糊数学基础 …… 310
7.7.2 测试结论的模糊性 …… 313
7.8 本章小结 …… 314
本章参考文献 …… 317

第8章 推理 …… 320

8.1 被测对象的正确性 …… 321
8.1.1 正确性的概念 …… 321
8.1.2 正确性度量 …… 323
8.2 演绎 …… 325
8.2.1 演绎推理基础 …… 325
8.2.2 正确性演绎推理 …… 329
8.3 归纳 …… 336
8.3.1 归纳推理基础 …… 337
8.3.2 基于模型的正确性归纳推理 …… 338
8.3.3 基于蜕变关系的正确性归纳推理 …… 340
8.4 等价性证明 …… 346
8.4.1 标准形式 …… 347
8.4.2 等价性反例 …… 351
8.5 基于缺陷的测试 …… 354
8.6 测试设计中的假设 …… 357
8.6.1 测试充分准则中的假设 …… 358
8.6.2 测试准绳中的假设 …… 359
8.7 本章小结 …… 361
本章参考文献 …… 363

目 录

第 9 章 控制 …… 365

9.1 自适应测试 …… 366

9.1.1 反馈控制基础 …… 366

9.1.2 自适应测试中的反馈控制 …… 368

9.1.3 测试用例自适应排序 …… 370

9.1.4 符号随机测试 …… 375

9.2 可测性 …… 377

9.2.1 能控性与能观性 …… 378

9.2.2 路径敏化法 …… 382

9.2.3 面向能观性的测试充分准则 …… 384

9.2.4 可测性度量 …… 386

9.3 稳定性 …… 388

9.4 本章小结 …… 390

本章参考文献 …… 391

第1章

基本概念

在正式讲解测试思想之前，首先对一些测试相关的基本概念进行讲解。

1.1 测试的语义设定

人类的很多活动可以被称为“测试”，如软件测试、电路测试、心理测试、课程期末测试、含氧量测试、体能测试等。日常语境下的测试经常与“测量”“测验”“验证”“检验”“检查”“检测”等词混用，语义范畴相当宽泛。

然而，当测试对象限定为人类研发生产的产品时，“测试”的语义则体现出相对明确且一致的特征。例如，当测试的对象是计算机软件时，测试指的是“使用人工或自动的手段来运行或测量软件系统的过程，以检测软件系统是否满足规定的要求，并找出与预期结果之间的差异”；当测试的对象是集成电路时，测试指的是“对被测电路施加已知的测试输入，观察其输出结果，并与已知的正确输出结果进行比较，以判断集成电路的功能、性能、结构好坏的过程”。

可见，以软硬件等产品为对象的测试，其语义范畴内通常包含如下要素：

(1) 理想结果。

(2) 现实结果。

(3) 现实结果与理想结果之间的比较活动。

(4) 现实结果与理想结果之间的差异。

本书关注的正是人类研发生产实践中以软硬件产品为对象的测试。在后面的讲解中,将"测试"一词的语义设定如下:

> **定义:测试**
>
> 本书中的"测试"指的是这样一种活动:针对人类研发生产的产品,获取其在某些事件中的理想结果与相应的现实结果,观察二者的相符程度,求索二者的差异。

简言之,本书中的"测试"指的是"在理想与现实之间观察求索"的一种活动。

在这样的语义设定下,本书中的"测试"涵盖了通常意义下的软硬件测试、验证、检验,不涵盖以测量为目的的分析测试、测定、检测,因为测量不涉及"理想"。

1.2 被测对象的质量与缺陷

通常认为,质量即是产品的一组特性满足使用要求的程度。使用要求就是产品的"理想",包括显性要求和隐性要求两类。

(1) 显性要求是在成文信息中明示的要求,如用户在合同中规定的对产品功能、性能的要求,立法机构或立法机构授权的部门在质量标准中规定的强制性要求,或产品研发生产组织在自身规章制度中规定的要求。

(2) 隐性要求来自相关方的惯例、一般做法,或者是其他使用要求的必要基础。隐性要求是不言而喻的,无须在成文信息中规定。

特性是产品所具有的一些可区分的特征,质量特性则是其中与产品使用要求相关的特性,如功能、性能、寿命、可靠性、安全性、适应性、经济性等方面的定性性质或定量指标。

用来表现质量定量特性的数据称为质量特性值。根据产品使用要求的形式,可将定量特性分为望目特性、望大特性和望小特性三类。

1. 望目特性

望目特性的使用要求一般会给出理想值 M 和双向界限 T_U 和 T_L，理想值 $M=\frac{T_U+T_L}{2}$。例如，某零件加工尺寸的要求是 $\phi20\pm0.05$(mm)，则上界限 $T_U=20.05$mm，下界限 $T_L=19.95$mm，理想值 $M=\frac{20.05+19.95}{2}=20.00$(mm)。望目特性的理想是质量特性值处于双向公差界限的范围之内。

2. 望大特性

望大特性的使用要求一般会给出下界限 T_L。如材料强度、家用电器的使用寿命、软件系统的平均无故障时间、化工品的纯度、煤炭的发热量、一批零件的合格率等指标都属于望大特性。望大特性的理想是质量特性值不小于下界限 T_L。

3. 望小特性

望小特性的使用要求一般会给出上界限 T_U。如机械零部件的粗糙度、化工产品的杂质含量、软件系统的平均响应时间、一批零件的尺寸方差等指标都属于望小特性。望小特性的理想是质量特性值不大于上界限 T_U。

站在测试的角度，可以将被测对象的质量理解为“理想与现实的相符程度”。理想与现实的相符程度高，则质量高；理想与现实的相符程度低，则质量低。当理想与现实完全相符时，也可以称被测对象是“正确”的。

不同的领域、不同的被测对象，对质量的要求千差万别。应用在航空航天、军事、交通运输等领域的产品，与人身安全、国家安全、社会秩序密切相关，必然会采用较高的质量标准；而应用在休闲娱乐、社交购物等领域的产品，在质量方面的要求就可以相对低一些。

如果在某个以被测对象为主体的具体事件中，被测对象的现实结果与理想结果存在不可接受的差异——比如不具备定性指标要求的特性，或者定量指标超出上下界限要求，我们称被测对象存在一个"缺陷"，揭示该缺陷的具体事件被称为"失效事件"。

缺陷产生于产品的设计研发或生产制造环节。人们依据产品使用要求开展设计和制造活动，在过程中难免会犯错，于是缺陷乘虚而入，造成了理想与现实之间的偏差。显然，缺陷是影响被测对象质量的直接原因。检出缺陷并予以修复，就可以有效提升被测对象的质量水平。当然，不同的缺陷对质量的影响程度也不同。影响程度越大，缺陷的严重程度就越高。譬如在软件领域，缺陷的严重程度可以分为五级，如表 1-1 所示。

表 1-1　软件缺陷的严重等级

缺陷严重等级	描　述
紧急	引起服务器死机、程序非法退出、死循环、数据库死锁及其他灾难后果； 缺陷具有扩散性，会波及其他软件或功能； 严重的数值计算错误和数据库数据存储混乱； 用户权限定义错误
非常高	重要的显性功能要求未能实现； 重要的行业常识性的隐性功能未能实现； 较轻的数值计算错误； 打印内容和格式错误； 需求文档、设计文档中的错误； 存在不安全因素，可能导致非法进入软件、非法获得数据、盗用链接等情况发生
高	一般的显性功能未能实现； 一般的行业常识性的隐性功能未能实现； 程序非正常终止，但可通过其他正常流程来避免或代替
中	无法重现或复现率很低的功能错误； 人机交互界面错误

续表

缺陷严重等级	描　述
低	辅助说明描述不清楚； 删除操作未给出提示； 显示格式不规范； 长时间操作未给用户进度提示； 提示窗口文字未采用行业术语； 可输入区域和只读区域没有明显的区分标志

1.3 测试的两个基本目的

从测试的语义设定出发，测试的基本目的有两个："评估质量"和"检出缺陷"。观察理想结果与现实结果的相符程度就是为了"评估质量"，求索理想结果与现实结果的差异就是为了"检出缺陷"。

测试最朴素的动机就是为了判断被测对象是否足够好。针对功能方面的质量特性，测试可以在如下三种不同的层面上开展质量的评估：

(1) 判定理想与现实是否完全相符，即被测对象是否正确。

(2) 若无法或无须判定被测对象是否正确，可退一步评估被测对象正确的概率，即正确度。

(3) 若无法或无须评估正确度，可再退一步，评估被测对象在特定条件下正确的概率——比如考虑被测对象在指定时间内正确的概率，即可靠度。

测试的另一个主要动机是找出被测对象中存在的缺陷，让被测对象有机会变得更好。测试以批判的形式产生建设性。测试者的成就感很大程度来自检出缺陷的数量、严重程度，以及实现缺陷检出的困难程度。甚至有测试者认为，只有检出了缺陷的测试才是有价值的。而实际上，以评估质量为目的的测试，在研发生产活动中同样有举足轻重的意义。测试得到的质量评估结果，往往决定着被测对象的前途命运。

测试的两个基本目的之间,存在着对立统一的关系。

一方面,不同的目的让测试走上了不同的道路。测试的主要手段是让被测对象进入某些具体事件,观察被测对象在这些事件中的质量表现。经验表明,缺陷喜欢隐藏在一些特别事件中,针对这些事件进行测试,相对容易检出缺陷。然而在被测对象实际使用过程中,这些特别事件的发生概率较小,被测对象在这些事件中的表现,并不足以反映用户所感受到的质量水平。为了更准确地评估被测对象的质量,测试应该主要围绕那些在实际使用过程中发生概率较高的典型事件来开展。

另一方面,“评估质量”又与“检出缺陷”相辅相成。以“评估质量”为目的的测试,需要对理想与现实的差异情况进行分析,这一活动往往伴随着缺陷的检出。例如,在判定被测对象是否正确时,往往需要努力找到一个“能揭示缺陷的失效事件”,来说明被测对象是“不正确”的;在评估被测对象的正确度或可靠度时,往往能发现被测对象相对“不正确”或“不可靠”的地方,这些地方正是滋生缺陷的温床。相应地,测试活动“检出缺陷”的过程,实质上是理想与现实差异程度渐近明晰的过程,这就在一定程度上实现了质量的评估。一旦成功地检出了缺陷,自然就得到了“被测对象不正确”的质量评估结论;检出缺陷的数量及严重程度,也可以初步作为被测对象质量高低的评估依据。如果测试者穷尽浑身解数都找不到缺陷,说明被测对象在实际使用中发生问题的概率也很小。

1.4 测试的五个基本问题

在不同的领域中,测试活动展现着千姿百态的风貌。有的测试需要成百上千人的专业团队,在高精尖的大型设备辅助下才能完成;有的测试可能仅仅需要一位还在读本科的实习生,在手机屏幕上动动手指就可完成。对某些被测对象而言,获得其理想结果和现实结果并不需要特别多的专业知识,这让测试从表面上看起来“门槛并不高”。然而，测试的从业者、研究者，或者对测试有一定程度认知的研发生产人员，都会同意这样一个结论：在实际的资源约束下，测试是一项非常困难的工作。我们将测试的困难归结为五个基本问题。如果想较好地实现“评估质量”和“检出缺陷”的目标，测试者至少要在一定程度上缓解这些问题。

1.4.1 正确性判定问题

在各个领域中，针对被测对象功能的测试是最普遍的、占比最多的测试活动。如前所述，当被测对象的现实结果与理想结果完全一致时，称被测对象是“正确”的。显然，只要找到一个缺陷，我们就可以判定被测对象并非正确。通常来说这并不难。但我们要如何确定被测对象确实是正确的呢？这就是“正确性判定问题”。

如果一个被测对象通过了测试，没有暴露出任何缺陷，我们能声明该被测对象是正确的吗？从测试者的角度讲，显然我们很愿意给出这样掷地有声的结论，它有力地表明了测试的价值。更何况，对一些安全攸关、风险敏感的领域和产品来说，正确性判定是真实且迫切的需求。然而遗憾的是，在实际工程中进行正确性判定的难度非常大。

绝大多数情况下，测试是基于具体事件的。也就是说，首先找到与理想有关的所有可能的具体事件，然后从中选择一部分，在特定的环境予以实现，观察这些事件的实际结果与理想结果的异同。这就是测试活动的一般过程。我们称所有可能的具体事件的集合为“测试输入空间”，称其中被选中用于测试的具体事件为“测试用例”。“正确”的含义是被测对象不存在任何缺陷，理想与现实在任何可能的情形下都完全相符。要确认这一点，就意味着测试者必须考察与理想有关的所有事件，任何一个都不能放过。换言之，测试必须覆盖测试输入空间的每一个角落。很多时候，需要无穷多的测试用例，或者说需要投入无穷多的成本，这并非可取之举。正因如此，有测试者认为，测试只能证明缺陷存在，而不能证明缺陷不存在。

尽管如此，判定被测对象的正确性，仍然是测试者在质量评估方向的极致追求。很多研究和实践围绕这一问题展开，并切实地推动了测试理论与技术的发展。

1.4.2 测试完整性问题

有些缺陷就像遁藏在被测对象中的炸弹，一旦它们逃过了测试者的法眼，就会给测试之后的研发生产环节带来危机，甚至在用户手中爆炸，使用户的利益受损。测试者都希望自己完成的测试是"充分"的——即便不能证明被测对象的正确性，也足以证明被测对象达到了预期的质量水平，不会在实际使用过程中暴露出这种用户无法接受的严重缺陷。

然而残酷的事实是，由于测试者很少有机会获得所需的资源，严重缺陷的遗漏经常在所难免。有经验的测试者会逐渐接受这一点。实际上，一次测试活动可能留给测试者的最大遗憾，并不是遗漏了某些严重缺陷，而是这些缺陷发生在完全出乎自己意料的事件中。因为这种"没想到"的缺陷遗漏与资源约束无关，而只与测试者能力的不足、工作的不到位有关。

为了避免这种遗憾，测试者首先面对的问题是：如何全面地掌握与理想有关的所有可能事件，从而完整地建立起被测对象的测试输入空间，这就是"测试完整性问题"。

完整的测试输入空间囊括了被测对象实际使用过程中可能发生的所有事件。测试者根据资源约束，从中选择一部分作为测试用例，在测试活动中进行实际的观察。尽管无法把测试输入空间中的所有事件都选作测试用例，但完整的测试输入空间是实现"充分测试"的基础。只有在一个完整的候选列表之上，才有可能作出最好的选择。即使有缺陷遗漏到了测试之后的环节，至少这些缺陷都是意料之中有可能发生的，风险一般可控。

1.4.3 测试选择问题

"测试选择问题"是指如何在给定的资源约束下，从测试输入空间选择最合适的测试用例。"测试选择问题"与"测试完整性问题"呈现出对偶的关系："测试完整性问题"关注如何扩展测试的范围，而"测试选择问题"关注如何压缩测试的范围。

测试输入空间的规模与被测对象所处环境的复杂性密切相关。客观世界的复杂性决定了被测对象真实使用环境的复杂性。环境的复杂性越高，可能对理想产生影响的因素就越多，每个因素可能的取值就越多，测试输入空间的规模就越大。我们所面对的真实的被测对象，其测试输入空间的规模往往近乎无穷大。

在绝大多数情况下，为了将测试的成本控制在可接受范围之内，我们不能在整个测试输入空间上进行"穷尽"的测试，只能从中选取一部分事件作为测试用例。资源约束决定了用例数量的上限，剩下的关键问题就是如何选择：选择哪些事件，才能更准确地评估被测对象的质量？选择哪些事件，才能更有效地检出缺陷？或者一言蔽之：选择哪些事件，才能实现最充分的测试？

有所"取"，必然有所"舍"。"舍"也就意味着测试目标的实现会受到一定程度的不利影响。但这是在刚性的资源约束条件下必须要做出的妥协。我们所能做的，就是通过尽量合理的测试选择，最大限度地减少这一不利影响。

选出的具体事件构成的集合称为测试用例集，或简称测试集。需要注意的是，测试集是一种有序集合。在实施测试时，通常会按某一顺序，逐一执行测试集中的用例，实现用例对应的具体事件，观察被测对象在事件中的表现。一旦发现某个事件中理想与现实不符，我们就成功地检出了缺陷。在以检出缺陷为目的的测试中，我们不仅希望尽可能多地检出被测对象中隐藏的缺陷，还希望能尽早检出这些缺陷。因为缺陷检出得越早，被测对象的质量就能越快得到改善。然而，测试用例集的规模有可能会很大，每个用例的执行也可能非常耗时。这两种情况都会导致执行测试用例集的过程相当漫长。因此对于缺陷检出效率来说，用例的执行顺序就显得非常重要。从这个角度讲，"测试选择问题"不仅涉及空间上的选择，即如何从测试输入空间选出测试用例；也涉及时间上的选择，即在测试执行序列的每一个时间节点上,如何选出最合适的用例。

1.4.4 测试可信性问题

被测对象的质量,表现为理想与现实的相符程度。以质量评估为目的的测试,一方面需要看清理想,另一方面需要看清现实,这样才能得到准确的质量评估结论。遗憾的是,在有限的资源条件下,无论是理想还是现实,想要看清都非常困难。

(1) 工程实践中,被测对象的理想大多以抽象的方式描述,而测试者需要在具体事件中观察具象的理想。从抽象到具象的转换,就像从连续信号中采集离散信号,很容易导致原始信息的失真。换言之,测试者观察的理想,很可能无法反映原始理想的本来面貌。

(2) 正如在"测试选择问题"中讲解过的,穷尽测试一般不可行,只能通过观察被测对象在部分事件中的表现,来推测其在整个测试输入空间的表现。这样观察到的"现实"显然是不完整、不精确的。

测试者关于被测对象质量水平的评估结论,决定了被测对象的前途命运,也决定了整个研发生产活动的后续状态。这一结论的可信性,攸关测试者的信誉。测试者应该清楚地认识到自己在观察能力上的局限性,避免给出任何武断的评估结论。

既然理想与现实都很难看清,那么我们究竟能够给出怎样的质量评估结论?除了合理的测试选择之外,测试人员还应该采用哪些手段,才能让测试的质量评估结论更可靠、可信?这就是"测试可信性问题"。

1.4.5 测试准绳问题

测试人员需要在具体事件中观察被测对象的理想与现实,也就是要掌握被测对象在具体事件中的预期结果和实际结果,以预期结果作为测试用例是否执行通过的准绳。当测试人员试图在理想的基础上建立测试用例的预期结果时,经常会遇到困难。这种困难往往体现在以下两方面：

(1) 一方面正如 1.4.4 节所述，测试者能够掌握的关于理想的描述信息往往相对抽象，而测试用例的预期结果必须是具象的、可直接观察的。很多时候，被测对象的理想与测试用例预期结果之间的映射关系并不确切。譬如，对一些高度复杂的数值计算程序来说，理想通常被粗略地描述为“给出正确的计算结果”，而测试用例所需要的预期结果，则应该类似于“正确的计算结果是 2.718281828459045”。

(2) 另一方面与资源约束有关。理想在测试用例预期结果中的映像可能涉及很多方面，体现为预期结果中的多个信息项。测试者在进行预期结果与实际结果的对比时，需要针对每一个信息项进行观察。如果这些信息项过于庞杂，或者关于某个信息项的观察过于复杂，那么我们就需要为这个用例的执行付出高昂的代价。在给定的资源约束下，单个用例实施成本过高会导致测试用例的总量进一步受限，测试选择问题会更加突出。

当理想难以直接观察，或者观察的成本过高时，如何为测试用例找到明确、适当的测试准绳？这就是“测试准绳问题”。

1.5 测试设计思想

测试活动可以粗略划分为测试设计和测试执行两个子活动。测试设计指的是“从测试目标出发，制定一种实施测试的方案”。测试执行指的是“根据测试设计的方案，完成测试实施”。虽然具体的质量评估和缺陷检出工作都是在测试执行活动中完成的，但测试设计才是测试的灵魂。如何确认被测对象的正确性？怎样合理设定测试的范围？怎样才能高效地检出缺陷？怎样让测试的质量评估结论更可信？怎样确定测试准绳？这都是测试设计需要回答的问题。

本书为“测试”设定了宽泛的语义，从软件工程师对代码片段进行的测试，到质检人员对零件批次合格率的检验，再到集成电路工程师对电路设计模型的形式化验证，都可归入测试的范畴。在不同的场景下，测试有着不同的目标，譬如发现与用户需求的偏离、检查被测对象是否合规、评估被测对象在压力条件或恶意输入下的健壮性、度量性能或可用性等指标、估计生产环境中的可靠性等。测试活动的实施方式也是多种多样，有些会遵从可控的标准流程，有些则采用更灵活自由的探索式方式。

无论是何种目的、何种形式的测试，"观察"都是其最主要的行为内涵。一个优秀的测试者应该具备观察家的精神气质，沉静、深邃、执着、醉心于细节。

观察总是伴随着风险。获得联合国马丁·路德·金反暴力奖的动物学家珍妮·古道尔，为了观察黑猩猩，与丛林、风雨、野兽、疾病相伴，度过了三十八年的野外生涯。美联社记者安雅·尼德林豪斯把镜头对准阿富汗、伊拉克、波斯尼亚等地无人知晓的受害者，观察他们的濒死挣扎、人性与生活。获得普利策奖的她，最终在阿富汗的采访过程中殉职。

测试者的人生同样充满艰辛。一款新车能够顺利上路，背后是无数测试者在各种极端环境、极限场景下的辛苦工作，很多人要签下生死状。从事道路测试的工程师，每年要完成几十万公里的测试里程，事故概率累积下来，安全风险非常高。要测试天然气输气管道泄漏检测系统，测试者需要在管道上打一个孔，迎着直冲云霄的尖啸声，在天然气的包围中执行测试用例。

为了更好地实现测试目标，测试者不仅可能面对生命危险，还要面对很多令人望而生畏的难题。即便拥有直面艰辛的勇气，是否具备解决这些难题的智慧？很多时候，测试人员难免在理想和现实之间茫然无措，困顿踯躅。测试人员容易意识到应该反对什么，却往往很难回答应当争取什么；当测试人员关注现实时，又经常发现自己眼见的并非真相，甚至会怀疑自己的大脑根本装不下真相。

假如测试人员有解决这些难题的智慧，它们会在测试设计中开花结果。在不同的专业领域中，针对形形色色的被测对象，测试设计的具体方式方法千差万别。然而在缓解测试基本问题的策略层面上，各种测试设计方法又体现出一些共通的思想。笔者将这些思想归纳为八方面，即系统的思想、枚举的思想、准则化的思想、多样化的思想、统计的思想、冗余的思想、推理的思想、控制的思想，如图 1-1 所示。

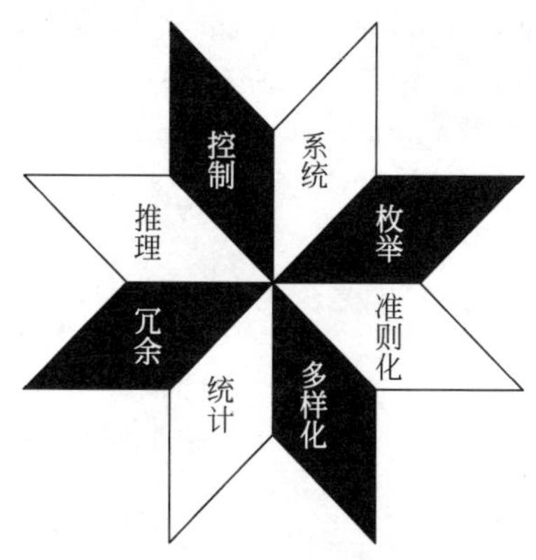

图 1-1　八种测试设计思想

这些思想来源于工程，又超越工程；立足于具体领域，又跨越具体领域；依托于方法论，又接近认识论。对于在理想与现实之间徘徊的测试者来说，测试设计思想是关于理想与现实的对照哲学，是有可能帮助测试者冲破迷雾的一线光明。

1.6　本章小结

本章明确了“测试”的语义设定，给出了关于“质量”“缺陷”“测试输入空间”“测试用例”的定义；讲解了测试的两个基本目的，即“评估质量”与“检出缺陷”之间的对立统一关系；概括了测试的五个基本问题，即正确性判定问题、测试完整性问题、测试选择问题、测试可信性问题和测试准绳问题；最后点明了本书的主题，即测试设计思想。为了缓解五个测试基本问题，实现两个测试基本目的，各领域的测试者积累了大量的测试设计研究和实践成果。这些成果的价值内核，是其背后隐藏的一组共通的测试设计思想。在后续的章节中会对这些思想逐一进行讲解。

本章参考文献

[1] Bertolino A. Software testing research：Achievements，challenges，dreams [C]//Future of Software Engineering（FOSE'07）. IEEE，2007：85-103.

[2] E. Dijkstra. Notes on structured programming[J]. Technical Report 70-WSK03，Technological Univ. Eindhoven，1970.

第2章

系　　统

系统是由相互联系的多个部分组成的具有一定功能的整体，凡系统都具备如下基本特征：

(1) 多元性。构成系统的最小组分或基本单元，即不可再细分或无须再细分的组成部分，称为系统的元素。系统通常由多个元素组成，这些元素之间又互有差异。系统本质上是多元的统一，差异的统一。

(2) 相关性。同一系统的不同元素之间、系统与其环境之间总是按一定方式相互依存、相互作用、相互制约。这种联系和作用一般具有某种确定性(至少是统计意义上的确定性)，这样用户才有可能加以识别。

(3) 层次性。系统作为一个相互作用的诸元素的总体，通常可以分解为一系列的子系统，子系统还可以进一步分解为粒度更小的子系统。各个子系统之间存在从属关系或相互作用关系，表现出一定的层次结构。举例来说，交通运输系统的整体层次结构如图 2-1 所示。

整个交通运输系统可以分解为航空运输系统、地面运输系统、海上运输系统三个子系统，这些子系统还可以继续分解，譬如航空运输系统可以细分为票务系统、机场系统、飞机系统、空中交通控制系统、燃油分配系统等子系统。

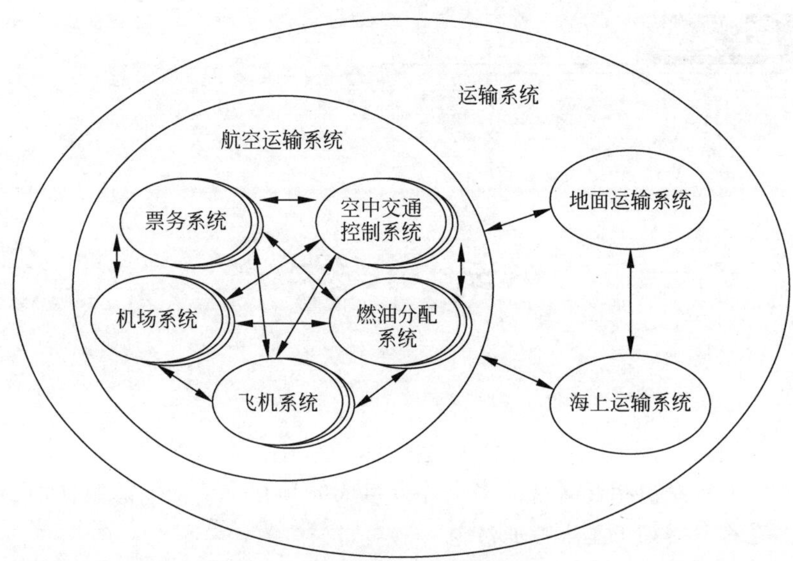

图 2-1　交通运输系统的整体层次结构

（4）整体性。系统是其所有元素构成的复合体，具有整体的形态、整体的行为、整体的功能、整体的空间占有、整体的时间展开等特征。

系统思想就是从系统基本特征出发来认识客观事物、解决实际问题的思想，强调多元思维、关联思维、分层思维、整体思维。在测试设计中，系统思想具有基础性的指导作用。

2.1　被测对象的系统性

任何被测对象都可被视为一个系统。用系统的思想来认识和分析被测对象，有助于测试人员更全面地把握被测对象的理想和现实，缓解"测试完整性问题"。

2.1.1　被测对象与环境的普遍相关性

对环境的关注是系统思想中一个极为重要的方面。每个具体的系统，都是从普遍联系的万事万物中相对地划分出来的，与外部事物有千丝万缕的联系，这些外部事物就是系统所处的环境：一架正在飞行的航空器，周围的空气、阳光、雨水、树木、山川、河流、海洋、其他飞行物等事物，构成了它的环境；一个正在运行的软件系统，其所部署的硬件服务器、虚拟资源池、操作系统、网络、外部数据、外部系统、用户等事物，构成了它的环境。

被测对象的理想与现实，都与其所处环境息息相关。在测试设计时，应该首先列出与目标质量特性有关的环境因素完整列表。然而经验表明，要做到这一点非常困难。测试人员难以指望从被测对象的“理想”中获取这一信息，因为“理想”对环境因素的描述往往比较含糊。如果通过分析的方式来明确哪些环境因素对被测对象有影响，影响的程度如何，则需要对被测对象的工作机理有细致入微的理解。事实上，很多缺陷的遗漏都与测试中对环境因素考虑不周有关。

尽管如此，测试人员仍然有必要充分认识被测对象与环境的普遍相关性，并对这一复杂的相关性心存敬畏，避免想当然地忽视某些环境因素。秉持这样的观念，才有可能缓解“测试完整性问题”。

2.1.2 被测对象的边界

对环境的普遍相关性的认识，会让测试人员在分析过程中保持审慎的态度，也会让测试人员列出一份很长的环境因素列表。然而测试资源的约束，要求测试人员必须对这份列表进行精简，以控制测试输入空间的规模。也就是说，在测试设计中，被测对象的环境范围不能无限扩大，需要为其设定一个合理的边界。通常称环境的边界为被测对象的“外部边界”。

如何确定被测对象的外部边界，取决于测试人员所关心的目标质量特性。当测试资源严格受限时，只有与目标质量特性最为相关的环境因素，才应该被纳入被测对象的外部边界中。假设被测对象是一部手机，如果测试人员所关心的特性是“当用户在寝室中距电话较远的位置时，仍然可以听到电话铃声”，那么外部边界可以设定为寝室的范围，环境因素可能包括寝室的面积、格局、家具陈设等；如果测试人员所关心的特性是“在市区内手机信号应该保持稳定”，那么外部边界就需要扩展到整个城市范围，环境因素可能包括建筑物、天气、电磁干扰等。

另一个对测试设计很重要的问题是明确被测对象元素的最小颗粒度，即“内部边界”。内部边界决定了如何认识被测对象的工作机制。内部边界的设定同样取决于测试人员所关心的目标质量特性。对于一部手机来说，可能只需要将系统分解为屏幕、摄像头、扬声器等模块，也可能需要进一步分解为螺丝钉、导线、电容等元器件。

在测试设计过程中，随着信息和资源的变化，对边界的定义可能会发生调整。比如当资源减少时，可能需要缩小外部边界，或者放大内部边界。

2.1.3 被测对象的整体涌现性

系统思想主张考察对象的整体性，从整体上认识和处理问题。

存在两类整体性，一类是加和式的，一类是非加和式的。所谓加和式整体性，指那些把元素的属性简单累积起来就能够得到的整体性，如一个单位发放的工资总额等于各个员工工资的加和。系统的特征不仅与这种加和式整体性有关，也与非加和式整体性有关。

唐代大文豪韩愈有诗云：“天街小雨润如酥，草色遥看近却无。”初春田野的片片嫩绿是一种整体态势，从草地之外一定距离“遥看”，即整体地把握观察对象，草色便呈现在眼前；走在草地上一片一片地“近看”，意味着把整体分割为元素去考察，草色便不可见。这两句诗形象地刻画了非加和式整体性的含义。

非加和式整体性既包括定性方面，也包括定量方面。它们在元素层次上是无法理解的，甚至不可能被发现。单个分子无温度和压强可言，一旦聚集起来形成热力学系统，便涌现出温度和压强等整体特征量，用它们可以描述系统的整体性质和运行演变过程；H 原子和 O 原子化合为 H_2O 分子，再聚集为水，就具有不可压缩性和溶解性等全新特性，而单独的 H 原子、O 原子以及 H_2O 分子并没有这些特性；无生命的原子和分子组织成细胞，就具有生命这种神奇性质，还原到分子或原子便不复存在；一堆自行车零件对行人没有用处，组装起来则具有交通工具的功能；民航旅客服务系统中的每个组件都无法独立向用户提供服务，但是把它们恰当地编排在一起后，却可以完成极其复杂的机票销售业务。无论是天然事物，还是人类研发生产实践中的被测对象，整体特性和其元素特性之间的这种差别，是客观世界普遍存在的现象。

系统科学的一个基本结论是：若干元素按照某种方式相互联系而形成系统，就会产生这些元素及元素总和所没有的新性质，这种非加和的新性质只能在系统整体中表现出来，一旦把整体还原为它的组成部分，新性质便不复存在。我们称这种新性质为系统的整体涌现性。整体涌现性的本质是非线性关系的普遍存在性。

对以系统形式存在的被测对象而言，整体涌现性有正反两方面：不仅体现在与理想相符的特性上，也体现在与理想不符的缺陷上。很多时候，正是由于测试者对整体涌现性认识不足，以加和式整体性的方式去理解被测对象的整体涌现性，才导致了缺陷的遗漏。

一种常见的误解是，只要对被测对象的所有元素进行了充分的测试，被测对象整体就不会有问题。譬如在软件领域，很多系统采用微服务架构，整个系统由一众小规模、特性单一的微服务组成。很多测试者在测试这类系统时，倾向于将绝大部分资源投入到面向单个微服务的接口测试中，缺少对系统整体行为的关注。实际上，软件中的某些缺陷并不会影响函数和接口的功能，却会对端到端的质量特性造成危害。这些缺陷通常无法在针对微服务接口的测试中检出，只有针对系统整体的测试才能追踪到它们的蛛丝马迹。

2.2　分层测试

解决复杂问题的一个基本方法，是把大问题分解为更容易解决的小问题。在明确被测对象的内部边界后，测试人员就有条件将复杂的测试工作分解到元素层面。必要时，内部边界也可以动态调整，将元素进一步划分为更细粒度的元素，相应的测试也可以进一步分解。这种将测试逐层分解的做法被称为分层测试，本质上体现的是系统思想中对系统多元性和层次性的关注。

前面已经讲解过，被测对象存在整体涌现性，正确的元素组成的系统不一定正确。但是从被测对象质量评估的角度来说，系统和元素的质量呈现出并不严格的正相关关系：元素的质量高，则系统的质量大概率较高；元素的质量低，则系统的质量大概率较低。这种现象的本质是，人类对于线性关系的把握要远远强于非线性关系，因此在研发生产实践中，更倾向于以线性方式构建产品。分层测试正是源于对这种现象的洞察。如果直接针对整体系统进行测试设计，需要考虑的缺陷种类有可能相当繁杂，测试选择的难度会很大；而如果首先针对元素进行测试设计，由于元素中可能存在的缺陷形式相对单一，测试选择就容易得多。在元素级测试完成后，很多缺陷已经被排除，系统级测试的测试选择问题也将得到有效缓解。

下面来看看分层测试在一些领域中的实践。

2.2.1 硬件分层测试

复杂的硬件系统通常采用层次化设计，也就是将系统要实现的复杂功能逐层分解为一系列相对简单的功能单元。图 2-2 展示了一个采用层次化设计的硬件系统。

这个系统包含多个处理器电路板，采用背板连接在一起，背板上包含总线适配器和系统存储器。每个电路板上有多个处理器芯片，每个芯片上有多个处理单元。对这种系统的测试，可以复用与层次化设计相同的层次划分，按单元级、芯片级、板级、系统级的顺序逐层开展。

(1) 单元级测试：单元级测试以处理单元为被测对象，如直接存储器访问单元(DMA)、算术逻辑单元(ALU)、浮点单元(FPU)和缓

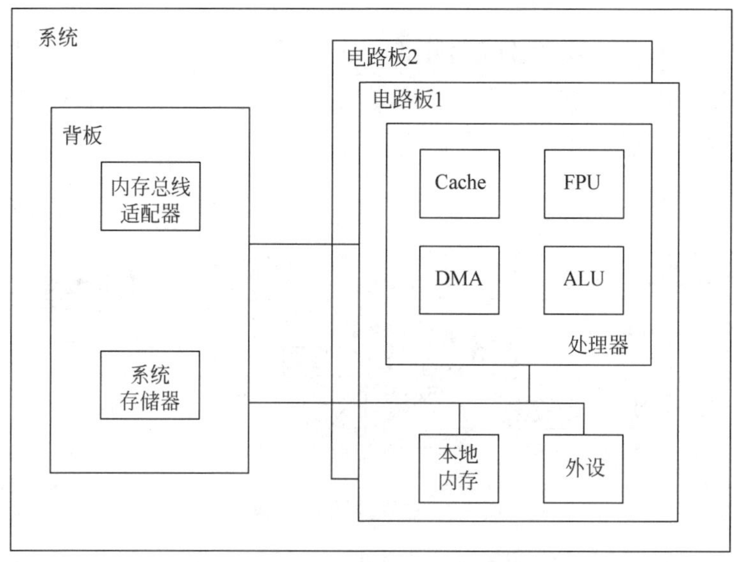

图 2-2 采用层次化设计的硬件系统

存单元(Cache)等,它们实现了系统的基本功能。单元级测试的目的就是全面验证这些处理单元的功能。

(2) 芯片级测试:芯片是由多个处理单元组成的。芯片级测试的目的是确保这些处理单元正确连接,并符合所有的单元接口协议。另外,可能有一些功能在单元级无法测试,需要在芯片级进行验证。一个例子就是芯片的复位,测试者需要在芯片级测试中模拟整个芯片的重启过程。

(3) 板级测试:电路板是芯片的集合。板级测试的目的是确认芯片正确集成在一起。在开展板级测试时,一般会假定板上芯片或单元的功能已经得到了充分的测试。

(4) 系统级测试:系统级测试的对象是多块电路板集成起来的整体系统,关注的是系统整体的功能。在单元级测试、芯片级测试、板级测试已经完成的情况下,系统级测试的复杂度将大大降低。

2.2.2 软件分层测试

在软件领域,测试者从工程实践中总结出了一些测试过程模型,比如图 2-3 所示的 W 模型。

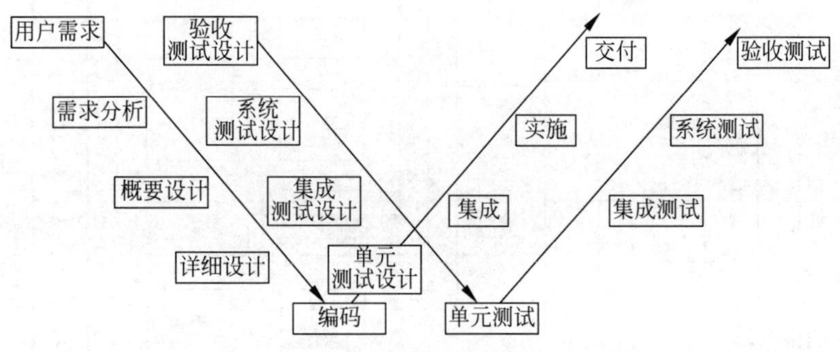

图 2-3 软件领域的 W 模型

在基于 W 模型的软件研发过程中,测试活动自始至终贯穿整个研发周期,以分层测试的方式开展。

(1) 单元测试:单元是测试关注的软件系统的最小粒度元素,通常表现为程序中的函数或方法。单元实现了软件所有的基本运算功能。单元测试的目的是验证单元的特性是否符合预期,理想的依据来自详细设计。

(2) 集成测试:检查多个单元是否按照预期的方式协同工作,理想的依据来自概要设计。集成测试的主要关注点是单元之间是否正确连接,以及各个单元之间的数据能否正常通信等。实施集成测试时一般假定单元测试已通过。

(3) 系统测试:验证整个系统的特性是否符合预期,理想的依据来自系统需求,或称系统规约。在单元测试和集成测试已经完成的情况下,系统测试的测试选择将得到很大程度的简化。

(4) 验收测试:验收测试是系统测试的延伸,通常由用户或第三方机构来实施,理想的依据来自合同、法律、法规、标准及用户的直观感受。

2.3 被测对象期望

"理想"是测试设计的基础。测试者首先要知道被测对象应该是什么样,才可能去验证被测对象是否确实如此。通常情况下,在测试活动启动以前,测试者可以从用户、设计者、开发者手中拿到关于"理想"的一部分信息。但这些信息往往以抽象的方式描述预期的质量特性,与具体现实事件的距离非常遥远,无法直接通过测试来验证。

从系统的观点看,被测对象的质量特性与环境因素密切相关。如果将环境因素视为与被测对象的预期质量特性有关的输入,那么所有环境因素的所有可能状态的有效组合,就张成了被测对象的测试输入空间。每个环境因素都代表着测试输入空间的一个维度。该空间的任意一点,代表被测对象可能进入的一个具体事件。被测对象的质量水平,取决于其在整个测试输入空间的表现。如果测试输入空间中只有一个点,那么"理想"与"现实"就都可以完全反映在这个点上,测试人员只需要将这个点作为测试用例,就可以得到准确的质量评估结论。如果测试输入空间的规模很大,那么测试人员就必须从中作出选择。显然,测试输入空间的维数越低,"理想"与"现实"的距离就越近,测试选择的难度就越小。

通过将某个环境因素固定为具体的状态,可以对测试输入空间进行降维。换个角度讲,测试人员可以沿着某个环境因素的维度,对测试输入空间进行分割。在分割后的子空间中,"理想"被具象化了,更容易与"现实"进行对照。"被测对象期望树"就是这样一种试图拉近理想与现实距离的测试设计方法,其目标是缓解测试选择问题。

2.3.1 被测对象期望的相关概念

在不同的领域中,人们以不同的名字来称呼"理想",比如软件领域习惯称"需求"或"规约",硬件领域习惯称"规范"等。本质上,"理想"是一种面向客观事物的主观期望。为了简化描述,后续的讲解中统一使用"被测对象期望"一词来指代测试设计所关注的"理想",也就是干系方所期望的质量特性目标。

> **定义：被测对象期望**
>
> 被测对象期望是干系方对于被测对象质量特性的预期。

如果被测对象的实际质量表现与期望一致，相关方会从中获益。获益越多，说明这个被测对象期望对相关方越重要。可以用“价值量”的概念来描述被测对象期望的重要程度。

> **定义：被测对象期望的价值量**
>
> 被测对象期望的价值量，指的是该期望所描述的质量特性目标可以给干系方带来的价值大小。

所谓“价值”，本质上是被测对象对外部环境的影响或作用。如果被测对象按期望的方式为环境中的干系方或其他系统提供了服务，则体现出了被测对象的正价值；如果被测对象的特性与期望背离，对环境中的干系方或其他系统造成了风险和损失，体现出的就是被测对象的负价值。价值量应该综合考虑正负价值两方面。影响价值量的因素包括相关特性在实际使用过程中发生作用的频率、节省或消耗的资源、创造或流失的财富、用户对相关特性关键程度的主观评价等。

价值量并不具有绝对数量上的意义，我们无法单独衡量出某个被测对象期望的价值量。价值量只用于比较同一个被测对象的不同期望之间的相对重要程度。

> **定义：被测对象期望的实现价值量**
>
> 被测对象期望的实现价值量，指的是通过测试观察到的、与期望相关的质量特性实际给干系方带来的价值大小。

用 E 表示被测对象期望。用 $v(E)$表示 E 的价值量。用 R_E 表示 E 所对应的“现实”，也就是 E 所关注的质量特性的实际水平。用 $v(R_E)$表示 E 的实现价值量。实现价值量同样只具有相对意义。测试人员通常可以比较两个期望的实现价值量的相对大小，或者一个期望本身的价值量与其实现价值量的相对大小。显然,期望的实现价值量不会超过其本身的价值量——所谓“意外之喜”必然与额外的期望有关。此外还需要强调的是,$v(R_E)$是通过测试给出的实际价值评估结果,并不等同于真正的实际价值。假若测试中遗漏了某些缺陷,显然对 $v(R_E)$的评估结果就会偏高。

定义:实现水平

被测对象期望的实现水平,指的是期望的实现价值量与价值量的比值。用 $r(E)$表示期望 E 的实现水平,则 $r(E)=\dfrac{v(R_E)}{v(E)}$。

因为 $v(R_E)\leqslant v(E)$,所以 $r(E)$不大于1。实现水平刻画了被测对象的实际质量特性与相应期望的符合程度,可用于描述由测试得到的、针对该期望的质量评估结果。如果被测对象有多个期望需要进行测试,记为 $E_1,E_2,\cdots,E_n$,那么由测试得到的、针对这一组期望的质量评估结果为 $r(E_1,E_2,\cdots,E_n)=\dfrac{v(R_{E_1})+v(R_{E_2})+\cdots+v(R_{E_n})}{v(E_1)+v(E_2)+\cdots+v(E_n)}$。容易看出,价值量越大的期望,对质量评估结果的影响也越大,在测试中应该受到更多的重视。

在1.1节将测试的语义设定为“在理想与现实之间观察求索”。以质量评估为目的的测试,更注重的是在理想与现实之间的观察。基于本节定义的几个概念,下面给出对这一类测试活动的形式化描述。

仍然用 E 表示被测对象期望,用 R_E 表示与 E 相关的“现实”,用 $r(E)$表示期望 E 的实现水平,用 $o()$表示观察行为,则针对 E 的测试活动可以被描述为一个三元组$\{o(E),o(R_E),r(E)\}$,其中 $o(E)$表示对“理想”的观察活动,$o(R_E)$表示对“现实”的观察活动,$r(E)$则是观察的结果。对于以质量评估为目的的测试,$o(E)$和 $o(R_E)$是测试活动的行为内涵,$r(E)$是测试活动的价值内涵。

2.3.2 被测对象期望的影响因素

2.2.2节讲解过,在被测对象所处的环境中,很多因素会影响期望的实现。通常需要根据资源的限制设定被测对象的外部边界,选择与被测对象期望最相关的影响因素，构建测试输入空间。

影响因素可能存在的各种状态，称为该影响因素的水平。有的影响因素可以取具体值作为水平，例如数值计算程序的输入数据、电动汽车的充电电流强度等；有的影响因素只能按相对程度或大致类别设置水平，如软、硬、大、小、轮胎花纹的不同种类、数控机床的不同工作模式等。在测试设计中，可以认为影响因素的水平是被测对象的测试输入变量。给所有测试输入变量设定一个具体水平，就得到了测试输入空间中的一个具体事件。因此，也将具体事件称为一个"测试输入点"，称能揭示缺陷的测试输入点为"失效测试输入点"。测试输入空间就是所有测试输入点的集合。

测试设计最基本的任务，就是找到合适的测试输入点作为测试用例。对某个影响因素来说，就是找到其合适的水平作为测试输入值。测试者通常不会错过那些典型的、常见的水平，却容易忽略那些特殊的、罕见的水平。

2.3.3 被测对象期望的具象化分解

针对同一个被测对象，被测对象期望可以在不同的抽象层面上进行定义。"理想"的源头往往是用户愿景或设计愿景，一般来说，这是抽象程度相当高的被测对象期望，难以直接进行观察。所以要对其进行具象化，将其分解为一系列更贴近具体事件的期望，通过观察这些期望间接验证愿景是否得到了实现。

设被测对象期望为 E，针对 E 的具象化分解用 $E \to \{E_1, E_2, \cdots, E_n\}$表示。称 E 是 $E_1, E_2, \cdots, E_n$ 的父期望，$E_1, E_2, \cdots, E_n$ 是 E 的子期望。$E \to \{E_1, E_2, \cdots, E_n\}$的具体做法是，对父期望 E 的某个特定影响因素设置一组具体的水平，同时保持其他影响因素的抽象描述，由此得到 E 的一组子期望 $E_1, E_2, \cdots, E_n$，每个子期望对应着特定影响因素的一个具体水平。相对父期望来说，子期望的测试输入空间维数更小，更容易进行观察，或者说测试选择的难度更小。

关于被测对象期望的具象化分解，有三点值得特别说明：

(1) 具象化分解之后，对 E 的观察将转化为对 $E_1, E_2, \cdots, E_n$ 的

观察，E 的实现价值量将由 $E_1, E_2, \cdots, E_n$ 的实现价值量来确定，即 $v(R_E) = \sum_{i=1}^{n} v(R_{E_i})$。

(2) 父期望和子期望之间的另一个主要关系是：父期望的价值量不小于子期望的价值量之和，即 $v(E) \geqslant \sum_{i=1}^{n} v(E_i)$。特别地，当父期望的价值量等于子期望的价值量之和时，认为具象化分解是完备的。

(3) 具象化分解并不追求完备，因为具象化分解是为测试设计服务的，将父期望分解为子期望的意义在于逐步缓解测试选择问题，所有子期望都应该是后续测试设计的关注点。如果可以确定某个子期望无法测试或无须测试，那么就应该将其从子期望集合中删除。在工程实践中，这是很常见的情况：通过具象化分解，很容易发现被测对象已实现的特性不足以支撑其愿景，这可能是设计上的缺陷造成的，也可能是出于产品版本规划方面的考量；另一种情形是，测试某个子期望的成本过高，以致无法实施。

举例说明。某汽车的一项产品愿景为“可提供全面的驾驶安全性保障”，用 E 表示。对测试者而言，被测对象就是该汽车，测试的质量评估目标是确认 E 是否达成。由于 E 是一个抽象程度很高的期望，考虑对其进行具象化分解。通过对被测对象使用环境的分析，发现路况是影响 E 的一个重要因素。假设存在三种可能的路况：“铺装道路”“越野道路”和“湿滑道路”。根据路况的具体类型，可以建立三个新的期望：

E_1：在铺装道路上行驶时可提供驾驶安全性保障。

E_2：在越野道路上行驶时可提供驾驶安全性保障。

E_3：在湿滑道路上行驶时可提供驾驶安全性保障。

显然，如果 E_1、E_2、E_3 都达成了，E 就达成了，即 $v(E) = v(E_1) + v(E_2) + v(E_3)$。因此，如果按 $E \rightarrow \{E_1, E_2, E_3\}$ 进行具象化分解，则父期望的价值可以完整传递给子期望，这时的具象化分解 $E \rightarrow \{E_1, E_2, E_3\}$ 就是完备的。然而由于测试资源的限制，可能没有条件针对越野道路进行测试，可行的具象化分解只能是 $E \rightarrow \{E_1, E_3\}$，这样的具象化分解就是不完备的。

具象化分解帮助测试人员在理想和可观测的现实之间建立联系。具象化分解是否完备，或者在多大程度上完备，将决定这一联系的完整性，并最终体现在测试的质量评估结论中。

定义：具象化分解的完备度

一个具象化分解的完备度，指的是父期望的价值量通过该具象化分解传递给其子期望的比例，是衡量具象化分解完备程度的指标。用$\sigma(E\rightarrow\{E_1,E_2,\cdots,E_n\})$表示具象化分解$E\rightarrow\{E_1,E_2,\cdots,E_n\}$的完备度，则：$\sigma(E\rightarrow\{E_1,E_2,\cdots,E_n\})=\frac{\sum_{i=1}^{n}v(E_i)}{v(E)}$。

如果具象化分解$E\rightarrow\{E_1,E_2,\cdots,E_n\}$是完备的，则其完备度$\sigma(E\rightarrow\{E_1,E_2,\cdots,E_n\})=1$。否则$0<\sigma(E\rightarrow\{E_1,E_2,\cdots,E_n\})<1$，进而可以得到父期望的实现水平与子期望的关系，即

$$r(E)=\frac{v(R_E)}{v(E)}=\frac{\sigma(E\rightarrow\{E_1,E_2,\cdots,E_n\})\cdot\sum_{i=1}^{n}v(R_{E_i})}{\sum_{i=1}^{n}v(E_i)}$$

这说明，通过具象化分解，将一个抽象程度较高的父期望转化为一系列更接近具体事件的子期望时，测试人员可以通过对子期望价值量和实现价值量的评估，间接获得父期望的实现水平。相对于父期望来说，由于子期望更易于观察，对其实现价值量的评估也就更为容易。

对测试活动$\{o(E),o(R_E),r(E)\}$来说，具象化分解$E\rightarrow\{E_1,E_2,\cdots,E_n\}$是实施$o(E)$的一种方法，也为$o(R_E)$建立了可行性基础。另外，具象化分解的完备度$\sigma(E\rightarrow\{E_1,E_2,\cdots,E_n\})$也是评估$r(E)$的变量。

2.3.4 被测对象期望树

从目标的被测对象期望出发，通过具象化分解可以形成一组具有树状结构的期望集合，称为被测对象期望树。以图形表示的示例

如图 2-4 所示。

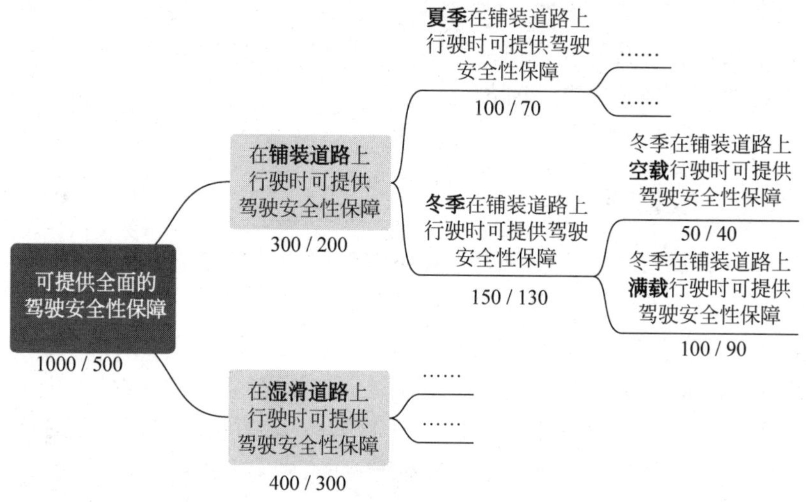

图 2-4 被测对象期望树

被测对象期望树的形式特征包括以下三点：

(1) 树中的节点代表被测对象期望，边代表被测对象期望之间的父子关系。节点下方标注了该期望的价值量及实现价值量的估值，如 1000/500 的含义是：测试者在建立期望树时，对该期望价值量的估计为 1000；在测试执行完成后，对该期望的实现价值量估值为 500。

(2) 期望树中有且仅有一个入度为 0 的节点，称为“根期望”。这是整棵树中抽象程度最高的期望，也是测试人员试图观察的理想起点。最终，测试人员需要针对根期望给出质量评估结论。

(3) 期望树中至少存在一个出度为 0 的节点，称为“叶期望”。在建立期望树的过程中，当测试人员认为某个期望已经足够接近具体事件时，就无须对其做进一步的具象化分解。针对叶期望，可以继续采用其他合适的方法来完成测试设计。

从测试设计的初始目标，即根期望开始，通过逐层的具象化分解，得到一组更容易观察的叶期望，这就是被测对象期望树的生长过程。在这个过程中,我们慢慢揭开理想的面纱,在理想与现实之间连接起逻辑的桥梁。同时,通过对父子期望之间价值传递的密切关注,以一种步步为营的方式细致考察了与期望相关的影响因素,一定程度上缓解了测试完整性问题。

2.4 故障树分析

当被测对象期望表现为某种系统级故障的发生概率上限时,测试者经常面对的一个问题是:系统级故障的概念过于宏观,涉及范围太广,难以在测试中进行有针对性的验证。例如,对于期望"民航客机刹车系统出现故障的概率不超过0.001%"来说,测试起来就比较棘手,因为"刹车系统故障"是一个概括的描述,包含很多可能的具体故障事件,例如,刹车系统液压组件故障、刹车系统控制组件故障、供电故障等。测试者需要一种与被测对象期望树类似的方法,分析与系统级故障相关的影响因素,将抽象的系统级故障逐级分解为更具体的故障,以此拉近理想与现实的距离。

对医疗设备、核电站这样的安全关键系统来说,风险分析是质量评估过程中非常重要的一项活动。故障树分析是一种很有效的风险分析技术,广泛应用于多种工业领域,并且与测试设计有着密切的关系。这种技术同样秉持系统的思想,将被测对象视为系统,将被测对象的组件视为系统的元素。针对特定的系统级故障,故障树分析的主要手段是自顶向下进行因果逻辑演绎,逐层找出可能导致系统级故障的所有组件级故障,由此将对系统的质量评估转换为对元素的质量评估。

2.4.1 故障树的表示方法

以某计算机系统为例来说明故障树的图形化表示方法。该系统由总线、电源、中央处理器、内存等组件构成。假设测试人员关注的期望是"系统失败发生的概率不超过0.1%"。"系统失败"是一个非常宽泛的系统级故障,而测试人员在测试中能够模拟的都是一些具体组件的故障。这时,测试人员可以通过故障树,将"系统失败"与具体的组件故障联系起来,如图 2-5 所示。

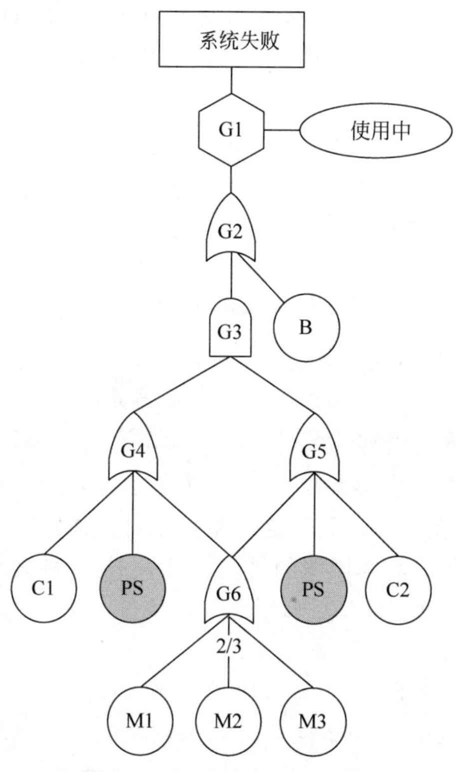

图 2-5 某计算机系统的故障树

故障树是由"事件"和"门"两类节点构成的有向无环图。事件一般指组件级故障或系统级故障,可分为以下两类:

(1) 基本事件。自发的、无须进一步分析的故障,用圆圈表示。本例中,B 代表非冗余总线组件故障,C1/C2 代表冗余中央处理器组件故障,M1/M2/M3 代表冗余内存组件故障,PS 代表非冗余电源组件故障。为了便于在图中布置位置,PS 是两个暗色背景的圆圈,以标识它们代表的是同一个故障。

(2) 中间事件。由一个或多个其他故障引发的故障,用矩形表示。在不致歧义的情况下，中间事件可忽略。位于故障树顶端的系统级故障是一种特殊的中间事件，也是故障树所分析的最终目标。

“门”描述了故障在系统中的传播方式，或者说组件级故障如何引发系统级故障。每个门有一个输出，有一个或多个输入。故障树中的常用门如图 2-6 所示。

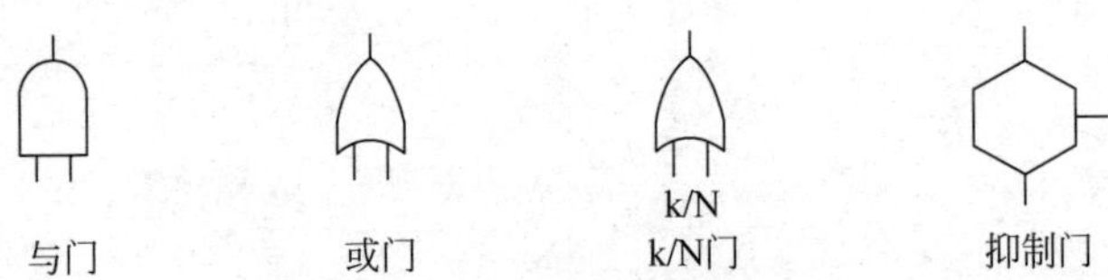

图 2-6　故障树中的常用门

（1）与门：只有当所有输入事件都发生时，输出事件才发生。如示例中的 G3，其含义是当两个冗余计算单元都失效时，计算子系统才会失效。实现高可靠性的一个常见做法是冗余设计，比如同时采用两个独立开发的冗余单元，每个冗余单元在紧急情况下都可以独立工作，保证系统正常运转。这时整体系统的失败率是单个冗余单元失败率的乘积。需要说明的是，这实际上是一种理想化的分析方式。实际研究表明，即使两个冗余单元是独立开发、独立运行的，其失效仍然具有关联性。

（2）或门：只要有一个输入事件发生，输出事件就发生。如示例中的 G2，其含义是总线组件或计算子系统的故障都将导致系统失败；G4、G5 则表示任何一个中央处理器组件故障、电源组件故障或内存子系统故障，都将导致计算单元的故障。

（3）k/N 门：也被称为投票门，有 N 个输入，当不少于 k 个输入事件发生时，输出事件发生。这个逻辑也可以通过一个或门连接多个 k 输入的与门实现，但显然 k/N 门更为简洁。示例中 G6 是个 2/3 门，其含义是当有两个或以上内存组件故障时，将导致内存子系统的故障。

（4）抑制门：输入事件发生，同时右侧标注的条件也满足时，输出事件发生。通常用于描述系统行为的解释信息。实例中 G1 是抑制门，其含义是只有当系统处于“使用中”状态时，才考虑其故障和可靠性。

2.4.2　故障树的构建过程

构建故障树的过程，就是对系统级故障按“系统→子系统→组件”的顺序，自上而下逐层分解的过程。每一层中的故障，都是上一层故障的原因，以及下一层故障的结果。随着故障树的生长，因果的链条也逐渐清晰。

系统级故障是质量评估的目标，在故障树中体现为顶端事件。针对某一个系统级故障，测试人员需要全面分析与之相关的影响因素，找到导致该故障发生的直接原因。当这些直接原因符合某种逻辑条件时，系统级故障必然发生。这些直接原因一般体现为某些子系统的故障，成为故障树的第二级。测试人员以这种分析“直接原因”的方式逐层对系统级故障进行分解，直到基本的组件级故障。对“直接原因”的分析类似被测对象期望的具象化分解，需要贯彻的原则是：每次一小步，逐个因素进行分析，要保证不遗漏任何可能的故障事件，构成充分必要的因果关系。

举例说明。假设被测系统由 A、B、C、D 四个子系统构成，如图 2-7 所示。

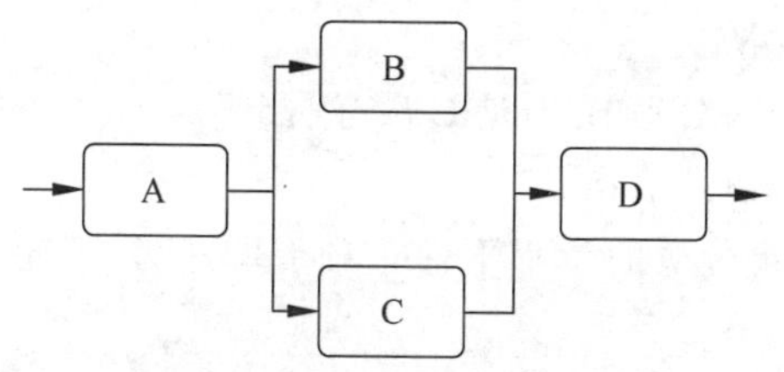

图 2-7　某被测系统结构图

该系统的工作方式为：整个被测系统的输入给到子系统 A，A 的输出作为子系统 B 和子系统 C 的输入，B 和 C 的输出叠加作为子系统 D 的输入，D 的输出就是整个被测系统的输出。这一系统模型可以表征模拟电路、管线等多种实际工程中的被测对象。

考虑系统级故障“在给定输入下，被测系统没有输出”，将其作为

故障树的顶端事件。显然,该事件的直接原因为:

①＝“子系统 D 没有输出”

这就是次顶端事件。接下来继续分析该事件的直接原因,有两种可能:

②＝“有输入给到 D,但是 D 没有输出(D 存在内部故障,没有执行正确的功能)”

③＝“没有输入给到 D”

因此,次顶层事件“子系统 D 没有输出”带来了两个新的事件:②或③。接下来分析②和③的直接原因。如果故障树的精度只到子系统级别,那么事件②成为故障树的基本事件,无须进一步分析。对于事件③,其充分必要的直接原因是“B 无输出且 C 无输出”,即

③＝④and⑤

其中:

④＝“B 无输出”

⑤＝“C 无输出”

对于事件④的分析为:

④＝⑥or⑦

其中:

⑥＝“有输入给到 B,但是 B 没有输出”

⑦＝“没有输入给到 B”

⑥是无须再分析的基本事件。对于事件⑦,其充分必要的直接原因是:

⑧＝“有输入给到 A,但是 A 没有输出”

对于事件⑤的分析为:

⑤＝⑨or⑩

其中:

⑨＝“有输入给到 C,但是 C 没有输出”

⑩＝“没有输入给到 C”

⑨是无须再分析的基本事件,事件⑩的直接原因同样是⑧。至

此已经识别出所有的基本事件，得到的故障树如图 2-8 所示。

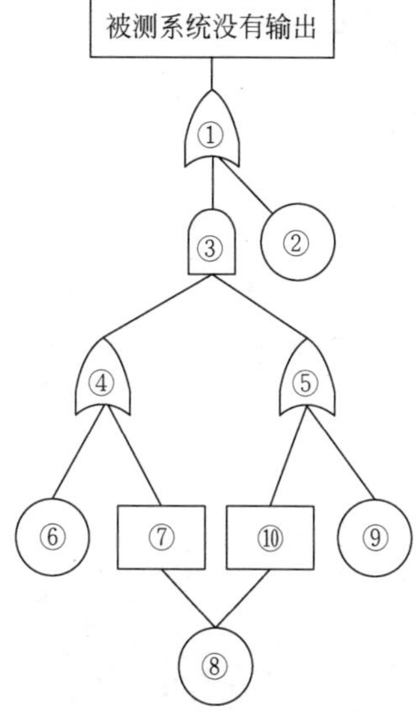

图 2-8 某被测系统的故障树

总结一下，故障树的构建过程可以描述为：先把顶端事件放在故障树的第一行，在其下面并列写出导致顶端事件发生的直接原因，包括硬件故障、软件故障、环境因素、人为因素等事件，作为故障树的第二行，并用适当的逻辑门与顶端事件相连接。如果还要分析导致这些事件发生的原因，则把导致第二行事件发生的直接原因作为第三行，用适当的逻辑门与第二行的事件相连接。依此步步深入，一直追溯到无须进一步分析的基本事件为止。

通过故障树，可以将系统级故障分解为更具体的子系统故障。在针对子系统故障的测试完成后，可以根据故障树所描述的逻辑关系，综合得到关于系统级故障的质量评估结论。

2.4.3 故障树的割集

故障树中事件之间的逻辑关系也可以用布尔逻辑表达式来描述：或门代表的“或”关系用“+”表示；与门代表的“且”关系用“.”表

示，在不致歧义时可省略。例如对于图 2-9 所示的故障树，故障树的顶端事件为 T，基本事件为 X_1、X_2、X_3、X_4、X_5、X_6。顶端事件与基本事件之间的逻辑关系为：

$$\begin{aligned} T &= A_1 + A_2 \\ &= X_1X_2A_3 + X_4A_4 \\ &= X_1X_2(X_1 + X_3) + X_4(X_5 + X_6) \\ &= X_1X_2 + X_1X_2X_3 + X_4X_5 + X_4X_6 \\ &= X_1X_2 + X_4X_5 + X_4X_6 \end{aligned}$$

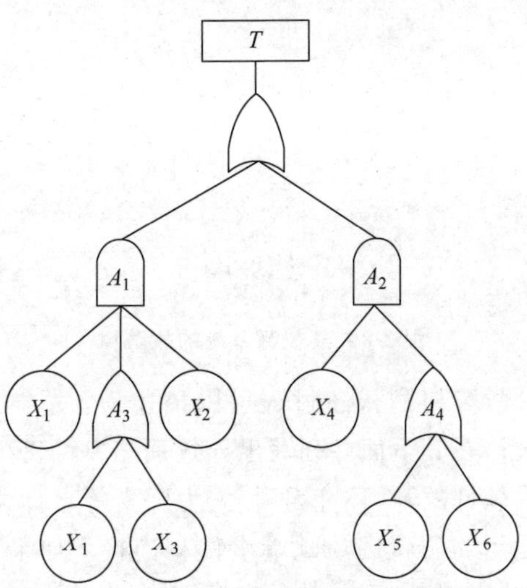

图 2-9　故障树示例

上述布尔逻辑表达式中有三个“且”关系的子式。称每个子式中包含的基本事件集合为故障树的割集。本例中的故障树共有三个割集，即 $E_1=\{X_1,X_2\}$，$E_2=\{X_4,X_5\}$，$E_3=\{X_4,X_6\}$。显然，割集是导致故障树顶端事件发生的基本事件的集合，当割集中的基本事件同时发生时，顶端事件就会发生。最小割集就是引起顶端事件所需的最小规模的基本事件集合。假设顶端事件是“系统失效”，完成故障树的构建后，根据测试对割集中组件故障率的评估结果，被测系统整体的失效率就得到了评估。同时，如果故障树的最小割集中包含的事件很少,说明引发系统失效的条件较少,这通常意味着系统相对更容易失效。

2.5 本章小结

清华大学自动化系的华成英教授有一句名言:“小到一个原子,大到整个宇宙,都是一个系统”。

当测试人员面对被测对象时,一个很重要的意识是:我们面对的是一个系统。这意味着,测试人员需要处理好两对矛盾:

(1) 既要全面把握被测对象与环境影响因素之间的关系,以缓解测试完整性问题,又要根据测试资源的限制,合理界定被测对象的外部和内部边界。

(2) 既要充分认识被测对象的多元性和层次性,用分层测试等手段缓解测试选择问题,又要关注被测对象的整体涌现性,重视针对系统整体特性的测试设计。

被测对象期望是后续章节中经常要提及的一个重要概念,用它来统一指代“需求”“规约”“规范”等术语,以便描述测试设计的“理想”基础。基于被测对象期望的概念,给出了测试活动的一种简单的形式化描述,试图揭示测试活动的行为内涵和价值内涵。在系统思想的指导下,逐一考察与期望相关的影响因素,对期望进行逐层的具象化分解,将抽象的期望转化为一系列更具体的期望,以此缓解测试选择问题和测试完整性问题。

故障树分析是一种在安全关键领域应用非常广泛的风险分析技术。针对特定的系统级故障,故障树分析的主要手段是全面分析与之相关的影响因素,逐层找出导致故障的充分必要的直接原因,最终建立起系统级故障与具体的组件级故障之间的逻辑联系。故障树在测试设计中的作用与被测对象期望树类似,同样可以一步一个脚印地拉近理想与现实的距离。

本章参考文献

[1] Wile B,Goss J C,Roesner W. 全面的功能验证：完整的工业流程[M]. 沈海华,乐翔,译. 北京：机械工业出版社,2010.

[2] Ruijters E,Stoelinga M. Fault tree analysis：A survey of the state-of-the-art in modeling,analysis and tools[J]. Computer Science Review,2015,15：29-62.

[3] 苗东升. 系统科学精要[M]. 北京：中国人民大学出版社,2006.

[4] Parnas D L,Van Schouwen A J,Kwan S P. Evaluation of safety-critical software[J]. Communications of the ACM,1990,33(6)：636-648.

第3章

枚　举

专业的测试者都有一个根深蒂固的观念：枚举或穷尽测试是不可能的。原因在第1章讲解测试选择问题时已经分析过。这种观念致使测试人员在面对实际测试问题时，总是不假思索地放弃枚举的尝试，直接开始进行测试选择，却不可避免地在测试完整性方面遇到更大的挑战。实际上，比较合理的做法是采取“先扩张再压缩”的策略，也就是在测试设计时先考虑测试完整性问题，努力拓展测试输入空间的疆域，保证设计层面的测试尽可能充分；继而考虑正确性判定问题，看是否有可能通过测试得到被测对象正确的结论；最后才考虑如何解决测试选择问题，保证实施层面的测试可行性。

枚举是人类进行测试活动时最朴素和自然的思想。当测试人员想要得到“被测对象正确”的结论时，首先想到的办法就是枚举所有可能的使用场景。即便在今天的规模化研发生产活动中，测试人员很少有机会对完整的被测对象进行枚举测试，但是确实有很多测试设计方法中体现了枚举的思想，有很多测试者在用枚举的方式完成测试活动的某些环节或某些部分，并由此得到“被测对象在某些方面正确”的结论。

当然，测试人员也必须正视枚举带来的测试规模失控风险。实用的枚举测试方法，必然伴随着测试选择方面的考量。

3.1 组合测试

如 2.2.1 节所述，在被测对象所处的环境中，很多因素会影响期望的实现。这些影响因素之间可能存在相互作用的关系。被测对象的某些缺陷，只会在特定的影响因素组合条件下才会被激活。组合测试关注的正是这些影响因素之间的相互作用关系。

举例说明。假设被测对象是某电信系统交换机，被测对象期望是“具备正常的通话功能”。有四个因素可能影响该期望的实现，分别为呼叫种类、资费方式、接入方式和状态。每个因素均有三种不同的可能取值，如表 3-1 所示。

表 3-1　影响某电信系统交换机通话功能的因素及其取值

呼叫种类	资费方式	接入方式	状态
市话	被叫方	环路	成功
长途	集中	综合业务	忙
国际	免费	专用分组	阻塞

通过对被测对象工作机制的分析，测试人员了解到被测对象对这 4 个因素的处理存在耦合——在通话功能相关的一系列逻辑决策中，大多包含两个及以上因素作为条件。为了验证通话功能是否正确，需要测试各种因素不同取值组合的情况。任一个形如(“市话”“集中”“综合业务”“阻塞”)的四元组可以构成一个测试用例。每个测试用例都可以覆盖一些特定的因素取值组合。组合测试的目的正是通过对这类用例的设计，验证被测对象在因素的耦合处理方面是“正确”的。

3.1.1 组合测试的概念

设与被测对象期望有关的影响因素共有 n 个，记为 $C=\{c_1, c_2, \cdots, c_n\}$，这些影响因素可被视为被测对象的测试输入变量。在实践中，一般假定每个测试输入变量的水平取值范围是一个有限的离散点集 V_i，V_i 中有 a_i 个元素，即 $a_i=|V_i|(1\leqslant i\leqslant n)$。不失一般性，

设 $a_1 \geqslant a_2 \geqslant \cdots \geqslant a_n$。用 R 表示各个测试输入变量之间可能存在的相互作用关系。例如,如果$\{c_1, c_2\} \in R$,说明测试输入变量 c_1 和 c_2 之间存在相互作用,c_1 与 c_2 的某些取值组合可能激发被测对象的缺陷。

定义:两两组合覆盖表

设 $\mathbf{A}$ 是一个 $m \times n$ 的矩阵,即 $\mathbf{A}=(a_{ij})_{m \times n}$,其第 j 列表示被测对象的测试输入变量 c_j,元素取自 c_j 的水平取值范围 V_j。如果 $\mathbf{A}$ 的任意第 i 列和第 j 列都满足:V_i 中所有元素和 V_j 中所有元素的全部两两组合,都在 $\mathbf{A}$ 的第 i 列和第 j 列形成的二元有序对中至少出现一次,那么称 $\mathbf{A}$ 为被测对象期望的一个两两组合覆盖表。$\mathbf{A}$ 的每一行代表一个两两组合测试用例。

仍然以电信系统交换机通话功能的测试为例。如果令 $R=\{\{c_1, c_2\}, \{c_1, c_3\}, \{c_1, c_4\}, \{c_2, c_3\}, \{c_2, c_4\}, \{c_3, c_4\}\}$,即 4 个因素之间存在两两交互作用,则该通话功能的一个两两组合覆盖表如表 3-2 所示。

表 3-2 某电信系统交换机通话功能的一个两两组合覆盖表

呼叫种类	资费方式	接入方式	状态
市话	集中	专用分组	忙
长途	免费	环路	忙
国际	被叫方	综合业务	忙
市话	免费	综合业务	阻塞
长途	被叫方	专用分组	阻塞
国际	集中	环路	阻塞
市话	被叫方	环路	成功
长途	集中	综合业务	成功
国际	免费	专用分组	成功

可以看出,该表中包含任意两个因素的全部 9 个取值组合。该表的每一行就是一个两两组合测试用例。

类似地,可以定义三三组合覆盖表、四四组合覆盖表等。特别地,如果部分测试输入变量之间存在两两相互作用,另外部分的测试输入变量之间存在三三相互作用，还可以定义可变力度的组合覆盖表。利用组合覆盖表进行测试设计的方法被称为组合测试。

3.1.2 组合测试的枚举本质

对于一个有10个测试输入变量、每个变量有4种可能取值的被测对象，如果进行组合全覆盖测试，变量间所有可能组合的数量是$4^{10}=1048576$个，而基于两两组合覆盖表进行组合测试所需的用例数只有31个。一些测试者由此认为，组合测试是一种用于用例数量约简的测试设计方法，根本目的是缓解测试选择问题。实际上这种看法并不全面。

关于测试输入变量之间耦合作用的缺陷，有测试者针对Mozilla浏览器和Apache服务器进行了研究。结果显示，变量两两组合可以覆盖这类缺陷的70%，三三组合可以覆盖90%，六六组合则可以覆盖几乎全部。这一结论与测试人员的经验直觉相吻合，即变量组合相关的缺陷大多发生在较低的组合维数上。因此，如果测试人员的目的是检出与变量之间相互作用有关的缺陷，那么使用两两组合这样的小力度组合测试方法就可以检出大部分此类缺陷，并且使测试用例数量得到有效的约简。

以上是从“检出缺陷”角度出发得到的认识。接下来尝试切换到“评估质量”的角度。针对期望A：“被测对象在所有测试输入变量的**所有可能组合**情况下功能都正常”，采用组合全覆盖测试方法，枚举所有可能的变量取值组合，在执行$4^{10}=1048576$个测试用例之后，可以得到“被测对象在**所有可能组合**情况下正确”的结论；针对期望B：“被测对象在所有测试输入变量的**两两组合**情况下功能都正常”，采用组合测试方法，枚举所有可能的变量取值并两两组合，在执行31个测试用例之后，可以得到“被测对象在**两两组合**情况下正确”的结论。确实，相对于组合全覆盖测试方法，组合测试的用例规模要小得多。但其主要原因是二者针对的期望不同，期望B的测试输入空间规模要远小于期望A。相应地，二者质量评估的结论也不同。然而站在测试设计思想的角度来看，二者本质上并无二致，都是“枚举”所有可能的具体事件。

3.1.3 贪心法

前面已经提到过，以枚举方式进行的测试，容易造成测试规模的失控。仍然考虑 3.1.2 节中的例子。为了枚举所有测试输入变量的两两组合事件，如果在每个测试用例中只覆盖其中一个事件，那么需要的测试用例数为 $4^2 \cdot C_{10}^2 = 720$ 个。在很多情况下，这样的测试规模仍然是不可接受的。

事实上，以这种方式生成的用例集中存在大量冗余，因为每个测试用例本可以同时覆盖多个两两组合事件。组合测试用例约简的出发点就是在一个用例里覆盖尽可能多的两两组合事件，从而最大程度减少用例数量。

进行组合测试用例约简的方法很多，包括贪心法、数学方法、启发式搜索方法以及混合算法等，其中最经典的是贪心法。下面以一个简单的例子介绍贪心法的主要思路。

设被测对象有 3 个测试输入变量，变量 A 有两个可能取值 A_1 和 A_2，变量 B 有两个值 B_1 和 B_2，变量 C 有 3 个值 C_1、C_2 和 C_3。测试人员希望以尽可能少的用例覆盖所有变量的两两组合情况。

对于变量 A 和 B，测试用例集 $\{(A_1, B_1), (A_1, B_2), (A_2, B_1), (A_2, B_2)\}$ 覆盖了所有两两组合情况。进而考虑变量 C。首先将已有的这组测试用例进行水平扩充。由于 C 有 3 个取值 C_1、C_2 和 C_3，将原测试用例集中前 3 个测试用例分别扩充为 $\{(A_1, B_1, C_1), (A_1, B_2, C_2), (A_2, B_1, C_3)\}$。此时未被覆盖的两两组合遗漏项有 $\{(A_2, C_1), (B_2, C_1), (A_2, C_2), (B_1, C_2), (A_1, C_3), (B_2, C_3)\}$。现在要从 C_1、C_2 和 C_3 中选一个加到 (A_2, B_2) 上，如果选 C_1，即扩充为 (A_2, B_2, C_1)，可以覆盖遗漏项 (A_2, C_1) 和 (B_2, C_1)；而选择 C_2、C_3，都只能使扩充后的测试用例覆盖一个遗漏项，因此决定选择 C_1，并将其扩充为 (A_2, B_2, C_1)。

通过上一步水平扩充后，还有遗漏项 $\{(A_2, C_2), (B_1, C_2), (A_1, C_3), (B_2, C_3)\}$ 未被覆盖，为了覆盖遗漏项 (A_2, C_2)，产生测试用例

$(A_2,—,C_2)$，为了覆盖(B_1,C_2)，将$(A_2,—,C_2)$修改为(A_2,B_1,C_2)；为了覆盖(A_1,C_3)，产生测试用例$(A_1,—,C_3)$，为了覆盖(B_2,C_3)，将$(A_1,—,C_3)$修改为(A_1,B_2,C_3)。

至此，被测对象三个变量的所有两两组合情况都得到了覆盖，共需 6 个测试用例。

可见，贪心法的原则就是“每一步都谋取最大的收益”：在扩充测试用例集的过程中，随时保持对“未覆盖组合”的关注，每一次扩充都尽可能覆盖最多的“未覆盖组合”，以期用最少的测试用例实现组合的全覆盖。当然，贪心法的局限性也很明显，因为在每次做决策时，贪心法只考虑当前的局面，而不考虑长远的利益，所以得到的可能并非最优解。

3.1.4 排除法

在一些实际情况下，可能无法获知测试输入变量之间有怎样的相互作用关系，但是可以确定某些变量之间没有相互作用关系。这时就可以利用排除法开展组合测试。下面以电路领域的实践为例进行说明。

电路的测试输入变量是给到输入引脚的电平信号，有“0”和“1”两种取值。测试设计的目的，是通过尽量少的测试用例，来验证在各种输入组合情况下，电路的输出都正确。假设已知电路的输出函数，即输出电平信号与各个测试输入变量之间的关系。这时可以遵循如下原则来约简组合测试用例：如果两个测试输入变量从来没有在同一个输出函数中出现，那么就可对这两个变量施加相同的测试输入信号。换言之，如果两个测试输入变量不会对任何输出产生耦合作用，那么就可以排除这两个变量的组合测试用例。例如，某电路系统的输入/输出情况如图 3-1 所示。

其中 $a \sim g$ 是测试输入变量，$f_1 \sim f_5$ 是输出，并已知每个输出与输入变量的关联关系，例如 f_1 只与 a、b、e 有关，f_5 只与 e、f 有关，等等。如果进行组合全覆盖测试，所需组合测试用例数是 $2^7=128$ 个。由于某些测试输入变量之间并不存在耦合关系，这些组合

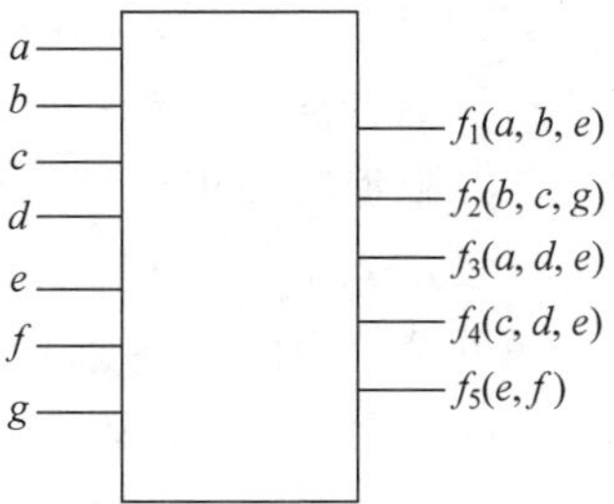

图 3-1　某电路系统的输入/输出情况

用例中有相当一部分是冗余的。遵循上述测试用例约简原则，可以按如下步骤排除掉这些冗余用例。

（1）首先，构造 m 行 n 列的输入/输出关联矩阵，m 是原始输出数，n 是电路的原始输入数。矩阵中每一行对应一个原始输出，每一列对应一个原始输入。如果原始输出与某个原始输入相关，则矩阵中对应的单元值为 1，否则为 0。本例中电路系统的输入/输出关联矩阵如图 3-2 所示。

（2）其次，对关联矩阵的各列重新排序，并按列进行分块。排序和分块的目标，是使所有输出函数在每个分块中不受两个或两个以上原始输入的影响。也就是说，要使每一个矩阵分块的每一行中 1 的个数小于或等于 1。对于本例中的关联矩阵，一种可行的排序和分块方式如图 3-3 所示。

	a	b	c	d	e	f	g
f_1	1	1	0	0	1	0	0
f_2	0	1	1	0	0	0	1
f_3	1	0	0	1	1	0	0
f_4	0	0	1	1	1	0	0
f_5	0	0	0	0	1	1	0

图 3-2　输入/输出关联矩阵

	Ⅰ			Ⅱ		Ⅲ	
	a	c	f	b	d	e	g
f_1	1	0	0	1	0	0	0
f_2	0	1	0	1	0	0	1
f_3	1	0	0	0	1	0	0
f_4	0	1	0	0	1	0	0
f_5	0	0	1	0	0	1	0

图 3-3　对输入/输出关联矩阵各列的重新排序和分块

（3）最后，在分块后的关联矩阵的基础上，构造特征关联矩阵。具体方法是：将关联矩阵每一行中每个分块的多个列合并成一个

$$\begin{matrix} \text{I} & \text{II} & \text{III} & \\ \end{matrix}$$
$$\begin{bmatrix} 1 & 1 & 0 \\ 1 & 1 & 1 \\ 1 & 1 & 0 \\ 1 & 1 & 0 \\ 1 & 0 & 1 \end{bmatrix} \begin{matrix} f_1 \\ f_2 \\ f_3 \\ f_4 \\ f_5 \end{matrix}$$

图 3-4 特征关联矩阵

列,并填入该行该分块中 1 的个数。本例中得到的特征关联矩阵如图 3-4 所示。

根据测试用例约简原则,第 I 分块中的变量 a、c、f 可以施加相同的测试输入信号,第Ⅱ分块中的变量 b 和 d、第Ⅲ分块中的变量 e 和 g 也是如此。显然,$2^3=8$ 个组合测试用例即可枚举测试此电路。

3.2 分割测试

当测试人员想要枚举测试输入空间内的所有具体事件时,往往会遇到测试规模失控的问题。分割测试的思路是,如果可以把整个测试输入空间分割成一些子空间,任一子空间中所有的测试输入点对被测对象期望的影响方式都是相同的,那么就可以在每个子空间中只选择一个点作为测试用例,从而大大缓解测试选择问题。可见,分割测试的本质是借由对所有子空间的枚举,间接实现对整个测试输入空间内所有具体事件的枚举。

3.2.1 测试输入空间的分割

实施分割测试的关键问题是如何对测试输入空间进行分割。理想的分割结果是:在每一个分割出的子空间中,所有测试输入点以相同的方式影响期望的实现。这样测试人员才能任选一个点代表所有点,以该点的测试结果代表子空间所有点的测试结果,称这样的子空间为同质子空间。

定义:同质子空间

如果一个子空间中存在能激发某个缺陷的测试输入点,当且仅当该子空间中所有测试输入点都能激发该缺陷,称该子空间为同质子空间。

同质子空间的定义有两层内涵：

(1) 被测对象以同样的方式响应同质子空间中所有测试输入点。

(2) 响应方式要么都正确，要么都错误。

被测对象如何响应测试输入，取决于被测对象的具体实现；而响应方式正确与否，取决于被测对象期望。也就是说，测试人员必须综合分析来自现实和理想的信息，才有可能从测试输入空间划分出真正的同质子空间。下面以软件领域的分割测试为例进一步解释。

对于软件而言，被测程序以特定的路径来响应某一测试输入。路径相同，则意味着程序对输入的响应方式相同。而路径是否正确，需要根据软件规约来判断。软件规约中包含了程序的期望信息——对于不同的输入，定义了不同的期望处理方式。如果程序的实现与预期相符，程序会为每一种期望处理方式设定一条正确的路径。如果程序的实现与预期不符，那么路径与期望处理方式就无法对齐。

因此，可以按以下三个步骤进行同质子空间的分割：

(1) 将整个测试输入空间按程序流程图中的路径划分子空间，每个子空间中的测试输入点触发相同的路径。

(2) 将整个测试输入空间按软件规约中的期望信息划分为子空间，每个子空间中的测试输入点对应相同的期望处理方式。

(3) 将以上两步得到的子空间进行交叉。

例如，某程序只有一个整形的输入变量，原始的测试输入空间包含所有整数。从程序流程图来看，所有正整数走一条路径，所有负整数走一条路径，零走一条路径；从该程序的规约来看，奇数和偶数有着不同的具体处理要求。按上述步骤对测试输入空间进行分割，最终得到五个子空间：正奇数、负奇数、正偶数、负偶数、零。这样划分出的子空间就是同质子空间。测试人员可以从这些子空间中随意选取一个输入数据进行测试，测试结果足以代表该子空间内的所有测试输入点。

如果程序正确，那么步骤(1)与步骤(2)得到的分割结果应该是相同的。分割结果存在差异的地方，往往是检出缺陷的“甜区”。当然在实际工程中，程序结构通常建立在规约的基础上，因此分割结果的差异一般不会特别突出。

再举个更实际的例子。某个折后价计算程序的规约描述为："一家公司生产 X 和 Y 两种产品，X 单价为 5 元，Y 单价为 10 元。订单中包含对 X 和 Y 的订购数量。折扣方式是：如果总价超过 200 元，则折扣为 5%；如果总价超过 1000 元，则折扣为 20%；如果订购 X 的数量超过 30 件，则额外再折扣 10%。程序输入为 X 和 Y 两种产品分别的订购数量，输出为这两种产品的折后价之和（向上取整）。"

该程序的实现代码如下：

```
public double discount_invoice(int x, int y) {
    int discount1 = 0;
    int discount2 = 0;
    if (x <= 30)
        discount2 = 100;
    else
        discount2 = 90;
    int sum = 5 * x + 10 * y;
    if (sum <= 200)
        discount1 = 100;
    else if (sum <= 1000)
        discount1 = 95;
    else
        discount1 = 80;
    return (Math.ceil(sum * discount1 * discount2 / 10000));
}
```

仍然按照上述过程，对测试输入空间进行分割。首先进行步骤(1)，按程序路径划分子空间。该程序中有六条路径，如图 3-5 所示。

每条路径都有一个与测试输入数据相关的路径条件，当且仅当测试输入数据满足该条件时，这条路径才会被执行。换言之，满足同一个路径条件的测试输入数据，触发的程序路径是相同的。因此在步骤(1)中，可以按路径条件对测试输入空间进行分割。本例中各执行路径的路径条件如表 3-3 所示。

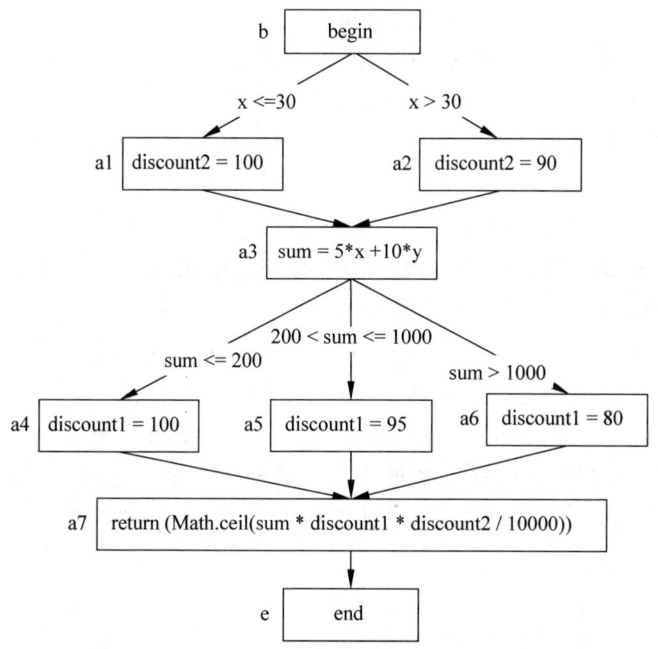

图 3-5 示例程序的执行路径

表 3-3 各执行路径的路径条件

路　　径	路 径 条 件
(b,a1,a3,a4,a7,e)	x≤30,(5 * x+10 * y)≤200
(b,a1,a3,a5,a7,e)	x≤30,200<(5 * x+10 * y)≤1000
(b,a1,a3,a6,a7,e)	x≤30,1000<(5 * x+10 * y)
(b,a2,a3,a4,a7,e)	30<x,(5 * x+10 * y)≤200
(b,a2,a3,a5,a7,e)	30<x,200<(5 * x+10 * y)≤1000
(b,a2,a3,a6,a7,e)	30<x,1000<(5 * x+10 * y)

接下来进行步骤(2),按规约划分子空间。对规约中的期望信息进行梳理,提取出如下的期望处理方式:

(1) 若 x≥0 且 y≥0,则 sum=5 * x+10 * y。

(2) 若 sum≤200,则 discount1=100。

(3) 若 sum>200 且 sum≤1000,则 discount1=95。

(4) 若 sum＞1000,则 discount1＝95。

(5) 若 0＜x≤30,则 discount2＝100。

(6) 若 x＞30,则 discount2＝90。

(7) 最终输出的折扣价之和为 ceil(sum * discount1 * discount2/10000)。

其中,x 是顾客订购 X 产品的数量；y 是顾客订购 Y 产品的数量；sum 是订单折前价；discount1 和 discount2 是两类折扣的百分比；ceil()是向上取整的函数。

根据规约描述的期望处理方式,当 x 和 y 满足 x≤30 且 5 * x＋10 * y≤200 时,输出应该是 5 * x＋10 * y。也就是说,对于输入数据子集{(x,y)|x≤30,5 * x＋10 * y≤200}中的所有数据,期望的处理方式是相同的,因此这个数据子集就构成了一个子空间。通过类似的分析,我们将测试输入空间划分为 A、B、C、D、E、F 六个子空间,如图 3-6 所示。

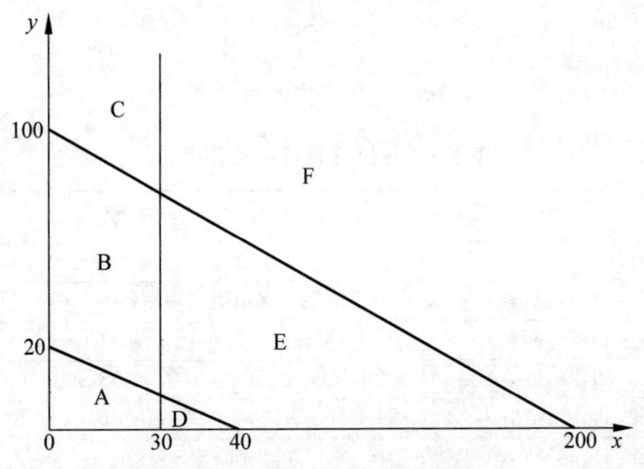

图 3-6　测试输入空间划分结果

最后进行步骤(3),将步骤(1)和(2)得到的子空间进行交叉。这时发现,步骤(1)和(2)得到的子空间分割结果大体相同,差异仅仅在于步骤(1)的分割结果丢掉了 x 轴和 y 轴两个边界。而正是这微小的差异揭示了程序中隐藏的缺陷：遗漏了对输入变量非负合法性的判断。

在真实的工程实践中,这种分割方法往往会遇到一个棘手的问题,就是程序路径的数量过于庞大,每条路径的构成也过于复杂,以至于步骤(1)无法施行。这解释了为什么对于大型程序进行分割测试时,测试者往往只基于期望信息来分割测试输入空间,也就是采用所谓的"等价类划分法"。这种做法对很多测试者来说习以为常,并深以为然。但测试人员需要清醒地认识到,"等价类划分"方法有一个重要的假设,即如果按处理方式的不同对输入数据进行分类,那么程序最终实现的分类结果完全等同于规约所期望的分类结果。显然,这个假设并非一定成立。仅仅根据规约信息划分的子空间并不是同质子空间。所谓的"等价类",其中的测试输入并非真正等价。没有对被测程序路径结构的考察,纯黑盒的分割测试充其量只是一个阉割版。

相对来说更好的做法是,在基于规约的分割基础上引入一部分程序结构信息,通过交叉的方式得到更接近"同质"的子空间。

3.2.2 基于缺陷的分割测试

同质子空间的分割要求过于严苛,使得理想的分割测试难以实现。通过枚举子空间来证明被测对象的正确性,似乎只具有方法论层面的意义。不仅在软件领域,其他领域亦是如此。因此,可以考虑借助分割测试来实现另一个目标,也就是检出缺陷。以检出缺陷为目的的分割测试,称为基于缺陷的分割测试。

理想的分割测试,每个子空间中只需要选取一个测试输入点;而基于缺陷的分割测试,一般无法分割出同质子空间,因此需要从每个子空间中多采样一些点,来提高检出缺陷的概率。假设整个测试输入空间 D 被分割为 k 个子空间 $D_1,D_2,\cdots,D_k$,各子空间的规模分别是 $d_1,d_2,\cdots,d_k$,包含失效测试输入点的数量分别是 $m_1,m_2,\cdots,m_k$,失效测试输入点的概率密度分布分别是 $\theta_1,\theta_2,\cdots,\theta_k$。

尽管基于缺陷的分割测试并不苛求子空间的"同质",但测试人员仍然希望子空间中的所有测试输入点对被测对象期望的影响方式应该尽量相似。从检出缺陷的目的出发,如果一些测试输入点揭示某类缺陷的能力类似,宜将其划入同一个子空间。具体的策略可能有很多种,其差别在于关注的缺陷类型不同。在此基础上,可以假定子空间中失效测试输入点是均匀分布的,即 $\theta_i = m_i/d_i$。也就是说,从子空间中任意选取一个测试输入点作为测试用例,检出缺陷的概率是 $\theta_i = m_i/d_i$。

假设测试者从子空间 D_i 中按均匀分布随机选取的测试用例数为 n_i。记分割测试在整个测试输入空间中能检出至少一个缺陷的概率为 P_p,则有 $P_p = 1-\pi_{i=1}^{k}(1-\theta_i)^{n_i}$。既然以检出缺陷为目的,自然希望 P_p 尽可能高。

在软件领域,基于缺陷的分割测试根据容易出错的逻辑、相对复杂的数据结构划分子空间。譬如,当测试人员认为程序分支逻辑结构复杂易错时,可以把所有能覆盖某个分支的测试输入数据归拢到一个子空间中。这就是所谓的分支测试策略。如果所有分支子空间的缺陷密度 θ_i 都很低(比如整个子空间中只有边界上的点会触发缺陷),P_p 就很低。这种情况下,分支测试就是一种很差的策略。但是如果某分支子空间的多数输入数据都会触发缺陷,那么 P_p 就会比较高。因此对基于缺陷的分割测试来说,判断分割策略优劣的核心指标是子空间中失效测试输入点的密度。

考虑以下程序:

```
public boolean branchTest(int x){
    if(-10 <= x && x <= 9){
        if(x >= 0){
            //P1
        }
        else{
            //P2
        }
    }
    return false;
}
```

变量 x 的取值范围为[−10,9]。P1 和 P2 都是线性代码片段。使用分支测试策略,划分出的两个子空间分别是 $D_1=[-10,-1]$和 $D_2=[0,9]$。假设该被测程序唯一的缺陷隐藏在两个分支子空间的边界上,即 $x=0$ 可以触发该缺陷。那么两个子空间中失效测试输入点的概率密度分别为 $\theta_1=0,\theta_2=0.1$。另外,假设总的用例数为 6,在 D_1 和 D_2 中分别按均匀分布随机选取 3 个用例。此时 $P_p=1-1*0.9^3=0.271$。

如果测试人员能意识到被测程序中存在边界值缺陷的可能性较高,可以对以上分割策略进行优化,将分支的边界值纳入一个单独的子空间中,分割的结果为 $D_1=[-10,-2],D_2=[-1,0],D_3=[1,9]$,各子空间中失效测试输入点的概率密度分别为 $\theta_1=0,\theta_2=0.5,\theta_3=0$,如果总的用例数仍然为 6,在 D_1、D_2 和 D_3 中分别按随机分布随机选取 2 个用例,此时 $P_p=1-1*0.5*1=0.5$,相比优化前有了大幅提升。这种分割策略也就是通常所说的边界值测试策略。

当测试人员在实践中应用基于缺陷的分割测试时,如果检出缺陷的效果很差,原因往往是只简单套用该方法的"形",比如仅仅根据程序控制流或数据流划分子空间;而没有抓住该方法的"神",即从"被测对象容易包含哪些缺陷"入手来分割子空间。

3.2.3　等比例采样策略

对基于缺陷的分割测试来说,既然需要在子空间中按均匀分布随机选取测试输入点,那么这种方法与一般的随机测试有何区别呢?所谓"随机测试",指的是直接在整个测试输入空间上按均匀分布随机选取测试输入点,相比分割测试来说更加简单。有研究表明,在测试用例数一定的前提下,分割测试检出缺陷的能力与随机测试差别不大。如果考虑到分割子空间的成本,分割测试的投入产出比甚至不如随机测试。而进一步的研究发现,如果采用等比例采样策略,也就是在分割测试中按相同比例对每个子空间进行随机采样,则对于某个失效测试输入点而言,分割测试选中该点的概率要高于采样比例相同的随机测试。

也就是说，将测试输入空间划分为多个子空间后，采样比例不变，但是检出某个缺陷的概率变高了。这是个有趣的结论，因为乍看之下似乎违反直觉。下面给出一个简单的证明。

设整个测试输入空间的规模为 d，随机测试从整个测试输入空间中选取的测试用例总数为 n。随机测试在每次选择上测试用例时，所有测试输入点被选中的概率是相同的，均为$\frac{1}{d}$。因此，任意失效测试输入点被测试集选中至少一次的概率是 $P_r=1-\left(1-\frac{1}{d}\right)^n$。

设分割测试得到的各子空间的规模分别是 $d_1, d_2, \cdots, d_k$，有 $d=\sum_{i=1}^{k} d_i$。分割测试从子空间 D_i 中选取的测试用例数为 n_i，且 $n=\sum_{i=1}^{k} n_i$。如果使用“等比例采样策略”，每个子空间中选取测试用例的比例与整体比例一致，即$\frac{n_i}{d_i}=\frac{n}{d}$。另外，已知 $f(x)=\left(1-\frac{1}{x}\right)^x$ 在 $x \geqslant 1$ 范围内为单调增函数。那么在子空间 D_i 中，任意失效测试输入点被测试集选中至少一次的概率为

$$
\begin{aligned}
P_s &= 1-\left(1-\frac{1}{d_i}\right)^{n_i} \\
&= 1-\left[\left(1-\frac{1}{d_i}\right)^{d_i}\right]^{\frac{n_i}{d_i}} \\
&= 1-\left[\left(1-\frac{1}{d_i}\right)^{d_i}\right]^{\frac{n}{d}}
\end{aligned}
$$

我们知道，函数 $f(x)=\left(1-\frac{1}{x}\right)^x$ 的曲线如图 3-7 所示。

可见 $f(x)=\left(1-\frac{1}{x}\right)^x$ 在 $x \geqslant 1$ 范围内为单调增函数。因此：

$$
\begin{aligned}
P_s &= 1-\left[\left(1-\frac{1}{d_i}\right)^{d_i}\right]^{\frac{n}{d}} \\
&> 1-\left[\left(1-\frac{1}{d}\right)^{d}\right]^{\frac{n}{d}}
\end{aligned}
$$

$$=1-\left(1-\frac{1}{d}\right)^{n}$$

$$=P_r$$

由此得证，对于某个缺陷而言，基于等比例采样策略的分割测试将其检出的概率确实比随机测试高。

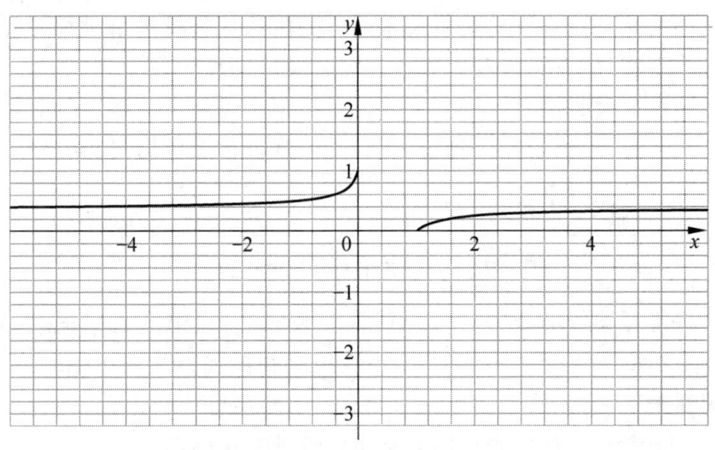

图 3-7 函数 $f(x)=\left(1-\frac{1}{x}\right)^{x}$ 的曲线图

下面用一个简单的例子来解释等比例采样策略的效果。假设测试输入空间的规模为 $d=4$，随机测试选取的用例总数为 $n=2$，采样比例为 $\frac{1}{2}$。测试输入空间中有一个失效测试输入点，则随机测试选中该点至少一次的概率是 $1-\left(1-\frac{1}{4}\right)^{2}=\frac{7}{16}$；而在基于等比例采样策略的分割测试中，假设 $d_1=d_2=2$，则 $n_1=n_2=2\times\frac{1}{2}=1$，子空间分割结果如图 3-8 所示。

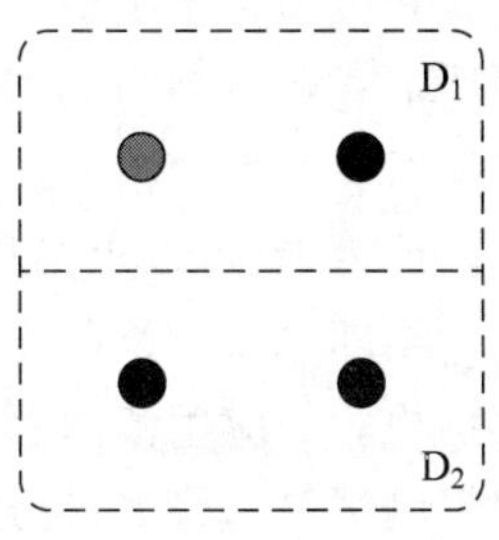

图 3-8 子空间分割结果

易知，该失效测试输入点被选中至少一次的概率是 $\frac{1}{2}$，相对随机测试有所提高。

3.3 模型检验

一旦试图用枚举的方法来判定被测对象的正确性,测试人员势必要面对大规模测试集带来的测试成本问题。这时,一些测试者想到的办法是利用计算机仿真技术。只要能让计算机理解被测对象的理想与现实,就有可能利用日益充沛且廉价的算力,在一些场景中实现自动化的枚举测试。

在芯片领域,这是一种普遍的做法,其过程大致如图 3-9 所示。

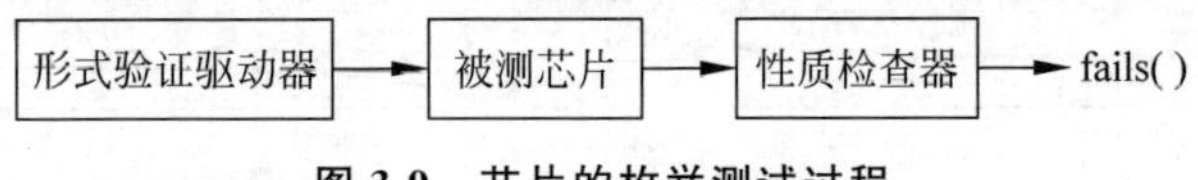

图 3-9　芯片的枚举测试过程

将寄存器传输级的芯片设计视为被测对象,由形式验证驱动器对其施加所有可能的测试输入,由性质检查器观察其输出,一旦与期望的性质不符,则将 fails()信号置 1。如果在整个枚举测试过程中,fails()信号始终为 0,则说明芯片逻辑设计是正确的。

模型检验是另一种借助计算机仿真手段的枚举测试方法,也是主流的形式化验证手段之一。这种方法通过穷尽搜索被测对象模型所有可能的状态,检验被测对象的行为是否满足质量特性期望。对模型检验方法来说,“理想”是以形式化手段描述期望的规约,“现实”是以形式化手段描述被测对象行为的模型。如果在形式化模型的所有状态下,被测对象的行为都满足形式化规约,就证明了被测对象的形式化模型是正确的;否则,模型检验方法会给出至少一个反例来说明形式化模型为何不正确,以便后续修正。值得一提的是,如果在被测对象模型中植入一系列模拟缺陷,并利用模型检验方法给出反例的能力,就可以生成具有缺陷预防能力的测试集。

早期的模型检验主要用于硬件系统的测试。随着技术的发展,模型检验的应用范围逐步扩大,涵盖了安全关键的软硬件系统测试、协议测试等。譬如,通过模型检验可以证明某个通信协议的实现不会发生死锁。

模型检验的目的是解决正确性判定问题，需要逐一测试模型的所有状态，本质上体现的是枚举的思想。当然，为了缓解状态空间爆炸问题，也有一些妥协的变种方法，如界限模型检验、面向覆盖率的随机模型检验等。

模型检验的基本方法如图 3-10 所示。

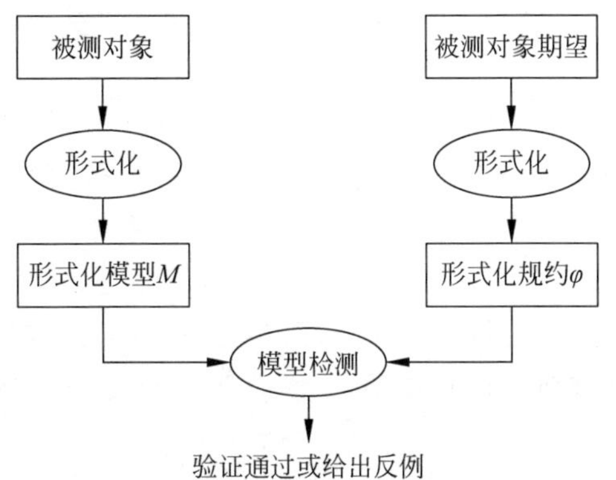

图 3-10 模型检验的基本方法

其中包括三个主要步骤：

(1) 建立被测对象的形式化模型 M，通常采用迁移系统、有穷自动机、Petri 网等形式。

(2) 建立被测对象期望的形式化规约 φ，通常采用时序逻辑公式的形式。

(3) 枚举验证，也就是基于状态空间搜索的方法遍历 M 的所有可能状态，检查是否与 φ 相符。

3.3.1 形式化模型

被测对象的形式化模型并不等于被测对象本身。对形式化模型进行测试，实质上是一种妥协，目的是借助模型检验方法来实现枚举测试。为了保证测试结论能够最大程度适用于被测对象本身，模型应该尽可能忠实地反映被测对象的行为特征或质量特性。同时，从模型检验的可行性及执行效率考虑，模型还应该具备足够的抽象程度，屏蔽与目标特性关系不大的实现细节。可见，建模是一项需要测试者充分权衡的工作：建模的抽象程度过高，可能会造成缺陷遗漏；抽象程度过低，模型就可能变得过于复杂，影响模型检验的效率。

模型检验主要用于状态转换系统，常用的形式化模型种类包括迁移系统、有穷自动机、Petri 网等。

3.3.1.1 迁移系统

迁移系统模型用于表征被测对象状态及状态之间的迁移。

迁移系统的状态指的是被测对象在某个时刻的行为特征或属性特征。例如，交通灯的状态指的是灯当前的颜色；计算机程序的状态指的是所有程序变量当前的值，以及程序计数器当前的值（该值指定了下一个将被执行的程序语句）；时序电路的状态指的是寄存器当前的值。

迁移系统的迁移表示被测对象怎样从一个状态转换为另一个状态。交通灯的状态迁移指的是交通灯从一种颜色转换到另一种颜色；计算机程序的状态迁移指的是一些程序变量值的改变，或者某一行语句的执行；时序电路的状态迁移指的是寄存器值的改变。

在每种状态下，迁移系统模型可以执行一系列迁移中的某一个，这一系列迁移就是该状态可行的迁移，其他迁移是不可行的。每一个可行的迁移可以使系统达到一个新的状态。只要存在可行迁移，这个过程就会不断继续。

更具体地说，一个迁移系统的直观行为描述如下：如果 s 是被测对象的当前状态，通过迁移关系 $\rightarrow$ 发生状态转变，迁移到新的状态 s'，这一过程用 $s \xrightarrow{\tau} s'$ 表示，其中 τ 表示迁移动作，τ 对 s 来说是出迁移，对 s' 来说是入迁移。状态迁移会在状态 s' 再次发生，直到终止于一个没有出迁移的状态。当一个状态有多个出迁移时，下一个迁移的选择完全是非确定的，并且也无法知道某个迁移被选择的可能性有多大。类似地，当初始状态集由多个状态组成时，开始状态的选择也是不确定的。

迁移系统模型常以图的形式来描述。例如,饮料自动售货机的迁移系统模型如图 3-11 所示。

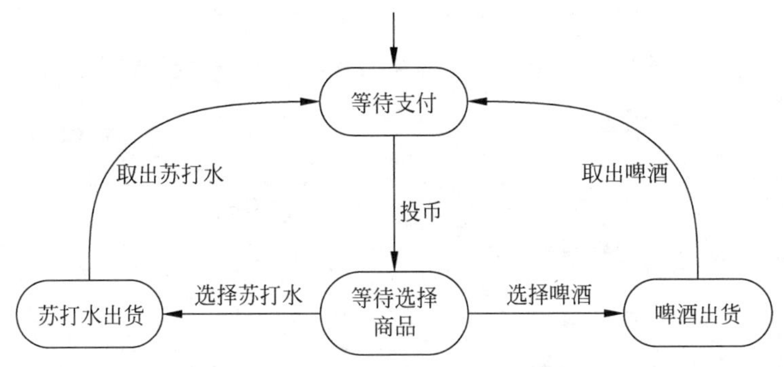

图 3-11 饮料自动售货机的迁移系统模型

自动售货机可以卖啤酒或苏打水。状态用圆角矩形表示,迁移用带标记的有向边表示,状态的名称写在圆角矩形里面,可能的状态包括{等待支付,等待选择商品,苏打水出货,啤酒出货}。初始状态用一个没有来源的进入箭头表示,即“等待支付”。可能的迁移动作包括{投币,选择苏打水,选择啤酒,取出苏打水,取出啤酒}。可能的状态迁移包括:

(1) 等待支付$\xrightarrow{\text{投币}}$等待选择商品。

(2) 等待选择商品$\xrightarrow{\text{选择苏打水}}$苏打水出货。

(3) 等待选择商品$\xrightarrow{\text{选择啤酒}}$啤酒出货。

(4) 苏打水出货$\xrightarrow{\text{取出苏打水}}$等待支付。

(5) 啤酒出货$\xrightarrow{\text{取出啤酒}}$等待支付。

3.3.1.2 有穷自动机

相比迁移系统,有穷自动机模型更注重描述测试输入序列对被测对象状态的影响。

有穷自动机内部具有有限个状态,状态概括被测对象对历史输入序列的处理结果。被测对象只需根据当前所处的状态和当前的输入，就可以决定后继行为，同时状态也将发生变化。开关网络、程控电话交换机、电梯控制装置、文本编辑程序、编译技术中的词法分析程序都可以建模为有穷自动机。

举一个简单的例子。两相开关装置的有穷自动机模型如图 3-12 所示。

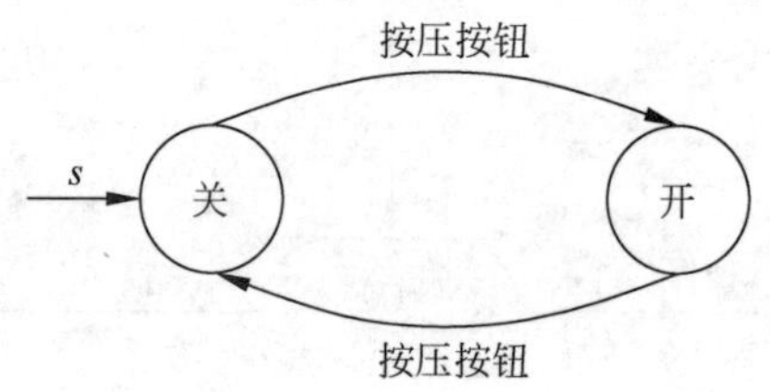

图 3-12　两相开关装置的有穷自动机模型

这个装置处在“开”或“关”状态时，用户都可按压按钮，该按钮根据开关状态起不同的作用。如果开关处于“关”的状态，按下按钮就会变为“开”的状态；如果开关处于“开”的状态，按下按钮就会变为“关”的状态。在有穷自动机模型中，状态用圆圈表示，测试输入用状态之间的箭头表示。图 3-12 中状态之间的两个箭头的含义是：无论被测对象处于什么状态，当收到输入“按压按钮”时，就进入另一个状态。标记为 s 的箭头指向的是初始状态。在这个例子中，初始状态是“关”。模型中还可以包含终止状态，用双边圆圈表示。

有穷自动机模型具有以下几个主要特点：

(1) 模型具有有限个状态，不同的状态代表不同的意义。按照实际的需要，模型可以在不同的状态下完成规定的任务。

(2) 将测试输入中出现的信息汇集在一起，构成一个字母表。模型处理的测试输入序列，可视为由字母表上的字符组成的输入字符串。

(3) 模型在任何一个状态下，从输入字符串中读入一个字符，根据当前状态和这个字符变迁到新的状态。

有穷自动机的工作机制如图 3-13 所示。

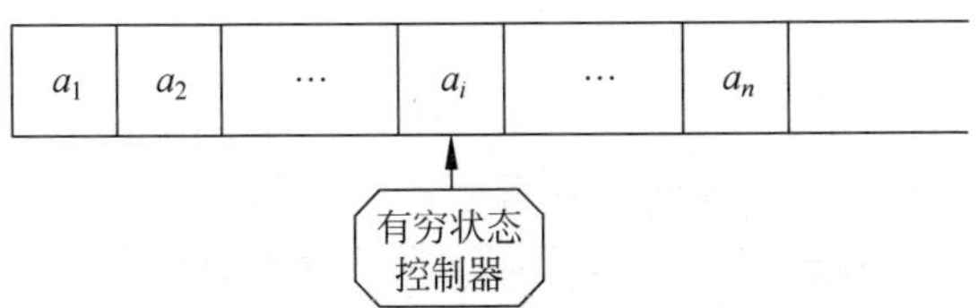

图 3-13 有穷自动机的工作机制

输入带上有一系列的方格，每个方格可以存放一个字符。输入字符串从输入带左端点开始存放。有穷状态控制器有一个读头，用来从输入带上读入字符。每读入一个字符，就根据当前状态和读入的字符改变有穷状态控制器的状态，并将读头向右移动一格，指向下一个待读入的字符。

如两相开关的例子所示，有穷自动机模型通常用状态迁移图表示。状态迁移图的顶点对应有穷自动机的状态，若在测试输入 a 下模型从状态 α 迁移到状态 β，那么在状态迁移图中就有一条标以 a 的弧线从状态 α 指向状态 β。若模型在输入字符串 s 的驱动下，成功地从初始状态迁移到终止状态，则认为模型可以成功处理输入字符串 s。

再举一个相对复杂的例子，对于图 3-14 所示的有穷自动机模型，标记为 S 的箭头指向其初始状态 q_0，该状态同时也是终止状态。根据状态迁移图，可知该有穷自动机可以成功处理所有由 0 和 1 组成的、0 的个数和 1 的个数都是偶数的输入字符串。

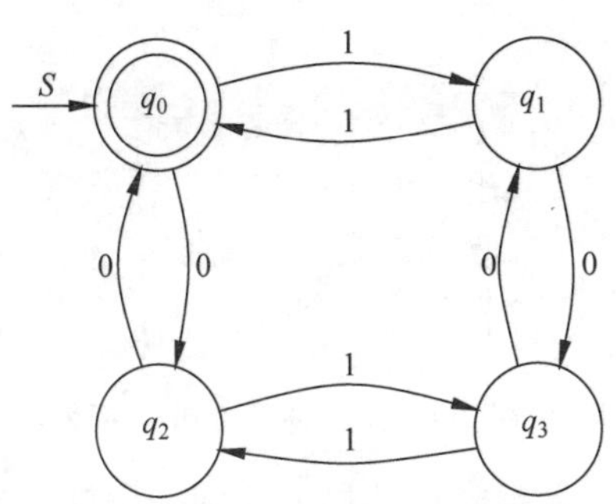

图 3-14 某有穷自动机的状态迁移图

3.3.1.3 Petri 网

Petri 网是一种关注资源流动的形式化模型。资源可以指物质资源，也可以指信息资源。Petri 网的形式要素包括：

(1) 库所：代表资源所处的位置，用圆形节点表示。Petri 网中所有库所的令牌储量构成的向量，可以表示模型的当前状态。

(2) 令牌：代表资源，用黑点表示。令牌可以从一个库所移动到另一个库所。

(3) 弧：库所和变迁之间的有向连接，可以赋予权重。

(4) 变迁：代表资源的流动，用方形节点表示。当一个变迁的所有输入库所都拥有令牌时，这个变迁才会发生，使得输入库所的令牌被消耗，输出库所中产生令牌。变迁是一种原子操作，消耗输入库所的令牌、在输出库所产生令牌是同时发生的，不可分割。

举一个简单的例子。图 3-15 是用 Petri 网模型表示的四季流转过程，其中库所 P_1、P_2、P_3、P_4 分别表示春季、夏季、秋季、冬季。当库所中存在令牌时，表示当前正处于该库所对应的季节。例如初始标识为 $M_0=(1,0,0,0)$，表示当前处于春季。变迁 t_1、t_2、t_3、t_4 则表示四季的流转，如变迁 t_1 的发生表示由春天到夏天的季节变换。

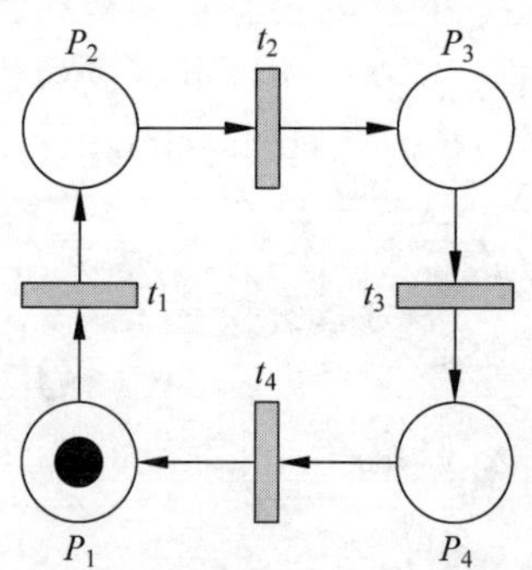

图 3-15　四季流转过程的 Petri 网模型

再举一个稍复杂的例子，用 Petri 网为消防员救火过程建立模型。假设在救火过程中，消防员除人手一只水桶外，无其他设备可用。消防员使用桶从水源往火场运水，再从火场往水源运桶。可见，该过程中流动的资源有两类：桶和水。同时消防员有两种状态：运水或者运桶。

图 3-16 所示的 Petri 网模型可以描述单个消防员在救火过程中的状态变化。

图 3-16 中有两个库所 P_1 及 P_2，库所 P_1 存在令牌表示消防员正处于运水状态，库所 P_2 存在令牌表示消防员正处于运桶状态。变迁 t_1 和 t_2 表示消防员从一种状态到另一种状态的转变。

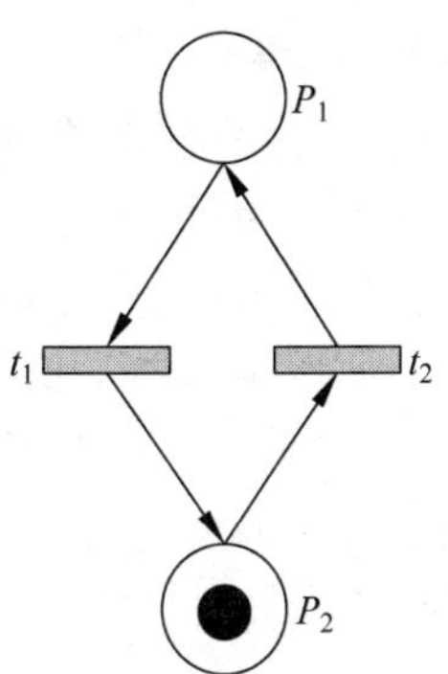

图 3-16 单个消防员救火过程的 Petri 网模型

在实际救火过程中，消防员一般都是团队作战。如果火场远、人员少，那么就需要将一组消防员排成一队，接力运水，以提高救火效率。这一过程的 Petri 网模型如图 3-17 所示。

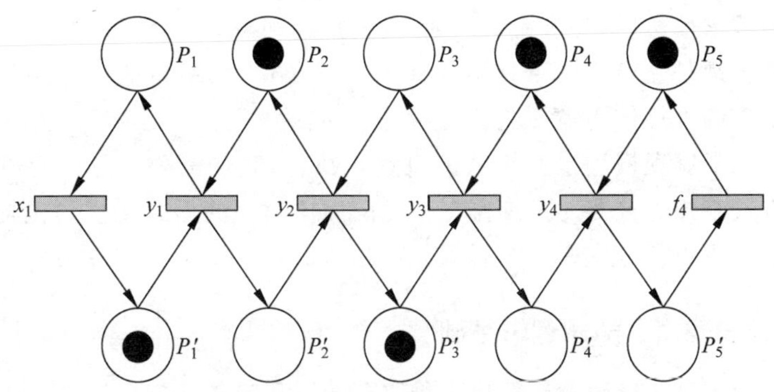

图 3-17 消防队救火过程的 Petri 网模型

库所 P_i 存在令牌表示第 i 名消防员正处于运水状态，库所 P'_i 存在令牌表示消防员正处于运桶状态。变迁 x_1 表示第 1 名消防员将水泼向火场；变迁 y_i 表示运桶的第 i 名消防员和运水的第 $i+1$ 名消防员相遇，他们交换水桶，调转方向，同时实现状态改变；变迁 f_4 表示第 5 名消防员从水源处将空桶接满水。

可见,该模型中所有变迁都是在其发生条件具备时自然发生的,没有任何形式的控制,无须现场指挥,也没有时间限制。体力强的消防员可以多走点,体弱的消防员可以少走点,何时相遇就交换水桶,改变状态。

此外,该模型还可以描述并发。在第1、2名消防员交换水桶时,第5名消防员可能正在从水源地取水,这些动作是不相关的异步行为。在Petri网中不存在统一的时钟,如果两个变迁的输入库所集和输出库所集两两不相交,则这两个变迁所对应的事件之间没有因果关系,它们发生的先后在时间上无法区分。因此,Petri网模型强调的是与资源流动有关的因果关系,通过这种因果关系来体现被测对象的行为特征。

3.3.2 形式化规约

模型检验通常用于验证与时序有关的被测对象期望。一个典型的例子是数据总线上的资源管理:总线仲裁器收到一个合理的总线占用请求信号后,经过特定周期,应正常返回总线授予应答信号。这类期望都是先声明一系列事件作为前置条件,然后再假定一系列稍后发生的事件作为需要验证的后置条件。

为了实现模型检验算法的自动化执行,我们需要以形式化规约的方式来描述被测对象期望。常见的面向时序的形式化规约包括线性时序逻辑和分支时序逻辑等。

3.3.2.1 命题逻辑基础

首先简要介绍命题逻辑中最主要的一些定义和关系。

在命题逻辑中,唯一判断结果的简单陈述句称为原子命题,或简称命题。命题的判断结果称为命题的真值,可取“真”或“假”两种逻辑常量。真值为“真”的命题称为真命题,真值为“假”的命题称为假命题。真值可以变化的命题称为命题变项。将命题用逻辑连接词和圆括号按一定的逻辑关系联结起来的符号串称为命题公式。

设 p、q 表示命题,P 表示命题公式。常见的命题公式类型包括：

(1) 合取式：p 与 q，记作 $p \wedge q$。

(2) 析取式：p 或 q，记作 $p \vee q$。

(3) 否定式：非 p，记作 $\neg p$。

(4) 蕴涵式：如果 p 则 q，记作 $p \rightarrow q$。

(5) 等价式：p 当且仅当 q，记作 $p \Leftrightarrow q$。

(6) 重言式：若 P 无成假赋值，则称 P 为重言式或永真式。

(7) 矛盾式：若 P 无成真赋值，则称 P 为矛盾式或永假式。

(8) 可满足式：若 P 至少有一个成真赋值，则称 P 为可满足的。

(9) 析取范式：仅由有限个简单合取式组成的析取式。

(10) 合取范式：仅由有限个简单析取式组成的合取式。

设 A、B 是两个命题公式，若无论 A、B 中的命题变项赋值为何，A 和 B 的真值都相同，则称 A 和 B 是等值的，记作 $A \Leftrightarrow B$。将命题公式 A 推演为与之等值的命题公式 B 的过程，称为等值演算。等值演算的基础是如下 16 组演算规律：

(1) 双重否定律：$\neg \neg A \Leftrightarrow A$。

(2) 幂等律：$A \Leftrightarrow A \vee A$；$A \Leftrightarrow A \wedge A$。

(3) 交换律：$A \vee B \Leftrightarrow B \vee A$；$A \wedge B \Leftrightarrow B \wedge A$。

(4) 结合律：$(A \vee B) \vee C \Leftrightarrow A \vee (B \vee C)$；$(A \wedge B) \wedge C \Leftrightarrow A \wedge (B \wedge C)$。

(5) 分配律：$A \vee (B \wedge C) \Leftrightarrow (A \vee B) \wedge (A \vee C)$；$A \wedge (B \vee C) \Leftrightarrow (A \wedge B) \vee (A \wedge C)$。

(6) 德摩根律：$\neg (A \vee B) \Leftrightarrow \neg A \wedge \neg B$；$\neg (A \wedge B) \Leftrightarrow \neg A \vee \neg B$。

(7) 吸收律：$A \vee (A \wedge B) \Leftrightarrow A$；$A \wedge (A \vee B) \Leftrightarrow A$。

(8) 零律：$A \vee 1 \Leftrightarrow 1$；$A \wedge 0 \Leftrightarrow 0$。

(9) 同一律：$A \vee 0 \Leftrightarrow A$；$A \wedge 1 \Leftrightarrow A$。

(10) 排中律：$A \vee \neg A \Leftrightarrow 1$。

(11) 矛盾律：$A \wedge \neg A \Leftrightarrow 0$。

(12) 蕴涵等值律：$A \rightarrow B \Leftrightarrow \neg A \vee B$。

(13) 等价等值律：$A \leftrightarrow B \Leftrightarrow (A \rightarrow B) \wedge (B \rightarrow A)$。

(14) 假言易位律：$A \rightarrow B \Leftrightarrow \neg B \rightarrow \neg A$。

(15) 等价否定律：$A \leftrightarrow B \Leftrightarrow \neg A \leftrightarrow \neg B$。

(16) 归谬律：$(A \rightarrow B) \wedge (A \rightarrow \neg B) \Leftrightarrow \neg A$。

3.3.2.2 线性时序逻辑

线性时序逻辑将时间设想为一个线性序列，该序列由一系列离散的时刻组成，每个时刻对应被测对象状态序列 δ：$s_0, s_1, s_2, \cdots$ 中的一个状态。时序逻辑以状态序列作为命题的论断对象，在状态序列上解释其真值，同一个时序逻辑公式在不同的时刻（即状态序列的不同位置）可能有不同的真值，这是时序逻辑区别于经典命题逻辑的重要特性。

与经典命题逻辑公式一样，线性时序逻辑公式中也有原子命题、逻辑常量、逻辑连接词等要素。在此基础之上，线性时序逻辑引入了时序算子，以描述与时间相关的期望。常用的时序算子包括：

(1) $\Box p$：意为“任一时刻 p 为真”。

(2) $\Diamond p$：意为“某一时刻 p 为真”。

(3) $\bigcirc p$：意为“下一时刻 p 为真”。

(4) $p \cup q$：意为“p 为真直到 q 为真”。

(5) $p \omega q$：意为“p 为真直到 q 为真，或任一时刻 p 为真”。

将被测对象期望表述为命题逻辑公式 f，对于被测对象状态序列 δ 中第 j 个位置的状态 s_j，如果 f 在 s_j 上为真，则记作 $(\delta, j) \models f$；如果 f 在 s_j 上为假，则记作 $(\delta, j) ! \models f$。再结合时序算子，即可表述在 s_j 及其之后的状态序列上的期望，也就是基于线性时序逻辑的形式化规约。例如：

1. $(\delta, j) \models \Box f \Leftrightarrow \forall k \geqslant j, (\delta, k) \models f$

$\Box f$ 在时刻 j 成立，当且仅当 f 在时刻 j（含 j）之后的任一时刻均成立，如图 3-18 所示。

例如，假设在时刻 $j=4$ 之后都有 $x>3$ 成立，则线性时序逻辑公式“$\Box(x>3)$”在各时刻的真值如表 3-4 所示。

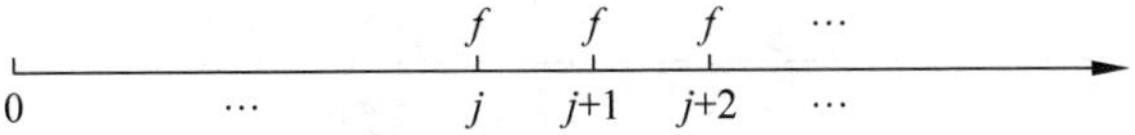

图 3-18 $(\delta, j) \models \Box f$

表 3-4 $\Box(x>3)$真值表

j	x	$x>3$	$\Box(x>3)$
0	1	F	F
1	3	F	F
2	2	F	F
3	4	T	F
4	3	F	F
5	5	T	T
6	4	T	T
…	…	…	…

显然，如果$\Box f$在时刻j成立，则它在j之后的任一时刻也成立。

2. $(\delta, j) \models \Diamond f \Leftrightarrow \exists k \geq j, (\delta, k) \models f$

$\Diamond f$在时刻j成立，当且仅当f在时刻j(含j)之后的某一时刻成立，如图 3-19 所示。

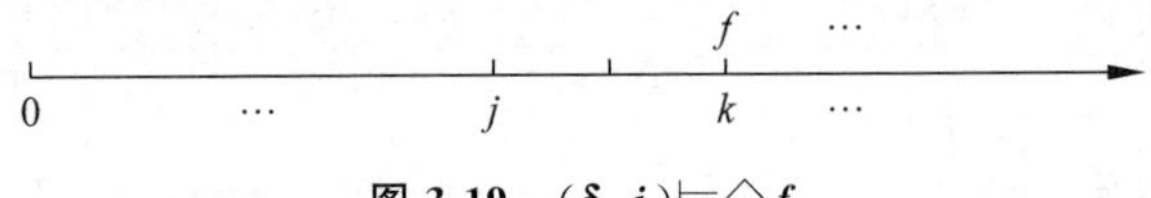

图 3-19 $(\delta, j) \models \Diamond f$

例如，假设在时刻$j=3$之后都有$x \neq 4$，则线性时序逻辑公式“$\Diamond(x=4)$”在各时刻的真值如表 3-5 所示。

表 3-5 $\Diamond(x=4)$真值表

j	x	$x=4$	$\Diamond(x=4)$
0	1	F	T
1	2	F	T
2	3	F	T

续表

j	x	$x=4$	$\Diamond(x=4)$
3	4	T	T
4	5	F	F
5	6	F	F
…	…	…	…

3. $(\delta,j)\models\bigcirc f\Leftrightarrow(\delta,j+1)\models f$

$\bigcirc f$ 在时刻 j 成立，当且仅当 f 在时刻 j 的下一时刻 $j+1$ 成立，如图 3-20 所示。

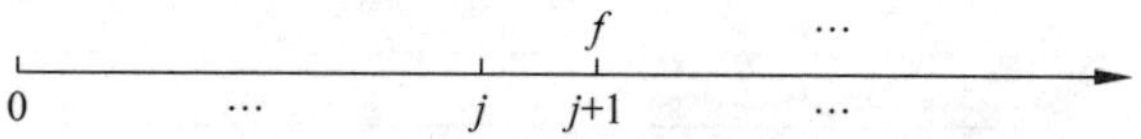

f　…
0　…　j　j+1　…

图 3-20　$(\delta,j)\models\bigcirc f$

例如，假设状态变量 x 的取值以 0011 为周期循环往复，则线性时序逻辑公式“$(x=0)\wedge\bigcirc(x=1)$”在各时刻的真值如表 3-6 所示。

表 3-6　$(x=0)\wedge\bigcirc(x=1)$真值表

j	x	$x=0$	$x=1$	$\bigcirc(x=1)$	$(x=0)\wedge\bigcirc(x=1)$
0	0	T	T	F	F
1	0	T	T	T	T
2	1	F	T	T	F
3	1	F	T	F	F
4	0	T	F	F	F
5	0	T	F	T	T
6	1	F	T	T	F
…	…	…	…	…	…

4. $(\delta,j)\models f\cup g\Leftrightarrow\exists k\geqslant j,(\delta,k)\models g\wedge\forall i,j\leqslant i<k,(\delta,i)\models f$

$f\cup g$ 在时刻 j 成立，当且仅当 g 在时刻 j（含 j）之后的某一时刻 k 成立，而 f 在时刻 $j,\cdots,k-1$ 一直成立，如图 3-21 所示。

例如，假设状态变量 x 的取值按自然数序列递增，则线性时序逻

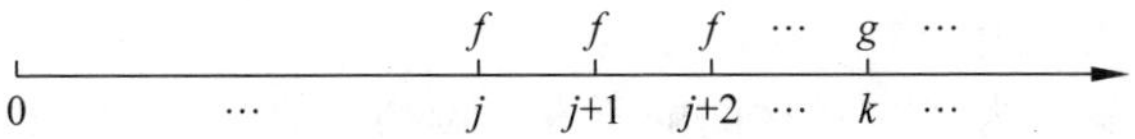

$$
\begin{array}{l}
\text{axis: } 0 \quad \cdots \quad j \ (f) \quad j+1 \ (f) \quad j+2 \ (f) \quad \cdots \quad k \ (g) \quad \cdots
\end{array}
$$

图 3-21 $(\delta,j)\models f\cup g$

辑公式“$(3\leqslant x\leqslant 5)\cup(x=6)$”在各时刻的真值如表 3-7 所示。

表 3-7 $(3\leqslant x\leqslant 5)\cup(x=6)$真值表

j	x	$3\leqslant x\leqslant 5$	$x=6$	$(3\leqslant x\leqslant 5)\cup(x=6)$
0	1	F	F	F
1	2	F	F	F
2	3	T	F	T
3	4	T	F	T
4	5	T	F	T
5	6	F	T	T
6	7	F	F	F
…	…	…	…	…

5. $(\delta,j)\models f\omega g\Leftrightarrow(\delta,j)\models f\cup g\vee(\delta,j)\models\Box f$

例如，仍然假设状态变量 x 的取值按自然数序列递增，则线性时序逻辑公式“$[(3\leqslant x\leqslant 5)\vee(x\geqslant 8)]\omega(x=6)$”在各时刻的真值如表 3-8 所示。

表 3-8 $[(3\leqslant x\leqslant 5)\vee(x\geqslant 8)]\omega(x=6)$真值表

j	x	$(3\leqslant x\leqslant 5)\vee(x\geqslant 8)$	$x=6$	$[(3\leqslant x\leqslant 5)\vee(x\geqslant 8)]\omega(x=6)$
0	1	F	F	F
1	2	F	F	F
2	3	T	F	T
3	4	T	F	T
4	5	T	F	T
5	6	F	T	T
6	7	F	F	F
7	8	T	F	T
8	9	T	F	T
…	…	…	…	…

该公式在区间 2,…,5 成立是因为 $f \cup g$ 成立,在无穷区间 7,8,…成立是因为 f 在该区间的所有时刻均成立。

下面来看一个线性时序逻辑的应用示例。对于一个用于称重的弹簧来说,其迁移系统模型如图 3-22 所示。

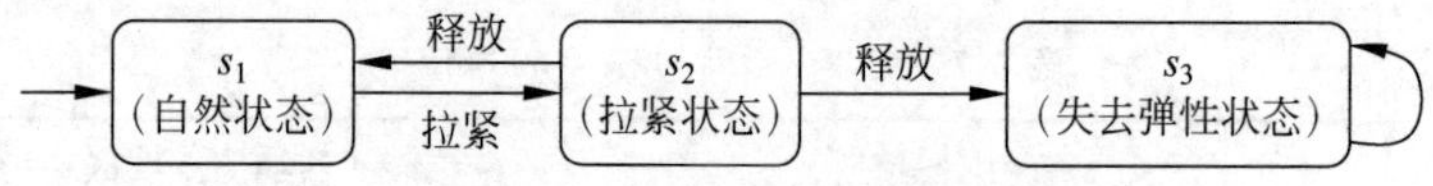

图 3-22 弹簧的迁移系统模型

拉紧弹簧可以使其伸长,释放拉力可以恢复其原始形状。如果拉力过大,弹簧还可能失去弹性,保持伸长的形状无法恢复。为了简化描述,用 e 指代原子命题"弹簧伸长",用 m 指代原子命题"弹簧失去弹性"。显然,当弹簧处于 s_2 或 s_3 状态时,e 都成立;当弹簧处于 s_3 状态时,m 成立。

这个模型可能产生无穷多个状态序列,如:

$\xi_0 = s_1\ s_2\ s_1\ s_2\ s_1\ s_2\ s_1 \cdots$

$\xi_1 = s_1\ s_2\ s_3\ s_3\ s_3\ s_3\ s_3 \cdots$

$\xi_2 = s_1\ s_2\ s_1\ s_2\ s_3\ s_3\ s_3 \cdots$

以序列 ξ_2 的第一个状态 s_1 为例,有如下结论:

(1) $(\xi_2,1) \models \bigcirc e$。下一时刻运算符○在公式中被用来断言序列中的第二个状态,也就是 s_2 满足 e。

(2) $(\xi_2,1) ! \models \bigcirc\bigcirc e$。线性时序逻辑公式 $\bigcirc\bigcirc e$ 表示"弹簧在下下个时刻会伸长"。然而 s_1 的下下个状态还是 s_1,弹簧并未伸长。

(3) $(\xi_2,1) \models \Diamond e$。线性时序逻辑公式 $\Diamond e$ 表示"弹簧终将伸长",断言序列中存在某个状态满足 e。确实,序列中的第二个状态就满足 e。

(4) $(\xi_2,1) ! \models \Box e$。线性时序逻辑公式 $\Box e$ 表示"弹簧一直伸长",断言序列中的每个状态都满足 e。实际上序列中第三个状态就不满足 e。

(5) $(\xi_2,1) \models \Diamond\Box e$。线性时序逻辑公式 $\Diamond\Box e$ 表示"弹簧最终会一直伸长",断言序列中存在某个状态,其所有后续的状态都满足

e。确实,从序列的第四个状态开始就一直满足 e。

(6) $(\xi_2,1)!\models(\neg e)\cup m$。线性时序逻辑公式$(\neg e)\cup m$ 表示"弹簧直到失去弹性才能伸长"。实际上对第二个状态来说,弹簧是伸长的,且并未失去弹性。

进一步,对于被测对象模型 M 来说,如果 M 满足某形式化规约 φ,意味着 M 的任何状态序列中的任何状态都满足 φ。假设 M 是上述弹簧模型,有如下结论:

(1) $M\models\Diamond e$。对 M 来说,$\Diamond e$ 指任何状态序列都会到达弹簧伸长的状态。因为弹簧不会永远处在初始状态 s_1,所以它是成立的。注意,如果在 s_1 上添加指向自身的状态迁移,这一结论就不再成立。

(2) $M\models\Box(\neg e\rightarrow\bigcirc e)$。对 M 来说,$\Box(\neg e\rightarrow\bigcirc e)$意味着在任何状态序列的任何状态下,如果弹簧没有伸长,那么它一定会在下一状态伸长。它是成立的,在 M 的任意状态序列中,每一次 s_1 发生后都立刻有 s_2 发生。

(3) $M!\models\Diamond\Box e$。对 M 来说,$\Diamond\Box e$ 意味着任意状态序列最终将会达到弹簧永远保持伸长的状态。显然,在 ξ_0 中这并不成立。

(4) $M!\models\Box(e\rightarrow\bigcirc\neg e)$。对 M 来说,$\Box(e\rightarrow\bigcirc\neg e)$意味着在每个弹簧伸长的状态后,存在一个直接的后继状态满足 $\neg e$。虽然 ξ_0 中该公式成立,但是 ξ_1、ξ_2 中此公式均不成立,因为它们最终都一直停留在 s_3 状态。

3.3.2.3 分支时序逻辑

分支时序逻辑是在线性时序逻辑的基础上增加路径量词拓展而成的。将被测对象的状态序列视为一条路径,每一个状态就是这条路径上的节点。对被测对象模型 M 来说,从初始状态 s_0 出发可能产生多条路径分支。可以用路径量词 A 表示"对所有路径",用路径量词 E 表示"存在一条路径"。结合路径量词,即可表述在多条路径分支上的状态转换逻辑期望,也就是基于分支时序逻辑的形式化规约。例如:

1. $(M,s_0)\models A\Box f \Leftrightarrow \forall\ \xi=s_0\to s_1\to s_2\to\cdots,\ \forall\ i\geqslant 0,(\xi,i)\models f$

即从 s_0 出发的所有路径上的所有状态节点都满足 f,如图 3-23 所示。

2. $(M,s_0)\models E\Box f \Leftrightarrow \exists\ \xi=s_0\to s_1\to s_2\to\cdots,\ \forall\ i\geqslant 0,(\xi,i)\models f$

即存在一条从 s_0 出发的路径,使得该路径上的所有节点都满足 f,如图 3-24 所示。

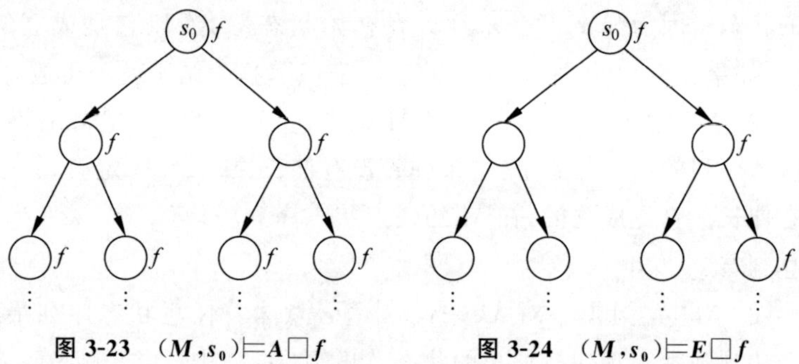

图 3-23 $(M,s_0)\models A\Box f$　　**图 3-24 $(M,s_0)\models E\Box f$**

3. $(M,s_0)\models A\Diamond f \Leftrightarrow \forall\ \xi=s_0\to s_1\to s_2\to\cdots,\ \exists\ i\geqslant 0,(\xi,i)\models f$

即从 s_0 出发的所有路径最终都存在一个节点满足 f,如图 3-25 所示。

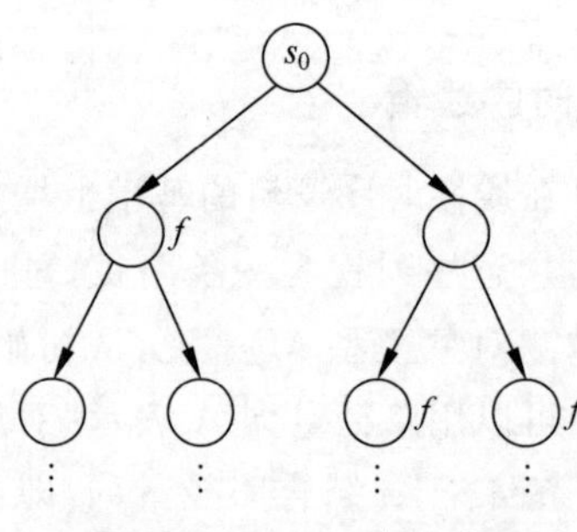

图 3-25 $(M,s_0)\models A\Diamond f$

4. $(M, s_0) \models E\Diamond f \Leftrightarrow \exists \xi = s_0 \rightarrow s_1 \rightarrow s_2 \rightarrow \cdots, \exists i \geqslant 0, (\xi, i) \models f$

即存在一条从 s_0 出发的路径,并且在该路径上最终存在一个节点满足 f,如图 3-26 所示。

5. $(M, s_0) \models A\bigcirc f \Leftrightarrow \forall \xi = s_0 \rightarrow s_1 \rightarrow s_2 \rightarrow \cdots, (\xi, 1) \models f$

即从 s_0 出发的所有路径上的第二个节点都满足 f,如图 3-27 所示。

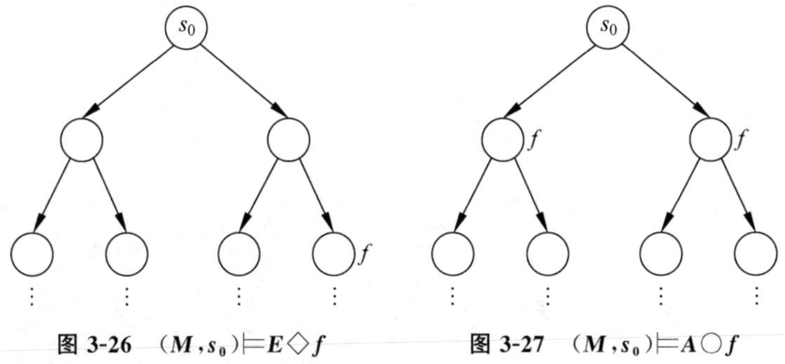

图 3-26 $(M, s_0) \models E\Diamond f$　　图 3-27 $(M, s_0) \models A\bigcirc f$

6. $(M, s_0) \models E\bigcirc f \Leftrightarrow \exists \xi = s_0 \rightarrow s_1 \rightarrow s_2 \rightarrow \cdots, (\xi, 1) \models f$

即存在从 s_0 出发的一条路径,使得该路径上的第二个节点满足 f,如图 3-28 所示。

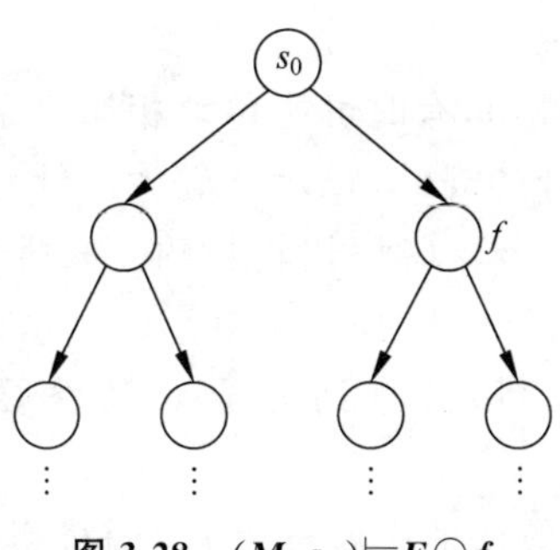

图 3-28 $(M, s_0) \models E\bigcirc f$

7. $(M,s_0)\models A(f\cup g)\Leftrightarrow\forall\xi=s_0\rightarrow s_1\rightarrow s_2\rightarrow\cdots,\exists k\geqslant 0,$
$(\xi,k)\models g\wedge\forall i:0\leqslant i<k,(\xi,i)\models f$

即从 s_0 出发的所有路径上，都存在一个节点满足 g，并且在该节点之前所有的节点都满足 f，如图 3-29 所示。

8. $(M,s_0)\models E(f\cup g)\Leftrightarrow\exists\xi=s_0\rightarrow s_1\rightarrow s_2\rightarrow\cdots,\exists k\geqslant 0,$
$(\xi,k)\models g\wedge\forall i:0\leqslant i<k,(\xi,i)\models f$

即存在一条从 s_0 出发的路径，该路径上存在一个节点满足 g，并且在该节点之前所有的节点都满足 f，如图 3-30 所示。

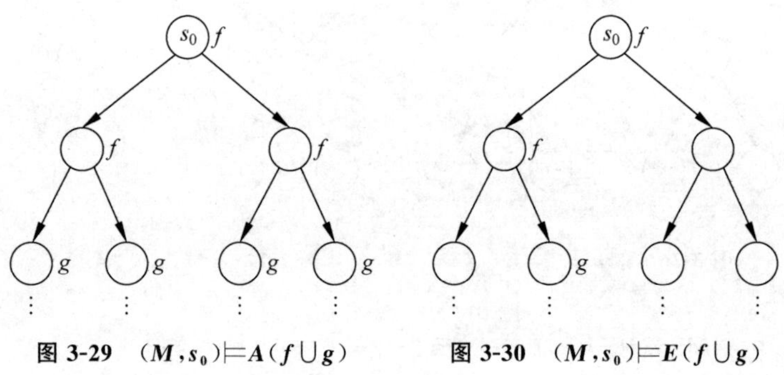

图 3-29　$(M,s_0)\models A(f\cup g)$　　**图 3-30　$(M,s_0)\models E(f\cup g)$**

3.3.3　标记算法

标记算法是实现分支时序逻辑模型检验的一种典型方法。作为“理想”的形式化规约，有时可能包含相当复杂的逻辑，要判定某个状态是否符合这样的规约，难度比较大。针对这一问题，标记算法的基本思路是：将分支时序逻辑规约公式拆解为一层层的子公式，每一层子公式的符合性判定相对容易。由内而外对每一层子公式进行状态枚举判定，直到完成对最外层完整规约公式的判定。

具体来说，标记算法的主要过程为：对模型的每一个状态 s，建立标记集合 $L(s)$，以标记目前已知的、状态 s 满足的所有子公式。

初始时 $L(s)$ 只包含在状态 s 下成立的原子命题。然后将描述期望的分支时序逻辑规约公式进行拆解。例如对于公式 $A\bigcirc(p\rightarrow A\Diamond q)$，可以拆解为以下四层：

(1) p,q。

(2) $A\Diamond q$。

(3) $p\rightarrow A\Diamond q$。

(4) $A\bigcirc(p\rightarrow A\Diamond q)$。

内层的子公式可以看成外层子公式的原子命题，由此便可将复杂的规约公式简化为一组简单的子公式。已知 $\neg$、$\wedge$、$A\Diamond$、$E\bigcirc$、EU 可以作为分支时序逻辑的一组完备算子集，其他的逻辑运算都可以转换为这一组算子的组合。因此可以将任何分支时序逻辑规约公式拆解为符合这一组算子的子公式。当然，分支时序逻辑的完备算子集并非只有这一组，标记算法也可以采用其他的完备算子集，如 $\neg$、$\wedge$、$E\Box$、$E\bigcirc$、EU。

对拆解后的子公式从里向外逐层进行规约符合性判定。在每一层的判定过程中枚举所有状态，根据判定结果更新每个状态的标记集合 $L(s)$，具体标记方法遵循如下规则：

(1) 对于公式 $\neg f$，枚举所有状态，如果 f 在状态 s 不成立，则将 $\neg f$ 加入 $L(s)$ 中。

(2) 对于公式 $f\wedge g$，枚举所有状态，如果 f 和 g 都在状态 s 中成立，则将 $f\wedge g$ 加入 $L(s)$ 中。

(3) 对于公式 $A\Diamond f$，从路径树的叶节点出发，自底向上枚举所有状态，如果 f 在状态 s 成立，或者 $A\Diamond f$ 在 s 的所有直接后继状态上都成立，则将 $A\Diamond f$ 加入 $L(s)$ 中。

(4) 对于公式 $E\bigcirc f$，从路径树的根节点出发，自顶向下枚举所有状态，如果 f 在状态 s 的某个直接后继状态上成立，则将 $E\bigcirc f$ 加入 $L(s)$ 中。

(5) 对于公式 $E(f\cup g)$，枚举所有状态，如果 g 在状态 s 成立，则将 $E(f\cup g)$ 加入 $L(s)$ 中。枚举完成后，再次从叶节点开始自底向上枚举所有状态，如果 f 在某个状态 s' 上成立，且 $E(f\cup g)$ 在 s'

的某个直接后继状态上成立，则将 $E(f\cup g)$ 加入 $L(s')$ 中。

完成了最外层完整规约公式的符合性判定后，就可以得到模型检验的结论了。如果模型的所有初始状态都满足规约，则称该模型满足规约，或称被测对象的模型是正确的。

下面举例说明模型检验标记算法的具体应用。假设被测对象的迁移系统模型如图 3-31 所示。

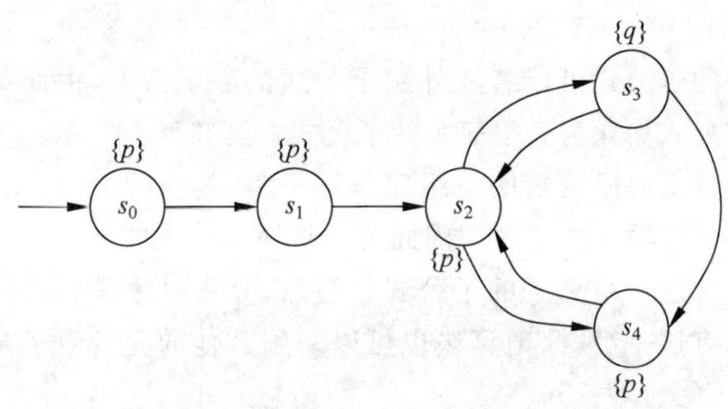

图 3-31　某被测对象的迁移系统模型

各状态满足的原子命题已经标注在状态节点附近。采用标记算法判定该模型是否满足规约 $A\Diamond(p\rightarrow A\Diamond q)$，实现过程如下：

(1) 以 ¬、∧，$A\Diamond$、$E\bigcirc$、EU 为完备算子集，利用等值演算规律，对规约的分支时序逻辑公式进行重写：

$$\begin{aligned} \mathrm{A}\Diamond(p \rightarrow \mathrm{A}\Diamond q) &= A\Diamond(\neg p \vee A\Diamond q) \\ &= A\Diamond(\neg(p \wedge \neg(A\Diamond q))) \end{aligned}$$

(2) 进而将其拆解为一组子公式，其中 g_7 即原始规约：

$$g_1 = p$$

$$g_2 = q$$

$$g_3 = \mathrm{A}\Diamond g_2$$

$$g_4 = \neg g_3$$

$$g_5 = g_1 \wedge g_4$$

$$g_6 = \neg g_5$$

$$g_7 = A\Diamond g_6$$

(3) 根据 $g_1 = p$ 进行标记：

$$L(s_0) = \{g_1\}$$

$$L(s_1) = \{g_1\}$$

$$L(s_2) = \{g_1\}$$

$$L(s_4) = \{g_1\}$$

(4) 根据 $g_2 = q$ 进行标记：

$$L(s_3) = \{g_2\}$$

(5) 根据 $g_3 = A\Diamond g_2$ 进行标记：

$$L(s_3) = \{g_2, g_3\}$$

(6) 根据 $g_4 = \neg g_3$ 进行标记：

$$L(s_0) = \{g_1, g_4\}$$

$$L(s_1) = \{g_1, g_4\}$$

$$L(s_2) = \{g_1, g_4\}$$

$$L(s_4) = \{g_1, g_4\}$$

(7) 根据 $g_5 = g_1 \wedge g_4$ 进行标记：

$$L(s_0) = \{g_1, g_4, g_5\}$$

$$L(s_1) = \{g_1, g_4, g_5\}$$

$$L(s_2) = \{g_1, g_4, g_5\}$$

$$L(s_4) = \{g_1, g_4, g_5\}$$

(8) 根据 $g_6 = \neg g_5$ 进行标记：

$$L(s_3) = \{g_2, g_3, g_6\}$$

(9) 根据 $g_7 = A\Diamond g_6$ 进行标记：

$$L(s_3) = \{g_2, g_3, g_6, g_7\}$$

至此可得到所有状态对各层子公式的符合性判定结果，如表 3-9 所示。

表 3-9 各层子公式的符合性判定结果

子 公 式	s_0	s_1	s_2	s_3	s_4
g_1	√	√	√		√
g_2				√	

续表

子 公 式	s_0	s_1	s_2	s_3	s_4
g_3				√	
g_4	√	√	√		√
g_5	√	√	√		√
g_6				√	
g_7				√	

可见,模型仅在状态 s_3 上满足原始规约 g_7,在初始状态 s_0 上并不满足。最终结论是,被测对象的模型不满足规约。

3.4 本章小结

枚举是最简单直接的测试设计思想,主要用于缓解正确性判定问题。为了控制测试实施成本,基于枚举思想的测试设计方法都在"压缩"方面下足了功夫,并且为了不影响正确性的判定,枚举测试方法的压缩都是"无损压缩"。这一点不仅是此类方法的鲜明特征,也是我们在测试设计中贯彻枚举思想的基本要求。

组合测试主要用于判定被测对象在因素耦合处理方面的正确性。针对被测对象期望所关注的组合力度,一个测试用例有可能覆盖多个组合,这就为"无损压缩"创造了条件;另一种思路是,通过识别耦合关系的真空地带,排除测试用例中的冗余。

分割测试是工程实践中最常用的测试设计方法之一。如果能够分割出真正的同质子空间,分割测试中的压缩就是典型的"无损压缩"。然而同质子空间的识别需要充分综合来自现实和理想的信息,实现起来难度颇大。分割测试也常常用于检出缺陷。从效率出发,在分割子空间时应充分考虑潜在缺陷在测试输入空间中的分布情况。

当前可用的算力资源仍在快速增长,基于枚举思想的测试方法也会有越来越多的用武之地。为了借助计算机实现枚举测试,测试人员需要将被测对象的理想和现实都转化为计算机可理解的形式,比如模型检验方法中使用的形式化模型和形式化规约。值得注意的是，这一转化过程中往往需要一定的近似和简化，有可能对枚举测试的质量评估结论产生影响。

本章参考文献

[1] Kuhn D R, Reilly M J. An investigation of the applicability of design of experiments to software testing[C]//27th Annual NASA Goddard/IEEE Software Engineering Workshop, 2002. Proceedings. IEEE, 2002: 91-95.

[2] 聂长海. 组合测试[M]. 北京：科学出版社，2015.

[3] Weyuker E J, Ostrand T J. Theories of Program Testing and the Application of Revealing Subdomains[J]. IEEE Transactions on Software Engineering, 1980, 6(3): 236-246.

[4] Hamlet D, Taylor R. Partition testing does not inspire confidence[C]//Software Testing, Verification and Analysis, 1988. Proceedings of the Second Workshop on. IEEE, 1988.

[5] Weyuker E J, Jeng B. Analyzing partition testing strategies[J]. IEEE Transactions on Software Engineering, 1991, 17(7): 703-711.

[6] Leung H, Chen T Y. A new perspective of the proportional sampling strategy[J]. The Computer Journal, 1999, 42(8): 693-698.

[7] Chen T Y, Yu Y T. On the relationship between partition and random testing[J]. Software Engineering IEEE Transactions on, 1994, 20(12): 977-980.

[8] Chen T Y, Tse T H, Yu Y T. Proportional sampling strategy: A compendium and some insights[J]. Journal of Systems and Software, 2001, 58(1): 65-81.

[9] Duran J W, Ntafos S C. An evaluation of random testing[J]. IEEE Transactions on Software Engineering, 1984 (4): 438-444.

[10] Frankl P G, Weyuker E J. A formal analysis of the fault-detecting ability of testing methods[J]. IEEE Transactions on Software Engineering, 1993, 19(3): 202-213.

[11] Gaudel M C. Formal methods and testing: Hypotheses and correctness approximations[C]//International Symposium on Formal Methods. Springer, Berlin, Heidelberg, 2005: 2-8.

[12] 张广泉.形式化方法导论[M].北京：清华大学出版社，2015.

[13] Wile B，Goss J C，Roesner W.全面的功能验证：完整的工业流程[M].沈海华，乐翔，译.北京：机械工业出版社，2010.

[14] 屈婉玲，耿素云，张立昂.离散数学[M].2版.北京：清华大学出版社，2008.

[15] Ammann P E，Black P E，Majurski W. Using model checking to generate tests from specifications[C]//proceedings second international conference on formal engineering methods (Cat. No. 98EX241). IEEE，1998：46-54.

第4章

准则化

在讲解“测试选择问题”时提到过，对整个测试输入空间进行“穷尽”测试经常是不现实的。测试者需要在有限的资源条件下，从测试输入空间选取最合适的测试用例，实现尽可能充分的测试，也就是最大程度实现“评估质量”和“检出缺陷”目标的测试。

那么怎样才算“尽可能”充分呢？或者说，选取哪些用例就够了呢？要回答这个问题，首先需要建立关于被测对象的价值观，识别出哪些事件是更具代表性的，哪些缺陷类型是更重要的。进而将这一价值观进行准则化，形成关于测试充分性的标准，也就是所谓的测试充分准则。这些准则可以在测试活动中发挥两方面作用：

(1) 指导测试者选择测试用例，生成一个规模可控的测试用例集。

(2) 判定一个已有的测试用例集是否充分，或充分程度如何。

这种准则化的思想在测试设计中非常普遍，它集中体现了测试设计所必需的现实主义精神，是测试者缓解“测试选择问题”的法宝。一些测试者甚至认为，测试充分准则是测试设计方法的同义词。实际上，由这些准则所定义的“充分的测试”，通常只是特定意义上的充分，并非绝对的充分。当测试人员决定采用某个充分准则时，同时也做出了某种妥协。重要的是，测试人员需要正确认识充分准则背后的价值观，明确“妥协”可能给测试目标带来的影响。

4.1 基于结构覆盖的充分准则

我们在第 2 章讲过，被测对象一般可被视为一个系统，由多个元素组成，元素之间的关联关系造就了被测对象的结构。显然，每个元素中都可能隐藏着缺陷。当我们思考“什么样的测试集是充分的测试集”这一问题时，一个很朴素的想法是：测试集至少应该覆盖被测对象的所有元素，因为一旦某个元素从未被任何测试用例覆盖过，那么测试集必然无法检出该元素中可能隐藏的缺陷，不宜将这样的测试集称为充分的测试集。

当然，即便测试用例的执行结果是成功的，我们也不能认为这个用例覆盖的元素就是正确的。事实上，如果覆盖某元素的一个测试用例执行成功了，仅仅意味着该元素正确的概率增加了。相应地，如果测试用例执行失败了，则意味着该元素中包含缺陷的概率增加了。从这一点出发，可以在检出缺陷的基础上，设计一些方法来分析缺陷所在的位置——比如软件领域的基于频谱的缺陷定位技术。在这种方法中，有两类信息是最关键的，分别是频谱和测试结果。频谱记录了测试用例执行过程中程序中各种元素的运行时信息，由此刻画出程序的动态行为特征：程序元素可以是语句、分支、路径、程序块等；运行时信息可以是覆盖与否、覆盖次数、执行元素前后的程序状态等。譬如，针对路径覆盖次数的频谱如图 4-1 所示。

测试结果指的是每个测试用例的执行结果是成功还是失败。结合频谱和测试结果信息，可以统计出哪些程序元素最可能与缺陷相关，从而实现缺陷定位。假设某条路径被多个执行失败的用例覆盖，那么该路径包含缺陷的概率就很高。

从我们所关注的质量特性出发——或者说从关于被测对象的价值观出发，我们可以从不同的角度定义被测对象的元素和结构。例如对软件而言，如果用户关注的是程序控制逻辑的正确性，可以将

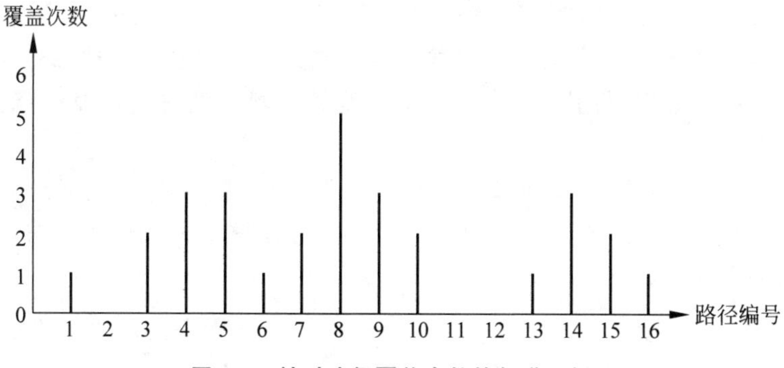

图 4-1 针对路径覆盖次数的频谱示例

元素定义为语句、分支、路径等,这些元素构成了程序的控制流结构;如果用户关注的是数据处理的正确性,可以将元素定义为程序中的变量,这些元素构成了程序的数据流结构。相应地,也可以定义不同的测试充分准则,要求测试覆盖控制流结构或数据流结构中的元素。

从结构的角度来说,计算机程序的缺陷可以分为两大类:空间缺陷和计算缺陷。空间缺陷指的是,由于程序的控制逻辑有误,在某些输入事件中程序会执行错误的路径;计算缺陷指的是,虽然程序执行了正确的路径,但是某些语句的计算逻辑有误,导致输出结果错误。然而,控制流覆盖准则无法保证检出空间缺陷,数据流覆盖准则也无法保证检出计算缺陷。实际上,基于结构覆盖的充分准则,在检出缺陷方面的能力一般都比较有限,更适于帮助其他测试设计方法查漏补缺。

4.1.1 控制流覆盖准则

控制流覆盖准则的基本想法是:如果程序控制流结构中的某些元素从未被任何测试用例执行过,用户对该程序控制逻辑的正确性不会有太大的信心。

通常采用流程图描述被测程序的结构。流程图是一种有向图,由节点和有向边构成。节点表示一组顺序执行的语句,有向边则表示两个节点之间的控制转移。在流程图中，存在一个起点代表计算过程的开始，一个终点代表计算过程的结束。起点没有入边，终点没有出边。流程图的每一个节点都必然处于起点至终点的某一条路径上。

计算机程序有五种基本的控制结构：顺序型结构、选择型结构、先判断型循环结构、后判断型循环结构、多情况选择型结构，其流程图如图 4-2 所示。

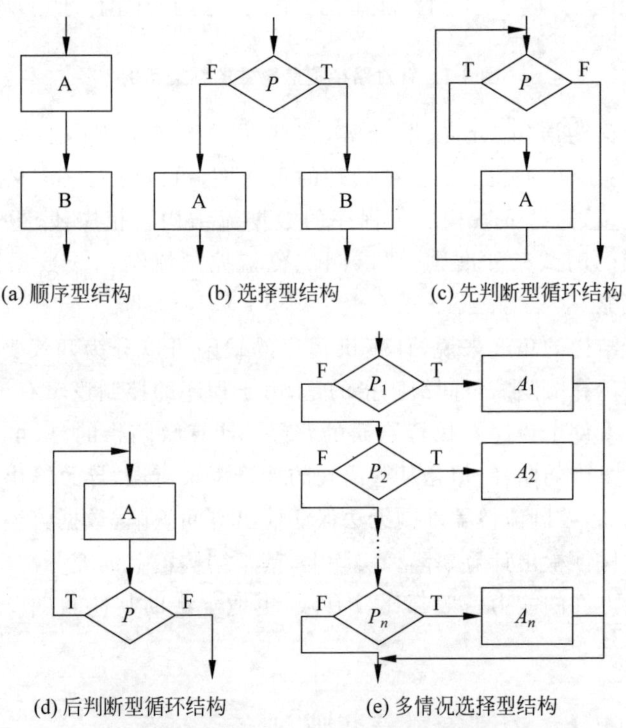

图 4-2　计算机程序的五种基本控制结构

任何复杂的控制流结构都可以由上述五种基本结构组合或嵌套而构成。图 4-3 是一个示例。

该流程图对应的是一个采用欧几里得算法计算最大公约数的程序，源码如下所示。

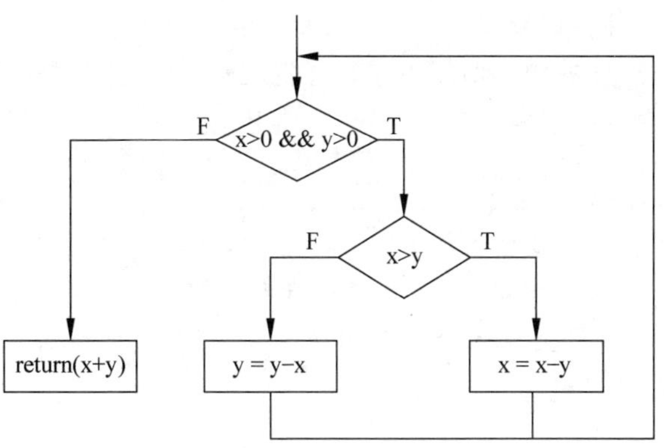

图 4-3 某被测程序的流程图

```
public int gcd(int x, int y) {
    while (x > 0 && y > 0) {
        if (x > y) {
            x = x - y;
        } else {
            y = y - x;
        }
    }
    return (x + y);
}
```

针对程序的控制流结构,一种基本的充分性要求是:至少程序中的每一行代码都应该被测试过,这样的测试用例集才有可能是充分的,这就是语句覆盖准则。从程序流程图的角度看,语句覆盖准则要求覆盖流程图中所有的节点。

> **定义:语句覆盖准则**
>
> 设测试用例集为 T,T 对应的执行路径集合为 P。T 满足语句覆盖准则,当且仅当对流程图中的所有节点 n,P 中都存在至少一条执行路径穿过 n。

除节点外,控制转移也是控制流结构的重要组成部分。如果仅仅要求覆盖每一行代码,很多控制转移就没有机会得到验证。于是就有了另一种相对较高的充分性要求：至少程序中的每一个分支都被测试过，这样的测试用例集才有可能是充分的，这就是分支覆盖准则。从程序流程图的角度看，分支覆盖准则要求覆盖流程图中所有的边。

> **定义：分支覆盖准则**
>
> 设测试用例集为 T，T 对应的执行路径集合为 P。T 满足分支覆盖准则，当且仅当对流程图中的所有边 e，P 中都存在至少一条执行路径包含 e。

显然，一旦流程图中所有的边都被测试用例集覆盖，那么所有节点肯定也会被覆盖。因此，一个测试用例集如果满足分支覆盖准则，那么必然也满足语句覆盖准则。充分准则之间的这种关系被称为包含关系。因此可以说，分支覆盖准则“包含”语句覆盖准则。

一次完整的程序执行事件，对应着一个由不同分支组合而成的控制转移序列，或者说对应着流程图中某一条从起点至终点的路径。验证所有分支组合的充分性要求，被称为路径覆盖准则。

> **定义：路径覆盖准则**
>
> 设测试用例集为 T，T 对应的执行路径集合为 P。T 满足路径覆盖准则，当且仅当 P 包含流程图中从起点到终点所有可能的路径。

如果一个测试用例集能够覆盖所有的路径，自然也能覆盖所有的边。因此，路径覆盖准则“包含”分支覆盖准则，其充分性要求比分支覆盖准则更高。但是，路径覆盖准则仍然不能保证被测程序的正确性。回顾 3.2.1 节对分割测试的讲解，容易发现，路径覆盖准则相当于“仅根据程序路径来划分测试输入空间”，得到的子空间并非“同质子空间”。换言之，如果某一条路径并未与期望处理方式对齐，那么在其对应的子空间中，可能只有一部分测试输入点对应着与期望相符的输出结果，另一部分则对应着与期望不符的输出结果。

尽管如此，路径覆盖准则对大多数程序来说已经过于严苛，甚至无法实现。因为很多程序中路径的数量是无穷的，这意味着需要无穷多的测试用例。现实中，测试用例集的规模一定是有限的。充分准则可以被有限的测试用例集所满足的特性，称为充分准则的有限适用性。

语句覆盖准则和分支覆盖准则也不具备有限适用性，原因是被测程序中可能包含测试执行不可达的元素。例如，当被测程序中存在永远不可能被执行到的“死代码”时，任何测试用例集都无法满足语句覆盖准则。针对这一情况，我们可以考虑对准则稍作调整，重新定义一个符合有限适用性的版本，也就是只要求覆盖可达的元素。

定义：修改的语句覆盖准则

设测试用例集为 T，T 对应的执行路径集合为 P。T 满足修改的语句覆盖准则，当且仅当对流程图中所有可达的节点 n，P 中都存在至少一条执行路径穿过 n。

需要注意的是，这种重新定义的版本可能导致不可判定问题。例如，已知测试用例集 T 未能覆盖某一行代码，但是如果无法判定这行代码是否是“死代码”，用户就无法确认 T 是否满足修改的语句覆盖准则。

4.1.2 数据流覆盖准则

数据流覆盖准则的基本想法是：如果程序变量的某个计算结果没有在任何测试用例的执行过程中产生过效果，用户很难相信程序对数据的处理是正确的。

数据流覆盖准则关注变量的定义和使用。变量定义指的是变量被赋值，变量使用指的是变量的值被引用。变量使用又可进一步分为计算使用和断言使用。如果变量的值被用来决定断言是否为真，则称为断言使用；如果变量的值被用来为其他变量赋值或计算输出值，则称为计算使用。例如，赋值语句“y＝x1＋x2”包括对变量 x1 和 x2 的计算使用，以及对变量 y 的定义。语句“if(x1＜x2)”则包括对 x1 和 x2 的断言使用。

从程序流程图上看，变量的定义和使用都发生在节点上。对同一个变量而言，根据变量使用和变量定义的位置关系，可以分别定义本地使用和全局使用。变量 x 的全局使用，指的是与 x 的定义不在同一个节点中的使用，否则就是本地使用。

程序的数据流结构由变量定义节点、变量使用节点以及二者之间的路径构成。变量 x 的“定义无关路径”指的是，该路径上所有节点中都没有关于变量 x 的定义。假设存在一条从节点 u 到节点 v 的路径 $p=(u,w_1,w_2,\cdots,w_n,v)$，其中 u 是 x 的定义节点，$(w_1,w_2,\cdots,w_n)$ 是 x 的定义无关路径，v 是 x 的使用节点，这时可以说：变量 x 在节点 u 的定义通过路径 p 抵达了在节点 v 的全局使用。这样的路径 p 被称为始于 u、终于 v 的“定义使用路径”。

当测试的关注焦点集中于数据处理时，一种基本的充分性要求是：至少程序变量的每一次赋值都应该被测试过，这样的测试用例集才有可能是充分的，这就是全定义覆盖准则。

定义：全定义覆盖准则

设测试用例集为 T，T 对应的执行路径集合为 P。T 满足关于变量 x 的全定义覆盖准则，当且仅当对 x 的所有定义节点 u，P 中都存在至少一条执行路径 p，包含始于 u 的定义使用路径。

全定义覆盖准则要求测试用例集覆盖变量的所有定义节点，并且针对每一个定义节点都要覆盖至少一条定义使用路径。由于一个定义节点可能抵达多个使用节点，一种更高的充分性要求是：至少程序变量的每一次赋值和每一次引用都应该被测试过，这样的测试用例集才有可能是充分的，这就是全使用覆盖准则。

定义：全使用覆盖准则

设测试用例集为 T，T 对应的执行路径集合为 P。T 满足关于变量 x 的全定义覆盖准则，当且仅当对 x 的所有定义节点 u 和使用节点 v，P 中都存在至少一条执行路径 p 包含始于 u、终于 v 的定义使用路径。

可见，全使用覆盖准则关注的是定义节点和使用节点构成的“定义使用对”。如果一个测试用例集能覆盖所有定义使用对，自然也能覆盖所有定义节点。因此，全使用覆盖准则“包含”全定义覆盖准则。

当测试设计侧重于特定的使用类型时，可以考虑对全使用覆盖准则作弱化调整：

(1)“全计算使用/部分断言使用”覆盖准则侧重于计算，要求覆盖所有计算使用节点，如果没有计算使用节点，则覆盖至少一个断言使用节点。

(2)“全断言使用/部分计算使用”覆盖准则侧重于断言，要求覆盖所有断言使用节点，如果没有断言使用节点，则覆盖至少一个计算使用节点。

更进一步，变量的某个定义节点和某个使用节点之间，还可能存在多条路径。验证所有路径的充分性要求，称为全定义使用路径覆盖准则。

定义：全定义使用路径覆盖准则

设测试用例集为 T，T 对应的执行路径集合为 P。T 满足关于变量 x 的全定义使用路径覆盖准则，当且仅当对 x 的所有定义使用路径 q，P 中都存在至少一条执行路径 p 包含 q。

全定义使用路径覆盖准则关注定义使用对之间的路径。显然，如果一个测试用例集能覆盖所有定义使用路径，自然也可以覆盖所有定义使用对。因此，全定义使用路径覆盖准则“包含”全使用覆盖准则。

4.1.3 修改的条件/决策覆盖准则

3.3.2.1 节介绍过命题逻辑的基础知识。在软件中，通常称命题逻辑为布尔逻辑，称流程控制语句中的命题公式为决策，称命题公式中的原子命题为条件。原子命题之间的合取关系对应条件之间的逻辑操作符 and，析取关系对应逻辑操作符 or，异或关系对应逻辑操作符 xor。

软件的复杂性经常体现在控制流分叉节点的决策逻辑上。然而

4.1.1 节提到的分支覆盖准则只能覆盖每个决策的“真”或“假”两种结果，无法对决策中多个条件之间的逻辑关系进行检验。如果将决策视为软件的主体结构，决策中的每一个条件就成为了测试需要覆盖的元素，因此我们可以定义条件/决策覆盖准则。

定义：条件/决策覆盖准则

测试用例集 T 满足条件/决策覆盖准则，当且仅当程序里任意决策的“真”或“假”两种结果都被 T 覆盖至少一次，同时任意决策中每个条件的“真”或“假”两种取值都被 T 覆盖至少一次。

如果进一步考虑各个条件取值的不同组合对决策结果的影响，可以定义条件组合/决策覆盖准则。

定义：条件组合/决策覆盖准则

测试用例集 T 满足条件组合/决策覆盖准则，当且仅当程序里任意决策的“真”或“假”两种结果都被 T 覆盖至少一次，同时任意决策中每个条件取值的所有可能组合都被 T 覆盖至少一次。

真值表是用来表示条件和决策之间全部可能状态的表格，在布尔逻辑分析中经常使用。例如，对于决策表达式(A or B)and C，条件 A、B、C 的所有取值组合及其对决策的影响体现在表 4-1 所示的真值表中。

表 4-1 (A or B) and C 的真值表

A	B	C	(A or B) and C
T	T	T	T
T	T	F	F
T	F	T	T
T	F	F	F
F	T	T	T
F	T	F	F
F	F	T	F
F	F	F	F

一个具有 n 个条件的决策，存在 2^n 个可能的条件赋值组合。因此对包含多个条件的复杂决策来说，条件组合/决策覆盖准则成本比较高。很多时候，用户真正关注的只是每个条件能否正确影响决策结果，于是就有了修改的条件/决策覆盖准则。

定义：修改的条件/决策覆盖准则

测试用例集 T 满足修改的条件/决策覆盖准则，当且仅当程序里任意决策的"真"或"假"两种结果都被 T 覆盖至少一次，同时程序里任意决策中的每个条件的"真"或"假"两种取值都被 T 覆盖至少一次，并且每个条件都能显示出对决策结果的独立影响。

有两种方法可以确认某一条件对决策结果的影响独立性，分别是唯一原因型方法和掩盖型方法。

4.1.3.1 唯一原因型方法

唯一原因型方法仅修改某一条件的取值，同时固定其他条件的取值，看决策结果是否由该条件独立决定。

例如，对于决策表达式 A and B，其真值表如表 4-2 所示。

表 4-2 *A* and *B* 的真值表

A	*B*	决策结果
T	T	T
T	F	F
F	T	F
F	F	F

为满足"修改的条件/决策覆盖准则"，首先(T,T)是必需的，因为这是唯一一个使决策结果为 T 的条件组合；(F,T)也是必需的，这个组合通过仅修改 A 的取值改变了决策结果，显示了 A 对决策结果的独立影响；类似地，(T,T)和(T,F)也是必需的，用以显示 B 对决策结果的独立影响。因此对决策表达式 A and B，满足"修改的条件/决策覆盖准则"的最小测试集是{(T,T),(F,T),(T,F)}。

上述测试用例选择过程可以归纳为一种基于配对表的测试用例设计方法。决策表达式 A and B 的真值表可以转换为如表 4-3 所示的配对表。

表 4-3　*A* and *B* 的配对表

用例编号	*A*	*B*	决策结果	*A*	*B*
1	T	T	T	3	2
2	T	F	F		1
3	F	T	F	1	
4	F	F	F		

配对表的第一列是待选用例编号，A、B 列是在该用例基础上，为了显示该条件的独立影响而需配对的用例编号。例如，用例 1 和用例 3 配对后可以显示 A 的独立影响，用例 1 和用例 2 配对后可以显示 B 的独立影响。

决策表达式 A or B 的配对表如表 4-4 所示。

表 4-4　*A* or *B* 的配对表

用例编号	*A*	*B*	决策结果	*A*	*B*
1	T	T	T		
2	T	F	T	4	
3	F	T	T		4
4	F	F	F	2	3

决策表达式 A xor B 的配对表如表 4-5 所示。

表 4-5　*A* xor *B* 的配对表

用例编号	*A*	*B*	决策结果	*A*	*B*
1	T	T	F	3	2
2	T	F	T	4	1
3	F	T	T	1	4
4	F	F	F	2	3

从配对表选择用例的方法是：针对每一个条件，选择一组配对的测试用例，同时尽可能增加这些配对之间的重叠程度，从而最大程度地控制测试集的规模。常见的两输入逻辑操作符所需的最小测试

集如表 4-6 所示。

表 4-6 常见的两输入逻辑操作符所需的最小测试集

两输入逻辑操作符	满足"修改的条件/决策覆盖准则"所需的最小测试集
and	{(T,T),(F,T),(T,F)}
or	{(F,F),(F,T),(T,F)}
xor	{(T,T),(F,T),(T,F)}或{(F,F),(F,T),(T,F)}或{(T,T),(F,F),(F,T)}或{(T,T),(F,F),(T,F)}

这样的最小测试集满足"修改的条件/决策覆盖准则",能够覆盖各个条件的不同取值,并显示出其对决策的独立影响,但是并没有在检出缺陷方面作出确切的保证。例如,如果 or 被误写为 xor(反之亦然),那么 or 的最小测试集是无法检出这一缺陷的。

4.1.3.2 掩盖型方法

掩盖型方法对整个决策逻辑进行分析,看某一条件对决策的影响是否会被其他条件所掩盖。

举例说明。假设被测程序的规约中要求某个决策为 $Z=A$ and (B xor C),然而程序错误地实现为 $Z=B$ and (B xor C)。我们采用某种测试设计方法,得到的测试用例集如表 4-7 所示。

表 4-7 针对决策 Z 的测试用例集

用例编号	1	2	3	4
A	F	T	T	T
B	F	F	T	T
C	T	F	F	T

可知,该测试集中每个用例的执行结果都与期望相符,无法检出上述缺陷。接下来使用掩盖型方法,判断该测试集是否满足"修改的条件/决策覆盖准则",具体步骤如下。

(1) 使用逻辑门符号代表决策中的逻辑操作符,画出逻辑图,如图 4-4 所示。

(2) 按用例编号顺序,在每一个逻辑门的输入端线上标记输入值序列,如图 4-5 所示。

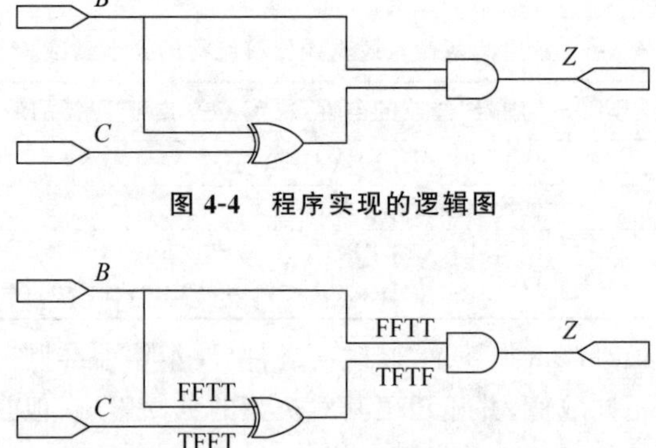

图 4-4　程序实现的逻辑图

图 4-5　按用例顺序标记逻辑门的输入值序列

(3) 针对每一个逻辑门,考虑每个用例对应的输出是否会被其他逻辑门所掩盖,并消除被掩盖的用例。对本例中的 xor 门来说,其输出是 and 门的输入,因此当输入 B 取值为 F 时,xor 门的输出将被掩盖,无法对决策结果产生影响。在 xor 门上对应的用例 1 和用例 2 属于被掩盖的用例,应该被消除,如图 4-6 所示。

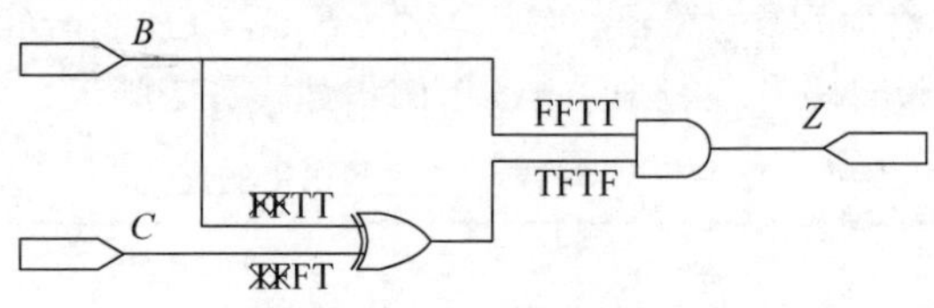

图 4-6　消除被掩盖的用例

消除了被掩盖的用例之后,剩下的用例对应的每一组输入都可以影响决策结果。与唯一原因型方法不同的是,在掩盖型方法中判断某个条件能否影响决策结果,并不要求其他所有条件不能变化。

(4) 判断每个逻辑门剩下的用例是否包含满足"修改的条件/决策覆盖准则"所需的最小测试集,如表 4-8 所示。

可见,xor 门的测试用例集并不充分,遗漏了 FF 或 FT 的情况。在本例中,这个结果是缺陷所致。如果代码实现是正确的,那么本例中给出的测试用例集足以满足"修改的条件/决策覆盖准则"。

表 4-8 各逻辑门的准则满足情况

逻 辑 门	剩 余 用 例	是否包含满足“修改的条件/决策覆盖准则”所需的最小测试集
xor	TF(对应原始的 3 号用例) TT(对应原始的 4 号用例)	否
and	FT(对应原始的 1 号用例) FF(对应原始的 2 号用例) TT(对应原始的 3 号用例) TF(对应原始的 4 号用例)	是

之前讲过,基于结构覆盖的准则可以作为对其他测试方法的补充,这个例子进一步阐释了这一点。

4.2 基于缺陷的充分准则

基于缺陷的充分准则着眼于测试集检出缺陷的能力。如果满足某个准则的测试集可以保证特定的缺陷不存在,那么该准则就属于基于缺陷的充分准则。

软件测试为例。假设某决策表达式涉及比较两个数值变量 a 和 b 的大小,可用的数值关系运算符包括 LT(小于)、LE(小于或等于)、EQ(等于)、NE(不等于)、GE(大于或等于)、GT(大于),每种关系运算符构成的决策表达式的真值表如表 4-9 所示。

表 4-9 变量 a 与 b 比较大小的真值表

决策表达式	$a<b$	$a=b$	$a>b$
a LT b	T	F	F
a LE b	T	T	F
a EQ b	F	T	F
a NE b	T	F	T
a GE b	F	T	T
a GT b	F	F	T

假设规约要求 a 和 b 之间是 NE 的关系，而程序错误地实现为 LT。由真值表可见，如果测试集只覆盖了 $a<b$ 和 $a=b$ 两种情况，测试执行的结果与预期一致，无法发现问题。同样，只考虑 $a>b$ 和 $a=b$ 两种情况也不行，因为程序有可能错误地实现为 GT。测试集至少需要覆盖 $a<b$ 和 $a>b$ 两种情况，才能确定 a 和 b 之间的关系运算符是正确的。

类似地，如果规约要求 a 和 b 之间是 LT 的关系，测试集至少需要覆盖 $a=b$ 和 $a>b$ 两种情况。因此，为了保证该决策表达式中不存在关系运算符替换缺陷，可以建立这样的充分准则：测试集应覆盖 a 和 b 所有可能的相对大小关系，即 $a<b$、$a>b$、$a=b$。

4.2.1 边界缺陷检出准则

边界缺陷检出准则——或者称为边界值测试策略，是软件测试者耳熟能详的一种基于缺陷的充分准则。所谓边界，指的是分割测试中子空间的边界。研发生产实践中，人们大多以线性方式构建产品，因此最普遍的边界形式是线性边界，线性边界发生偏移也是很常见的一种缺陷。

举例说明。假设某决策表达式涉及比较一个数值变量 a 和一个常量 C 的大小关系，根据比较结果转入不同的分支。在由变量 a 张成的测试输入空间中进行子空间的分割，将得到一个一维的线性边界，其位置由常量 C 决定。如果规约要求的 C 是 3，而被测程序错误地实现为 2 或 4，这就是边界偏移缺陷。考虑在边界 $C=3$ 附近的测试输入点，对于各种可能的关系运算符，决策表达式的真值表如表 4-10 所示。

表 4-10　变量 a 与常量 C 比较大小的真值表

决策表达式	$a=1$	$a=2$	$a=3$	$a=4$	$a=5$
a LT 2	T	F*	F	F	F
a LE 2	T	T	F*	F	F
a EQ 2	F	T*	F*	F	F
a NE 2	T	F*	T*	T	T
a GE 2	F	T*	T	T	T

续表

决策表达式	$a=1$	$a=2$	$a=3$	$a=4$	$a=5$
a GT 2	F	F	T*	T	T
a LT 3	T	T	F	F	F
a LE 3	T	T	T	F	F
a EQ 3	F	F	T	F	F
a NE 3	T	T	F	T	T
a GE 3	F	F	T	T	T
a GT 3	F	F	F	T	T
a LT 4	T	T	T*	F	F
a LE 4	T	T	T	T*	F
a EQ 4	F	F	F*	T*	F
a NE 4	T	T	T*	F*	T
a GE 4	F	F	F*	T	T
a GT 4	F	F	F	F*	T

在真值表中，能发现该缺陷的场景以 * 标记。可见，只要测试集中包含 $a=2$、$a=3$、$a=4$ 这三个用例，就足以检出上述缺陷。一般地，可以要求测试集中至少包含 a 刚刚小于 C、刚刚大于 C、等于 C 这三个用例，这就是最简单的一维线性边界偏移缺陷检出准则。

当决策表达式涉及两个数值变量时（如"$a+2b\leqslant10$"），子空间的边界是二维空间的一条线段或直线。3.2.1 节讲解的折后价计算程序就是一个典型的例子。为了确保测试集能检出二维线性边界偏移缺陷，可以定义如下准则。

定义：二维线性边界偏移缺陷检出准则

测试用例集 T 满足二维线性边界偏移缺陷检出准则，当且仅当对所有子空间的线性边界，T 中至少包含两个边界上的点和一个近边界点。要求边界上的点和近边界点分属不同的子空间，并且近边界点在边界上的垂直投影位置在两个边界上的点之间。

所谓"边界上的点"，指的是位于边界上的测试输入点；所谓"近边界点"，指的是与边界存在一个尽可能小的距离的测试输入点。假设按照被测程序规约进行子空间的分割，得到两个子空间 D_1 和 D_2，其间的边界是二维线性边界，并假定该边界属于 D_1。选取的两个边界上的点记为 A 和 B，则 A、B 都属于 D_1；选取的一个近边界点记为 C，C 在边界上的垂直投影位置在 A、B 之间，且 C 属于 D_2。边界上的点 A 和 B、近边界点 C 的位置如图 4-7 所示。

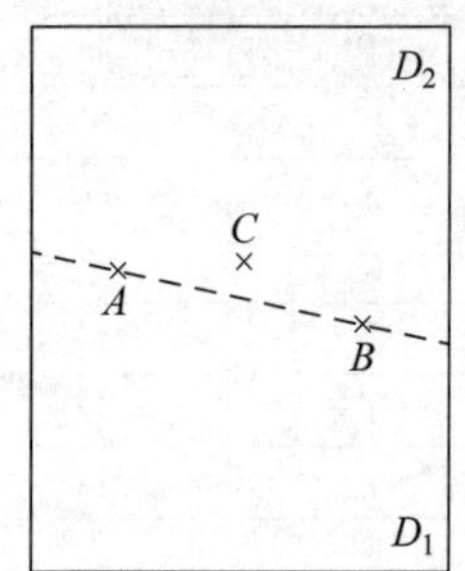

图 4-7　边界上点与近边界点的示例

图 4-7 中，规约所要求的边界用虚线表示。假定被测程序包含二维线性边界偏移缺陷，也就是说，根据程序路径分割子空间，得到的实际边界与虚线不重合。这时存在如图 4-8 所示的几种可能的情形（实际的边界用实线表示）。

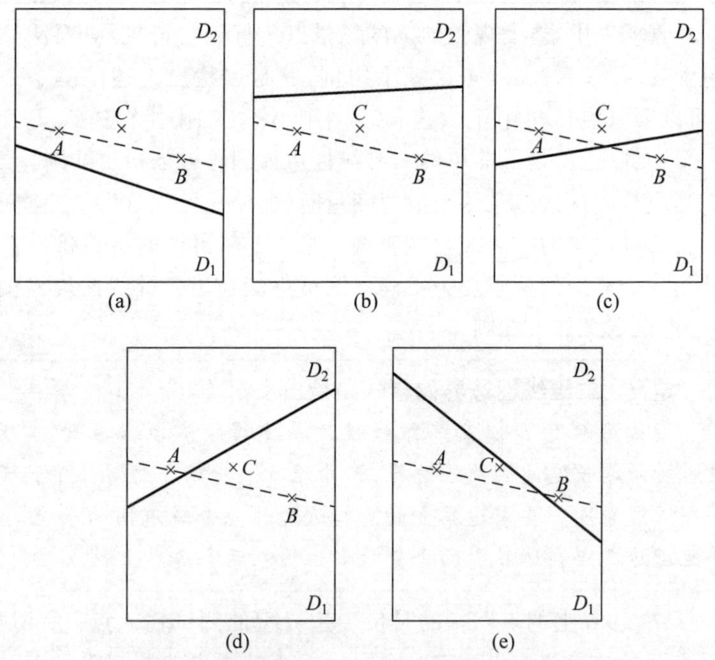

图 4-8　线性边界偏移缺陷的几种可能情形

(1) 在图 4-8(a)中,C 仍然在子空间 D_2 内,但边界偏移使得 A、B 误入子空间 D_2,也就是说 A、B 将触发错误的程序执行路径,得到错误的测试执行结果,由此检出二维线性边界偏移缺陷。

(2) 在图 4-8(b)中,A、B 仍然在子空间 D_1 内,但边界偏移使得 C 误入子空间 D_1。

(3) 在图 4-8(c)中,B 仍然在子空间 D_1 内,C 仍然在子空间 D_2 内,但边界偏移使得 A 误入子空间 D_2。

(4) 在图 4-8(d)中,B 仍然在子空间 D_1 内,但边界移动使得 C 误入子空间 D_1,A 误入子空间 D_2。

(5) 在图 4-8(e)中,A 仍然在子空间 D_1 内,但边界偏移使得 B 误入子空间 D_2,C 误入子空间 D_1。

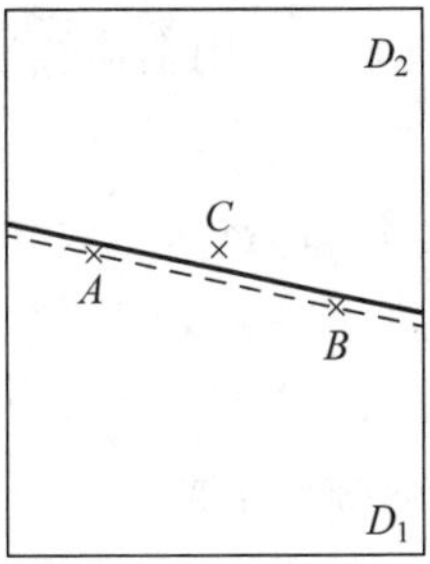

图 4-9 不予考虑的情形

值得说明的是,由于要求"近边界点"与边界的距离尽可能小,我们不考虑如图 4-9 所示的偏移情形。

综上,针对各种可能的情形,满足"二维线性边界偏移缺陷检出准则"的测试用例集都可以确保检出二维线性边界偏移缺陷。

4.2.2 布尔逻辑缺陷检出准则

2.4.3 节简单讲过布尔逻辑。测试输入变量经常表现为布尔变量的形式,本质上对应着影响被测对象期望的某个条件:测试输入变量取值为 0,代表该条件不满足;测试输入变量取值为 1,代表该条件满足。如果一个期望的所有测试输入变量都是这样的布尔变量,那么测试输入和测试输出之间的因果关系就体现为布尔逻辑关系。因此,布尔逻辑是被测对象期望的一种重要表现形式。在软件和电路领域,人们普遍采用布尔逻辑描述产品的预期行为,用代码和门电路实现预期的布尔逻辑。

尽管每个测试输入变量只取两个水平,但针对布尔逻辑的测试仍然存在测试选择问题。当测试输入变量的数量为 n 时,测试输入

空间中共有 2^n 个测试输入点。如果采用枚举测试的方式，这种规模对很多实际应用来说仍然是不可接受的。为了缓解这一问题，可以从准则化的思想出发，围绕布尔逻辑的特点构建测试充分准则，以确保测试集能够检出我们所关注的某些缺陷。

4.2.2.1 布尔逻辑测试基本概念

简便起见，我们仍然使用“.”“+”表示布尔变量之间的“合取”“析取”，使用上横线表示布尔变量的“取反”。如果不致混淆，一般可忽略“.”。布尔逻辑中的真值“真”和“假”用 1 和 0 表示，真值集合记为 $B=\{0,1\}$。n 维布尔测试输入空间记为 B^n。n 个变量的布尔表达式唯一定义了一个布尔函数 $f: B^n \to B$。

由于任何布尔逻辑表达式都可以转化为析取范式，后续的讲解都将围绕析取范式展开。析取范式是仅由有限个简单合取式组成的析取式，对析取范式的测试，可以用形式化的方式表述为

$$f(\boldsymbol{t})=p_1(\boldsymbol{t})+p_2(\boldsymbol{t})+\cdots+p_m(\boldsymbol{t})$$

其中，$\boldsymbol{t}=(t_1,t_2,\cdots,t_n)\in B^n$ 代表一个测试用例，t_i 代表布尔测试输入变量，也就是析取范式决策中的条件；p_i 是析取范式中第 i 个合取式，通常称为析取范式决策中的蕴涵项；m 是蕴涵项的数量。

如果一个析取范式决策中所有的蕴涵项和条件都不是冗余的，则称该析取范式决策为“非冗余的析取范式决策”。此处冗余的含义是：蕴涵项或条件对决策的影响会被其他部分掩盖。例如，在 $ab+a\bar{c}+\bar{b}\bar{c}$ 中，$a\bar{c}$ 是冗余的蕴涵项，因为 $a\bar{c}=1\Rightarrow ab+\bar{b}\bar{c}=1$；又如，在 $a+\bar{a}b$ 中，$\bar{a}$ 是冗余的条件，因为 $\bar{a}=0\Rightarrow a=1$。

如果 $f(\boldsymbol{t})=1$，称 $\boldsymbol{t}$ 是 f 的真值点，否则称 $\boldsymbol{t}$ 是 f 的假值点。记 f 所有真值点的集合为 $TP(f)$，所有假值点的集合为 $FP(f)$。

如果 $p_i(\boldsymbol{t})=1$，且对于所有的 $j\neq i$，有 $p_j(\boldsymbol{t})=0$，称 $\boldsymbol{t}$ 是蕴涵项 p_i 的唯一真值点。记蕴涵项 p_i 所有唯一真值点的集合为

$UTP_i(f)$，决策 f 所有唯一真值点的集合为 $UTP(f)$，即 $UTP(f)=\bigcup_{i=1}^{m}UTP_i(f)$。例如，在某软件规约中描述了期望的布尔逻辑决策为 $f=ab+cd$，则 1100(即 $a=1,b=1,c=0,d=0$)是第一个蕴涵项 ab 的唯一真值点，此外易知 $UTP_1(f)=\{1100,1101,1110\}$，$UTP(f)=\{1100,1101,1110,0011,0111,1011\}$。

设 f 的第 i 个蕴涵项为 $p_i=x_1^ix_2^i\cdots x_{k_i}^i$，其中，$x_j^i$ 是 p_i 的第 j 个条件，k_i 是 p_i 中条件的数量。$p_{i,\bar{j}}=x_1^i\cdots\bar{x}_j^i\cdots x_{k_i}^i(j=1,\cdots,k_i)$ 代表将 p_i 的第 j 个条件取反所得的合取式。如果 $p_{i,\bar{j}}(\boldsymbol{t})=1$ 且 $f(\boldsymbol{t})=0$，称 $\boldsymbol{t}$ 是蕴涵项 p_i 中条件 x_j^i 的近似假值点。记 x_j^i 所有近似假值点的集合为 $NFP_{i,\bar{j}}(f)$，记 p_i 所有近似假值点的集合为 $NFP_i(f)$，显然 $NFP_i(f)=\bigcup_{j=1}^{k_i}NFP_{i,\bar{j}}(f)$。记 f 所有近似假值点的集合为 $NFP(f)$。例如，对于 $f=ab+cd$，0101 是条件 a 的近似假值点，1001 是条件 b 的近似假值点，此外易知 $NFP_{1,\bar{1}}(f)=\{0100,0101,0110\}$，$NFP_{1,\bar{2}}(f)=\{1000,1001,1010\}$，$NFP_{2,\bar{1}}(f)=\{0001,0101,1001\}$，$NFP_{2,\bar{2}}(f)=\{0010,0110,1010\}$。

4.2.2.2 布尔逻辑缺陷结构

布尔逻辑决策中共有九类典型缺陷，如表 4-11 所示。

表 4-11 布尔逻辑决策中的九类典型缺陷

缺　　陷	描　　述
决策否定缺陷(ENF)	一个决策被错误地写成其否定形式，如 $f=ab+c$ 被写为 $f'=\overline{ab+c}$
蕴涵项否定缺陷(TNF)	一个蕴涵项被错误地写成其否定形式，如 $f=ab+c$ 被写为 $f'=\overline{ab}+c$
蕴涵项遗漏缺陷(TOF)	一个蕴涵项被错误地遗漏了，如 $f=ab+c$ 被写为 $f'=ab$

续表

缺　　陷	描　　述
条件否定缺陷(LNF)	一个条件被错误地写成其否定形式，如 $f=ab+c$ 被写为 $f'=a\overline{b}+c$
条件引用缺陷(LRF)	一个条件被错误地写成其他条件，如 $f=ab+bcd$ 被写为 $f'=ad+bcd$
条件遗漏缺陷(LOF)	一个条件被错误地遗漏了，如 $f=ab+c$ 被写为 $f'=a+c$
条件插入缺陷(LIF)	一个条件被错误地插入一个蕴涵项中，如 $f=ab+c$ 被写为 $f'=ab+\overline{b}c$
析取操作符引用缺陷(ORF+)	析取操作符被错误地写为合取操作符，如 $f=ab+c$ 被写为 $f'=abc$
合取操作符引用缺陷(ORF*)	合取操作符被错误地写为析取操作符，如 $f=ab+c$ 被写为 $f'=a+b+c$

如果可检出缺陷 d_1 的任何测试用例均可检出缺陷 d_2，称缺陷 d_1 支配缺陷 d_2，记为 $d_1 \rightarrow d_2$。以 LRF 缺陷和 LNF 缺陷为例来说明。假设期望的决策为 $f=p_1+\cdots+p_m$，存在 LRF 缺陷的决策为 $f_{\mathrm{LRF}}^{x_j^i,x}=p_1+\cdots+x_1^i\cdots x_{j-1}^i\cdot x\cdot x_{j+1}^i\cdots x_{k_i}^i+\cdots+p_m$，即蕴涵项 p_i 中的条件 x_j^i 被误写为 x。如果测试用例 t 能检出该缺陷，那么 t 必须揭示出“条件 x_j^i 被误写为 x”对决策结果的影响。换言之，t 需要满足以下三个条件：

(1) 对于所有的 $r\neq i$，有 $p_r(t)=0$，即 t 使得 p_i 之外的其他蕴涵项均为 0。

(2) 对于所有的 $s\neq j$，有 $x_s^i=1$，即 t 使得蕴涵项 p_i 中 x_j^i 之外的条件均为 1。

(3) $x_j^i\neq x$，即 t 使得条件 x_j^i 与 x 的取值不同。

在上述三个条件下，有

$$\begin{cases}f(\boldsymbol{t})=x_j^i(\boldsymbol{t})\\ f_{\mathrm{LNF}}^{x_j^i}(\boldsymbol{t})=\overline{x_j^i(\boldsymbol{t})}\end{cases}$$

也就是说，$f(\boldsymbol{t})$ 和 $f_{\mathrm{LNF}}^{x_j^i}(\boldsymbol{t})$ 的结果是不同的。可见，如果测试用

例 t 能检出 LRF 缺陷，也必然可以检出对应的 LNF 缺陷，因此 LRF 缺陷支配 LNF 缺陷。

布尔逻辑决策中典型的九类缺陷之间的支配关系如图 4-10 所示。

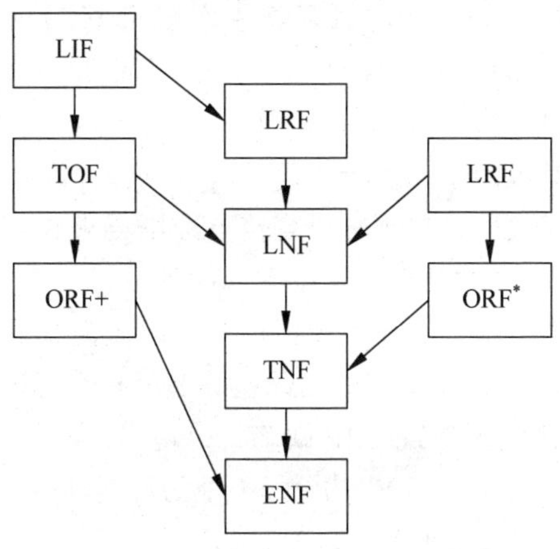

图 4-10 九类典型缺陷之间的支配关系

可见，如果一个测试集可以保证检出所有的 LIF 缺陷，那么它一定可以检出所有的 TOF 和 LRF 缺陷，进而也可以检出所有的 ORF+、LNF、TNF 和 ENF 缺陷。九类典型缺陷及其之间的支配关系，构成了布尔逻辑中的缺陷结构。

4.2.2.3 基于缺陷结构的准则设计

如果一个测试集能保证检出位于缺陷结构顶层的条件插入缺陷(LIF)和条件遗漏缺陷(LOF)，那么根据缺陷支配关系，该测试集就可以检出全部九类典型缺陷。下述两个准则的设计正是来源于这样的想法。

> **定义：多项唯一真值点准则**
>
> 测试集满足多项唯一真值点准则，当且仅当对于非冗余析取范式决策 f 的每个蕴涵项 p_i，测试集中包含 p_i 的多个唯一真值点，使得不在 p_i 中的条件的取值包括 1 和 0。

例如,对于 $S=ab+cd$ 中的蕴涵项 ab,如果测试集中包含的两个唯一真值点是 1101 和 1110,那么不在蕴涵项 ab 中的条件 c 和 d 都有 1 和 0 的取值。类似地,对于蕴涵项 cd,如果测试集中包含的两个唯一真值点是 0111 和 1011,那么不在蕴涵项 cd 中的条件 a 和 b 的取值都包含 1 和 0。因此对于 $S=ab+cd$,满足多项唯一真值点准则的测试集为{1101,1110,0111,1011}。

假设被测对象的某个决策中存在 LIF 缺陷,即一个条件被错误地插入一个蕴涵项中。多项唯一真值点准则要求在不同的测试用例中,不在该蕴涵项中的条件包含 1 和 0 两种取值,因此被错误插入的条件必然会在某个唯一真值点测试用例中取值为 0,这就意味着整个蕴涵项的结果为 0,整个决策的结果也会是 0。然而该用例的预期决策结果是 1,用例执行失败,LIF 缺陷得以检出。

举例具体说明。对于 $S=ab+cd$ 中的蕴涵项 $p_1=ab$,满足多项唯一真值点准则的测试集为{1101,1110}。假设一个条件 l 被错误地插入蕴涵项 ab 中,即 $p_1'=abl$。此时有以下几种可能:

(1) 如果 l 是 a,那么这个条件是冗余的,决策逻辑并不会受到影响。

(2) 如果 l 是 $\bar{a}$,那么测试用例 1101 和 1110 的实际决策结果都是 0,可以检出该缺陷。

(3) 如果 l 是 b 或 $\bar{b}$,情况和 1、2 类似。

(4) 如果 l 是 c,那么用例 1101 的实际决策结果是 0,可以检出该 LIF 缺陷。

(5) 如果 l 是 $\bar{c}$,那么用例 1110 的实际决策结果是 0,仍然可以检出该 LIF 缺陷。

(6) 如果 l 是 d 或是 $\bar{d}$,情况和(4)、(5)类似。

可见,满足多项唯一真值点准则的测试集可以保证检出所有 LIF 缺陷。需要注意的是,多项唯一真值点准则并不满足有限适用性,有时可能找不到满足多项唯一真值点准则的测试集。

定义：近似假值点配对覆盖准则

测试集满足近似假值点配对覆盖准则，当且仅当对于非冗余析取范式决策 f 的每个蕴涵项 $p_i = x_1^i x_2^i \cdots x_{k_i}^i$ 中的每个条件 x_j^i，测试集中包含 p_i 的一个唯一真值点和 x_j^i 的一个近似假值点，使得这两个用例的区别只在于 x_j^i 的取值。

例如，对于 $S = ab + cd$ 中蕴涵项 ab，有三个唯一真值点：1100、1101 和 1110。对于条件 a，有三个近似假值点：0100、0101 和 0110。如果为测试集选择的唯一真值点是 1100，近似假值点是 0100，那么这两个用例的区别只在于 a 的取值。同样地，对于蕴涵项 ab 中的条件 b，可以选择用例 1100 和 1000；对于蕴涵项 cd 中的条件 c，可以选择用例 0011 和 0001；对于蕴涵项 cd 中的条件 d，可以选择用例 0011 和 0010。因此对于 $S = ab + cd$，满足近似假值点配对覆盖准则的测试集为{1100，0011，0100，1000，0001，0010}，其中前两个测试用例是唯一真值点，其余的四个是近似假值点。

满足近似假值点配对覆盖准则的测试集可以保证检出所有 LOF 缺陷。原因是对于蕴涵项 $p_i = x_1^i x_2^i \cdots x_{k_i}^i$ 中的每个条件 x_j^i，近似假值点配对覆盖准则要求一个唯一真值点和一个近似假值点，这两个测试用例在条件 x_j^i 的取值是不同的。因此，如果 x_j^i（或 $\overline{x_j^i}$）在实现中被错误地遗漏了，这两个测试用例会得出相同的决策结果，进而揭示缺陷的存在。

从准则的定义上，我们可以看到近似假值点配对覆盖准则非常类似于修改的条件/决策覆盖准则。另外与多项唯一真值点准则一样，近似假值点配对覆盖准则也不满足有限适用性。

如果一个测试集同时满足多项唯一真值点准则和近似假值点配对覆盖准则，那么该测试集可以保证检出布尔逻辑测试中的全部九类典型缺陷。

4.2.3 电路单固定缺陷检出准则

电路测试的主要手段是对电路输入端施加特定的测试输入信

号，然后观察输出响应信号，再比较该输出响应和期望的输出响应，如果二者不同，则检出了电路的缺陷。电路缺陷的常见原因是制造加工条件异常或工艺设计有误，具体表现如引线的开路、短路等。

电路测试领域习惯将电路缺陷在逻辑层面的抽象描述称为电路故障，将电路输入端的测试输入信号向量称为测试图形。为了不致混淆，我们仍然使用“缺陷”一词来指代电路故障，使用“测试用例”一词来指代电路测试图形。

电路领域的测试准则一般基于缺陷来设计。与布尔逻辑缺陷检出准则相似的是，电路测试准则的设计也是从缺陷类型分析入手。

4.2.3.1 电路测试基本概念

逻辑门是电路中最基本的组成元件。2.4.1 节讲解的故障树中的“门”，实际上就是借用了电路逻辑门的概念。所谓门就是一种开关，它能按照一定的条件去控制信号的通过或不通过。电路逻辑门的输入变量和输出变量只有两种状态，要么是 0，要么是 1，且输入/输出之间存在一定的逻辑关系。基本的逻辑关系包括“与”“或”“非”三种，相当于布尔逻辑中的“合取”“析取”“取反”。与门、或门、非门这三种基本的逻辑门电路通过相互组合，还能形成与非门、或非门、同或门、异或门等更复杂的逻辑门。

“单固定”缺陷在电路中十分常见，指的是电路中一根端线错误地固定为逻辑值 0 或 1 的现象，分别以 $s\text{-}a\text{-}0$ 和 $s\text{-}a\text{-}1$ 表示。例如，被测电路是一个与非门，输入变量记为 a 和 b，输出变量记为 z。由于生产过程中混入了杂质，a 对应的输入端线与地线短接，结果是输入变量 a 被固定为逻辑值 0。无论 b 的取值为何，与非门的输出只能是逻辑值 1。换言之，被测电路实现的功能从 $z=\overline{ab}$ 变成了 $z=1$。这时称被测电路存在 $s\text{-}a\text{-}0$ 缺陷，以符号的形式描述如图 4-11 所示。

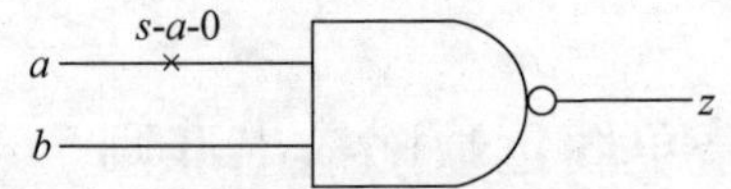

图 4-11　与非门输入端线上的 $s\text{-}a\text{-}0$ 缺陷

被测电路的每一根端线都可能存在 s-a-0 或 s-a-1 缺陷。我们称被测电路中所有可能的单固定缺陷集合为该电路的单固定缺陷空间。对于一个 N 输入的简单逻辑门电路而言，单固定缺陷空间中包含 $2(N+1)$个可能的单固定缺陷。仍以上述与非门电路为例，可以在真值表的基础上列出所有可能的单固定缺陷，这些缺陷对电路输出的影响如表 4-12 所示。

表 4-12 与非门的单固定缺陷真值表

测试用例 ab	期望的 z	电路中存在缺陷时的 z					
		a/0	b/0	z/0	a/1	b/1	z/1
00	1	1	1	**0**	1	1	1
01	1	1	1	**0**	**0**	1	1
10	1	1	1	**0**	1	**0**	1
11	0	**1**	**1**	0	0	0	1

表 4-12 中，$a/0$ 代表输入端线 a 的 s-a-0 缺陷，$a/1$ 代表输入端线 a 的 s-a-1 缺陷，以此类推。从此表可以看出，电路缺陷与测试用例存在如下关系：

（1）很多测试用例无法检出给定的缺陷。例如对于缺陷 $b/1$，只有当测试用例为 10 时，电路输出才与期望不同。也就是说，只有测试用例 10 才可以检出缺陷 $b/1$。

（2）多个测试用例可能检出同一个缺陷，例如{00，01，10}中的任意一个用例都可检出缺陷 $z/0$。

（3）一个测试用例有可能检出多个缺陷，例如 11 可用来检出 $a/0$、$b/0$ 和 $z/1$。

4.2.3.2 单固定缺陷空间的压缩

在单固定缺陷空间中，缺陷之间的关系主要有“等效”和“支配”两种。

如果检出缺陷 A 和缺陷 B 所需的测试用例是相同的，则称 A 和 B 等效。例如，对于图 4-12 所示电路，其单固定缺陷空间中包含 20 个可能的单固定缺陷。我们仍然通过真值表来分析这些缺陷对电路输出的影响，如表 4-13 所示。

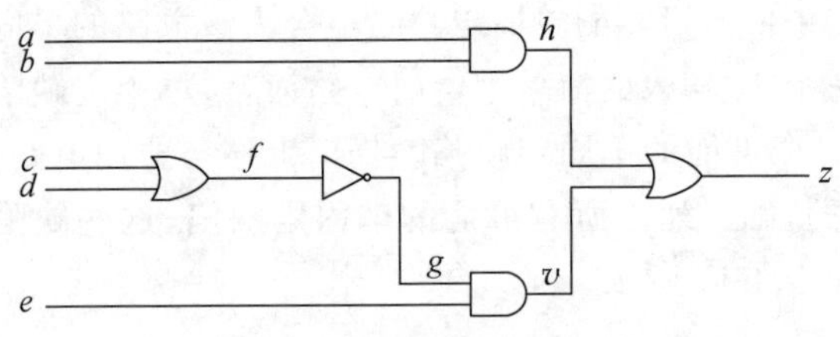

图 4-12　被测电路示例

可以看出，检出缺陷 $a/0$、$b/0$ 和 $h/0$ 所需的测试用例相同，都是 {11000，11010，11011，11100，111110，11111}，因此缺陷 $a/0$、$b/0$ 和 $h/0$ 等效；检出缺陷 $c/1$、$d/1$、$f/1$、$g/0$ 所需的测试用例都是 {00001，01001，10001}，因此缺陷 $c/1$、$d/1$、$f/1$、$g/0$ 等效；检出缺陷 $f/0$ 和 $g/1$ 所需的测试用例都是 {00011，00101，00111，01011，01101，01111，10011，10101，10111}，因此缺陷 $f/0$ 和 $g/1$ 也等效。我们注意到，缺陷 $a/0$、$b/0$ 和 $h/0$ 分别是一个与门输入和输出的 s-a-0 缺陷，缺陷 $c/1$、$d/1$ 和 $f/1$ 分别是一个或门输入和输出的 s-a-1 缺陷，缺陷 $f/0$ 和 $g/1$ 分别是一个非门输入的 s-a-0 缺陷和输出 s-a-1 缺陷，缺陷 $f/1$ 和 $g/0$ 分别是一个非门输入的 s-a-1 缺陷和输出 s-a-0 缺陷。由此可以总结出逻辑门电路中单固定缺陷的如下特征：

(1) 与门所有输入端线和输出端线的 s-a-0 缺陷等效。

(2) 或门所有输入端线和输出端线的 s-a-1 缺陷等效。

(3) 非门输入端线的 s-a-0 缺陷与输出端线的 s-a-1 缺陷等效，输入端线的 s-a-1 缺陷与输出端线的 s-a-0 缺陷等效。

(4) 与非门所有输入端线的 s-a-0 缺陷等效，也与输出端线的 s-a-1 缺陷等效。

(5) 或非门所有输入端线的 s-a-1 缺陷等效，也与输出端线的 s-a-0 缺陷等效。

如果一个测试用例可以检出某个单固定缺陷，也就可以检出所有与其等效的缺陷。因此，当以“检出所有单固定缺陷”为目的

表 4-13 示例电路的单固定缺陷真值表

测试用例 abcde	期望的 z	电路中存在缺陷时的 z																			
		a/0	b/0	c/0	d/0	e/0	f/0	g/0	h/0	v/0	z/0	a/1	b/1	c/1	d/1	e/1	f/1	g/1	h/1	v/1	z/1
00000	0	0	0	0	0	0	0	0	0	0	0	0	0	0	0	**1**	0	0	**1**	**1**	**1**
00001	1	1	1	1	1	**0**	1	**0**	1	**0**	**0**	1	1	**0**	**0**	1	**0**	1	1	1	1
00010	0	0	0	0	0	0	0	0	0	0	0	0	0	0	0	0	0	0	**1**	**1**	**1**
00011	0	0	0	0	**1**	0	**1**	0	0	0	0	0	0	0	0	0	0	**1**	**1**	**1**	**1**
00100	0	0	0	0	0	0	0	0	0	0	0	0	0	0	0	0	0	0	**1**	**1**	**1**
00101	0	0	0	1	0	0	**1**	0	0	0	0	0	0	0	0	0	0	**1**	**1**	**1**	**1**
00110	0	0	0	0	0	0	0	0	0	0	0	0	0	0	0	0	0	0	**1**	**1**	**1**
00111	0	0	0	0	0	0	**1**	0	0	0	0	0	0	0	0	0	0	**1**	**1**	**1**	**1**
01000	0	0	0	0	0	0	0	0	0	0	0	**1**	0	0	0	1	0	0	**1**	**1**	**1**
01001	1	1	1	1	1	**0**	1	**0**	1	**0**	**0**	1	1	**0**	**0**	1	**0**	1	1	1	1
01010	0	0	0	0	0	0	0	0	0	0	0	**1**	0	0	0	0	0	0	**1**	**1**	**1**
01011	0	0	0	0	**1**	0	**1**	0	0	0	0	**1**	0	0	0	0	0	**1**	**1**	**1**	**1**
01100	0	0	0	0	0	0	0	0	0	0	0	**1**	0	0	0	0	0	0	**1**	**1**	**1**
01101	0	0	0	**1**	0	0	**1**	0	0	0	0	**1**	0	0	0	0	0	**1**	**1**	**1**	**1**
01110	0	0	0	0	0	0	0	0	0	0	0	**1**	0	0	0	0	0	0	**1**	**1**	**1**
01111	0	0	0	0	0	0	**1**	0	0	0	0	**1**	0	0	0	0	0	**1**	**1**	**1**	**1**
10000	0	0	0	0	0	0	0	0	0	0	0	0	**1**	0	0	**1**	0	0	**1**	**1**	**1**

续表

测试用例 abcde	期望的 z	电路中存在缺陷时的 z																			
		a/0	b/0	c/0	d/0	e/0	f/0	g/0	h/0	v/0	z/0	a/1	b/1	c/1	d/1	e/1	f/1	g/1	h/1	v/1	z/1
10001	1	1	1	1	1	**0**	1	**0**	1	**0**	**0**	1	1	**0**	**0**	1	**0**	1	1	1	1
10010	0	0	0	0	0	0	0	0	0	0	0	0	**1**	0	0	0	0	0	**1**	**1**	**1**
10011	0	0	0	0	**1**	0	**1**	0	0	0	0	0	**1**	0	0	0	0	**1**	**1**	**1**	**1**
10100	0	0	0	0	0	0	0	0	0	0	0	0	**1**	0	0	0	0	0	**1**	**1**	**1**
10101	0	0	0	**1**	0	0	**1**	0	0	0	0	0	**1**	0	0	0	0	**1**	**1**	**1**	**1**
10110	0	0	0	0	0	0	0	0	0	0	0	0	**1**	0	0	0	0	0	**1**	**1**	**1**
10111	0	0	0	0	0	0	**1**	0	0	0	0	0	**1**	0	0	0	0	**1**	**1**	**1**	**1**
11000	1	**0**	**0**	1	1	1	1	1	**0**	1	**0**	1	1	1	1	1	1	1	1	1	1
11001	1	1	1	1	1	1	1	1	1	1	**0**	1	1	1	1	1	1	1	1	1	1
11010	1	**0**	**0**	1	1	1	1	1	**0**	1	**0**	1	1	1	1	1	1	1	1	1	1
11011	1	**0**	**0**	1	1	1	1	1	**0**	1	**0**	1	1	1	1	1	1	1	1	1	1
11100	1	**0**	**0**	1	1	1	1	1	**0**	1	**0**	1	1	1	1	1	1	1	1	1	1
11101	1	**0**	**0**	1	1	1	1	1	**0**	1	**0**	1	1	1	1	1	1	1	1	1	1
11110	1	**0**	**0**	1	1	1	1	1	**0**	1	**0**	1	1	1	1	1	1	1	1	1	1
11111	1	**0**	**0**	1	1	1	1	1	**0**	1	**0**	1	1	1	1	1	1	1	1	1	1

进行测试时，可以认为等效缺陷中的任意一个均可代表其他缺陷。这意味着，单固定缺陷空间的规模被压缩了，测试选择问题也得到了相应的缓解。根据上述特征，可以把一部分 N 输入逻辑门(与门/与非门、或门/或非门)单固定缺陷空间的规模从 $2(N+1)$ 压缩到 $N+2$。

单固定缺陷空间中缺陷之间的"支配"关系已经在 4.2.2.2 节提及。如果缺陷 d_1 支配缺陷 d_2，则检出缺陷 d_1 的任何测试用例均可检出缺陷 d_2。在进行基于缺陷的测试选择时，如果考虑了缺陷 d_1，就不必考虑缺陷 d_2，这样就可以把单固定缺陷空间的规模进一步压缩。

仍然以上述电路为例，其单固定缺陷空间包括 20 个缺陷，根据这些缺陷之间的等效关系，可以划分出如下的等效分组：

(1) $\{a/0, b/0, h/0\}$。

(2) $\{c/1, d/1, f/1, g/0\}$。

(3) $\{h/1, v/1, z/1\}$。

(4) $\{e/0, g/0, v/0\}$。

(5) $\{f/0, g/1\}$。

第 2 组和第 4 组中都包含缺陷 $g/0$，可以进一步合并。从各个等效分组中选取一个缺陷作为代表，这样缺陷空间的规模就从 20 个减少到 10 个，例如$\{a/0, a/1, b/1, c/1, c/0, d/0, h/1, z/0, e/1, f/0\}$。

进一步考虑缺陷之间的支配关系。可检出缺陷 $f/0$ 的测试集是 $\{00011, 00101, 00111, 01011, 01101, 01111, 10011, 10101, 10111\}$，可检出缺陷 $c/0$ 的测试集是$\{00101, 01101, 10101\}$，后者是前者的子集。换言之，检出缺陷 $c/0$ 的任何一个测试用例均可检出缺陷 $f/0$。这时认为缺陷 $c/0$ 支配缺陷 $f/0$，该电路的单固定缺陷空间中无须再考虑 $f/0$。类似地，还可得知 $a/1$ 支配 $h/1$，$c/1$ 支配 $z/0$。忽略这些受支配的缺陷，则缺陷空间的规模可以继续减少到 7 个，即 $\{a/0, a/1, b/1, c/1, c/0, d/0, e/1\}$。

4.2.3.3 基于缺陷空间的准则设计

对于输入为 a 和 b、输出为 z 的两输入与门，经过等效压缩后的单固定缺陷空间为 $\{a/0, a/1, b/1, z/1\}$。此外，任何一个可检出缺陷 $a/1$ 的测试用例，均可检出缺陷 $z/1$，即 $a/1$ 支配 $z/1$，因此无须再考虑 $z/1$。这时该门的缺陷空间中只剩下 3 个缺陷，即 $\{a/0, a/1, b/1\}$。

类似地，对于输入为 a 和 b、输出为 z 的两输入或门，经过等效压缩后的缺陷空间为 $\{a/1, a/0, b/0, z/0\}$。此外易知 $a/0$ 支配 $z/0$，因此无须再考虑 $z/0$。这时该门的缺陷空间中同样只剩下 3 个缺陷，即 $\{a/1, a/0, b/0\}$。

对于输入为 a、输出为 z 的非门，$a/0$ 与 $z/1$ 等效，$a/1$ 与 $z/0$ 等效，压缩后的缺陷空间为 $\{a/0, z/0\}$。

以上述结论为基础，可以归纳出如下准则。

定义：单固定缺陷检出准则

对于任意一个 N 输入的基本逻辑门电路（与门、或门、非门），只需 $N+1$ 个测试用例就可检出其所有的单固定缺陷。

与之前讲解的各种准则不同，单固定缺陷检出准则只要求测试集的规模，并不能直接指导测试用例的选择。这样的准则必须配合其他的测试设计方法，才能保证检出测试人员所关注的缺陷。

4.2.4 变异充分准则

变异充分准则来自软件领域，与其他基于缺陷的测试准则相比，具有非常鲜明的特点。变异充分准则的核心想法是：通过向被测程序中主动注入在未来发生概率较高的缺陷，用来评判已有测试用例集的相对充分程度。由于关注的是“未来的缺陷”，变异充分准则与基于结构覆盖的充分准则一样，更适合作为其他测试设计方法的补充。基于变异充分准则的测试方法称为变异测试。

在遗传学中，变异指的是 DNA 分子结构上的微小改变，是生物进化的根本原因。在信息技术领域广为人知的遗传算法，正是借鉴了遗传学中的概念,其中的变异指的是对个体信息进行一个微小的改动,从而实现局部寻优。

变异测试里的变异概念跟遗传算法中的变异非常相像,指的是对被测程序进行一个微小的改动,比如把决策表达式里的大于号改成大于或等于号、小于号或者小于或等于号,改动后的程序被称为一个变异体。

传统的进化论观点认为,DNA 分子结构的变异是随机的。然而在变异测试中,变异的物理意义实际上是模拟开发者容易犯的错误,因此需要精心设计。已有的研究和实践成果已经总结出了很多典型的变异方式,通常称为变异算子。例如,针对 Java 程序的常用变异算子如表 4-14 所示。

表 4-14 Java 程序的常用变异算子

变异算子	变异规则
AORB(数值运算符替换)	$\{op1, op2 \in \{+, -, *, /, \%\} \wedge op1 \neq op2\}$
AORS(自增自减运算符替换)	$\{op1, op2 \in \{++, --\} \wedge op1 \neq op2\}$
AOIU(数值运算符插入)	$\{v, -v\}$
AOIS(自增减运算符插入)	$\{v, --v\}, \{v, v--\}, \{v, ++v\}, \{v, v++\}$
AODU(数值运算符删除)	$\{-v, v\}$
AODS(自增减运算符删除)	$\{--v, v\}, \{v--, v\}, \{++v, v\}, \{v++, v\}$
ROR(关系运算符替换)	$\{op1, op2 \in \{>, >=, ==, <, <=, !=\} \wedge op1 \neq op2\}$
COR(逻辑运算符替换)	$\{op1, op2 \in \{\&\&, \vert\vert, \text{\textasciicircum}\} \wedge op1 \neq op2\}$
COD(条件删除)	$\{C_i, !C_i\}$
COI(条件插入)	$\{!C_i, C_i\}$
SOR(位移运算符替换)	$\{op1, op2 \in \{>>, <<\} \wedge op1 \neq op2\}$
LOR(位运算符替换)	$\{op1, op2 \in \{\&, \vert, \text{\textasciicircum}\} \wedge op1 \neq op2\}$
LOI(决策插入)	$\{!L, L\}$
LOD(决策删除)	$\{L, !L\}$
ASRS(赋值运算符替换)	$\{op1, op2 \in \{+=, -=, *=, /=, \&=, \vert=, \text{\textasciicircum}=\} \wedge op1 \neq op2\}$
SDL(语句删除)	$\{S, !S\}$
VDL(变量删除)	$\{V, !V\}$

续表

变异算子	变异规则
CDL(常量删除)	$\{C_s, !C_s\}$
ODL(更一般的操作符删除,如"+="变为"=")	$\{O, !O\}$

对被测程序应用这些变异算子后,可以生成一系列变异体,也就是一系列植入了各种模拟缺陷的程序。接下来使用已有的测试集来测试原始程序和所有变异体。

对于任一变异体来说,如果它的测试结果与原始程序的测试结果不一样,就说明已有测试集能够分辨出这个变异体与原始程序的差异,或者说已有测试集能够排除该变异体中植入的缺陷,称该变异体被"杀死"了。但是如果这个变异体的测试结果与原始程序是一样的,就称变异体"存活"下来了,这时就存在以下两种可能:

(1) 已有测试集不充分,不足以排除这个变异体中植入的缺陷,那么就需要对测试集进行补充。

(2) 变异体虽然与原始程序存在语法上的差异,但是在语义上是等价的,因此,称这种变异体是原始程序的等价变异体。

等价变异体的示例如表 4-15 所示。

表 4-15 等价变异体的示例

程序 p	变异体 p'

`for (int i = 0; i < 10; i++) {`
`  sum += a[i];`
`}`
	`for (int i = 0; i != 10; i++) {`
	`  sum += a[i];`
	`}`

通过 ROR 变异算子,原始程序 for 循环终止条件里的小于号变异成了不等于号,但是语义上的循环逻辑没有任何改变,程序运行时的行为也不会有任何改变,所以任何测试集都无法杀死这种变异体。

排除这种等价变异体之后,被杀死的变异体占的比例越高,就意味着测试集排除各种缺陷的能力越强。这个比例叫作变异得分,形式化的定义如下。

> **定义：变异得分**
>
> 设已有测试集 T，原始程序的变异体集合为 M，其中等价变异体的数量为 $\mathrm{eqv}(M)$，被 T 杀死的变异体数量为 $\mathrm{killed}(M,T)$，则 T 针对 M 的变异得分为 $MS(M,T)=\dfrac{\mathrm{killed}(M,T)}{|M|-\mathrm{eqv}(M)}$。

以变异得分的概念为基础，可以给出变异充分准则的定义。

> **定义：变异充分准则**
>
> 设已有测试集 T，原始程序的变异体集合为 M。则 T 满足变异充分准则，当且仅当 $MS(M,T)=1$。

基于变异充分准则的测试过程如图 4-13 所示。

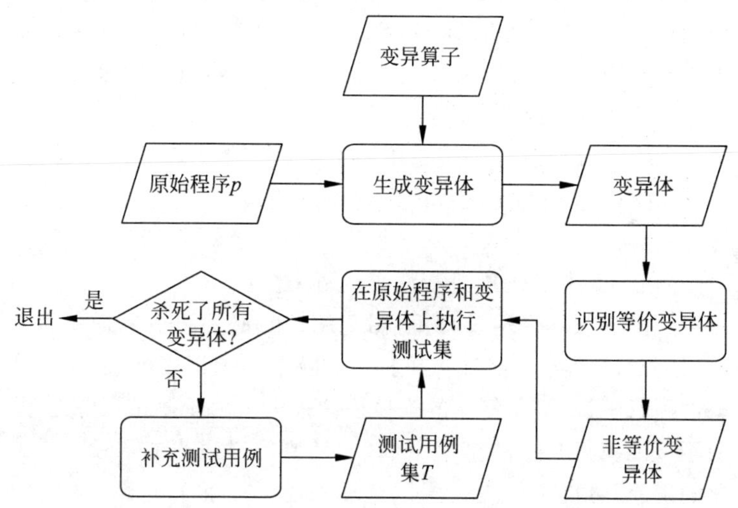

图 4-13 基于变异充分准则的测试过程

首先对原始的被测程序，使用变异算子生成一系列变异体，从中识别并排除等价变异体，然后在剩下的变异体上执行测试集，如果有变异体存活下来，就补充测试集并再次执行，直到所有的变异体都被杀死。

有必要再次强调，变异充分准则关注的并非被测对象当下的缺陷，而是由变异算子所代表的潜在缺陷。对于以迭代形式进行研发的被测对象来说，这样的准则有着确切的现实意义。此外，类似于电路的单固定缺陷检出准则，变异充分准则并不直接指导测试选择，只是给出测试集充分性的评价标准。

4.3 回归测试充分准则

回归测试的概念来自软件领域，指的是对软件待测版本中相对上一个版本不变的特性所进行的测试。当然，在任何迭代化的产品研发过程中，为了控制变更引入的质量风险，回归测试都是一种重要的测试形式。

设上一个版本的程序为 P，当前版本的被测程序为 P'；P 对应的规约为 S，P'对应的规约为 S'；P 对应的测试集是 T，其中任一测试用例 t，在 S 中的预期输出为 $S(t)$，在 S' 中的预期输出为 $S'(t)$，在 P 中的实际执行结果为 $P(t)$，在 P' 中的实际执行结果为 $P'(t)$。典型的针对 P'的测试过程为：

(1) 从 T 中选择一个测试用例子集 T'，用于 P'的回归测试。

(2) 针对 S'相对 S 变更的部分，建立新的测试集 T''，用于 P'的特性变更测试。

(3) 用 $T' \cup T''$对 P'进行测试执行。

在软件的版本更迭过程里，回归测试是必不可少的质量保障手段。回归测试用例一般继承自上一个版本的测试用例集，对于实际的软件项目来说，该用例集的规模往往很大。由于测试资源的限制，一般不可能执行其中的全部用例，而是要予以适当的取舍。借助准则化的思想，可以缓解这一测试选择问题。接下来讲解回归测试充分准则的两种设计思路：一是基于变更的回归测试充分准则，二是基于优先级排序的回归测试充分准则。

4.3.1 基于变更的回归测试充分准则

回归测试的目的是验证当前版本的变更是否会对已有特性产生不良影响。换言之，就是检出所有由变更引入的、关于已有特性的缺陷。回归测试用例选择的理想结果是：从 P 对应的测试集 T 中选出一个子集 T'，使 T' 包含 T 里面所有能检出 P' 缺陷的用例。

对 T 中任一用例 t 来说，如果 $P(t)\neq P'(t)$，称 t 是检出变更的用例。在下述两个假设下，可以通过选取检出变更的用例来找到检出缺陷的用例。

(1) 原始程序正确假设：假设对任意 $t\in T$，都有 $P(t)$ 是正确的。

(2) 废弃用例可识别假设：假设对任意 $t\in T$，可以判定 t 对 P' 来说是否可废弃（如果 t 对应的期望在当前版本没有发生变更，则 t 不可废弃，否则 t 可废弃）。

在这样的假设下，如果 $P(t)\neq P'(t)$，则意味着 t 检出了缺陷。遗憾的是，无法在回归测试执行之前得到 $P'(t)$ 的结果，也就无法锁定那些检出变更的用例。因此，可以设计一个相对较弱的标准，即选取所有游历变更的用例。称一个用例是“游历变更”的用例，当且仅当该用例执行了 P' 中新增或修改的代码，或者该用例在 P 中执行的代码，在 P' 中被删除了。

我们还需要另一个假设，即

(3) 回归测试可控假设：在 P' 中执行用例 t 时，影响测试结果的所有因素（除代码本身以外）都与在 P 中执行用例 t 时保持一致。

在该假设下，只有当一个用例游历变更时，才有可能检出变更。如果“原始程序正确假设”和“废弃用例可识别假设”也成立，我们可以得到如下关系：

$$T_{\mathrm{fr}}=T_{\mathrm{mr}}\subseteq T_{\mathrm{mt}}\subseteq T$$

其中，T_{fr} 是 T 中可检出缺陷的用例子集，T_{mr} 是 T 中可检出变更的用例子集，T_{mt} 是 T 中游历变更的用例子集。

需要指出，回归测试可控假设有时很难成立。例如，新版本中除了代码变更之外，还引入了操作系统等环境方面的变更，这时 T 中所有用例可能都需要进行更新。即便如此，找到 T 中游历变更的用例子集 T_{mt} 仍然是很有意义的。因为回归测试执行之前，T_{mt} 是对 T 中可检出变更的用例子集 T_{mr} 的最佳近似。换言之，如果将用例

选取范围界定于 T_{mt} 之内，则可排除绝大部分无法检出变更的用例。

至此，基于变更的回归测试充分准则定义如下。

定义：基于变更的回归测试充分准则

设上一个版本的程序为 P，当前版本的被测程序为 P'，P 对应的测试集是 T，P' 对应的回归测试集是 T'，称 T' 满足基于变更的回归测试充分准则，当且仅当 T' 中包含所有 T 中游历变更的用例。

根据这一准则，测试人员应该选择与"当前版本引入的代码变更"相关的所有用例作为回归测试用例。在工程实践中应用该准则的具体技术有很多种，主要区别在于对代码变更的分析方式。例如：

(1) 数据流分析技术：对于 P 中所有定义使用对，识别其中哪些在 P' 里发生了变更，进而从 T 中选择所有覆盖了这些定义使用对的用例。

(2) 基于执行切片技术：分析 T 中所有用例的执行切片，即用例执行的语句序列，然后从中选取切片中包含变更语句的用例。

4.3.2 基于优先级排序的回归测试充分准则

4.3.2.1 用例执行顺序的优化

如何安排测试用例的执行顺序，是测试设计中不可忽视的一个问题。不同的执行顺序可能导致测试效果大相径庭。下面来看一个简单的例子。

针对某拖拉机悬挂犁耕机组的耕地功能测试，测试集如表 4-16 所示。

每执行一个测试用例之前，需要按用例的设计，安装对应类型的犁铧，调整悬挂点和立柱的高度。其中，安装犁铧是一件非常费时费力的工作。如果按用例集中的用例顺序，从用例 t_1 到用例 t_4 依次执行，那么共需完成 3 次犁铧的更换。如果将用例执行顺序调整为 (t_1, t_3, t_4, t_2)，则只需要更换 1 次，测试执行成本将显著降低。

表 4-16 针对某拖拉机悬挂犁耕机组耕地功能的测试集

用例编号因素	犁 铧 类 型	悬挂点高度/mm	立柱高度/mm
t_1	甲	575	500
t_2	乙	575	570
t_3	甲	605	540
t_4	乙	605	470

另一个稍微复杂的例子是 3.1 节讲解的关于电信系统交换机通话功能的测试。经过两两组合测试设计，我们已经得到了如表 4-17 所示的测试集。

表 4-17 针对某电信系统交换机通话功能的测试集

用 例 编 号	呼 叫 种 类	资 费 方 式	接 入 方 式	状 态
t_1	市话	集中	专用分组	忙
t_2	长途	免费	环路	忙
t_3	国际	被叫方	综合业务	忙
t_4	市话	免费	综合业务	阻塞
t_5	长途	被叫方	专用分组	阻塞
t_6	国际	集中	环路	阻塞
t_7	市话	被叫方	环路	成功
t_8	长途	集中	综合业务	成功
t_9	国际	免费	专用分组	成功

同样，每执行一个测试用例之前，需要按用例的设计，设置每个因素的取值。例如当 t_1 执行完毕，继续执行 t_2 时，需要将 t_1 的设置(市话，集中，专用分组，忙)修改为 t_2 的设置(长途，免费，环路，忙)，也就是需要修改呼叫种类、资费方式和接入方式的取值。每次设置因素取值都需要耗费一定的时间和人力成本，而且不同因素的设置成本往往是不同的。假设每次设置呼叫种类、资费方式、接入方式和状态的成本分别 1、1、3、1，单位为“人 * 分钟”。此时可以计算从 t_1 开始依次执行到 t_9 时，设置因素取值的累计成本为

$$首个用例的设置成本 + \sum_{i=1}^{8}(t_i \rightarrow t_{i+1} 修改设置的成本)$$

如果按用例集的默认顺序从 t_1 到 t_9 依次执行，那么首个用例 t_1 的设置成本为 $1+1+3+1=6$，$\sum_{i=1}^{8}(t_i \rightarrow t_{i+1}$ 修改设置的成本$)=36$，设置因素取值的累计成本为 42。但是如果将用例执行顺序调整为 $(t_1, t_5, t_9, t_2, t_6, t_7, t_3, t_4, t_8)$，则设置因素取值的累计成本将降低到 34。

对测试用例执行顺序进行合理的设计，不仅可以降低测试执行的成本，还能给测试者带来很多其他方面的收益，比如缺陷检出效率的最大化。下面以表 4-18 为例进行讲解。

表 4-18　用例与缺陷对应关系的示例

用例编号缺陷	A	B	C	D	E	F	G	H	I	G
t_1	√				√					
t_2	√				√	√	√			
t_3	√	√	√	√	√	√	√			
t_4					√					
t_5								√	√	√

假定已知每个用例可以检出哪些缺陷，例如用例 t_1 可以检出缺陷 A 和 E。那么为了尽快检出所有缺陷，显然应该优先执行用例 t_3 和 t_5。

一般地，设测试集 T 中有 n 个测试用例，共可检出 m 个缺陷。对于 T 的任一执行序列，TF_i 表示其中第 i 个测试用例执行后累计检出的缺陷数，可以定义该执行序列的缺陷检出效率定义为

$$RFD = \frac{TF_1 + TF_2 + \cdots + TF_n}{m \cdot n}$$

根据这一定义，在顺序执行测试用例的过程中，早期检出的缺陷数越多，缺陷检出效率就越高。例如在前面的例子中，从用例 t_1 到用例 t_5 依次执行，那么有 $RFD = \frac{2+4+7+7+10}{10 \times 5} = 0.6$；而如果用

例执行顺序是$(t_3, t_5, t_1, t_2, t_4)$，则 $RFD = \frac{7+10+10+10+10}{10\times5} = 0.94$。

当然，在测试执行完成以前，测试人员无从得知用例是否可以检出缺陷。所以一般情况下，我们只能基于某些启发式原则，通过对用例其他特征属性的定量评估，间接实现优化目标。这也是回归测试用例优先级排序的基本想法。

4.3.2.2 回归测试用例优先级定量评估模型

仍然设上一个版本的程序为 P，当前版本的被测程序为 P'，P 对应的测试集是 T，P' 对应的回归测试集是 T'。在回归测试设计中，缓解测试选择问题的一种非常朴素的想法是：既然无法在有限的资源下回归 T 中所有用例，那么不妨为每个用例评定一个优先级，对回归测试越重要的用例，优先级越高。按这一优先级对 T 中所有用例重新排序，继而根据可用资源选取其中最优先的一部分用例作为 T'，这样就可以在资源约束下最大限度地实现回归测试的目标。

在“评估质量”的意义上，回归测试的目标是确保已有特性的质量水平没有降低；在“检出缺陷”的意义上，回归测试的目标是检出变更可能给已有特性引入的所有缺陷。那么，什么样的用例对回归测试而言更重要呢？通常认为，被测程序各项已有特性的重要程度并不相同，相对更重要的特性，对被测程序的质量水平影响更大，应优先对这些特性进行回归，确保其不出问题；此外，正如基于变更的回归测试充分准则所考虑的，被测程序发生变更的部分是风险密集区，应该优先执行与变更关联程度更高的用例，以便更早、更多地检出缺陷；最后，用例执行成本也是一个必须考虑的因素，应优先考虑执行成本较低的用例，从而在有限的资源条件下尽量提高回归测试的充分度。由此，归纳出回归测试用例优先级的启发式评估原则如下：

(1) 用例对应的被测对象期望越重要，则该用例的优先级应该越高。

(2) 用例与变更的关联程度越高,则该用例的优先级应该越高。

(3) 执行用例所需的成本越低,则该用例的优先级应该越高。

用 $v(t)$表示用例 t 对应期望的价值量,用 $a(t)$表示待测版本的变更与 t 的关联程度,用 $r(t)$表示执行 t 所需的成本。根据上述启发式原则,可以建立如下回归测试用例优先级定量评估模型:

$$p(t)=\frac{v(t)\cdot a(t)}{r(t)}$$

该模型综合了价值、风险、成本三个维度的启发式原则。在工程实践中应用该模型时,可以根据历史数据评估 $r(t)$,通过比较不同期望之间的相对价值大小来评估 $v(t)$。比较复杂的是对 $a(t)$的度量。在 4.3.1 节已经讲解了如何选择与变更相关的用例,但是并未涉及如何定量评估用例与变更关联程度的问题。一种方法是综合显性和隐性关联的分析技术。如果以代码行作为被测程序的实体,那么发生变更的代码行就是一个实体集合,T 中任一用例 t 的执行切片同样是一个实体集合,这两个集合的关系代表了代码变更与 t 的显性关联,可以用 *jaccard* 相似度等方式来度量这一显性关联的程度;另外,由于代码耦合性的广泛存在,即使 t 的执行切片中的代码行均未发生变更,该用例也可能与变更发生隐性关联,可以通过耦合因子等方式来度量这一隐性关联的程度。综合显性和隐性关联两方面,可以在一定程度上实现对 $a(t)$的定量评估。

以回归测试用例优先级定量评估模型为基础,可以定义基于优先级排序的回归测试充分准则。

定义:基于优先级排序的回归测试充分准则

设上一个版本的程序为 P,当前版本的被测程序为 P',P 对应的测试集是 T,其中包含 n 个用例。P'对应的回归测试集是 T'。根据回归测试用例优先级定量评估模型,对 T 中所有用例进行排序的结果是$\{t_1,t_2,\cdots,t_n\}$。针对 P'的测试中,可用于回归测试的成本上限是 R。称 T'满足基于优先级排序的回归测试准则，当且仅当：

$$\begin{cases} T'=\{t_1,t_2,\cdots,t_m\}, \quad m\leqslant n \\ \sum_{i=1}^{m} r(t_i)\leqslant R \\ \sum_{i=1}^{m+1} r(t_i)>R \end{cases}$$

简言之，该准则要求在满足成本约束的前提下，按优先级顺序从 T 中选择尽可能多的用例进行回归测试。当然，这一准则也可以和“基于变更的回归测试充分准则”相结合：首先从 T 中筛选出所有游历变更的用例，再做进一步的优先级排序。这种结合方式可以在一定程度上降低优先级定量评估的成本。

4.4 准则的选用与定制

迄今为止，各领域的测试者为了缓解测试选择问题，已经提出了数不胜数的测试充分准则。在上文中讲解的准则，只是其中相对有代表性的几个例子。在实际的测试设计中，应该如何选用这些准则呢？如果找不到合适的准则，又应该如何定制符合自己需要的准则呢？

4.4.1 目标与成本的考量

如果考虑将一个广为人知的准则用于自己的测试设计，很重要的一点是，测试人员要理解“满足这个准则”意味着什么，是不是能实现测试目标。测试的基本目标是“评估质量”和“检出缺陷”，显然，这是抽象程度相当高的概括。当面对一个个具体的被测对象，对这些被测对象的期望、实现方式、风险特征有了深入认识后，测试目标也必然会变得更加具体。测试设计工作的一个前提，就是确保测试目标是明确的、得到共识的、可度量的、合理的、可达的。

已有的各种充分准则，都是建立在特定测试目标的基础之上。

例如，对于分支覆盖准则来说，如果被测程序的结构主要由一系列分支组成，那么测试至少应该覆盖这些分支，否则很难认为测试是充分的；对于变异充分准则来说，充分的测试集应该能帮助开发者规避那些典型的、最容易犯的错误；对基于变更的回归测试充分准则来说，既然代码变更是在版本更迭中引入缺陷的主要原因，那么充分的回归测试应该验证所有受到代码变更影响的具体事件。

一旦理解了各种充分准则背后的测试目标，测试人员就可以筛选出那些相对更契合自己需求的准则。在此基础之上，可以进一步考虑应用这些准则的成本，最终从中选出可行性最高的一个。下面以民航机载软件领域为例进一步说明。

RTCA DO-178《机载系统和设备认证的软件考虑》是国际公认的民用航空机载软件开发和测试标准。一款民航客机必须经过“民航标准体系”的适航认证，才有资格执行飞行任务。而这个“民航标准体系”中，针对机载软件适航认证的，就是 DO-178 标准。该标准中明确要求，民航客机机载软件的测试需要满足“修改的条件/决策覆盖准则”。

民航客机的控制依赖于大量的输入参数，控制结果可能被任何一个参数所决定。从空客 A380 的驾驶舱控制面板（图 4-14）上就可以看出这一点。

图 4-14　空客 A380 的驾驶舱控制面板

因此在民航客机机载软件的代码中,经常存在包含大量条件的复杂决策,这是机载软件的显著特点。有研究者对常见机载软件中的决策逻辑表达式进行过统计分析,结果如表 4-19 所示。

表 4-19 机载软件决策逻辑表达式复杂度统计

决策逻辑表达式中的条件数量 n	含有 n 个条件的决策表达式的数量
1	16491
2	2262
3	685
4	391
5	131
6～10	219
11～15	35
16～20	36
21～35	4
36～76	2

在统计样本中,含有 6～10 个条件的决策表达式数量多达 219 个,含有 10 个以上条件的决策表达式数量也有 77 个。条件越多,决策表达式的复杂性就越高,其中某个条件无法正确影响决策的可能性就越大。可以说,机载软件的质量风险主要集中在多条件的决策逻辑上。针对这一点,测试目标可以设定为:为了检验决策逻辑的正确性,测试应该覆盖影响决策结果的每个条件的各种取值情况。

在前面讲解过的准则中,“条件/决策覆盖准则”可以覆盖每个条件的各种取值情况,但是并不要求某个条件的取值与决策结果有直接因果关系,如果某些条件中存在缺陷,可能会被其他条件所掩盖,无法在决策结果中体现出来,因此并不满足我们的测试目标。

“条件组合/决策覆盖准则”要求覆盖所有可能的条件取值组合,这相当于以枚举的方式进行测试,自然可以满足我们的测试目标。但是该准则的成本问题也很突出,4.1.3 节已经讲解过。仅仅针对某一个包含 10 个条件的决策表达式,采用“条件组合/决策覆盖准则”也需要 $2^{10}=1024$ 个用例,而且机载软件往往需要在真实设备上测试,通常来说这种测试集的规模是不可接受的。

"修改的条件/决策覆盖准则"是对上述两个准则的折中。该准则不仅要求覆盖每个条件的各种取值情况,还要求每个条件都能显示出对决策结果的影响,因此可以满足我们的测试目标。此外,它又像"条件/决策覆盖准则"那样保证了用例数量相对条件数量以线性增长。实际上,对于含有 n 个条件的决策表达式,达成"修改的条件/决策覆盖准则"所需的最小用例数是 $n+1$,而且这个用例数下限经常是可达的。既能满足机载软件的测试目标,又可以较好地控制成本,这就是 DO-178 选取这个准则的原因。

值得一提的是,DO-178 将基于结构覆盖的充分准则视为一种度量手段,而非测试选择方法。在 DO-178 文本的 FAQ 中强调了"结构覆盖分析"与"基于结构的测试"之间的差别。"结构覆盖分析"的目的是找到基于规约的测试尚未覆盖的代码结构;而"基于结构的测试"是仅依据代码结构来设计和执行测试的过程。DO-178 的要求是"所有代码结构都应被基于规约的测试覆盖到"。一旦找到了基于规约的测试尚未覆盖到的代码结构,DO-178 认为正确的做法是对规约和代码进行对照分析,确定是基于规约的测试遗漏了某些用例,还是代码结构中有多余的实现。这与 4.1 节中提到的观点是一致的。

4.4.2 准则之间的包含关系

经过测试目标的对标和成本的筛选,如果仍然有很多准则可供选择,那么测试人员自然会对这些准则做进一步对比,考虑选择哪个会更好。何谓"更好"?从测试的基本目的出发,可以认为能够得出更可靠的质量评估结果的准则就更好;或者能检出更多缺陷的准则就更好。

对比充分准则的一种基本方法是定义充分准则之间的某种关系,进而分析各种充分准则之间是否存在这种关系。现有文献中涉及较多的是 4.1.1 节讲过的包含关系。可以将准则之间的包含关系形式化地定义如下。

> **定义：准则之间的包含关系**
>
> 设 C_1 和 C_2 是两种测试充分准则，称 C_1 包含 C_2，当且仅当满足 C_1 的任何测试用例集同时也满足 C_2。

在讲解过的充分准则中，存在如图 4-15 所示的包含关系。

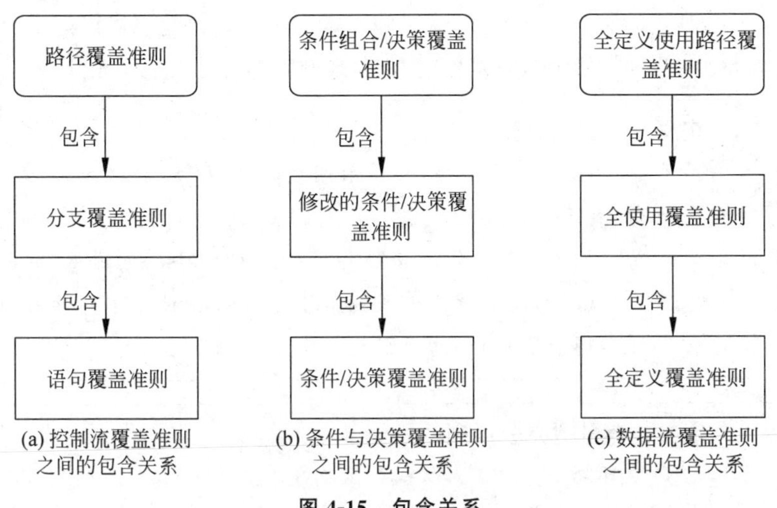

图 4-15　包含关系

可以看出，包含关系主要着眼于准则对测试集的约束方式。如果两种充分准则是基于相同的结构模型（如数据流、控制流、条件与决策）来约束测试集，则二者之间很可能存在包含关系。

充分准则对测试集的约束方式，是实现准则背后测试目标的一种手段。一个测试集满足某个准则，是该测试集可以实现准则背后目标的充分条件。所以，准则 C_1 包含准则 C_2，实质上意味着满足 C_1 的测试集不仅可以实现 C_1 的测试目标，也可以实现 C_2 的测试目标。因此，也可以说"C_1 强于 C_2"。当然，实现 C_1 的成本也会相对较高。

4.4.3　充分准则基本性质

如果在已有的充分准则中找不到合适的，测试人员可以考虑自行定制一个准则。这时需要做两件事：

(1) 建立起关于被测对象的价值观，识别出测试的焦点，明确测试目标。

(2) 将这一价值观进行准则化，即设计一种具体的方式来约束和评价测试集，以实现测试目标。

准则化的具体方式包括两种，即判定和度量。由此也可以定义充分准则的两种类型。其一是判定型充分准则，其二是度量型充分准则。

定义：判定型充分准则

用 P 表示被测对象集合，S 表示期望集合，D 表示 P 的测试输入空间，T 表示测试集的集合。T 是 D 的幂集，即 $T=2^D$。判定型充分准则是 $P\times S\times T$ 张成的空间到{true,false}的函数，记为 $C_p^s(t)$。$C_p^s(t)=\text{true}$ 代表在充分准则 C 下，测试集 t 对于被测对象 p 和期望 s 是充分的，否则就是不充分的。

定义：度量型充分准则

用 P 表示被测对象集合，S 表示期望集合，D 表示 P 的测试输入空间，T 表示测试集的集合。T 是 D 的幂集，即 $T=2^D$。度量型充分准则是 $P\times S\times T$ 张成的空间到[0,1]的函数，记为 $M_p^s(t)$。$M_p^s(t)=r$ 代表在充分准则 M 下，测试集 t 对于被测对象 p 和期望 s 的测试充分度是 r。r 越大，则测试充分度越高。

尽管本章讲解的都是判定型充分准则，但实际上，度量型充分准则才是更一般性的准则形式。判定型充分准则可以看作度量型充分准则的一种特殊情况。任何一个判定型充分准则 C，都可以通过一个相应的度量型充分准则 M 和充分度阈值 R 来定义，即

$$\begin{cases} C_p^s(t)=\text{true} \Leftrightarrow M_p^s(t)\geqslant R \\ C_p^s(t)=\text{false} \Leftrightarrow M_p^s(t)<R \end{cases}$$

例如在 4.2.4 节，如果以变异得分作为相应的度量型变异充分准则，并设充分度阈值为 1，则测试集满足判定型变异充分准则当且

仅当其变异得分等于 1。

根据具体工程问题的需要，可以定义各种不同的测试充分准则，比如覆盖代码中所有分支，连续测试 100 个小时，使用极限值和代表性值对每个功能特性进行测试，等等。不同的准则有优劣之分，判断某个准则优劣的一个方法是，评估其是否具备优秀准则应该具备的基本性质。接下来针对度量型充分准则，给出这样一组基本性质。这些性质是从工程实践广泛采用的充分准则中归纳出来的。具备这些性质的准则，可以对测试集的充分度进行比较合理的度量。因此，测试人员应该在自己定制的准则中尽可能保有这些性质。

(1) 归一性。由准则所度量的测试充分度，取值应在[0,1]之间。空集的测试充分度应为 0，穷尽测试集的测试充分度应为 1。形式化表述为：$\forall s,p,t$：$(0\leqslant M_p^s(t)\leqslant 1\wedge M_p^s(\varnothing)=0\wedge M_p^s(D)=1)$。

(2) 有限适用性。对于任意被测对象和期望，都应该存在一个有限的测试集满足充分准则，形式化表述为：$\forall s,p,r$：$(0\leqslant r<1\Rightarrow \exists t$：$(t$ 有限 $\wedge M_p^s\geqslant r))$。

(3) 单调性。如果测试集 t_1 是测试集 t_2 的子集，那么 t_1 的充分性不应该高于 t_2，形式化表述为：$\forall s,p,t_1,t_2$：$(t_1\subseteq t_2\Rightarrow M_p^s(t_1)\leqslant M_p^s(t_2))$。

(4) 次可加性。多个测试集的并集的充分度，不应该高于其各自充分度的加和，形式化表述为：$\forall s,p,t_1,\cdots,t_n$：$\left(M_p^s\left(\bigcup_{i=1}^{n} t_i\right)\leqslant \sum_{i=1}^{n} M_p^s(t_i)\right)$。

(5) 贡献递减性。已经完成的测试越多，接下来补充的测试对充分性的贡献就越小。设 t_1 和 t_2 都是关于被测对象 p 和期望 s 的测试集，t_1 是已经执行完成的测试集，t_2 是在此基础上补充的测试集，则 t_2 对测试充分性的贡献程度为：$M_p^s(t_2|t_1)=M_p^s(t_2\cup t_1)-M_p^s(t_1)$。贡献递减性的形式化表述为：$\forall s,p,t_1,t_2,t_3$：$(t_1\subseteq t_2\Rightarrow (M_p^s(t_3|t_1)\geqslant M_p^s(t_3|t_2)))$。

下面以"修改的语句覆盖准则"和"变异充分准则"为例，考察上述性质在充分准则上的体现，为“修改的语句覆盖准则”定义相应的度量型准则。

定义：修改的语句覆盖充分度

设被测程序的可达语句总数为 N，测试集覆盖的语句数为 n，则测试集的语句覆盖充分度为 $\frac{n}{N}$。

考察“修改的语句覆盖充分度”，有如下结论：

(1)“修改的语句覆盖充分度”具备归一性。其度量结果是一个0～1的百分比。此外，如果没有执行任何用例，就无法覆盖任何语句，语句覆盖充分度必然为0；穷尽测试必定可以覆盖所有的可达语句，使语句覆盖充分度达到1。

(2)“修改的语句覆盖充分度”具备有限适用性。程序中可达语句的数量是有限的，必定可以通过有限的测试集达成给定的充分度目标。

(3)“修改的语句覆盖充分度”具备单调性。因为语句覆盖比例必然会随着用例的增加而增加或维持不变。

(4)“修改的语句覆盖充分度”具备次可加性。因为两个测试集各自覆盖的语句集合有可能存在交集。

(5)“修改的语句覆盖充分度”具备贡献递减性。已完成的测试越多，被覆盖过的语句就越多，有待后续测试去覆盖的语句就越少，因此后续测试对充分度的贡献就越小。

对于“变异充分准则”而言，变异得分就是其对应的度量型准则，有如下结论：

(1)“变异得分”具备归一性。其度量结果是一个0～1的百分比。此外，如果没有执行任何用例，就无法杀死任何变异体，变异得分必然为0；刨除等价变异体之后，穷尽测试必定可以杀死任何一个变异体，使变异得分达到1。

(2)“变异得分”具备有限适用性。变异体是基于变异算子创建的，变异算子是测试者根据经验总结出的典型缺陷类型，其数量一定是有限的，因此变异体的数量必然有限，必定可以通过有限的测试集达成给定的变异得分目标。值得一提的是，尽管变异得分具备有限适用性，但是实施变异测试的成本仍然可能很高。假设测试集中的用例数为 n，变异体的数量为 m。为了杀死所有变异体，需要执行的用例数量可能高达 $m\times n$。这也是变异测试在工程实践中应用较少的主要原因。当然，目前已经有很多关于变异体数量约简的方法，比如抽样、成本优选、组合、基于变异分支占优关系的约简方法等。

(3)“变异得分”具备单调性。因为用例增加了，就有可能杀死更多变异体。在变异测试的实施过程中，一旦发现存活的变异体，也是通过补充用例的方式去提升变异得分。

(4)“变异得分”具备次可加性。两个不同的测试集，有可能杀死同一个变异体。

(5)“变异得分”具备贡献递减性。已有测试集的规模越大，可杀死的变异体数量就越多，存活变异体的数量就越少，换言之，有待后续补充的测试去杀死的变异体数量就越少，因此后续补充的测试对充分度的贡献就越小。

4.4.4 绝对充分度

我们称一个充分准则是可靠的，当且仅当满足该准则的所有测试集要么全部测试通过，要么全部测试不通过。换言之，如果有多个测试集都满足某一个可靠的充分准则，那么这些测试集在检出缺陷的能力上是一致的。

此外，我们称一个充分准则是有效的，当且仅当对于程序中的任何缺陷，都存在一个满足该准则的测试集能够检出此缺陷。显然，充分准则的有效性仅仅保证缺陷检出的可能性，而无法保证缺陷检出的必然性。

如果一个充分准则既是可靠的，又是有效的，那么满足该准则的测试集就有可能实现“绝对充分”的测试。当然，本章一开始就提到过，根据准则化思想所定义的“充分”多是特定意义上的充分，工程实践中可靠且有效的充分准则非常罕见。然而，“绝对充分”的测试永远都是测试者向往的彼岸。本节我们重新站在测试的起点，思考一下什么是“绝对充分”的测试。

测试是理想与现实之间的对照。所以，“绝对充分”的测试必须彻底地完成这一对照，能够准确评估出理想与现实的相符程度。具体来说，测试集需要满足以下两方面的要求：

(1) 全面。绝对充分的测试集应该涵盖理想与现实范围内所有可能的具体事件。

(2) 确切。绝对充分的测试集应该对每一个具体事件给出确切的评估结果。

大多数充分准则都假定“确切”的要求不成问题：一个测试用例执行通过，便意味着在这个具体事件上，理想与现实是完全相符的。然而事实往往并非如此。即便仅就某一个具体事件而言，真正看清理想与现实也不是一件容易的事。很多时候，由于期望的抽象属性，测试人员难以确定一个测试用例的预期结果；或者由于被测对象缺乏必要的能观性，测试人员无法对实际结果进行有效的观察。在这样的情况下，针对该事件的理想与现实是否相符的问题，测试用例就只能以一定的置信度给出验证结果。

“绝对充分”的测试似乎是一个可望而不可即的梦想。实际工程中的测试，只能在一定程度上接近这一梦想。那么，如何丈量出与梦想的距离呢？一种思路是沿用度量型充分准则的模式，以覆盖具体事件的角度建立绝对充分性的度量机制。最简单的方式，就是以测试用例在测试输入空间中的占比来定义充分度。但是，有一个问题是测试人员不能忽视的：两个不同的测试用例，对充分性的贡献是一样的吗？如果用例 t_1 验证的是用户高频使用的核心功能，而用例 t_2 验证的是用户极少使用的辅助功能，显然 t_1 对充分性的贡献更大。在一个具体事件中，如果被测对象体现出的特性符合期望，便会给相关方带来一定的价值；如果与期望不符，则会给相关方造成一定的风险。事件所产生的价值/风险水平的高低，一方面与被测对象期望的价值量有关，另一方面也与具体事件的发生概率有关。归属于不同期望的事件，其价值/风险水平往往不同；归属于同一期望的事件，若发生概率不同，其价值/风险水平也不同。在绝对充分性的度量中，一个事件的价值/风险水平越高，对充分性的贡献应该越高。

以上述内容为基础，可以建立绝对充分度的定义。为了简化问题，我们假定理想与现实范围内具体事件的数量是有限的，换言之，测试输入空间中测试输入点的数量是有限的。

定义：绝对充分度

设被测对象期望 E 的测试输入空间 D 中包含 n 个测试输入点，即 $\{e_1, e_2, \cdots, e_n\}$。对于任意一个测试输入点 e_i，设其价值/风险水平为 v_i，测试集 T 对 e_i 的验证置信度为 c_i。则 T 的绝对充分度为 $\dfrac{\sum_{i=1}^{n}(c_i \cdot v_i)}{\sum_{i=1}^{n} v_i}$。

对于绝对充分度的定义，有以下两点说明。

(1) 设 e_i 在 D 中的实际发生概率为 p_i，则 e_i 的价值/风险水平 $v_i = v(E) \cdot p_i$。其中 $v(E)$ 是 E 的价值量。如果 E 可以具象化分解为一组子期望 $\{E_1, E_2, \cdots, E_m\}$，则 D 可以被分割为一组相应的子空间 $\{D_1, D_2, \cdots, D_m\}$。假设 e_i 落入了子空间 D_j 之中，对应的子期望是 E_j。这时，应根据 E_j 的价值量和 e_i 在 D_j 中的实际发生概率来评估 v_i。

(2) 验证置信度 c_i 指的是经过测试集 T 的验证之后，测试人员能够在什么程度上相信 e_i 的理想和现实是相符的，因此 $0 \leqslant c_i \leqslant 1$。如果 T 中包含 e_i 这个测试用例，并且可以对 e_i 给出确切的评估结果，则 $c_i = 1$。然而，如果 T 没有将 e_i 选为测试用例，并不意味着 $c_i = 0$。例如，假定 T 采取的是分割测试策略，将测试输入空间分割为一系列同质子空间。在其中一个同质子空间中，T 只覆盖了一个测试输入点，并且测试结果表明，在这个点上理想与现实百分百相符。那么就可以认为，T 对这个同质子空间中所有测试输入点的验证置信度都是 1。实际上，很多面向测试选择问题的测试设计策略，出发点都是提升那些“未被选择的测试输入点”的验证置信度。

最后，根据 4.4.3 节讲解的充分准则基本性质，对如上定义的绝对充分度做进一步考察。

(1)“绝对充分度”不具备归一性。由于 $0 \leqslant c_i \leqslant 1$，绝对充分度的度量结果是一个 0～1 的百分比；没有执行任何用例的话，对任何测试输入点的验证置信度都是 0，绝对充分度也为 0；但是，如果针对某个被选为测试用例的具体事件，测试用例无法确定理想与现实是否相符，那么即便测试集覆盖了测试输入空间中所有测试输入点，绝对充分度也无法达到 1。

(2)“绝对充分度”不具备有限适用性。理由同(1)。

(3)“绝对充分度”具备单调性。增加用例通常会提升某些测试输入点的验证置信度，至少会维持不变。

(4)“绝对充分度”不具备次可加性。例如，在一个非同质子空间中，如果只覆盖一个测试输入点，则其他点的验证置信度会很低。但是如果再覆盖一个点，除了这个点本身的验证置信度会提高外，其他点的验证置信度也会提高。因为一般来说，测试执行成功的用例越多，则被测对象正确的概率就越高。因此有可能出现($M_p^s(t_1 \cup t_2) > M_p^s(t_1) + M_p^s(t_2)$)的情况。

(5)“绝对充分度”不具备贡献递减性。理由同(4)。随着已执行完成的测试用例测试越多，其余测试输入点的验证置信度也可能加速升高，有可能出现 $t_1 \subseteq t_2$ 但 $M_p^s(t_3 | t_1) < M_p^s(t_3 | t_2)$ 的情况。

可见，绝对充分度并不具备常见充分准则的一些基本性质。其主要原因在于，常见充分准则对某一个具体事件的充分性度量结果只有两种，即“充分”或“不充分”。而绝对充分度引入了验证置信度的概念，将这一度量结果模糊化。由此，绝对充分度与覆盖事件数量的关系呈现显著的非线性，其定量计算非常困难，无法成为一个实用的充分准则。

然而，绝对充分度可以通过定性评价的方式，帮助测试者识别常用测试策略的限制和不足，从而实现更完备、更合理的测试。例如对于某被测程序，如果采用所谓“等价类划分法”——也就是仅根据规约划分子空间，从每个子空间中选择一个测试用例，那么当考量测试集的绝对充分度时，容易发现“未被选择的测试输入点”验证置信度会比较低，因为并没有对这些点的“现实”进行足够的观察。这将促使测试人员从程序实现结构的角度来考察“等价类”中的事件是否真的等价，进而采用3.2.1节讲到的更加合理的分割测试策略。在这个意义上，绝对充分度就像一座灯塔，当测试人员在测试设计的海洋里乘风破浪时，它会照亮来时的路，时刻提醒测试人员勿忘初心。

4.5 本章小结

测试选择问题的背后是测试目标和可用资源之间的矛盾。测试人员关于被测对象的价值观，决定了应该如何调整测试目标，使其在资源约束下更具可行性，进而建立相应的测试充分准则，聚焦于那些在价值观中更重要的结构元素、缺陷类型——以及对应的测试输入点，以辅助测试人员达成测试目标。可见，价值观是准则化思想的内核。

在理想与现实的对照中，基于结构覆盖的充分准则着眼于“现实”：针对测试人员所关注的某一种结构特征，将“未能完整覆盖被测对象结构元素”的测试定义为不充分的测试。以同一种结构特征为基础的不同充分准则之间，很可能存在包含关系。

基于缺陷的充分准则试图揭示测试输入点和缺陷之间的联系。以“确保检出某一类重要缺陷”为目标，这类准则描述了测试用例集应该具备的特征，以此来直接或间接地指导测试选择的过程。通过挖掘缺陷之间的等效或支配关系，测试选择有可能得到简化。

对于回归测试，如果仅从“检出缺陷”出发，测试人员可以根据缺陷与变更的关系，将充分准则设定为“要求测试集包含所有游历变更的用例”；如果同时考虑“检出缺陷”与“评估质量”，就需要进一步分析用例对应期望的价值量和用例执行成本，更全面地评估待选用例的优先级。

当测试人员决定是否要采用某个充分准则时，一方面要看其是否契合自己的测试目标，另一方面要看能否接受其实施成本。如果从已有准则中找不到合适的，那么就需要自行定制。这时，应该尽量在新的准则中保有一些常见准则的优良性质。

绝对充分度并不是一种实用的充分准则，它更接近一种理念，引导测试人员去反省自己测试设计中的局限性。

本章参考文献

[1] Zhu H, Hall P A V, May J H R. Software unit test coverage and adequacy [J]. Acm Computing Surveys (csur), 1997, 29(4): 366-427.

[2] White L J, Cohen E I. A Domain Strategy for Computer Program Testing [J]. IEEE Transactions on Software Engineering, 1980, SE-6(3): 247-257.

[3] Chilenski J J, Miller S P. Applicability of modified condition/decision coverage to software testing[J]. Software Engineering Journal, 1994, 9(5): 193-200.

[4] Rapps S, Weyuker E J. Selecting Software Test Data Using Data Flow Information[J]. IEEE Transactions on Software Engineering, 1985, SE-11(4): 367-375.

[5] Laski J. Korel W, et al. A Data Flow Oriented Program Testing Strategy[J]. Software Engineering, IEEE Transactions on, 1983, SE-9(3): 347-354.

[6] Yu Y T, Lau M F. A comparison of MC/DC, MUMCUT and several other coverage criteria for logical decisions[J]. Journal of Systems and Software, 2006, 79(5): 577-590.

[7] Lau M F, Yu Y T. An extended fault class hierarchy for specification-based testing[J]. ACM Transactions on Software Engineering and Methodology (TOSEM), 2005, 14(3): 247-276.

[8] Chen T Y, Lau M F, Yu Y T. MUMCUT: A fault-based strategy for testing Boolean specifications[C]//Proceedings Sixth Asia Pacific Software Engineering Conference (ASPEC'99) (Cat. No. PR00509). IEEE, 1999: 606-613.

[9] Chen T Y, Lau M F. Test case selection strategies based on boolean specifications[J]. Software Testing, Verification and Reliability, 2001, 11(3): 165-180.

[10] Quine W V. The problem of simplifying truth functions[J]. The American

Mathematical Monthly,1952,59(8):521-531.

[11] Foster K A. Error sensitive test cases analysis (ESTCA)[J]. IEEE Transactions on Software Engineering,1980 (3):258-264.

[12] Ma Y S,Kwon Y R,Offutt J. Inter-class mutation operators for Java [C]//13th International Symposium on Software Reliability Engineering, 2002. Proceedings. IEEE,2002:352-363.

[13] 陈翔,顾庆. 变异测试:原理、优化和应用[J]. 计算机科学与探索,2012, 6(12):1057-1075.

[14] https://cs.gmu.edu/~offutt/mujava/mutopsMethod.pdf.

[15] 聂长海. 组合测试[M]. 北京:科学出版社,2015.

[16] 任露泉. 试验设计及其优化[M]. 北京:科学出版社,2009.

[17] Weyuker E J. Axiomatizing Software Test Data Adequacy[J]. IEEE Transactions on Software Engineering,1986 (12):1128-1138.

[18] Weyuker E. J. The evaluation of program-based software test data adequacy criteria[J]. Communications of the Acm,1988,31(6):668-675.

[19] Hamlet R. Theoretical comparison of testing methods[J]. Acm Sigsoft Software Engineering Notes,1989,14(8):28-37.

[20] Goodenough J B,Gerhart S L. Toward a Theory of Test Data Selection [J]. ACM SIGPLAN Notices,1975,1(6):156-173.

[21] Howden W E. Functional Program Testing[J]. IEEE Transactions on Software Engineering,1980,SE-6(2):162-169.

[22] Parrish,Allen,Zweben,et al. Analysis and Refinement of Software Test Data Adequacy Properties[J]. IEEE Transactions on Software Engineering, 1991.

[23] Weyuker E J, Weiss S N, Hamlet D. Comparison of program testing strategies[C]//proceedings of the symposium on testing, analysis and verification. 1991:1-10.

[24] Rothermel G,Harrold M J. Analyzing regression test selection techniques[J]. Software Engineering IEEE Transactions on,1996,22(8):529-551.

[25] Yoo S, Harman M. Regression testing minimization, selection and prioritization: a survey[J]. software testing,verification and reliability, 2012,22(2):67-120.

[26] Paul Ammann,Jeff Offutt. 软件测试基础[M]. 李楠,译. 北京:机械工业出版社,2009.

第5章

多样化

“多样化”与“单一化”相对立。测试设计中“多样化”的思想来自非常朴素的直觉——“单一化”的测试一定是不好的。所谓“单一化”,指的是测试集中有很多用例相似度较高,在测试输入空间中集中分布于一些局部位置。这些特征单一的用例,只能触发相似的被测对象行为。从观察的角度来说,“单一化”的测试只盯着理想与现实的少数几个角落,无异于以管窥天,看不到被测对象的全貌,因此往往会得到以偏概全的质量评估结论,并难免会遗漏很多重要的缺陷。

一方面,在信息技术领域,为了让计算机能够处理真实的物理信号,需要把连续的物理信号离散化,也就是对连续信号进行采样。采样点越密集,对原始信号的还原度就越好。根据香农-奈奎斯特采样定理,采样的时间间隔至少要小于原始信号周期的一半,这样离散化的样本才能真实地反映原始信号的整体面貌。从测试输入空间中选取测试用例,一定程度上类似于从连续信号上选取采样点。被测对象理想与现实的相符程度,可被视为测试输入空间之上的一个函数 $f(x)$,x 为测试输入点。通过测试进行质量评估的过程,就是在测试输入空间中进行采样,将采样点 $x_1,x_2,\cdots,x_n$ 作为测试用例,通过离散的测试结果集合$\{f(x_i)\}$,$i=1,2,\cdots,n$ 进一步推断出 $f(x)$ 的整体。测试人员希望被测对象在这些用例上的表现,能够全面地反映其在整个测试输入空间上的表现。同样,选取的测试用例越密集,越有利于达成这一目的。然而考虑到测试成本的约束,用例的密度不可能无限制地加大。在没有更多先验信息的情况下,为了避免顾此失彼,均匀采样是最稳妥的选择。

另一方面,站在检出缺陷的立场上,也可以得出类似的结论。在测试设计阶段,通常无法断言测试输入空间的哪些区域不存在缺陷,测试用例应该散布在各个区域中。同时经验告诉我们,$f(x)$经常具备一定的连续性。如果在某个测试输入点上理想与现实的相符程度很高,那么在其附近的输入点上,情况也大抵如此。换言之,如果一个用例没有检出缺陷,那么与之相似的其他用例检出缺陷的希望也不大。为了充分利用有限的资源,更高效地检出缺陷,应该使测试用例之间保持足够的差异性。

"多样化"思想的实质,就是力求使测试用例之间的差异尽量大,让测试用例尽可能均匀地散布在测试输入空间之中。测试人员面对"测试选择问题"时,如果对被测对象的把握很充分,了解它的实现结构、缺陷类型与测试输入点的联系,那么可以借助准则化思想,实现尽可能充分的测试;如果测试人员缺少这些信息,就需要依赖多样化思想。此外,在测试执行活动中,多样化思想可以指导测试人员优化用例执行顺序,在缺陷检出效率的意义上缓解"缺陷选择问题"。

5.1 随机测试

我们在 3.2.3 节提到过随机测试。这种测试设计方法指的是按某种概率分布从测试输入空间中随机选取测试用例。何谓"随机"?我们知道,掷硬币的结果是随机的,但如果把硬币的形状、质量分布、手指动作、环境影响等所有因素都进行充分的分析,掷硬币的结果便可以确定。由于我们对"掷硬币"事件的认知程度有限,只能把握其中很少的几个因素,该事件的结果便呈现了随机性。简言之,随机性是由因素的缺失引起的,是因果律的破缺。

但是,尽管对因素的把握不足,这不充分的条件也会对事件结果产生内在的制约。硬币的两面对称性决定了正反两面出现的频率都将稳定在 1/2 附近,这就形成了概率的概念。概率体现了一种广义的因果律。概率的确定既可依靠对事件发生频率的实际观测,也可以依靠对因果关系的分析:硬币的两面对称性将总概率一分为二,若是投掷一颗六面对称的骰子,每一面出现的概率便可等分为 1/6。对每个单因素都去寻找等可能性的分割,以此为基础,可以确定概率的测度分配。如果连等可能性分割的证据也没有,便只能依据拉普拉斯等可能准则,直接为每种结果分配相同的概率。

随机测试与"随意测试"不同。"随意测试"带有强烈的主观色彩。而随机测试恰恰是为了摒弃主观带来的局限性。随机测试需要遵循特定的概率分布要求,也就是说,测试用例的分布要满足一定的规律。本章仅讲解遵循均匀分布的随机测试。均匀分布要求每个可能的结果出现的概率都相同,对随机测试来说,就是以相同的概率从测试输入空间中选取用例。这种方式消除了用例选择时的偏倚,每个测试输入点被选中的机会均等,由此在一定程度上实现了用例的多样性。

很多时候,随机测试是其他测试方法的有效补充。譬如,当我们根据某个充分准则完成测试之后,还可以再开展一轮随机测试,使测试充分度进一步提升,这在集成电路等领域是非常普遍的做法;再譬如,在分割测试中,如果无法确保分割出的子空间是同质子空间,一般需要在每个子空间中以随机的方式选取多个用例,而非仅仅选择一个用例。

5.1.1 基于伪随机数发生器的随机测试

以软件领域为例。假设被测程序的输入参数是一个整数,有效范围是$[1,10^5]$;输出是该整数的立方根,精度要求为 2×10^{-5}。另外假定测试集的规模限制为 3000 个用例,则随机测试的步骤如下:

(1) 利用一些常用的伪随机数发生器,在输入参数的有效范围之内,基于均匀分布生成 3000 个随机输入数据。

(2) 依次将这些数据输入被测程序,观察输出结果。

(3) 假定对于输入数据 t,输出是 z。判断 z 是否满足精度要求,即 $(z-2\times10^{-5})^3\leqslant t\leqslant(z+2\times10^{-5})^3$。

如果任意一个用例的输出结果不符合精度要求,该用例就检出了程序的缺陷。在程序完成修正之后,可以重新生成随机测试集进行复测。上述过程很容易用自动化的方式实现,从而降低测试成本,这是随机测试的一大优点。

伪随机数生成器通常根据一些确定性算法,生成一个看似随机的序列。例如,给定一个起点 v_0,并给定常量 a、c 和 m,基于公式 $v_{i+1}=(a\times v_i+c)\bmod m$,可以得到一个周期为 m 的序列。从 v_0 到 v_{m-1},可以认为序列的值是随机变化的。然而从 v_m 开始,序列又周而复始,重复上一个周期的变化过程。也就是说,在相同的初始条件下,伪随机数生成器会以固定的顺序生成一个"伪随机"的序列。这个初始条件被称为随机数种子。因此,为了加强测试用例的多样性,在生成复测的随机测试集时,应该给伪随机数生成器设置新的随机数种子。当然,目前很多伪随机数生成器都会默认进行这一操作。比如在 Java 程序中,新建一个 java.util.Random 类的对象时会默认用系统时间作为种子。

常用的伪随机数生成器可以生成 $r\in[0,1]$范围内的浮点数。如果需要在$[n,m]$范围生成随机数,可以通过 $r*(m-n)+n$ 的方式进行伸缩和平移。

工程实践中,伪随机数发生器生成的数据很少能够直接作为被测对象的输入数据,一般需要进行二次映射:当测试输入空间的结构较为简单时,可以对测试输入点进行统一编号,按编号进行随机选择;当测试输入空间的结构较为复杂时,可以对测试输入空间的各个维度分别编号并进行随机选择,再联结成一个完整的测试用例。例如,在面向对象程序的测试用例自动生成技术中,由于被测类的内部状态会影响其行为,在方法输入参数随机化的基础上,还要进行方法调用顺序、调用次数的随机化,这样才能构成一个完整的随机测试用例。

5.1.2 随机选取用例的其他方法

除了利用伪随机数发生器之外,随机选取测试用例的方法还有很多,这里简要介绍其中的几种。

1. 抓阄法

将备选测试用例进行编号,做成阄,按事先确定的用例数目从充分混合的阄中抽取。例如,假设测试输入空间中共有 50 个测试输入点,要从中随机选取 5 个用例,把 50 个测试输入点从 1 开始编号,一直到 50 号,然后用抓阄的办法,任意抽 5 张阄。假如抽到 2、6、10、28、40,就以这 5 个编号的用例构成测试集。

2. 随机数表法

随机数表是一种事先按随机原则将 0,1,2,3,…,9 十个数字进行编制的表,如表 5-1 所示。

如果依次序进行选取,则表中每个数字出现的可能性都相同,并且由表中数字组成的各种多位数(如二位数、三位数)也都有相同的出现机会。因此,利用随机数表选取测试用例,可以保证各个测试输入点被选取的概率相等。

举例说明。假定测试输入空间中共有 15 个测试输入点,希望从中随机选择 3 个用例。先把这 15 个测试输入点排列次序,编号为 01～15 号,然后闭上眼睛,用笔尖在随机数表中点出任意一个数字,再按从左到右或从右到左的顺序,依次确定中选号码,遇有超过编号范围的号码便跳过,最后对照中选号码选取用例。假定从表中点出的数字是第 4 行第 5 列的 8,且事先规定是按从左向右的次序进行选择,则从 85 开始,以每两位数为一个单位,依次向右选择 01～15 范围内的数,最终选取的编号为 05、03、15。

表 5-1 随机数表的局部

0 3	4 7	4 3	7 3	8 6	3 6	9 6	4 7	3 6	6 1	4 6	9 8	6 3	7 1	6 2
9 7	7 4	2 4	6 7	6 2	4 2	8 1	1 4	5 7	2 0	4 2	5 3	3 2	3 7	3 2
1 6	7 6	0 2	2 7	6 6	5 6	5 0	2 6	7 1	0 7	3 2	9 0	7 9	7 8	5 3
1 2	5 6	8 5	9 9	2 6	9 6	9 6	6 8	2 7	3 1	0 5	0 3	7 2	9 3	1 5
5 5	5 9	5 6	3 5	6 4	3 8	5 4	8 2	4 6	2 2	3 1	6 2	4 3	0 9	9 0
1 6	2 2	7 7	9 4	3 9	4 9	5 4	4 3	5 4	8 2	1 7	3 7	9 3	2 3	7 8
8 4	4 2	1 7	5 3	3 1	5 7	2 4	5 5	0 6	8 8	7 7	0 4	7 4	4 7	6 7
6 3	0 1	6 3	7 8	5 9	1 6	9 5	5 5	6 7	1 9	9 8	1 0	5 0	7 1	7 5
3 3	2 1	1 2	3 4	2 9	7 8	6 4	5 6	0 7	8 2	5 2	4 2	0 7	4 4	2 8
5 7	6 0	8 6	3 2	4 4	0 9	4 7	2 7	9 6	5 4	4 9	1 7	4 6	0 9	6 2
1 8	1 8	0 7	9 2	4 6	4 4	1 7	1 6	5 8	0 9	7 9	8 3	8 6	1 9	6 2
2 6	6 2	3 8	9 7	7 5	8 4	1 6	0 7	4 4	9 9	8 3	1 1	4 6	3 2	2 4
2 3	4 2	4 0	5 4	7 4	8 2	9 7	7 7	7 7	8 1	0 7	4 5	3 2	1 4	0 8
6 2	3 6	2 8	1 9	9 5	5 0	9 2	2 6	1 1	9 7	0 0	5 6	7 6	3 1	3 8
3 7	8 5	9 4	3 5	1 2	8 3	3 9	5 0	0 8	3 0	4 2	3 4	0 7	9 6	8 8
7 0	2 9	1 7	1 2	1 3	4 0	3 3	2 0	3 8	2 6	1 3	8 9	5 1	0 3	7 4
5 6	6 2	1 8	3 7	3 5	9 6	8 3	5 0	8 7	7 5	9 7	1 2	2 5	9 3	4 7
9 9	4 9	5 7	2 2	7 7	8 8	4 2	9 5	4 5	7 2	1 6	6 4	3 6	1 6	0 0
1 6	0 8	1 5	0 4	7 2	3 3	2 7	1 4	3 4	0 9	4 5	5 9	3 4	6 8	4 9
3 1	1 6	9 3	3 2	4 3	5 0	2 7	8 9	8 7	1 9	2 0	1 5	3 7	0 0	4 9

3. 随机数色子法

随机数色子是一种正 20 面体的色子，一套 6 个，具有不同颜色，各面上均刻有 0～9 的数字，如图 5-1 所示。

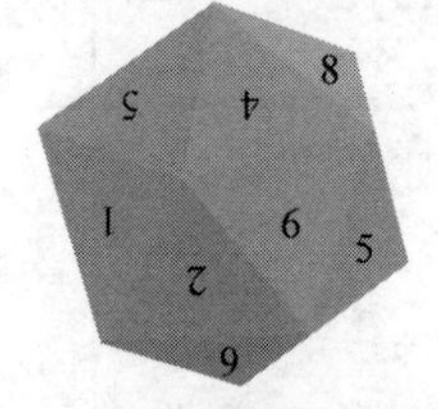

图 5-1　随机数色子

用这样一套色子可产生 1～6 位随机数。使用时，根据需要选取 m 个色子，规定各种颜色的色子所表示的位数。例如，用红色子代表个位数，黄色子代表十位数，蓝色子代表百位数等。并特别规定，如果 m 个骰子出现的数字均为 0，结果为 10^m。将 m 个色子放在盒内，充分摇动后即可开出一个 m 位随机数。反复如此操作，可得任意多个 m 位随机数。

5.1.3　模糊测试

模糊测试是随机测试的变种，在信息安全领域应用较多，经常用于检出信息系统的安全漏洞，也就是与信息访问授权相关的缺陷。

模糊测试也是以随机的方式选取测试用例，特别之处在于，模糊测试往往并不会直接在整个测试输入空间中进行随机选择，而是聚焦于一个需要重点关注的子空间。这个子空间中的测试输入点，通常代表非典型的、没有明确业务意义的输入事件，例如包含特殊标识符的 SQL 语句等。这样的子空间，常常是信息安全漏洞的滋生地。

借助领域专业知识，测试人员可以界定出这样的子空间，并进一步从中随机选出模糊测试用例。具体实施时，一般要首先捕获信息系统的典型输入数据，在此基础上进行启发式的随机变异，产生模糊用例集。常见的变异操作有：

(1) 针对位或者字节进行翻转。

(2) 以单字节、双字节或者四字节为单位进行加减操作。

(3) 删除、复制、重写或者插入新的字节块。

(4) 两个测试用例随机选取位置并进行拼接。

随机变异的操作，就是把典型输入数据进行模糊化，形成一系列非典型的、多样化的测试用例。这就是模糊测试这一称谓的由来。

此外，还可以从另一个视角来理解模糊测试。一切对立的两极中间都存在过渡地带。处于过渡地带的事物必然具有某种不确定性，既有这一极的特征，又有那一极的特征。有时为了简化问题，可以忽略过渡地带，把事物近似看作非此即彼的；有时必须正视两极对立的不充分性，正视事物的亦此亦彼性，也就是普遍存在的模糊性。依据被测对象期望，测试输入点可以被划分为合法输入点和非法输入点两类，这是一种非此即彼的分类。而有些测试输入点，尽管从期望的角度看是合法的，却指代着毫无意义的、诡异的，甚至危险的输入事件。这些处于合法和非法之间过渡地带的测试输入点，正是模糊测试的重点关注对象。

5.2 反随机测试

随机测试仅仅依据统计意义上的“均匀分布”选择每一个测试用例，无法确保用例均匀散布在测试输入空间中。特别是当用例量较小时，用例的多样性可能会很差。根本原因在于，随机测试并未考虑测试集中各个用例之间的关系。反随机测试所反对的，正是这一点。

5.2.1 测试输入点之间的距离

从测试输入点中选择测试用例时，测试人员首先面对的一个问题就是：如果不了解这些测试输入点与被测对象实现方式、缺陷的关系，那么这些测试输入点之间有什么差异呢？毕竟，明确差异之后才有可能作出理性的选择。

不同的测试输入点，在测试输入空间中有着不同的位置坐标。而测试输入空间中的位置坐标，代表着影响因素的某个水平组合。因此，不同的测试输入点位置坐标的相对关系，可以反映它们对被测对象所施加的影响有何不同。测试人员可以在测试输入空间中引入距离的度量,用以刻画两个测试输入点在这一意义上的差异程度。

假设对某个被测对象期望来说,测试设计关注的影响因素有 k 个,分别为 $F_1,F_2,\cdots,F_k$。因此,测试输入空间有 k 个维度,其中任意两个测试输入点 $\boldsymbol{x}$、$\boldsymbol{y}$ 可以分别表述为如下向量形式:

$$\boldsymbol{x}=\begin{bmatrix}x_1\\x_2\\\vdots\\x_k\end{bmatrix},\quad \boldsymbol{y}=\begin{bmatrix}y_1\\y_2\\\vdots\\y_k\end{bmatrix}$$

x_i、y_i 分别表示 $\boldsymbol{x}$、$\boldsymbol{y}$ 在影响因素 F_i 上取的水平,可以是具体数值或字符串,也可以是有限个类别。如果 F_i 只能以有限个类别作为水平,如高、中或低,为了便于距离的计算,可以将类别量化映射为具体数值,如 2、1 或 0。

常用的距离度量方式包括欧氏距离、汉明距离、曼哈顿距离、莱文斯坦距离等。

1. 欧氏距离

欧氏距离是最直观的距离度量,可以理解为空间中两点之间连线的长度,即 $D_{\text{Euclidean}}(\boldsymbol{x},\boldsymbol{y})=\sqrt{\sum_{i=1}^{k}(x_i-y_i)^2}$。图 5-2 是欧氏距离在二维空间的示意图。

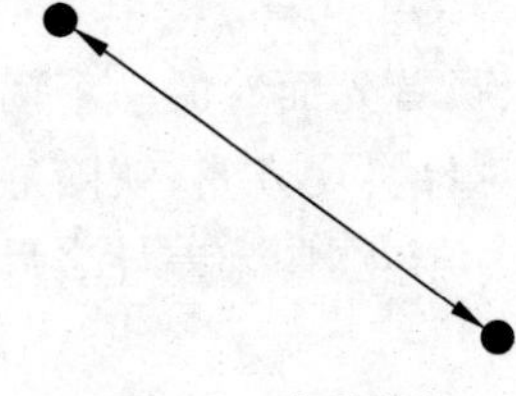

图 5-2 欧氏距离

显然,欧氏距离可能会根据各因素的水平范围而发生偏斜。通常,在使用此距离度量之前,需要对测试输入点的各个水平进行标准化。例如采用比例映射方法,首先确定每个因素的水平范围,再计算每个水平在整个范围中的相对比例位置,最后将具体的水平转换为这个比例值。

2. 汉明距离

汉明距离关注的是两个测试输入点有多少因素处于不同的水平。即 $D_{\text{Hamming}}(\boldsymbol{x},\boldsymbol{y})=\sum_{i=1}^{k}\text{diff}(x_i,y_i)$，其中 $\text{diff}(x_i,y_i)=\begin{cases}1, & x_i\neq y_i\\0, & x_i=y_i\end{cases}$。图 5-3 是汉明距离的示意图。

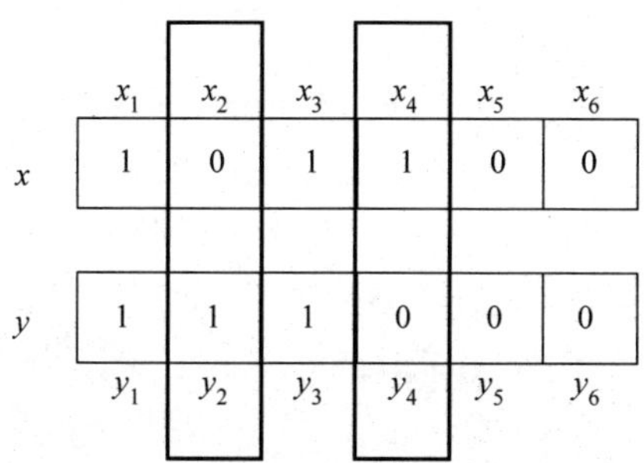

图 5-3 汉明距离

对于只能取有限个类别的因素，使用汉明距离就无须对水平进行量化映射了。在通信和数据科学中，汉明距离常被用于度量二进制编码的差异程度。

3. 曼哈顿距离

曼哈顿距离也被称为出租车距离。在一个只有南北向和东西向道路的城镇中，出租车从一点到达另一点的距离，正是在南北向上移动的距离加上在东西向上移动的距离，即 $D_{\text{Manhattan}}(\boldsymbol{x},\boldsymbol{y})=\sum_{i=1}^{k}|x_i-y_i|$。图 5-4 是曼哈顿距离在二维空间的示意图。

如果测试输入点可以表示为二进制向量的形式，那么曼哈顿距离与汉明距离是等价的。例如，对于测试输入点 $\boldsymbol{x}=[0,0,0,0]^{\mathrm{T}}$ 和 $\boldsymbol{y}=[1,0,1,0]^{\mathrm{T}}$，有 $D_{\text{Manhattan}}(\boldsymbol{x},\boldsymbol{y})=D_{\text{Hamming}}(\boldsymbol{x},\boldsymbol{y})=2$。

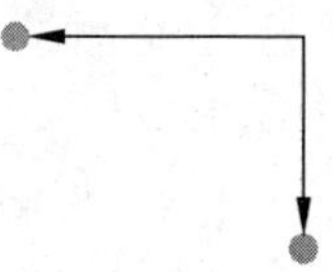

图 5-4 曼哈顿距离

4. 莱文斯坦距离

莱文斯坦距离常用于度量字符串之间的差异。两个字符串 x、y 之间的莱文斯坦距离，是将 x 更改为 y 所需的最少编辑操作次数。所谓编辑操作，指的是单个字符的替换、插入或删除。

例如，设 x = Saturday，y = Sundays，二者之间的莱文斯坦距离计算过程如下。

(1) 第一次编辑：Saturday→Sturday，即删除第一个 a。

(2) 第二次编辑：Sturday→Surday，即删除第一个 t。

(3) 第三次编辑：Surday→Sunday，即替换 r 为 n。

(4) 第四次编辑：Sunday→Sundays，即结尾添加 s。

因此 x、y 之间的莱文斯坦距离为 4。

5.2.2 反随机测试的过程

反随机测试将测试选择视为一个扩展测试用例集的动态过程，在此过程之中持续关注用例之间的关系。其基本想法是：以用例之间的整体距离作为用例多样性的指标，在选择每一个用例时，都力求使这一指标最大化。

反随机测试的主要步骤如下。

(1) 从测试输入空间中随机选取第一个测试用例，加入测试集。

(2) 选择与当前测试集中所有用例的距离之和最大的一个测试输入点，作为新的测试用例，加入测试集。

(3) 重复步骤(2)，直到测试集达到预期规模。

举例说明。假定被测对象期望的影响因素是 3 个二进制变量 x、y、z，于是测试输入空间中共有 8 个测试输入点，分别是 $[0,0,0]^T$、$[0,0,1]^T$、$[0,1,0]^T$、$[0,1,1]^T$、$[1,0,0]^T$、$[1,0,1]^T$、$[1,1,0]^T$、$[1,1,1]^T$。如果测试集的预期规模为 4 个用例，采用曼哈顿距离度量方式，那么通过反随机测试方法进行测试选择的过程如下。

(1) 随机选取第一个测试用例 $t_0=[0,0,0]^T$，将 t_0 加入测试集 T。

(2) 计算剩余测试输入点与 t_0 的距离,选择其中距离最大的 $t_1=[1,1,1]^{\mathrm{T}}$ 作为下一个测试用例,此时 $D_{\text{Manhattan}}(t_1,t_0)=3$。将 t_1 加入测试集 T。

(3) 计算剩余测试输入点与 t_0、t_1 的距离之和,选择其中距离之和最大的 $t_2=[0,1,0]^{\mathrm{T}}$ 作为下一个测试用例,此时 $D_{\text{Manhattan}}(t_2,t_0)+D_{\text{Manhattan}}(t_2,t_1)=3$。将 t_2 加入测试集 T。

(4) 计算剩余测试输入点与 t_0、t_1、t_2 的距离之和,选择其中距离之和最大的 $t_3=[1,0,1]^{\mathrm{T}}$ 作为下一个测试用例,此时 $\sum_{i=0}^{2} D_{\text{Manhattan}}(t_3,t_i)=6$。将 t_3 加入测试集 T。

当然,上述过程并不唯一。例如在第 3 步中也可以选择 $t_2=[1,0,1]^{\mathrm{T}}$,这样在第 4 步中便应选择 $t_3=[0,1,0]^{\mathrm{T}}$。以几何的视角来看整个测试集的形成过程,可以发现选择的测试输入点一直比较均匀地散布在测试输入空间中,如图 5-5 所示。

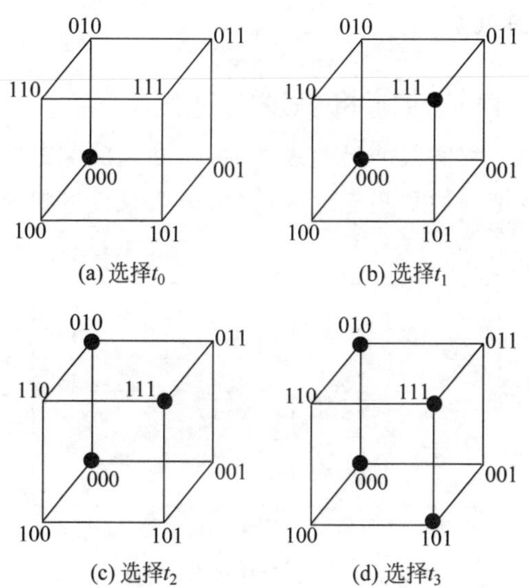

图 5-5 测试集的形成过程

可见，通过追求用例之间距离的最大化，反随机测试保证了在用例选择过程中的任意时刻，已选用例都具备相当程度的多样性。实证研究表明，如果依照用例选择的顺序设定用例执行顺序，那么相对于随机测试，反随机测试可以有效提高缺陷检出效率。

5.3 自适应随机测试

与反随机测试类似，自适应随机测试同样关注测试输入点之间的空间距离关系。二者的根本不同在于，反随机测试是一种确定性的测试选择方法，而自适应随机测试本质上仍然是随机测试。

在 4.3.2.1 节讲解了用例执行顺序对缺陷检出效率的影响，然而单纯的随机测试并未考虑这方面的问题。自适应随机测试弥补了这方面的空白，将测试设计与测试执行相结合，根据已执行用例的缺陷检出情况，持续优化用例执行顺序，从而在缺陷检出效率的意义上缓解"测试选择问题"。

5.3.1 自适应随机测试的过程

软件领域工程实践的经验表明，揭示缺陷的测试输入点经常分布在测试输入空间的某些连续区域内，呈块状或带状模式，如图 5-6 所示。

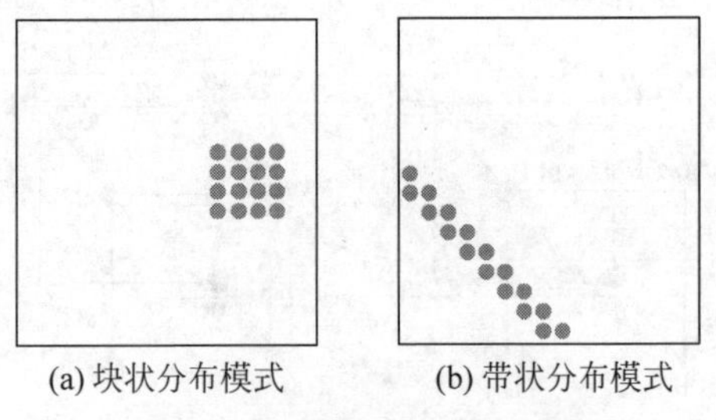

(a) 块状分布模式　　(b) 带状分布模式

图 5-6 缺陷的连续分布现象

这也被称为"缺陷的连续分布现象"。与此相关的一个推论是：如果揭示缺陷的测试输入点是连续分布的，那么无法揭示缺陷的测试输入点同样是连续分布的。因此，如果已经执行过的一系列用例并没有发现缺陷，那么下一个执行的用例应该尽量远离这些已经执行过的用例，从而增加检出缺陷的可能。换言之，应该时刻保证"已执行的测试集"具有最大程度的多样性，这就是自适应随机测试的出发点。

自适应随机测试的主要步骤如下。

(1) 随机生成一个测试用例 t，执行该用例，并将其加入测试集 T。

(2) 随机生成 k 个备选的测试输入点。

(3) 针对每个备选的测试输入点，计算其与 T 中每个用例之间的距离，选择其中最小的距离作为该点与 T 的距离。

(4) 选取与 T 距离最大的备选测试输入点作为测试用例，执行该用例，并将其加入 T 中，忽略其他的备选测试输入点。

(5) 重复第(2)～(4)步，直到检出第一个缺陷。一旦找到了第一个缺陷，测试过程就可以暂时中止，待缺陷修复后再次启动。

举例说明此过程中的第(2)～(4)步。假设当前测试集中已经有四个用例，即 $T=\{t_1, t_2, t_3, t_4\}$。在第(2)步，随机生成 3 个备选测试输入点，即 c_1、c_2 和 c_3，如图 5-7 所示。

在第(3)步，采用欧氏距离度量方式，计算每个备选测试输入点与 T 中每个用例之间的距离，并取其中最小值。例如对 c_1 来说，需要分别计算其与 t_1、t_2、t_3、t_4 的距离，其中与 t_1 的距离最小，将其作为 c_1 与 T 的距离，如图 5-8 所示。

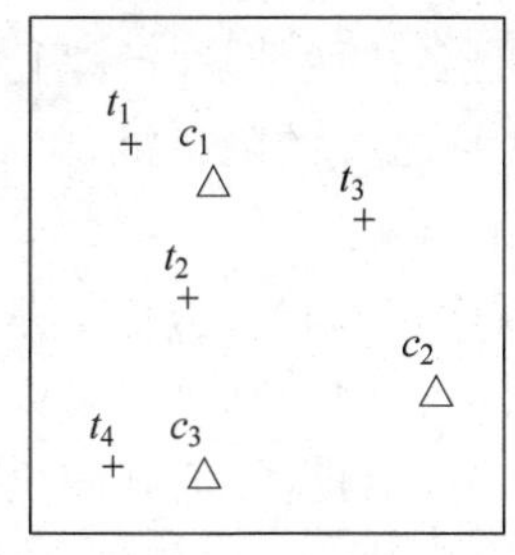

图 5-7 步骤(2)

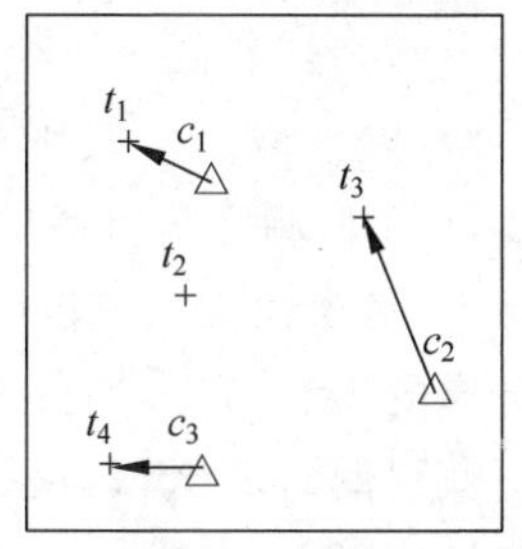

图 5-8 步骤(3)

在第(4)步,选取与 T 距离最大的备选测试输入点,即 c_2 作为测试用例,将其加入 T 中,忽略其他的备选测试输入点,如图 5-9 所示。

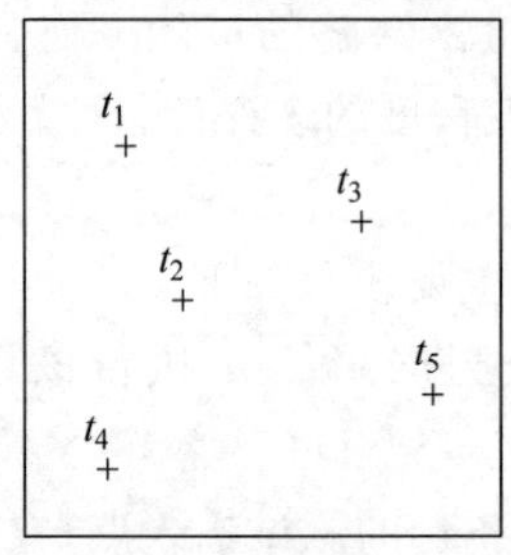

图 5-9　步骤(4)

5.3.2　对缺陷检出效率的改善

为了评估测试设计方法在检出缺陷方面的能力,可以采用如下三个指标:

(1) P 测度:给定测试集至少检出一个缺陷的概率。

(2) E 测度:给定测试集检出缺陷的期望数量。

(3) F 测度:检出第一个缺陷所需测试用例的期望数量。

其中 F 测度侧重于缺陷检出效率。软件领域的实证研究结果表明,在绝大多数情况下,自适应随机测试的 F 测度要比随机测试低 30%～50%。

还有一些其他的方法与自适应随机测试相仿,也是利用缺陷分布区域的特征信息来改善缺陷检出效率。以"受限随机测试"为例,该方法引入"排除"的概念来实现用例的多样性,即在已执行的用例附近创建"排除区域",选取所有排除区域之外的随机测试用例。受限随机测试的 F 测度与自适应随机测试非常接近。

实际上,理论研究已经证明,如果某个测试设计方法的基础是关于缺陷分布的先验信息,如分布区域大小、形状等(显然缺陷位置信息是无法获得的),那么该方法最多能将 F 测度降低到随机测试的 50%。自适应随机测试仅仅利用了缺陷连续分布的特征,就接近了这一理论极限。

5.4 基于执行档案的测试

不同的测试输入点,在测试执行时会触发被测对象特定的行为。比如只有某些结构的元素被激活,而其他结构仍处于蛰伏状态,测试人员将描述这一行为的结构化信息称为测试输入点的执行档案。

以软件为例。假设被测程序的代码行集合为$\{l_1,l_2,\cdots,l_n\}$。对测试输入点 t 来说,可以定义其执行档案为 $\boldsymbol{P}_t=[c_1^t,c_2^t,\cdots,c_n^t]^{\mathrm{T}}$,其中,$c_i^t$ 是 t 覆盖代码行 l_i 的次数。由 $\boldsymbol{c}_i$ 张成的空间,称为执行档案空间。可以用欧氏距离来度量两个执行档案之间的差异,即 $d_E(P_x,P_y)=\sqrt{\sum_{i=1}^{n}(c_i^x-c_i^y)^2}$。当然,也可以针对被测程序的分支、路径、变量定义使用对等结构元素来定义执行档案。

显然,任一测试输入点对应的执行档案,都是执行档案空间中的一个点。但是执行档案空间中的任一点,并不一定能对应到某个测试输入点。可以说,执行档案空间是测试输入空间的延展。如果测试人员能够实现这一延展,就掌握了测试输入点与被测对象行为的关联关系。这时,有两种思路来缓解测试选择问题:一种是以准则化思想为出发点,譬如在回归测试中,可以根据待选用例的执行档案来锁定游历变更的用例,或者评估变更对用例的显性影响;另一种则是以多样化思想为出发点,根据执行档案空间的分布特征进行测试选择。

通过对执行档案进行聚类分析,测试人员可以在被测对象行为的意义上,评估测试输入点之间的相似程度:触发相似行为的测试输入点,被划入同一类;触发迥异行为的测试输入点,被划入不同类。根据多样化的思想,测试用例之间的差异应该尽量大,因此测试人员可以从每个类中随机选取一个点作为测试用例。当然,如果某个测试用例检出了缺陷,说明其所在类对应着风险较高的被测对象行为。如果有条件,应该在该类中多选择一些点,以期发现更多的缺陷。

测试设计思想

还有一种做法是先将执行档案投影到二维平面上，以便发现分布特征，继而依据一些启发式原则进行用例选择。利用多维标度等技术，可以对执行档案的高维数据进行降维处理，将执行档案之间的距离转换为平面上两点之间的距离，实现执行档案的可视化。例如，为一组 GCC 编译器的测试用例集记录执行档案，并使用多维标度技术进行可视化，可以得到如图 5-10 所示的散点图。

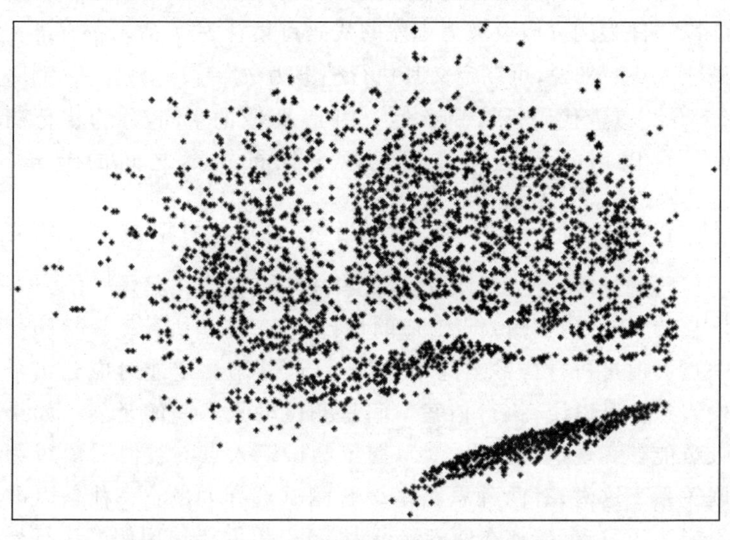

图 5-10　GCC 编译器的测试集执行档案散点图

在这样的图中，可以很容易地发现执行档案的分布特征，并从中揭示被测对象在测试过程中的行为特征。例如，该图中右下方位置有一个相对独立的密集区域，有可能代表了某一类特殊的被测对象行为。事实上，这个区域内的点对应着未经编译器优化的执行事件。

此外，明显离群的点、异常密集的区域等，都有很鲜明的分布特征。从这些特征出发，测试人员可以根据多样化的思想，建立选择测试用例的启发式原则。例如，明显离群的点与其他点的差异性很强，可能对应着发生概率很低的被测对象行为，检出缺陷的可能较高，宜被选为测试用例；而异常密集的区域，则说明测试输入点在行为覆盖方面存在冗余，从中选择少量代表点作为测试用例即可。

5.5 基于模型的测试

我们经常用模型来理解和描述被测对象。在 3.3 节讲解的模型检验方法中，迁移系统、有穷自动机、Petri 网等形式化模型代表的是被测对象的“现实”。模型也可以代表被测对象的“理想”，例如在软件领域，经常用活动图、状态图来描述被测对象期望。

模型自身也有特定的结构，其中包含诸如节点、边、路径等结构元素。为“现实”代言的模型，其结构元素一般对应着被测对象的典型行为；为“理想”代言的模型，其结构元素则对应着与期望有关的典型事件。

类似“基于结构覆盖的充分准则”，“基于模型的测试”以覆盖模型结构元素为目标进行测试选择。工程实践中，被测对象的模型结构往往比较复杂，“基于模型的测试”所选出的测试用例集可能非常庞大。如果超出了测试资源的限制，那么就需要做进一步的筛选。这时就可以借助多样化的思想，保留测试集中缺陷检出能力最强的一个子集。具体来说，包括以下两个主要步骤。

(1) 使用某种距离度量方式，评估测试集中任意两个用例的差异程度。假设测试集为 $T=\{t_1,t_2,\cdots,t_N\}$，采用的距离度量方式为 $D(t_i,t_j)$。由于 $D(t_i,t_j)=D(t_j,t_i)$，评估结果可以表示为如下的上三角矩阵：

$$\begin{bmatrix} 0 & D(t_1,t_2) & D(t_1,t_3) & \cdots & D(t_1,t_N) \\ & 0 & D(t_2,t_3) & \cdots & D(t_2,t_N) \\ & & 0 & \vdots & D(t_3,t_N) \\ & & & \ddots & \vdots \\ & & & & 0 \end{bmatrix}$$

(2) 按照资源约束所设定的测试集规模 n，从 T 中选择一个子集 T'，使得 T' 在所有规模为 n 的子集中，用例之间的两两距离之和最大，即 $\sum_{t_i,t_j \in T' \wedge i<j} D(t_i,t_j) = \max\left(\sum_{t_i,t_j \in T \wedge i<j} D(t_i,t_j)\right)$。换言之，$T'$ 是多样性相对最强的用例子集，同时也很可能是缺陷检出能力最强的子集。具体的选择策略可以是聚类分析、类似反随机测试和自适应随机测试的贪婪算法、基于搜索的方法、遗传算法等。譬如，如果采用遗传算法，首先可以在所有规模为 n 的候选用例子集中随机选择两个作为父母子集；其次，互换父母子集中一个用例，以实现交叉；再次，将父母子集中的某个用例随机替换为 T 中的另一个用例，以实现变异；最后，若交叉变异后下一代的多样性更强，则将父母子集替换为下一代。

5.6 正交设计

正交设计是试验设计领域的经典方法，也是软件领域经常采用的测试设计方法。追求测试用例的多样性，或者说在测试输入空间中分布的均衡性，是正交设计的主要特征之一。

试验可以分为验证性试验和探索性试验两类。验证性试验的概念与本书中"测试"的语义相同，指的是通过试验获取研究对象的真实结果，验证是否与预期结果相符；探索性试验则指通过试验推断研究对象的特性。尽管正交设计主要用于探索性试验，但其部分原理和方法可以非常自然地运用在测试设计中，并有效缓解测试选择问题。

5.6.1 试验设计的基本概念

试验是人们认识自然、了解自然的重要手段。在研发生产活动中，人们经常通过试验寻求更优的工艺，从而提高产品质量。许多重要的科学规律也是通过试验发现和证实的，例如尽人皆知的孟德尔豌豆杂交试验。

试验设计的主要目的是研究各因素及其间的交互作用的重要程度，即对试验指标的影响大小，并找到最优的水平组合，或辨识出研究对象的系统模型。简言之,试验设计是为了把握研究对象的"真相"。这与测试设计中"看清现实"的目标是一致的。因此,试验设计中的很多思想与测试设计是相通的,其中最主要的就是多样化思想。

试验设计中的许多概念也与测试设计中的概念相似,为了便于后续讲解,下面简要加以介绍。

1. 试验指标

用来衡量试验效果的特征量称为试验指标,类似于数学中的因变量或目标函数。用数量表示的试验指标称为定量指标,如速度、温度、压力、重量、尺寸、寿命、硬度、强度、产量、成本等。不能直接用数量表示的试验指标称为定性指标,如品种、级别等。一般把研究对象的质量特性作为试验指标。一项试验若仅有一个试验指标,称为单指标试验,若有两个或两个以上试验指标,则称为多指标试验。

2. 试验因素

试验中,凡对试验指标可能产生影响的原因都称为因素,类似于数学中的自变量。这与测试设计中因素的概念一致。试验设计中,因素与试验指标间的关系虽然类似于数学中自变量与因变量之间的关系,但并非确定的函数关系,而是相关关系。因素可以分为可控因素和不可控因素两类。其中可控因素指的是试验中能根据需求控制其水平的因素,例如温度、压力、浓度、材料种类等。不可控因素指的是试验中难以有效控制的因素,如风力、季节、试验场地条件等。

3. 因素水平

因素在试验中所处的各种状态或所取的各种值,称为该因素的水平。这与测试设计中水平的概念一致。若一个因素取 k 种状态或 k 个值,就称该因素为 k 水平因素。

4. 试验条件

并非所有因素都会纳入试验设计的范畴,因为有些因素不可控,有些因素对试验指标的影响相对小。试验设计考量范畴之外的因素,统称为试验条件。

5. 试验点

各个因素的不同水平的组合,称为试验点。三因素试验中,$A_1B_2C_3$ 是一个试验点,它表示由 A 因素第一水平、B 因素第二水平和 C 因素第三水平组合而形成的一个具体试验。试验点的概念与测试输入点的概念一致。所有可能的试验点构成的空间,称为试验点空间。

6. 组合处理

被选中并予以实施的试验点,被称为组合处理,这与测试用例的概念一致。

7. 全面试验

如果对全部可能的试验点都实施了试验,称为全面试验。这与枚举测试的概念一致。若有 c 个因素,且每个因素的水平数都等于 b,则全面试验可表示为 $L=b^c$。若不同因素的水平数不同,可以 $L=b_1^{c_1}\times b_2^{c_2}\times\cdots\times b_n^{c_n}$ 的形式表示,如 $L=4^2\times 2^3$ 就表示 2 个四水平因素和 3 个二水平因素的全面试验。通过全面试验,我们能够准确把握研究对象的"真相",但是全面试验的试验点空间规模往往很庞大,实施成本很高,因此试验设计中也存在着类似"测试选择问题"的"试验选择问题"。

8. 部分试验

从全部试验点中选择一部分进行的试验称为部分试验。例如,三水平四因素的全面试验 $L=3^4$,所需试验次数为 81,若只选择其中 9 个试验点进行试验,则为部分试验,又称此试验为九分之一部分试验。

9. 试验的类别

根据因素的数量，试验可分为单因素试验和多因素试验。仅研究一个因素的试验即为单因素试验；在一项试验中同时研究两个或两个以上因素的试验即为多因素试验。

根据试验时间的安排，试验又可分为并行试验和序贯试验。并行试验是多个组合处理同时实施的试验；序贯试验是各个组合处理需要按次序实施的试验。

10. 测量误差

测量误差是试验测量值与真值(客观存在的准确值)之差。由于技术手段的限制，测量误差是普遍存在的，难以消除，只能尽可能减小。测试人员在观察被测对象的现实时，也会遇到同样的困难。

测量误差可分为系统误差和随机误差两类。系统误差是由确定性的因素导致的误差，如测量仪器未经校准、测量环境气温偏高等。系统误差一般有方向性，即测量值总是比真值一致偏高或一致偏低。发现测量值存在系统误差之后，一种办法是对其背后的因素加强控制，另一种办法是对测量值进行校正。随机误差是由不确定因素导致的误差，对测量值的影响变化不定，误差有时大、有时小、有时正、有时负，没有规律可循，无法进行预测。但如果重复进行多次测量，会发现随机误差表现出可抵偿性，其算术平均值随测量次数的增加而趋于零。这也是减小随机误差的主要方法。

11. 试验设计的基本原则

(1) 设置区组。人为划分的试验时间和空间的范围称为区组。任何试验都是在一定的时空范围内进行的。时空范围越大，不同试验点的试验条件的差异就越大；时空范围越小，不同试验点的试验条件就越相似。为了降低试验条件的差异对试验结果的干扰，可以通过划分区组来缩小试验的时空范围。

(2) 重复试验。重复试验指的是将同一个试验点重复实施若干次。由于试验条件的不稳定，试验结果不可避免地存在误差。重复试验的目的是减少试验误差，提高试验结果的可靠性。当然，重复试验也会增加试验成本。

(3) 随机化。随机化是对试验干扰做进一步控制的措施，主要方式是对区组空间位置、区组实施的时间顺序、各个试验点的实施顺序和因素水平的排列次序进行随机安排。具体操作时，经常会在随机化的基础上再进行某些人为调整。例如，有些试验的因素水平更换困难，为了降低试验成本，需要对随机化排列的试验顺序做一定的微调，正如 4.3.2.1 节讲解的那样。

5.6.2 正交表

正交表是正交设计的基本工具，它是运用组合数学理论构造的一种表格。数学家们已经整理出许多不同规格的正交表供人们取用。

$L_4(2^3)$是一张最简单的正交表，如表 5-2 所示。

表 5-2 $L_4(2^3)$

试验号列号	1	2	3
1	1	1	1
2	1	2	2
3	2	1	2
4	2	2	1

等水平正交表写成 $L_a(b^c)$，其中 a 表示正交表的行数或组合处理数，即用该正交表安排试验时，应实施的试验次数；b 表示正交表同一列中出现的不同数字个数，或因素的水平数；c 表示正交表的列数，或正交表最多能安排的因素数。正交表的一列可以安排一个因素，当用 $L_a(b^c)$进行试验设计时，安排的因素数可以小于或等于 c。$L_4(2^3)$是二水平正交表，有 4 行 3 列，用它安排试验时，最多安排 3 个因素，实施试验 4 次。易知，二水平三因素的全面试验需要实施 8 次试验。也就是说，用 $L_4(2^3)$正交表安排试验时，可以将全面试验的成本降低 50%。

非等水平正交表又称为混合型正交表，一般表示为 $L_a(b_1^{c_1}\times b_2^{c_2})$ 或 $L_a(b_1^{c_1}\times b_2^{c_2}\times b_3^{c_3})(b_1\neq b_2\neq b_3)$。当用非等水平正交表，如 $L_a(b_1^{c_1}\times b_2^{c_2})$ 进行试验设计时，安排 b_1 水平的因素数应不大于 c_1，b_2 水平的因素数应不大于 c_2。正交表具有如下基本性质。

1. 正交性

正交性是正交表的基本性质，具体来说包括如下两点特征。

(1) 任一列中各水平都出现，且出现的次数相等。

(2) 任两列之间各种不同水平的所有可能组合都出现，且出现的次数相等。

以表 5-3 所示的正交表 $L_8(2^7)$ 为例：可以看到，表中每列的不同数字 1、2 都出现，而且所有列中数字 1、2 都分别出现了 4 次；另外，第 1、2 两列间各水平所有可能的组合为 11，12，21，22 共 4 种。这就是该两列因素全面试验的试验点，它们都出现，而且都分别出现了 2 次。而且，任意两列间的情况都是如此。

表 5-3 $L_8(2^7)$

试验号列号	1	2	3	4	5	6	7
1	1	1	1	1	1	1	1
2	1	1	1	2	2	2	2
3	1	2	2	1	1	2	2
4	1	2	2	2	2	1	1
5	2	1	2	1	2	1	2
6	2	1	2	2	1	2	1
7	2	2	1	1	2	2	1
8	2	2	1	2	1	1	2

2. 均衡分散性

从几何视角来看，基于正交性的基本要求，由正交表安排的部分试验的组合处理，必然均衡地分布在整个试验点空间中。例如，用正交表$L_4(2^3)$安排三因素二水平试验，组合处理在试验点空间中的分布情况如图5-11所示。

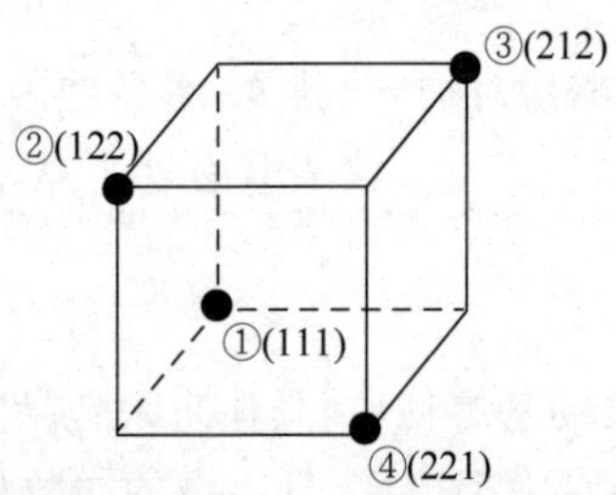

图5-11 基于$L_4(2^3)$的组合处理分布情况

整个试验点空间的结构是一个正立方体。①、②、③、④四个点即为正交表$L_4(2^3)$选中的试验点，括号内的三位数字是试验点对应的水平组合情况，如(111)即为由A、B、C三个因素的第一水平组合形成的试验点。很明显，这四个点均匀地分散在正立方体的六个面、十二条棱上，不偏不倚。相对于5.2.2节讲解的反随机测试的选择，正交表选择的试验点分布更加均衡，试验点两两之间的距离之和也与反随机测试相当。

又如，$L_9(3^4)$如表5-4所示。

表5-4 $L_9(3^4)$

试验号列号	1	2	3	4
1	1	1	1	1
2	1	2	2	2
3	1	3	3	3
4	2	1	2	3
5	2	2	3	1
6	2	3	1	2
7	3	1	3	2
8	3	2	1	3
9	3	3	2	1

用$L_9(3^4)$的2、3、4列来安排三因素三水平试验，组合处理在试验点空间中的分布情况如图5-12所示。

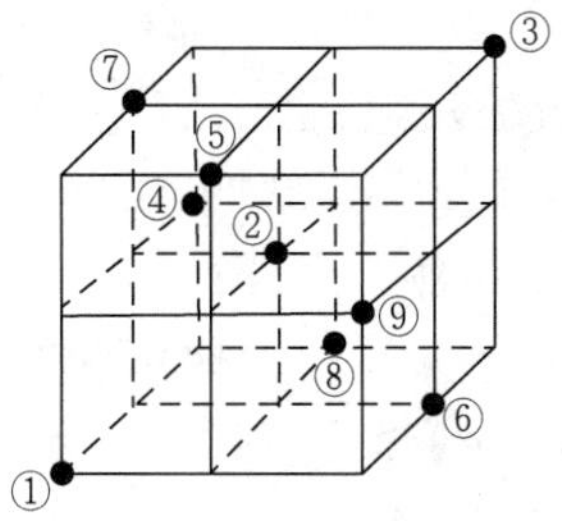

图 5-12 基于 $L_9(3^4)$的组合处理分布情况

整个试验点空间的结构仍然是一个正立方体。①、②、…、⑨九个点即为选中的试验点，可以看到，在立方体的每个面上都刚好有三个点，每条线上刚好有一个点，九个点均匀地散布在整个立方体内。

一般地，正交表 $L_a(b^c)$选择了 a 个试验点作为组合处理，相应的全面试验中共有 b^c 个试验点，因此 $L_a(b^c)$从整个 c 维试验点空间中选择试验点的比例为$\frac{a}{b^c}$。$L_a(b^c)$每一列都有 b 个水平，每个水平对应着一个 $c-1$ 维试验点子空间，其中共有 b^{c-1} 个试验点。$L_a(b^c)$从每个 $c-1$ 维试验点子空间中均选择了$\frac{a}{b}$个试验点，选择试验点的比例也是$\frac{a}{b^c}$。可见试验点均匀地分散在各个 $c-1$ 维试验点子空间中。

$L_a(b^c)$任两列有 b^2 个水平组合，每个组合对应着一个 $c-2$ 维试验点子空间，其中共有 b^{c-2} 个试验点。$L_a(b^c)$从每个 $c-2$ 维试验点子空间中均选择了$\frac{a}{b^2}$个试验点，选择试验点的比例仍然是$\frac{a}{b^c}$。可见试验点均匀地分散在各个 $c-2$ 维试验点子空间中。

简言之，站在试验点空间的任一个维度上，或者任一个坐标平面上来看，正交表选择的试验点都是均衡分布的。

此外，正交表中任一列的各水平都出现，使得部分试验中包含所有因素的所有水平；任两列间的所有组合都出现，使得任意两因素间都是全面试验。因此,部分试验中所有因素的所有水平情况及两两因素间的所有组合情况,无一遗漏。这类似于组合测试中两两组合覆盖的特点。正如3.1.2节讲解的,两两组合涵盖了现实中大部分因素交互关系。因此,虽然正交表安排的只是部分试验,却能够在相当程度上帮助测试人员了解到全面试验的情况。从这个意义上讲,正交表选择的试验点是颇具代表性的。

3. 综合可比性

正交性要求正交表任两列间所有可能的组合出现的次数都相等,因此对任一因素而言,各个水平与其他因素的水平组合情况是大致相同的。举例来说,若在正交表$L_4(2^3)$的1、2、3三列中分别安排A、B、C三个两水平因素进行正交试验,如表5-5所示。

表5-5 基于$L_4(2^3)$的三因素二水平正交设计

试验号因素	(1)A	(2)B	(3)C
1	(1)A_1	(1)B_1	(1)C_1
2	(1)A_1	(2)B_2	(2)C_2
3	(2)A_2	(1)B_1	(2)C_2
4	(2)A_2	(2)B_2	(1)C_1

当因素A取A_1时,因素B的水平B_1、B_2和因素C的水平C_1、C_2各出现一次;同样,当因素A取A_2时,因素B的水平B_1、B_2和因素C的水平C_1、C_2也各出现一次。平均来看,当因素A取A_1或A_2时,因素B和C对试验指标的影响是相同的。如果单考查A_1和A_2对试验指标的影响,可以认为A_1和A_2具有相同的试验条件,因此就可以方便地比较A_1、A_2对试验指标影响的大小。这种综合可比性是用正交试验设计进行结果分析的理论基础。

正交表的三个基本性质中,正交性是基础要求,均衡分散性和综合可比性是正交性的推论。其中均衡分散性是多样性的一种重要体现形式,对测试设计有直接的指导意义。

5.6.3 在测试中应用正交设计的过程

将正交设计方法应用在测试设计中时,可以将试验结果方差分析或回归分析的步骤省略，其他过程与试验设计基本相同，主要包括如下步骤。

1. 确定被测对象期望

类似于在试验设计中首先要确定试验指标一样，测试设计中应该首先确定被测对象期望，必要时要进行期望的具象化分解。

2. 确定因素和水平

根据系统的思想，对被测对象期望的影响因素进行全面深入的分析。之后综合成本方面的考量，选择其中可控的、对期望的影响相对突出的因素进行测试。从试验设计领域的经验看，每个因素选取的水平数一般以 2～4 为宜，以尽量控制测试成本。因此，正交设计比较适合因素取值为布尔值或少量类别的情况。

3. 选用合适的正交表

选用正交表的基本要求是因素和水平能够在正交表中得到完全的安排。在此基础上，应该选择行数最小的正交表。因为正交表的每一行代表一个测试用例，行数最小的正交表意味着规模最小的测试集。

假定已经确定了因素数为 3，每个因素的水平数都为 2。显然，正交表 $L_8(2^7)$ 和 $L_4(2^3)$ 都能安排下所有因素及其水平，但 $L_4(2^3)$ 的行数是相对小的，宜选用。这时测试集的规模为 4。

如果因素数增加 1，合适的正交表变为 $L_8(2^7)$，测试集的规模变为 8。如果三个因素各增加一个水平，合适的正交表变为 $L_9(3^4)$，测试集的规模变为 9。可见，即便采用正交设计，因素数和水平数也对测试成本有着显著影响。

4. 表头设计

正交表的每一列可以安排一个因素。表头设计就是将试验因素分别安排到所选正交表的各列中去的过程。试验设计中经常要对因素间交互作用对试验指标的影响进行方差分析或回归分析，因此表头设计是非常讲究的。相对来说，测试设计并不强调结果分析，表头设计也比较简单，只需要将各因素安排到表头的任意一列，并忽略多余的列即可。

5. 形成测试用例

在表头设计的基础上，将所选正交表中各列的不同数字换成因素的相应水平，每一行的水平组合就形成了一个测试用例。

下面举例说明上述过程。某个信息管理系统的查询界面上有 5 个输入框，如图 5-13 所示。

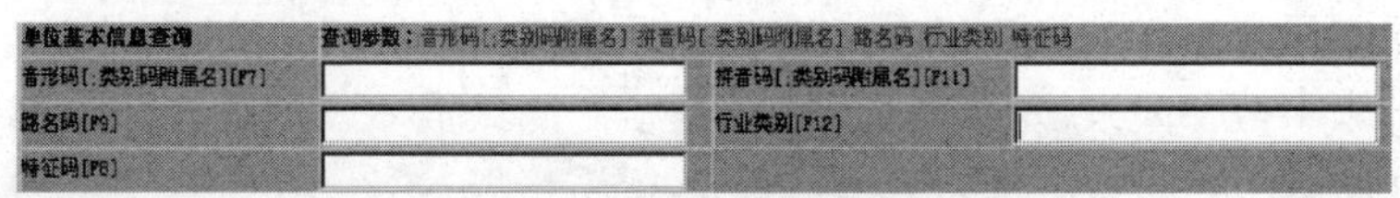

图 5-13　某信息管理系统的查询界面

这些输入框均未设置必填约束，考虑这些输入框一部分为空时是否会造成系统崩溃。如果进行枚举测试，测试集的规模为 $2^5=32$。经过对被测对象的分析，判断这些输入的交互作用主要集中在两两组合层面。这时，可以使用组合测试方法，也可以考虑使用正交设计降低测试成本。正交设计的主要过程如下。

(1) 确定被测对象期望。如上所述，被测对象期望为“无论各输入框是否为空，系统不应崩溃”。

(2) 确定因素和水平。将每一个输入框视为一个因素，共 5 个：“音形码”“拼音码”“路名码”“行业类别”“特征码”。每个因素取两个水平：“为空”“不为空”。

(3) 选用合适的正交表。要求表中的因素数不小于 5，至少有五个因素的水平数不小于 2，且行数相对最小。最终选择的正交表是 $L_8(2^7)$。

(4) 表头设计。选用 $L_8(2^7)$ 的 1～5 列，将表头分别替换为“音形码”“拼音码”“路名码”“行业类别”“特征码”，6、7 两列可忽略。

（5）形成测试用例。将选用列的水平 1 替换为“为空”，水平 2 替换为“不为空”，结果如表 5-6 所示。

表 5-6　基于 $L_8(2^7)$ 的五因素二水平正交设计

用例号列号	音形码	拼音码	路名码	行业类别	特征码	6	7
1	为空	为空	为空	为空	为空	1	1
2	为空	为空	为空	不为空	不为空	2	2
3	为空	不为空	不为空	为空	为空	2	2
4	为空	不为空	不为空	不为空	不为空	1	1
5	不为空	为空	不为空	为空	不为空	1	2
6	不为空	为空	不为空	不为空	为空	2	1
7	不为空	不为空	为空	为空	不为空	2	1
8	不为空	不为空	为空	不为空	为空	1	2

由此得到的测试集中有 8 个用例，规模是枚举测试的四分之一，却覆盖了所有因素两两组合的情况。此外，正交设计选择的这 8 个用例，在整个测试输入空间中是均匀散布的，由此保证了测试集具备相对较强的缺陷检出能力。

5.7　均匀设计

如果根据正交设计产生的用例数量仍然嫌多，可以考虑采用均匀设计。均匀设计是一种着重强调“均匀性”的试验设计方法，由方开泰教授和王元院士于 1978 年提出，在实际研发生产中有很多成功的应用案例。

5.7.1　均匀性

均匀性是试验设计的核心思想之一。在我国，均匀性的思想由来已久。传说大禹治水时，洛水中浮出神龟，背驮“洛书”，献给大禹。大禹依此治水成功，把天下划分为九州。神龟背后的“洛书”是如图 5-14 所示的一幅方位图。

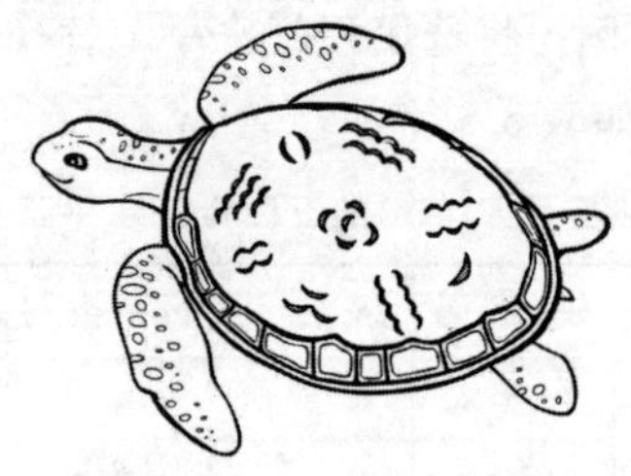

图 5-14 洛书

可以将其简化为方阵的形式,即所谓的三阶纵横图,如图 5-15 所示。

可见,方阵中无论是行、列,还是对角线,所有数字之和都等于 15,体现了很强的均匀性。

在 18 世纪的欧洲,普鲁士王国国王弗里德里希·威廉二世要举行一次阅兵式。他心血来潮,要求从 6 支部队中,每个部队选出 6 名不同等级的军官各 1 名,合计 36 人,组成一个“6×6”的方阵,并且每行每列都必须有各个部队和各种军衔的代表,既不能重复,也不能遗漏。群臣们冥思苦想,也没法满足国王的要求。最后去请教当时著名的数学家欧拉,由此引起了欧拉的极大兴趣,提出了著名的“三十六军官问题”,并促使了各种拉丁方的问世。

由 k 个拉丁字母或 k 个不同符号排成的 k 行 k 列的方阵中,若每个字母在每行每列都只出现一次,则称这个方阵为 k 阶拉丁方。例如,三阶拉丁方如图 5-16 所示。

四	九	二
三	五	七
八	一	六

图 5-15 三阶纵横图

A	*B*	*C*
B	*C*	*A*
C	*A*	*B*

图 5-16 三阶拉丁方

均匀性也是拉丁方最主要的特征。20 世纪 20 年代,英国统计学家 R. A. Fisher 将拉丁方成功应用于农业试验,并开辟了“试验设计”这一领域。正交设计中使用的正交表,正是从拉丁方发展而来。

如前所述，正交表是具有正交性、均衡分散性和综合可比性的一种数学表格，因此，正交设计产生的组合处理有“均衡分散、整齐可比”的特点。“均衡分散性”即均匀性，保证了组合处理均匀地分布在试验点空间中，每个组合处理都相当有代表性。对测试设计来说，“均衡分散性”具有重要的意义。“整齐可比性”的目的是简化试验结果的分析，也就是估计各因素的效应及交互作用的效应，研究各因素及其交互作用对指标的影响大小和变化规律。由于测试设计并不强调结果分析，“整齐可比性”对测试设计并不重要。然而为了保证整齐可比性，正交设计要求每个因素的水平必须有重复，当因素数和水平数增加时，所需的测试用例数会快速攀升。如果不考虑整齐可比性，而完全保证均匀性，就可以进一步缩减用例数。这就是均匀设计的基本出发点。

例如，对于三因素五水平的测试，可以利用表 5-7 所示的正交表 $L_{25}(5^6)$进行正交设计。

表 5-7 $L_{25}(5^6)$

试验号列号	1	2	3	4	5	6
1	0	0	0	0	0	0
2	0	1	2	3	4	1
3	0	2	4	1	3	2
4	0	3	1	4	2	3
5	0	4	3	2	1	4
6	1	0	4	3	2	4
7	1	1	1	1	1	0
8	1	2	3	4	0	1
9	1	3	0	2	4	2
10	1	4	2	0	3	3
11	2	0	3	1	4	3
12	2	1	0	4	3	4
13	2	2	2	2	2	0
14	2	3	4	0	1	1
15	2	4	1	3	0	2

续表

试验号列号	1	2	3	4	5	6
16	3	0	2	4	1	2
17	3	1	4	2	0	3
18	3	2	1	0	4	4
19	3	3	3	3	3	0
20	3	4	0	1	2	1
21	4	0	1	2	3	1
22	4	1	3	0	2	2
23	4	2	0	3	1	3
24	4	3	2	1	0	4
25	4	4	4	4	4	0

测试用例数为 25,每个因素的每个水平都在 5 个用例中重复出现。如果每个用例的执行成本很高,希望尽可能减少用例数量,比如各因素的每个水平只测一次,同时还希望用例尽量均匀分散,这时就可以考虑采用均匀设计。图 5-17 展示了在测试输入空间中,均匀设计选择的测试用例的分布情况。

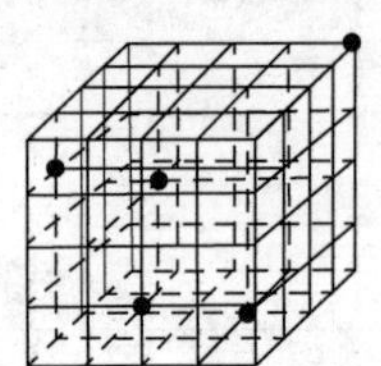

图 5-17　基于均匀设计的测试用例分布情况

尽管只有 5 个用例,但用例的分布仍然保持了相当高的均匀性。

再比如,对于四因素六水平的测试,枚举测试的用例数为 1296,正交设计的用例数为 72,而均匀设计的用例数仅为 6。可见,均匀设计的用例数随因素数和水平数线性增长。针对单个用例执行成本昂贵的情况,均匀设计可以有效缓解测试选择问题。在我国飞航导弹的研发过程中,均匀设计就发挥了重要的作用,使研发周期大大缩短,并节省了大量的费用。

5.7.2　均匀设计表及均匀设计过程

类似正交设计中需要正交表一样,在均匀设计中也需要均匀设计表。已经有很多现成的均匀设计表可供测试人员取用。表 5-8 是一张最简单的均匀设计表$U_5(5^4)$。

表 5-8 $U_5(5^4)$

用例号列号	1	2	3	4
1	1	2	3	4
2	2	4	1	3
3	3	1	4	2
4	4	3	2	1
5	5	5	5	5

均匀设计表用$U_a(b^c)$或$U_a^*(b^c)$表示，其中a表示均匀设计表的行数，即用该均匀设计表进行测试设计时，产生的测试用例数；b表示均匀设计表同一列中出现的不同数字个数，即因素的水平数；c表示均匀设计表的列数，即均匀设计表最多能安排的因素数。

均匀设计表$U_5(5^4)$可以用来安排四因素五水平测试，产生5个测试用例。如表5-9所示的均匀设计表$U_6(6^6)$可以安排六因素六水平测试，产生6个测试用例。

表 5-9 $U_6(6^6)$

用例号列号	1	2	3	4	5	6
1	1	2	3	4	5	6
2	2	4	6	1	3	5
3	3	6	2	5	1	4
4	4	1	5	2	6	3
5	5	3	1	6	4	2
6	6	5	4	3	2	1

U的右上角加“*”和不加“*”代表两种不同类型的均匀设计表。加“*”的均匀设计表有相对更好的均匀性，应该优选选用。但是与同水平、同行数的$U_a(b^{c_1})$相比，$U_a^*(b^{c_2})$可安排的因素数相对少。例如，$U_6^*(6^4)$与$U_6(6^6)$相比，同样是产生6个测试用例，但是只能安排四个因素，如表5-10所示。

表 5-10　$U_6^*(6^4)$

用例号列号	1	2	3	4
1	1	2	3	6
2	2	4	6	5
3	3	6	2	4
4	4	1	5	3
5	5	3	1	2
6	6	5	4	1

均匀设计表具有如下特点。

(1) 每个因素的每个水平只出现在一个测试用例中。

(2) 如果将任意两个因素的水平组合画在平面的格子点上,每行每列恰好有一个点。例如,$U_6(6^6)$第 1 列和第 3 列因素的各水平组合,在平面格子点上的分布如图 5-18 所示。

(3) 与正交表不同,均匀设计表任意两列之间并不平等。例如,$U_6(6^6)$第 1 列和第 6 列因素的各水平组合,在平面格子点上的分布如图 5-19 所示。

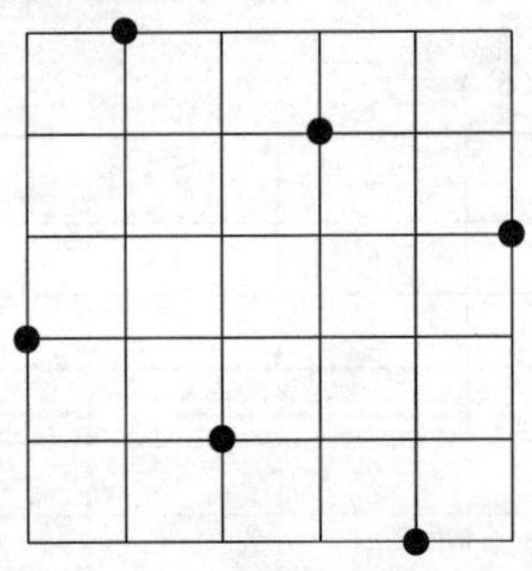

图 5-18　$U_6(6^6)$第 1 列和第 3 列因素各水平组合的分布情况

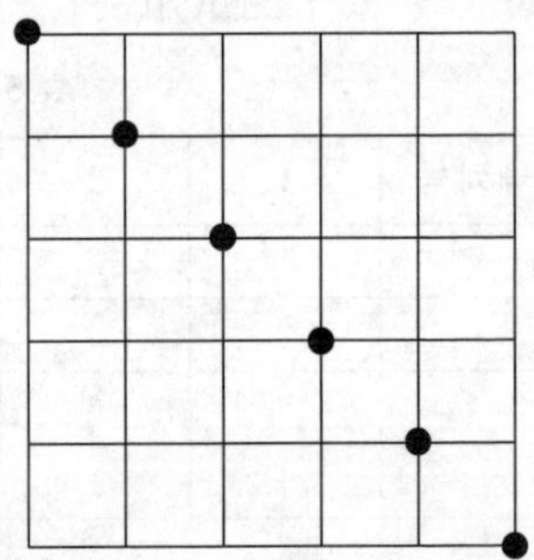

图 5-19　$U_6(6^6)$第 1 列和第 6 列因素各水平组合的分布情况

尽管每行每列依然只有一个点,但是相比第 1 列和第 3 列因素的各水平组合,均匀性显然要差一些。因此,如果只需要从均匀设计表中选择一部分列来安排因素,应当选择均匀性相对更好的列。具体设计时，应按均匀设计表的使用表安排因素。每个均匀设计表都附带一个使用表，为这一选择提供指南。例如，$U_5(5^4)$的使用表如表 5-11 所示。其含义是：在使用 $U_5(5^4)$进行均匀设计时，若需安排两个因素，用第 1、2 列；若需安排三个因素，则用 1、2、4 列。

表 5-11 $U_5(5^4)$的使用表

因素数	列号			
2	1	2		
3	1	2	4	
4	1	2	3	4

(4) 对于等水平均匀设计，产生测试用例的数量与该表的水平数相等，因此，当水平数增加时，用例数量随之线性增长。例如，当水平数从 7 增加到 8 时，用例数量也仅仅从 7 增加到 8。这是均匀设计的主要优点。相对而言，等水平正交设计产生用例的数量随水平数幂增长。例如当水平数从 7 增加到 8 时，正交设计的用例数量会从 49 增加到 64。

在测试中应用均匀设计的过程，与正交设计大体一致，主要区别在于表头设计这一步，需要根据均匀设计表附带的使用表，确定合适的列来安排因素。

5.8 本章小结

如果说准则化思想是从结构元素、缺陷类型与测试输入点的关系入手指导测试选择，那么多样化思想则是从测试输入空间的自身结构出发。

随机测试以随机性的方式实现了一定程度的多样性，其优点是易于实现，经常作为其他测试设计方法的补充。

在随机测试的基础之上，自适应随机测试从“缺陷的连续分布现象”出发，实现了空间概念上的多样性，将缺陷检出效率提升至接近理论上限。与之类似的是反随机测试，这种确定性的测试设计方法同样关注测试用例之间的空间距离关系。

对于另外一些方法来说，多样性思想可能并不是最核心的设计思想，但却在测试选择方面发挥了举足轻重的指导作用，比如基于执行档案的测试，以及基于模型的测试。

正交设计是试验设计领域的经典方法，在测试设计中也有广泛的应用。追求多样性是正交设计的主要特征之一，此外这种方法还可以枚举所有因素两两组合的情况。与正交设计相比，均匀设计更坚决地贯彻了多样化思想，能够在更大程度上控制测试集的规模。

测试人员还可以从更泛化的视角去认识"多样性"的思想。事实上，大多数测试选择方法都会显式或隐式地要求用例的"多样化"：在分割测试中，测试输入空间划分出的每一个子空间都对应着一个子期望，代表着某一种预期的质量特性。分割测试要求从尽可能多的子空间中选取用例，而不是从同一个子空间中选取尽可能多的用例。因此，分割测试追求的是子空间层面的多样性，或者说是质量特性层面的多样性；而对基于结构覆盖的充分准则而言，基本的想法是：如果某个结构元素没有被测试集所覆盖，那么必然无法检出其中可能包含的缺陷。因此这种方法要求尽可能多地覆盖各个结构元素，追求的是结构元素层面的多样性。

"多样性"的意义还体现在整体的测试设计方法论上。我们知道，并不存在一个放之四海而皆准的测试设计方法，比较好的做法是综合运用多种方法实现测试目标。那么如何制定各种测试设计方法的组合策略呢？我们相信"多样性"会是一个重要的启发式原则。

本章参考文献

[1] Pacheco C, Lahiri S K, Ernst M D, et al. Feedback-directed random test generation[C]//29th International Conference on Software Engineering (ICSE'07). IEEE, 2007: 75-84.

[2] Arcuri A. A theoretical and empirical analysis of the role of test sequence length in software testing for structural coverage[J]. IEEE Transactions on Software Engineering, 2011, 38(3): 497-519.

[3] Andrews J H, Groce A, Weston M, et al. Random test run length and

effectiveness[C]//2008 23rd IEEE/ACM International Conference on Automated Software Engineering. IEEE,2008: 19-28.

[4] Leon D,Podgurski A,White L J. Multivariate visualization in observation-based testing[C]//Proceedings of the 2000 International Conference on Software Engineering. ICSE 2000 the New Millennium. IEEE, 2000: 116-125.

[5] Dickinson W,Leon D,Fodgurski A. Finding failures by cluster analysis of execution profiles[C]//Proceedings of the 23rd International Conference on Software Engineering. ICSE 2001. IEEE,2001: 339-348.

[6] Leon D, Podgurski A. A comparison of coverage-based and distribution-based techniques for filtering and prioritizing test cases[C]//14th International Symposium on Software Reliability Engineering,2003. ISSRE 2003. IEEE,2003: 442-453.

[7] Malaiya Y K. Antirandom testing: Getting the most out of black-box testing[C]//Proceedings of Sixth International Symposium on Software Reliability Engineering. ISSRE'95. IEEE,1995: 86-95.

[8] Zhou Z Q. Using coverage information to guide test case selection in adaptive random testing[C]//2010 IEEE 34th Annual Computer Software and Applications Conference Workshops. IEEE,2010: 208-213.

[9] Yin H, Lebne-Dengel Z, Malaiya Y K. Automatic test generation using checkpoint encoding and antirandom testing[C]//Proceedings of the Eighth International Symposium On Software Reliability Engineering. IEEE,1997: 84-95.

[10] Podgurski A, Yang C. Partition testing, stratified sampling and cluster analysis[J]. ACM Sigsoft Software Engineering Notes, 1993, 18(5): 169-181.

[11] Chen T Y, Yu Y T. On the relationship between partition and random testing[J]. Software Engineering IEEE Transactions on, 1994, 20(12): 977-980.

[12] Chen T Y, Tse T H, Yu Y T. Proportional sampling strategy: A compendium and some insights[J]. Journal of Systems and Software, 2001,58(1): 65-81.

[13] Chen T Y,Kuo F C,Merkel R G,et al. Adaptive Random Testing: The ART of test case diversity[J]. Journal of Systems & Software, 2010, 83(1): 60-66.

[14] Chen T Y, Kuo F C, Towey D, et al. A revisit of three studies related to random testing[J]. Science China Information Sciences, 2015, 58(5): 1-9.

[15] Yoo S, Harman M. Regression testing minimization, selection and prioritization: a survey[J]. Software Testing, Verification and Reliability, 2012, 22(2): 67-120.

[16] Hemmati H, Arcuri A, Briand L. Reducing the Cost of Model Based Testing through Test Case Diversity[C]// ICTSS 2010.

[17] Hemmati H, Arcuri A, Briand L. Achieving scalable model-based testing through test case diversity [J]. ACM Transactions on Software Engineering and Methodology (TOSEM), 2013, 22(1): 1-42.

[18] Liang J, Wang M, Chen Y, et al. Fuzz testing in practice: Obstacles and solutions[C]//2018 IEEE 25th International Conference on Software Analysis, Evolution and Reengineering (SANER). IEEE, 2018: 562-566.

[19] http://support.sas.com/techsup/technote/ts723_Designs.txt.

[20] https://www.math.hkbu.edu.hk/UniformDesign/.

[21] 任露泉. 试验设计及其优化[M]. 北京：科学出版社，2009.

[22] 方开泰，刘民千，周永道. 试验设计与建模[M]. 北京：高等教育出版社，2011.

第6章

统　计

随机性是客观世界固有的基本属性。从物理领域到生物领域，从自然界到人类社会，从物质运动到思维运动，随机性无处不在。被测对象的质量特性，通常也会表现出一定的随机性。生产100根直径为20mm的圆轴，如果要求每一根圆轴的直径必须保证恰好为20.00mm，恐怕任何技艺高超的工人也无法完成这样的加工任务。这种随机性一方面来自外界的各种影响因素，另一方面来自被测对象自身。当然，质量特性的随机性也并非漫无边际、毫无规律可言。如果要求这100根圆轴的公差范围在0.10mm以内，则任何一名熟练的车工都可以完成。并且，实际生产出的100件圆轴中，通常大部分公差都很小，只有很小部分接近0.10mm。在测试中观察并评估具有随机性的质量特性，需要依靠统计的思想。

另一方面，以评估质量为目标的测试，在大部分情境下表现为部分归纳推理，也就是依靠一部分测试输入点的测试结果，来推断被测对象在整个测试输入空间上所具有的特性。部分归纳推理的结论都有或然性。工程实践中，无论测试人员采用的测试充分准则有多么严格，选取的测试用例有多么丰富，都很难百分之百确信理想与现实完全相符，更多需要借助统计手段来描述理想与现实的相符程度。

统计不只是一种方法或技术，还含有世界观的成分——它是看待世界上万事万物的一种思维方式。具体来说，就是从随机性中探寻规律性,以此来认识和把握事物的本质特征——比如被测对象的质量特性。这便是统计思想的核心。

如果想通过测试得到相对可靠的质量评估结论,缓解"测试可信性问题",就离不开统计的思想。

6.1 统计抽样测试

被测对象经常以总体的形式存在,其中包含多个独立个体,这些个体的质量可能存在差异。这时,测试的目标就很少是检出产品个体中的缺陷,而多是评估产品总体在统计意义上的质量水平。最典型的例子就是规模化生产中的质量检验,其被测对象是以"批"为单位的产品集合;理想是该批产品总体的某些统计特征,例如使用方可接受的不合格率上限;现实是该批产品真实的不合格率。如果为批中的所有产品个体赋予编号,可以认为,"批"的测试输入空间是在产品个体的测试输入空间基础之上,增加了一个产品编号的维度。

由于成本的限制,大多数情况下无法对批中所有产品进行测试,而是只能选择其中的一部分。选择哪一部分产品进行测试,涉及"测试选择问题";而如何根据这一部分产品的测试结果,基于统计思想合理地评估批的整体质量,则事关"测试可信性问题"。可见,针对批的测试设计有两个关键点,即"选择"和"判断"。

以"批"为对象的测试,最常见的方法就是统计抽样。实际上,5.1 节讲解的随机测试,可被视为统计抽样的一种特殊形式。从测试输入空间随机选取测试用例的各种方法,也被广泛应用于统计抽样中。

6.1.1 数理统计基础

首先介绍一些与后续讲解相关的数理统计基础知识。

6.1.1.1 随机变量的概率分布

假定一批产品共有 100 件,其中一部分产品是不合格品,即质量特性值不符合预期的产品。如果任取 5 件进行质检试验，其结果可能是：没有不合格品、有 1 件不合格品、有 2 件不合格品、有 3 件不合格品、有 4 件不合格品、全是不合格品。但最终出现哪种结果是事先无法预料的。我们把这样的试验称为随机试验，常用 E 表示。随机试验的每一个可能结果称为一个随机事件，常用 A、B 等表示。随机事件之间常见的关系包括：

(1) 和事件。事件 A 和 B 至少有一个发生而构成的新事件称为事件 A 和 B 的和事件，记为 $A+B$，读作"或 A 发生，或 B 发生"。

(2) 积事件。事件 A 和 B 同时发生所构成的新事件，称为事件 A 和 B 的积事件，记作 AB，读作"A 和 B 同时发生"。

(3) 互斥。事件 A 和 B 不可能同时发生，即 AB 为不可能事件，称事件 A 和 B 互斥。

(4) 互补。事件 A 和 B 不可能同时发生，但必发生其一，即 $A+B$ 为必然事件，AB 为不可能事件，则称事件 A 和 B 互补，记为 $B=\overline{A}$ 或 $A=\overline{B}$。

(5) 独立。若事件 A 发生与否不影响事件 B 的发生，反之亦然，则称事件 A 和事件 B 相互独立。

将一随机试验重复独立地进行 n 次，若随机事件 A 出现的次数为 n_A，则比值 $f_n(A)=\dfrac{n_A}{n}$ 称为事件 A 在 n 次试验中出现的频率。频率反映了随机事件发生的可能性。随着 n 的增大，$f_n(A)$ 常趋近于某个确定的值。曾有耐性过人的数学家用抛硬币验证过这一结论，结果如表 6-1 所示。

表 6-1 抛硬币结果为正面的次数及频率统计

抛币次数	正面出现的次数	频 率
4040	2048	0.5069
12000	6019	0.5016
24000	12012	0.5005

可以看出，抛硬币次数越多，频率越接近 1/2。

$f_n(A)$ 所趋近的这个确定的值，称为随机事件 A 发生的概率，

记作 $P(A)$。当试验次数 n 足够大时，可用事件的频率近似代替概率。概率有如下基本性质：

(1) $0 \leqslant P(A) \leqslant 1$：若 A 是必然事件，有 $P(A)=1$；若 A 是不可能事件，有 $P(A)=0$。

(2) 加法定理：$P(A+B)=P(A)+P(B)-P(AB)$。若 A、B 互斥，有 $P(A+B)=P(A)+P(B)$；若 A、B 互补，有 $P(A+B)=P(A)+P(B)=1$。

(3) 乘法定理：$P(AB)=P(A)P(B|A)=P(B)P(A|B)$。若 A、B 相互独立，有 $P(B|A)=P(B)$ 且 $P(A|B)=P(A)$，因此 $P(AB)=P(A)P(B)$。

(4) 古典概型：设随机试验 E 可能的结果事件集合为 $\Omega=\{\omega_1, \omega_2, \cdots, \omega_n\}$，如果其中每个事件的概率相等，且任两个事件互斥，有 $P(\omega_1)=P(\omega_2)=\cdots=P(\omega_n)=\dfrac{1}{n}$。若事件 A 是 Ω 中 k 个事件的和事件，则 $P(A)=\dfrac{k}{n}$。

举例说明概率的基本计算方法。假设某批共 100 件产品中有 3 件不合格品，从该批中随机抽取 3 件产品，求至少有一件不合格品的概率。

设 $A_i=\{$抽到 i 件不合格品$\}$，$i=1,2,3$，$A=\{$抽到至少 1 件不合格品$\}$，则 $A=A_1+A_2+A_3$。从 100 件产品中取 3 件，共有 C_{100}^3 种不同的取法，每一种取法是一个随机事件，它们概率相等，均为 $\dfrac{1}{\mathrm{C}_{100}^3}$，且两两互斥，符合古典概型。$A_1$ 是从 100 件产品中取 3 件并恰好抽到 1 件不合格品，相当于从 97 件合格品中抽取 2 件，同时从 3 件不合格品中抽取 1 件，共有 $\mathrm{C}_{100-3}^2 \cdot \mathrm{C}_3^1$ 种不同的取法，A_1 是这 $\mathrm{C}_{100-3}^2 \cdot \mathrm{C}_3^1$ 个事件的和事件，因此 $P(A_1)=\dfrac{\mathrm{C}_{100-3}^2 \cdot \mathrm{C}_3^1}{\mathrm{C}_{100}^3}$。同理可得 $P(A_2)=\dfrac{\mathrm{C}_{100-3}^1 \cdot \mathrm{C}_3^2}{\mathrm{C}_{100}^3}$，$P(A_3)=\dfrac{\mathrm{C}_{100-3}^0 \cdot \mathrm{C}_3^3}{\mathrm{C}_{100}^3}$。另有 A_1、A_2、A_3 两两互斥，于是

$P(A)=P(A_1)+P(A_2)+P(A_3)=\frac{C_{97}^2 \cdot C_3^1+C_{97}^1 \cdot C_3^2+C_{97}^0 \cdot C_3^3}{C_{100}^3}=$ 0.08819。

另一种求解方法是：由于 $\bar{A}=\{$抽到 0 件次品$\}$，相当于从 97 件合格品中抽取 3 件，共有 C_{97}^3 种取法，$\bar{A}$ 是这 C_{97}^3 个事件的和事件，因此 $P(\bar{A})=\frac{C_{97}^3}{C_{100}^3}$。于是 $P(A)=1-P(\bar{A})=1-\frac{C_{97}^3}{C_{100}^3}=0.08819$。

设随机试验 E 可能的结果事件集合为 $\Omega=\{\omega_1,\omega_2,\cdots,\omega_n\}$。将每一个结果事件 ω_i 映射到一个实数 $\xi\{\omega_i\}$，$\xi\{\omega_i\}$取值不能预先断定，但遵从一定的统计规律，则称 $\xi\{\omega_i\}$为随机变量，简写为 ξ。称 $F(x)=P\{\xi<x\}$为随机变量 ξ 的概率分布累积函数。

随机变量按取值情况可分为两类。

(1) 离散型随机变量：随机变量所有可能的取值可以按一定顺序一一列举出来。若 ξ 是离散型随机变量，设其所有可能取值为 x_1，$x_2,\cdots,x_n$，$P(\xi=x_i)=p_i$，有 $p_i\geqslant 0$ 且 $\sum_{i=1}^{n} p_i=1$。

(2) 非离散型随机变量：随机变量所有可能取的值不能按一定顺序一一列举出来。非离散型随机变量中最重要的是连续型随机变量，例如变量取值是某个区间内的一切实数。若 ξ 是连续型随机变量，则存在一个非负的可积函数 $f(x)$，使得对任意实数 x，ξ 的概率分布累积函数 $F(x)=\int_{-\infty}^{x} f(t)\mathrm{d}t$。函数 $f(x)$ 为 ξ 的概率分布密度函数。概率分布密度函数有如下性质。

(1) $f(x)\geqslant 0$，即函数 $y=f(x)$的曲线在 x 轴上方。

(2) $\int_{-\infty}^{+\infty} f(t)\mathrm{d}t=1$，即介于曲线 $y=f(x)$ 与 x 轴之间的面积等于 1。

(3) $P\{x_1<\xi<x_2\}=F(x_2)-F(x_1)=\int_{x_1}^{x_2} f(t)\mathrm{d}t$，说明随机变量 ξ 落在区间(x_1,x_2) 内的概率，等于该区间中曲线 $y=f(x)$ 与 x 轴围成的面积。

下面介绍在测试设计中比较重要的几种概率分布。

1. 超几何分布

若一批产品的批量为 N，其中有 D 件不合格品。从批中任意抽取 n 个样品，抽取到的不合格品数为 ξ，则 ξ 是离散型随机变量，$P\{\xi=x\}=\dfrac{C_D^x \cdot C_{N-D}^{n-x}}{C_N^n}(x=0,1,2,\cdots,D)$，称 ξ 服从超几何分布。对统计抽样来说，超几何分布是不放回抽样的概率模型。

2. 二项分布

对待测批中的任一件产品而言，要么是合格产品，要么是不合格产品，二者相互对立且必居其一。因此，待测批可被视为由非此即彼的对立事件构成的总体，也就是所谓的二项总体。若待测批的批量为 N，批不合格品率为 p，从中任意抽取 n 件作放回抽样，也就是说，每次抽到不合格品的概率都为 p。抽到的不合格品数为 ξ，则 ξ 是离散型随机变量，有 $P\{\xi=x\}=C_n^x p^x(1-p)^{n-x}(x=0,1,2,\cdots,n)$，称 ξ 服从二项分布，常记为 $\xi \sim B(n,p)$。

对统计抽样来说，二项分布是放回抽样的概率模型。当 N 很大，样本数量 n 相对 N 很小时（如 $N \geqslant 10n$），不放回抽样过程中 p 的变化很小，可近似视为放回抽样。这样就可以用二项分布来近似超几何分布，即 $\dfrac{C_D^x \cdot C_{N-D}^{n-x}}{C_N^n} \approx C_n^x p^x(1-p)^{1-x}$。在工程实践中，这种近似可以有效降低计算复杂度。

3. 泊松分布

如果离散型随机变量 ξ 有 $P\{\xi=x\}=\dfrac{\lambda^x}{x!}e^{-\lambda}(x=0,1,\cdots,\lambda>0)$，则称 ξ 服从泊松分布，记为 $\xi \sim \pi(\lambda)$。在统计抽样中，当 $n \geqslant 10$、$N \geqslant 10n$ 和 $p \leqslant 0.1$ 同时成立时，可以用泊松分布来近似代替二项分布，即 $C_n^x p^x(1-p)^{n-x} \approx \dfrac{\lambda^x}{x!}e^{-\lambda}(\lambda=np)$。泊松分布是一种描述和分

析稀有事件的概率分布。例如,字典某一页中的印刷错误的字数、某十字路口在一天内发生交通事故的次数等,都很有可能服从泊松分布。又例如,经过充分测试的被测对象,在实际使用的某个较短周期内发生失效的次数,也很可能服从泊松分布。要观察到这类事件,通常需要较大的样本量 n。

4. 正态分布

如果连续型随机变量 ξ 的概率密度函数为 $f(x)=\frac{1}{\sqrt{2\pi}\sigma}\mathrm{e}^{-\frac{(x-\mu)^2}{2\sigma^2}}$ $(-\infty<x<+\infty)$,其中 μ、σ 为常数,则称 ξ 服从正态分布,记为 $\xi\sim N(\mu,\sigma^2)$,其概率分布累积函数为 $F(x)=P(\xi<x)=\int_{-\infty}^{x}\frac{1}{\sqrt{2\pi}\sigma}\mathrm{e}^{-\frac{(t-\mu)^2}{2\sigma^2}}\mathrm{d}t$。概率密度函数 $f(x)$ 的曲线如图 6-1 所示。

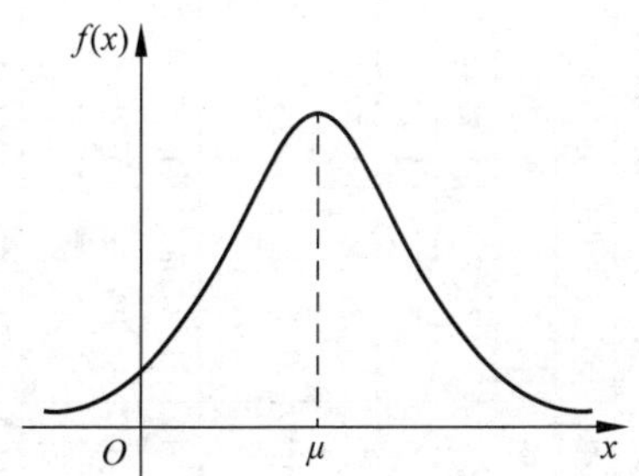

图 6-1 正态分布的概率密度函数

当 $\mu=0,\sigma=1$,即 $\xi\sim N(0,1)$时,ξ 服从标准正态分布,其概率分布密度函数和概率分布累积函数分别用 $\phi(x)$和 $\Phi(x)$表示:

$$\phi(x)=\frac{1}{\sqrt{2\pi}}\mathrm{e}^{-\frac{x^2}{2}}\quad(-\infty<x<+\infty)$$

$$\Phi(x)=\int_{-\infty}^{x}\phi(t)\mathrm{d}t=\int_{-\infty}^{x}\frac{1}{\sqrt{2\pi}}\mathrm{e}^{-\frac{t^2}{2}}\mathrm{d}t$$

$\Phi(x)$的值可以通过查如表 6-2 所示的标准正态分布表获知。

表 6-2　标准正态分布表

	0.00	0.01	0.02	0.03	0.04	0.05	0.06	0.07	0.08	0.09
0.0	0.5000	0.5040	0.5080	0.5120	0.5160	0.5199	0.5239	0.5279	0.5319	0.5359
0.1	0.5398	0.5438	0.5478	0.5517	0.5557	0.5596	0.5636	0.5675	0.5714	0.5753
0.2	0.5793	0.5832	0.5871	0.5910	0.5948	0.5987	0.6026	0.6064	0.6103	0.6141
0.3	0.6179	0.6217	0.6255	0.6293	0.6331	0.6368	0.6406	0.6443	0.6480	0.6517
0.4	0.6554	0.6591	0.6628	0.6664	0.6700	0.6736	0.6772	0.6808	0.6844	0.6879
0.5	0.6915	0.6950	0.6985	0.7019	0.7054	0.7088	0.7123	0.7157	0.7190	0.7224
0.6	0.7257	0.7291	0.7324	0.7357	0.7389	0.7422	0.7454	0.7486	0.7517	0.7549
0.7	0.7580	0.7611	0.7642	0.7673	0.7704	0.7734	0.7764	0.7794	0.7823	0.7852
0.8	0.7881	0.7910	0.7939	0.7967	0.7995	0.8023	0.8051	0.8078	0.8106	0.8133
0.9	0.8159	0.8186	0.8212	0.8238	0.8264	0.8289	0.8315	0.8340	0.8365	0.8389
1.0	0.8413	0.8438	0.8461	0.8485	0.8508	0.8531	0.8554	0.8577	0.8599	0.8621
1.1	0.8643	0.8665	0.8686	0.8708	0.8729	0.8749	0.8770	0.8790	0.8810	0.8830
1.2	0.8849	0.8869	0.8888	0.8907	0.8925	0.8944	0.8962	0.8980	0.8997	0.9015
1.3	0.9032	0.9049	0.9066	0.9082	0.9099	0.9115	0.9131	0.9147	0.9162	0.9177
1.4	0.9192	0.9207	0.9222	0.9236	0.9251	0.9265	0.9279	0.9292	0.9306	0.9319
1.5	0.9332	0.9345	0.9357	0.9370	0.9382	0.9394	0.9406	0.9418	0.9429	0.9441
1.6	0.9452	0.9463	0.9474	0.9484	0.9495	0.9505	0.9515	0.9525	0.9535	0.9545
1.7	0.9554	0.9564	0.9573	0.9582	0.9591	0.9599	0.9608	0.9616	0.9625	0.9633
1.8	0.9641	0.9649	0.9656	0.9664	0.9671	0.9678	0.9686	0.9693	0.9699	0.9706
1.9	0.9713	0.9719	0.9726	0.9732	0.9738	0.9744	0.9750	0.9756	0.9761	0.9767

续表

	0.00	0.01	0.02	0.03	0.04	0.05	0.06	0.07	0.08	0.09
2.0	0.9772	0.9778	0.9783	0.9788	0.9793	0.9798	0.9803	0.9808	0.9812	0.9817
2.1	0.9821	0.9826	0.9830	0.9834	0.9838	0.9842	0.9846	0.9850	0.9854	0.9857
2.2	0.9861	0.9864	0.9868	0.9871	0.9875	0.9878	0.9881	0.9884	0.9887	0.9890
2.3	0.9893	0.9896	0.9898	0.9901	0.9904	0.9906	0.9909	0.9911	0.9913	0.9916
2.4	0.9918	0.9920	0.9922	0.9925	0.9927	0.9929	0.9931	0.9932	0.9934	0.9936
2.5	0.9938	0.9940	0.9941	0.9943	0.9945	0.9946	0.9948	0.9949	0.9951	0.9952
2.6	0.9953	0.9955	0.9956	0.9957	0.9959	0.9960	0.9961	0.9962	0.9963	0.9964
2.7	0.9965	0.9966	0.9967	0.9968	0.9969	0.9970	0.9971	0.9972	0.9973	0.9974
2.8	0.9974	0.9975	0.9976	0.9977	0.9977	0.9978	0.9979	0.9979	0.9980	0.9981
2.9	0.9981	0.9982	0.9982	0.9983	0.9984	0.9984	0.9985	0.9985	0.9986	0.9986
3.0	0.9987	0.9987	0.9987	0.9988	0.9988	0.9989	0.9989	0.9989	0.9990	0.9990

标准正态分布表支持查找精确到两位小数的 x 值，表的首列表示 x 的整数部分及小数点后第一位，首行表示 x 的小数点后第二位。

对于非标准正态分布 $\xi \sim N(\mu,\sigma^2)$，可以将 ξ 的取值变换为 $\frac{\xi-\mu}{\sigma}$，将 ξ 进行标准化，即

$$F(x)=\Phi\left(\frac{x-\mu}{\sigma}\right)$$

$$P\{x_1 \leqslant \xi \leqslant x_2\}=F(x_2)-F(x_1)=\Phi\left(\frac{x_2-\mu}{\sigma}\right)-\Phi\left(\frac{x_1-\mu}{\sigma}\right)$$

这样就可以借助标准正态分布表计算 ξ 的概率分布情况。$\frac{\xi-\mu}{\sigma}$ 被称为 ξ 的正态离差，一般用 u 表示。例如，设 $\xi \sim N(1,4)$，则有

$$\begin{aligned}P\{0<x<1.6\}&=\Phi\left(\frac{1.6-1}{2}\right)-\Phi\left(\frac{0-1}{2}\right)\\&=\Phi(0.3)-\Phi(-0.5)\\&=\Phi(0.3)-[1-\Phi(0.5)]\\&=0.6179-1+0.6915\\&=0.3094\end{aligned}$$

一般地，设 $\xi \sim N(\mu,\sigma^2)$，有：

$$\begin{aligned}P\{\mu-\sigma<\xi<\mu+\sigma\}&=\Phi\left[\frac{(\mu+\sigma)-\mu}{\sigma}\right]-\Phi\left[\frac{(\mu-\sigma)-\mu}{\sigma}\right]\\&=\Phi(1)-\Phi(-1)\\&=2\Phi(1)-1\\&=0.6826\end{aligned}$$

同理易知：

$$\begin{aligned}P\{\mu-2\sigma<\xi<\mu+2\sigma\}&=2\Phi(2)-1\\&=0.9544\end{aligned}$$

$$\begin{aligned}P\{\mu-3\sigma<\xi<\mu+3\sigma\}&=2\Phi(3)-1\\&=0.9974\end{aligned}$$

这说明，虽然 ξ 的可能取值范围是$(-\infty,+\infty)$，但有 99.74%的

概率其取值落在$(\mu-3\sigma,\mu+3\sigma)$之内。很多被测对象的质量特性值可被视为随机变量，并且近似服从正态分布。通常把“其质量特性值是否落在$(\mu-3\sigma,\mu+3\sigma)$之内”作为判断研发生产过程是否正常的一个主要判据，同时也把$B=6\sigma$视为生产过程稳定程度的度量，即过程能力。还可以定义如下的过程能力指数：

$$C_p=\frac{T}{B}=\frac{T_U-T_L}{6\sigma}$$

其中，T是用户可接受的质量特性值最大波动范围，T_U是质量特性值上界限，T_L是质量特性值下界限。过程能力指数刻画了生产过程能力满足用户要求的程度。制造业经常按过程能力指数大小给企业品控能力评定等级，如表6-3所示。

表 6-3　企业品控能力等级

等级	特级	一级	二级	三级	四级
C_p	>1.67	1.67～1.33	1.33～1	1～0.67	<0.67

不同等级的企业，可设定不同的质检标准，如特级企业可免于检验，三级或四级企业需要加强检验等。

5. 均匀分布

若连续型随机变量ξ在有限区间(a,b)内取值，且其概率分布密度函数为

$$f(x)=\begin{cases}\dfrac{1}{b-a} & a<x<b\\ 0 & 其他\end{cases}$$

则称ξ在(a,b)上服从均匀分布。显然有$P\{a<x<b\}=\int_a^b f(x)\mathrm{d}x=1$。$\xi$的概率分布累积函数为

$$F(x)=\begin{cases}0 & x<a\\ \dfrac{x-a}{b-a} & a\leqslant x<b\\ 1 & x\geqslant b\end{cases}$$

5.1节讲解的随机测试就是按照均匀分布来选择测试输入点的。随机测试利用均匀分布“等可能”的特点，在一定程度上构建了测试用例的多样性。

6. **指数分布**

若连续型随机变量 ξ 的概率分布密度函数为

$$f(x)=\begin{cases}\lambda \mathrm{e}^{-\lambda x} & x>0 \\ 0 & \text{其他}\end{cases}$$

则称 ξ 服从指数分布，其概率分布累积函数为

$$F(x)=\begin{cases}1-\mathrm{e}^{-\lambda x} & x>0 \\ 0 & \text{其他}\end{cases}$$

指数分布和泊松分布密切相关。经过充分测试的被测对象，如果在实际使用的某个时间间隔内发生失效的次数服从泊松分布，那么失效的时间间隔便服从指数分布。

7. **威布尔分布**

若随机变量 ξ 的概率分布密度函数为

$$f(x)=\begin{cases}\dfrac{\beta}{\eta}\left(\dfrac{x}{\eta}\right)^{\beta-1}\mathrm{e}^{-\left(\frac{x}{\eta}\right)^{\beta}} & x>0 \\ 0 & \text{其他}\end{cases}$$

则称 ξ 服从威布尔分布。其中 β 称为形状参数，η 称为尺寸参数。威布尔分布与被测对象的可靠性密切相关。可靠性是测试人员经常需要关注的一种质量特性，其常用的评价指标是失效率，也就是被测对象在单位时间内发生失效事件的次数，或被测对象实际使用过程中发生的任一事件为失效事件的概率。在被测对象的整个生命周期中，其失效率的演化可以用“浴盆曲线”来描述，如图6-2所示。

通过调整形状参数 β，威布尔分布可以用来描述被测对象在生命周期不同阶段的可靠性表现：当 $\beta<1$ 时，威布尔分布的概率分布密

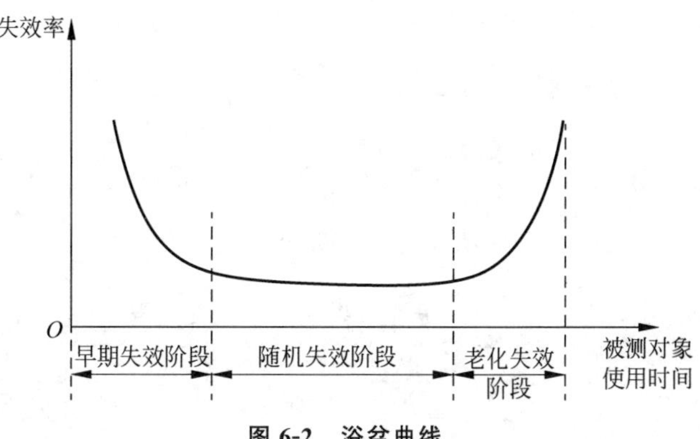

图 6-2　浴盆曲线

度函数 $f(x)$随着 x 的增加而迅速减小，表征被测对象处于早期失效阶段，失效率随着使用时间增加而迅速降低，这时失效的原因大多是研发生产过程相关的缺陷；当 $\beta=1$ 时，威布尔分布等同于指数分布，$f(x)$的变化相对平缓，表征被测对象处于随机失效阶段，失效的发生主要由偶发因素导致；当 $\beta>1$ 时，$f(x)$可能随着 x 的增加而增大，表征被测对象处于老化失效阶段，失效率可能随着使用时间增加而升高，这时失效的原因往往与零件磨损、材料疲劳、设备老化等相关。

6.1.1.2　随机变量的数字特征

当被测对象的质量特性值是一个随机变量时，被测对象期望中描述的通常是该随机变量的某些数字特征。最常见的有两类：一类反映质量特性值的水平高低，如数学期望和中值；另一类反映质量特性值的分散程度，如标准差和极差。

1. 数学期望

如果 ξ 是离散型随机变量，可能的取值分别为 $x_1, x_2, \cdots, x_n$，相应的概率分布为 $p_1, p_2, \cdots, p_n$，则 ξ 的数学期望为 $E(\xi)=\sum_{i=1}^{n} x_i p_i$，即各可能取值的加权平均。

如果 ξ 是连续型随机变量，且其概率分布密度函数为 $f(x)$，则 ξ 的数学期望为 $E(\xi)=\int_{-\infty}^{+\infty}xf(x)\mathrm{d}x$。

2. 中值

如果 ξ 是离散型随机变量，可能的取值按从小到大排序为 $x_1, x_2, \cdots, x_{m-1}, x_m, x_{m+1}, \cdots, x_n$，如果有 $\sum_{i=1}^{m-1}p(x_i)=\sum_{i=m+1}^{n}p(x_i)$，则 ξ 的中值为 x_m；如果有 $\sum_{i=1}^{m}p(x_i)=\sum_{i=m+1}^{n}p(x_i)$，则 ξ 的中值为 $\dfrac{x_m+x_{m+1}}{2}$。

如果 ξ 是连续型随机变量，且其概率分布密度函数为 $f(x)$，如果有 $\int_{-\infty}^{\tilde{x}}f(x)\mathrm{d}x=\int_{\tilde{x}}^{+\infty}f(x)\mathrm{d}x=\dfrac{1}{2}$，则 ξ 的中值为 $\tilde{x}$。

3. 标准差

随机变量 ξ 的方差为 $D(\xi)=E((\xi-E(\xi))^2)$，ξ 的标准差为 $\sigma(\xi)=\sqrt{D(\xi)}=\sqrt{E((\xi-E(\xi))^2)}$

如果 ξ 是离散型随机变量，其标准差为 $\sigma(\xi)=\sqrt{\sum_{i=1}^{n}[x_i-E(\xi)]^2 p_i}$。

如果 ξ 是连续型随机变量，其标准差为 $\sigma(\xi)=\sqrt{\int_{-\infty}^{+\infty}[x-E(\xi)]^2 f(x)\mathrm{d}x}$。

4. 极差

极差是随机变量取值变动的最大幅度。设通过测试观察到的随机变量 ξ 的最大取值为 $x_{\max}$，最小取值为 $x_{\min}$，则 ξ 的极差为 $R(\xi)=x_{\max}-x_{\min}$。

常见分布的数学期望和标准差如表 6-4 所示。

表 6-4　常见分布的数学期望和标准差

概 率 分 布	数 学 期 望	标　准　差
伯努利分布：$\begin{cases}P(\xi=1)=p\\P(\xi=0)=1-p\end{cases}$	p	$\sqrt{p(1-p)}$
二项分布：$P(\xi=x)=C_n^x p^x(1-p)^{n-x}$	np	$\sqrt{np(1-p)}$
泊松分布：$P(\xi=x)=\dfrac{\lambda^x}{x!}\mathrm{e}^{-\lambda}$	λ	$\sqrt{\lambda}$
正态分布：$f(x)=\dfrac{1}{\sqrt{2\pi}\sigma}\mathrm{e}^{-\frac{(x-\mu)^2}{2\sigma^2}}$	μ	σ

6.1.1.3　大数定律

大数定律揭示了随机现象中蕴涵的规律性。最简单的两种形式是伯努利大数定律和切比雪夫大数定律，分别反映了随机事件频率的稳定性及算术平均值的稳定性。

1. 伯努利大数定律

设 n_A 是 n 次独立随机试验中事件 A 发生的次数，A 的概率为 $P(A)=p$，则当试验次数 n 无限增大时，对于任意正数 ε 有 $\lim\limits_{n\to\infty}P\left\{\left|\dfrac{n_A}{n}-p\right|<\varepsilon\right\}=1$。

在 6.1.1.1 节，我们借由随机事件发生频率给出了概率的概念。伯努利大数定律则以严格的数学形式描述了频率的稳定性，即当 n 很大时，事件 A 发生的频率与其概率非常接近。如果事件 A 的概率很小，那么事件 A 发生的频率也很小，或者说事件 A 发生的可能性很小。通常认为，概率很小的随机事件在个别试验中不可能发生，这就是小概率事件的实际不可能性原理。

2. 切比雪夫大数定律

设$\{\xi_1,\xi_2,\cdots,\xi_n\}$是独立同分布的随机变量序列，且各随机变量

的数学期望满足 $E(\xi_1)=E(\xi_2)=\cdots=E(\xi_n)=\mu$，则对于任意正数 ε，有 $\lim\limits_{n\to\infty}P\left\{\left|\frac{1}{n}\sum\limits_{i=1}^{n}\xi_i-\mu\right|<\varepsilon\right\}=1$。

对一个随机变量 ξ 进行 n 次重复独立观测，可以认为每次观测的结果构成一组独立同分布的随机变量序列，这些随机变量观测值的算术平均值为 $\frac{1}{n}\sum\limits_{i=1}^{n}\xi_i$。当 n 很大时，$\frac{1}{n}\sum\limits_{i=1}^{n}\xi_i$ 以很大的概率和一个常数非常接近，这个常数就是 ξ 的数学期望。因此，可以用有限次观测结果的平均值来近似获得随机变量的数学期望。

6.1.1.4 中心极限定理

中心极限定理揭示了正态分布在现实世界中的普遍性。这里简要介绍中心极限定理的两种常见形式。

1. 独立同分布中心极限定理

设$\{\xi_1,\xi_2,\cdots,\xi_n\}$是独立同分布的随机变量序列，且有有限的数学期望 $E(\xi_1)=E(\xi_2)=\cdots=E(\xi_n)=\mu$ 和方差 $D(\xi_1)=D(\xi_2)=\cdots=D(\xi_n)=\sigma^2$，则对任意实数 x，有 $\lim\limits_{n\to\infty}P\left\{\frac{\sum\limits_{i=1}^{n}\xi_i-n\mu}{\sqrt{n}\sigma}\leqslant x\right\}=\frac{1}{\sqrt{2\pi}}\int_{-\infty}^{x}\mathrm{e}^{-\frac{t^2}{2}}\mathrm{d}t$，即 $\sum\limits_{i=1}^{n}\xi_i$ 渐近服从正态分布 $N(n\mu,n\sigma^2)$。

类似地，中心极限定理还有针对独立不同分布随机变量的形式。总的来说，当一个随机变量 ξ 可表示为大量独立随机变量之和的形式，这些随机变量对 ξ 的影响都很微小时，则可认为 ξ 服从正态分布。

2. 棣模佛-拉普拉斯中心极限定理

设随机变量 ξ 服从二项分布 $B(n,p)$，则对任意实数 x，有 $\lim\limits_{n\to\infty}P\left\{\frac{\xi-np}{\sqrt{np(1-p)}}\leqslant x\right\}=\frac{1}{\sqrt{2\pi}}\int_{-\infty}^{x}\mathrm{e}^{-\frac{t^2}{2}}\mathrm{d}t$，即 ξ 渐近服从正态分布

$N(np, np(1-p))$。该定理揭示了离散型随机变量与连续型随机变量之间的内在联系。

6.1.2 统计抽样原理

统计抽样是按照随机原则从批中抽取样本，并根据样本质量来评估批质量的一种测试设计方法。

6.1.2.1 统计抽样基本概念

首先介绍统计抽样中的一些基本概念。

1. 批

规模化生产中多以“批”为被测对象。统计抽样的目的，通常是评估批的整体质量特性值是否符合预期。“批”是由生产条件基本相同的单位产品组成的集合，因此，批内所有单位产品的同一质量特性服从相同的概率分布。批中所含单位产品的数量称为批量，以 N 表示。作为被测对象的“批”，与统计学中“总体”的概念相同。

2. 样本

按一定程序从批中抽取的一组单位产品组成的集合，称为样本。样本中的单位产品，称为样品。通常将样本中所包含的样品数量称为样本量，用 n 表示。$n \geqslant 30$ 的样本习惯上称为大样本，$n < 30$ 的样本称为小样本。

3. 批和样本的质量特性

批中不同单位产品的质量特性值不尽相同，可被视为一个离散随机变量的各种可能取值。用该随机变量的数字特征，可以描述批的整体质量特性。同样，对于样本也是如此。批和样本最常见的质量特性包括：

(1) 批均值：设 x_i 为第 i 件单位产品的质量特性值。则批均值

为 $\mu=\frac{\sum_{i=1}^{N}x_i}{N}$。

(2) 样本均值：$\bar{x}=\frac{\sum_{i=1}^{n}x_i}{n}$。

(3) 批标准差：$\sigma=\sqrt{\frac{\sum_{i=1}^{N}(x_i-\mu)^2}{N}}$。

(4) 不合格品率：设批内不合格品数量为 D，则批不合格品率为 $p=\frac{D}{N}\times100\%$；设样本内不合格品数量为 d，则样本不合格品率为 $p'=\frac{d}{n}\times100\%$。

6.1.2.2 抽样的常用方法

在 5.1 节讲解随机测试时，已经介绍过随机选取测试用例的一些方法，包括伪随机数发生器、抓阄、随机数表法、随机数色子法等。这些方法以均匀分布为模型，可以保证测试输入空间中每个测试输入点被选中的可能性都相等。在统计抽样中，这些方法同样是最主要的抽样手段。除此以外，有时为了降低抽样的复杂性，还会采用一些其他的抽样方法。下面简单加以介绍。

1. 等距抽样

将批中的单位产品按某种次序排列，随机抽取第一件单位产品，其后以固定间隔抽取样本中其他单位产品的方法，称为等距抽样。例如，生产线的产品传送带上，产品流以稳定流量通过抽样站点，随机抽取第一件单位产品之后，每隔 5 分钟抽取下一件单位产品，直到满足样本量的要求；又如，库房中的一批产品依次排成一排，随机抽取第一件之后，每隔 10 件抽取一个单位产品，直到满足样本量的要求。等距抽样实施简单，在研发生产实践中应用非常广泛。需要注意的是，等距抽样必须以“批中的单位产品在时间或空间上分布均匀”为前提，否则就无法满足统计抽样的随机原则。

2. 分组抽样

分组抽样又称分层抽样，其目标是提高在给定采样数量下的估计精度。分组抽样的具体做法是：将批中的单位产品按某些特征进行分组或分层，每一组中的单位产品有相似的特征，继而从每个组中分别进行抽样。例如，待测批中的单位产品来自 3 个不同的组装工厂，每个工厂组装的产品被存放在一个单独的库房中，甲库房存放了 $N_1=12$ 件，乙库房存放了 $N_2=84$ 件，丙库房存放了 $N_3=24$ 件，现在要抽取 $n=18$ 的样品，为了增强样本的代表性，可按相同比例从 3 个库房中分别抽样，比例应为$\dfrac{n}{N_1+N_2+N_3}=15\%$，则应从甲库房抽取 $N_1\times15\%\approx2$ 件，从乙库房抽取 $N_2\times15\%\approx12$ 件，从丙库房抽取 $N_3\times15\%\approx4$ 件。

可以看到，分组抽样与分割测试非常相似。在分割测试中，首先要识别出测试输入点之间的某种相似性，进而根据这一相似性进行测试输入空间的分割。分割测试基于的假定是，如果一个测试输入点触发了缺陷，那么与之相似的测试输入点也很有可能会触发缺陷。而在分组抽样中，每一组中的个体在某种意义上是接近“同质”的，不同组中的个体则是“异质”的。对总体质量特性的评估，可以转换为对各组质量特性的加权评估。

3. 整组抽样

将批中的单位产品进行分组，随机抽取其中若干组，并将这些组中的所有单位产品作为样本的方法，称为整组抽样。例如，待测批生产周期为一周，随机选择其中某一天生产的全部单位产品作为样本；又如，待测批由 10 个工厂共同生产，各工厂工艺和生产条件完全相同，随机选取其中一个工厂生产的全部单位产品作为样本。同等距抽样一样，整组抽样的优点也是实施方便。同时由于样本在批中的分布相对密集，只有当批中产品在时间或空间上分布均匀时，整组抽样才符合统计抽样的随机原则。

6.1.2.3 抽样误差

大数定律表明，当样本量 n 足够大时，样本的数字特征将趋于总体的数字特征，由此可以通过样本质量来评估批的质量，这就是统计抽样的理论依据。

由于测试成本的限制，样本量 n 不可能无限放大，因此样本质量特性与批质量特性之间难免会有偏差，因此称其为抽样误差。

举例来说，假如想知道一所大学里学生的平均身高 μ，一般很难对所有学生进行全数统计，通常的做法是随机抽取一部分学生作为样本，比如 $n=20$ 人，统计他们的身高，然后计算该样本的平均值，记为 $\bar{y}_1$。如果直接把 $\bar{y}_1$ 作为所有学生的身高平均值，误差肯定很大，因为再随机抽取另外的 20 人，身高平均值很可能就和 $\bar{y}_1$ 有很大出入，这就是抽样误差带来的影响。

显然，n 越大，抽样误差越小，当 $n=N$ 时，样本即是批本身，抽样误差为 0。此外，抽样误差还与批内单位产品质量特性值的分散程度有关。例如，假设有 3 批产品 A、B、C，各含有 5 件单位产品，以批均值和样本均值作为质量特性，可能有如下情况：

(1) 假设 A 批中各单位产品的质量特性值分别为[70,70,70,70,70]，则批均值 $\mu_A=70$，批标准差 $\sigma_A=0$。从 A 批中随机抽取两个单位产品，样本均值 $\bar{x}_A=\mu_A=0$，抽样误差为 0。

(2) B 批中各单位产品的质量特性值分别为[68,69,70,71,72]，则批均值 $\mu_B=70$，批标准差 $\sigma_B=1.41$。从 B 批中随机抽取两个单位产品，则样本均值最小为 68.5，最大为 71.5，抽样误差最多为 1.5。

(3) C 批中各单位产品的质量特性值分别为[50,60,70,80,90]，则批均值 $\mu_C=70$，批标准差 $\sigma_C=14.14$。从 C 批中随机抽取两个单位产品，则样本均值最小为 55，最大为 85，抽样误差最多为 15。

可见，批中单位产品质量特性的分散程度越大，抽样误差就很可能越大。

另外，重复抽样比不重复抽样的抽样误差大。重复抽样是从批中抽取单位产品并评估其质量后，将该单位产品又放回批中，参加下一次抽样，所以可能同一个单位产品被多次抽到，扩大了抽样误差。工程实践中，当批量和样本量相差悬殊，比如 $N \geqslant 10n$ 时，重复抽样和不重复抽样的差异可以忽略。

6.1.2.4 统计抽样测试方案

对于批的测试，最常见的被测对象期望是批不合格品率不超过某一阈值 p_t。如果符合这样的预期，被测对象被称为合格批，否则为不合格批。例如，期望的不合格品率阈值为 $p_t = 10\%$，某待测批中有 100 件单位产品，其中 5 件为不合格品，其不合格品率为 $p = \frac{5}{100} \times 100\% = 5\%$。显然，该批是合格批。

绝大多数情况下，测试人员无法获知待测批确切的不合格品率，只能借助统计抽样来估计，也就是通过验证样本的不合格品率是否超过 p_t 来判断待测批是否合格。为了方便统计，一般将 p_t 转换为样本的不合格品数阈值 Ac，即 $Ac = \lfloor n \cdot p_t \rfloor$。一旦确定了样本量 n 和不合格品数阈值 Ac，一个统计抽样测试方案就形成了，简记为 $(n \mid Ac)$。最直接的方案是，如果样本中的不合格品数 $d \leqslant Ac$，就可以判定待测批是合格的。

统计抽样符合随机原则，随机性是统计抽样结果的基本属性。对实际不合格品率为 p 的待测批，使用方案 $(n \mid Ac)$ 进行统计抽样，可能的测试结果包括两个随机事件，即 $A = \{$该批是合格批$\}$，$B = \{$该批是不合格批$\}$。如果 A 发生，使用方将接收该批，称 A 的发生概率为接收概率。显然，接收概率与实际不合格品率 p 有关：p 越小，接收概率应该越高。通常将接收概率记为 $L(p)$。

我们在 6.1.1.1 节讲解过，样本中的不合格品数 d 服从超几何分布。因此对于给定的统计抽样测试方案 $(n \mid Ac)$，接收概率为 $L(p) = \sum_{d=0}^{Ac} \frac{C_{N-D}^{n-d} \cdot C_D^d}{C_N^n}$。由于超几何分布计算烦琐，在一些情况下可以用其他分布来近似计算：

(1) 当批量远大于样本量，比如 $N \geqslant 10n$ 时，可以用二项分布来近似计算，即 $L(p)=\sum_{d=0}^{Ac} C_n^d p^d (1-p)^{n-d}$。

(2) 当 $N \geqslant 10n$、$n \geqslant 10$、$p \leqslant 0.1$ 同时成立时，可以用泊松分布来近似，即 $L(p)=\sum_{d=0}^{Ac} \frac{(np)^d}{d!} e^{-np}$。

理想与现实之间总是存在距离。样本量 n 总会受到测试成本的制约，因此绝大多数情况下，样本只能在一定程度上反映批的质量水平，抽样误差难以避免，由此也会导致统计抽样的测试结果出现偏差。延续上例，如果设定样本量 $n=10$，不合格品数阈值 $Ac=\lfloor n \cdot p_t \rfloor=\lfloor 10\times 10\% \rfloor=1$，测试方案简记为(10|1)，也就是说，测试人员会从该批中随机抽取 10 件单位产品，如果抽到的不合格品不多于 1 件，就认为该批合格。待测批本来是一个合格批，可是实际测试结果是恰好抽到了 2 件不合格品。这时测试人员就会得到不正确的测试结论。这说明，测试人员的测试方案并没有看清现实，以致犯了第一类错误，也就是弃真错误。弃真错误的发生概率称为弃真概率，其数值为 $1-\sum_{d=0}^{Ac} \frac{C_D^d C_{N-D}^{n-d}}{C_N^n}$。对于上例，这样的概率约为 7.69%。

假设期望阈值 p_t 和批量 N 不变，批中不合格品数变为 $D=15$，则实际批不合格品率为 $p=\frac{15}{100}\times 100\%=15\%$。显然，该批是不合格批。如果统计抽样测试方案仍然为(10|1)，并且实际测试结果是只抽到了 1 件不合格品，测试人员会判定这是一个合格批。这就是第二类错误，也称为取伪错误。取伪错误的发生概率为取伪概率，其数值为 $\sum_{d=0}^{Ac} \frac{C_D^d C_{N-D}^{n-d}}{C_N^n}$。对于上例，这样的概率约为 53.75%。

统计抽样的一个重要使用场景是用户验收测试，也就是使用方对生产方交付的批进行验收，通过统计抽样验证批是否合格，从而决定是否接收该批。弃真错误会导致一个合格批被拒收，给生产方造成损失，因此弃真概率也被称为生产方风险；取伪错误会导致一个不合格批被接收，给使用方造成损失，因此取伪概率也被称为使用方风险。自然，供需双方都希望自己承担较小的风险。统计抽样测试方案设计的关键，在于如何在有限的测试成本下调和这两类风险。

6.1.2.5 统计抽样测试通过标准

研发生产实践中常见的统计抽样测试通过标准主要有两类，即一次抽样通过标准和多次抽样通过标准。

1. 一次抽样通过标准

前面讲解的统计抽样测试方案，采用的就是一次抽样通过标准。例如在执行方案 $(n|Ac)$ 时，测试人员只需要对待测批进行一次样本抽取，对样本中所有单位产品进行测试，统计不合格品数 d，如果 $d \leqslant Ac$，则认为该批是合格批，测试通过；如果 $d > Ac$，则认为该批是不合格批，测试不通过。

在一次抽样通过标准中，应该如何确定不合格品数阈值 Ac 呢？前已述及，Ac 与样本量和期望的不合格品率阈值 p_t 有关，即 $Ac = \lfloor n \cdot p_t \rfloor$。因此问题归结为如何确定样本量 n。一个自然的想法是按固定比例从批中抽取样品。例如，若设定这个比例为 10%，那么对于 $N=100$ 的批，样本量为 $n=10$；对于 $N=1000$ 的批，样本量为 $n=100$。进而由给定的 p_t，即可确定 Ac。然而实际上，由于在计算 Ac 时存在取整误差，这种基于固定比例的统计抽样测试方案，测试结果的可信度并不高。例如，假定 $p_t=2\%$，$N=100$ 和 $N=1000$ 的两个待测批实际不合格品率都为 3%，抽样固定比例都为 10%，那么针对这两个批设计的统计抽样测试方案和接收概率如表 6-5 所示。

表 6-5 批量大小对固定比例抽样测试结果的影响

批量 N	样本量 $n=N \cdot 10\%$	不合格品数阈值 $Ac=\lfloor n \cdot 2\% \rfloor$	接收概率 $L(3\%)$
100	10	0	73.74%
1000	100	2	41.99%

可见,若采用固定比例进行抽样,两个质量相当但批量不同的批,接收概率相差甚远,很可能得出截然相反的测试结论。这种结果并非我们所乐见。工程实践中确定样本量 n 和不合格品数阈值 Ac 的方法将在后续章节中进一步讲解。

2. 多次抽样通过标准

为了减少样本量,可以采用多次抽样的方法。以二次抽样为例,其过程如图 6-3 所示。

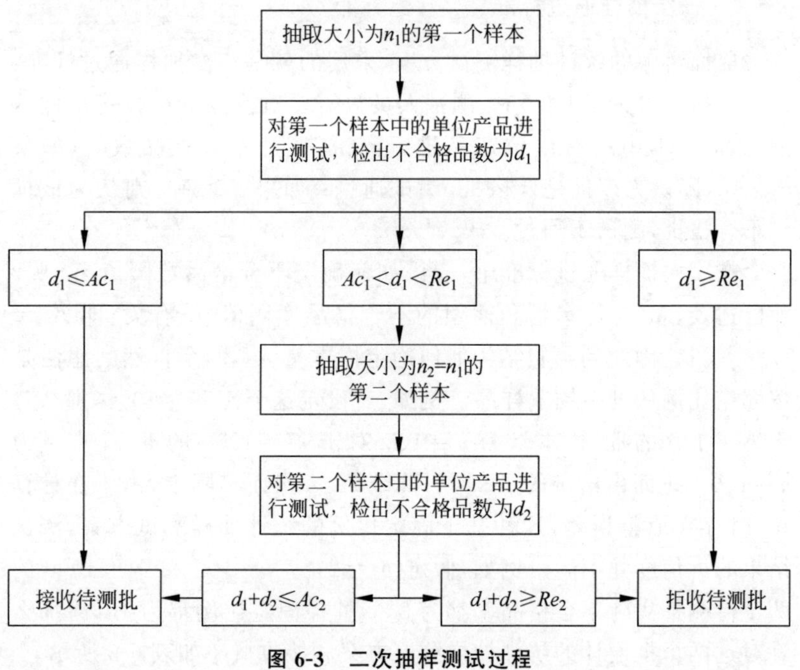

图 6-3 二次抽样测试过程

其中 $Ac_2=Re_2-1$。简单来说,二次抽样的想法是将不合格品数阈值进行区间化,在第一次抽样时,如果不合格品数 d_1 落于区间之外,则说明测试结论相对明显,发生两类错误的概率较小;如果 d_1 落于区间之内,则说明抽样误差有较大可能左右测试结论,需要再进行第二次抽样,也就是需要增加样本量。举个例子。假设 $n_1=80$,

$Ac_1=2, Re_1=5, n_2=80, Ac_2=6, Re_2=7$，则二次抽样通过标准如下：如果 $d_1 \leqslant 2$ 判为合格批，如果 $d_1 \geqslant 5$ 判为不合格批；如果 $2 < d_1 < 5$，暂不做决定，再抽取第二个样本 $n_2=80$，如果 $d_1+d_2 \leqslant 6$ 判为合格批，如果 $d_1+d_2 \geqslant 7$ 判为不合格批。

相对于一次抽样，多次抽样的平均样本量更小，但是实施起来也更复杂。

6.1.3 操作特性曲线

如果以横坐标表示批实际不合格品率 p，纵坐标表示接收概率 $L(p)$，对给定的方案$(n|Ac)$，作 $L(p) \sim p$ 曲线，这条曲线被称为该方案的操作特性曲线。例如，对方案$(n=80|Ac=1)$，先假定一系列 p 值，如 0,0.005,0.010,0.020,0.030,0.040,0.050，根据泊松分布计算相应的 $L(p)$，结果如表 6-6 所示。

表 6-6 方案(80|1)操作特性曲线的基础数据

p	np	$L(p)=\sum_{d=0}^{Ac}\frac{(np)^d}{d!}e^{-np}$
0	0	$L(0)=1.00$
0.005	0.4	$L(0.005)=0.94$
0.010	0.8	$L(0.010)=0.81$
0.020	1.6	$L(0.020)=0.53$
0.030	2.4	$L(0.030)=0.31$
0.040	3.2	$L(0.040)=0.17$
0.050	4.0	$L(0.050)=0.09$

按表中的数据作 $L(p) \sim p$ 曲线，即可得到方案(80|1)的操作特性曲线，如图 6-4 所示。

6.1.3.1 典型的操作特性曲线

下面讲解几类有代表性的操作特性曲线。

1. 理想的操作特性曲线

理想的统计抽样测试方案应满足：当批实际不合格品率 p 不超

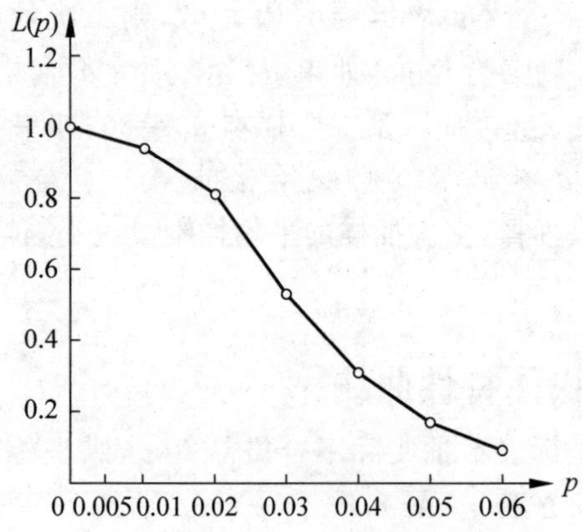

图 6-4　方案(80|1)的操作特性曲线

过期望阈值 p_t 时,以百分之百的概率接收该批,即 $L(p)=1$；当 p 超过 p_t 时,以百分之百的概率拒收该批,即 $L(p)=0$。因此,理想的操作特性曲线是阶跃形的,如图 6-5 所示。

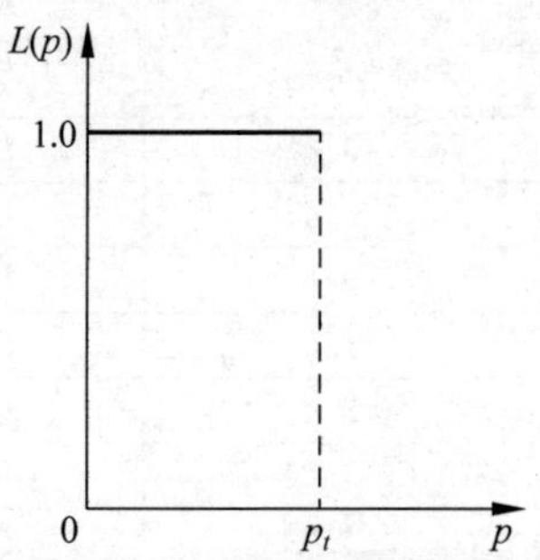

图 6-5　理想的操作特性曲线

由于抽样误差难以避免,理想的操作特性曲线在实际中并不存在。

2. 线性的操作特性曲线

(1|0)是一种简单粗暴的统计抽样测试方案,该方案从批中只抽取一个单位产品,如果该产品合格,就判定该批合格；否则判定该批不合格。这种方案对应着线性的操作特性曲线。

例如，待测批批量 $N=10$，用(1|0)方案进行统计抽样，假定一系列不同的 p 值，对应的 $L(p)$ 如表 6-7 所示。

表 6-7　方案(1|0)操作特性曲线的基础数据

批不合格品数	0	1	2	3	4	5
p	0	0.10	0.20	0.30	0.40	0.50
$L(p)$	1.00	0.90	0.80	0.70	0.60	0.50

批不合格品数	6	7	8	9	10
p	0.60	0.70	0.80	0.90	1.00
$L(p)$	0.40	0.30	0.20	0.10	0.00

相应的操作特性曲线如图 6-6 所示。

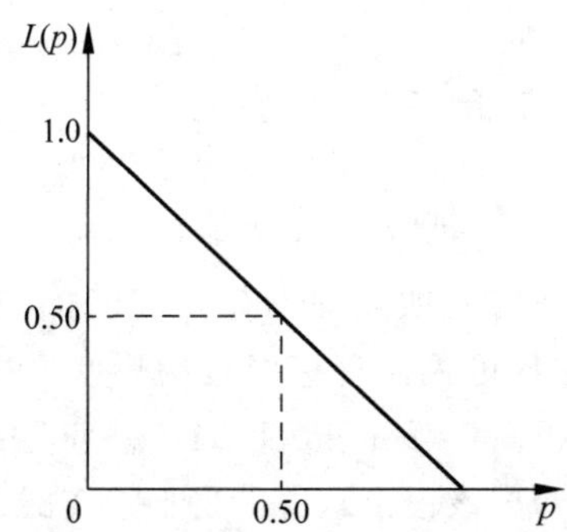

图 6-6　方案(1|0)的操作特性曲线

设期望阈值 $p_t=10\%$，当 $p\leqslant p_t$ 时，$L(p)\geqslant 90\%$，对生产方是比较友好的。但是当 $p>p_t$ 时，$L(p)$ 却没有迅速减小。比如当 $p=0.50$，即批中有一半是不合格品时，接收概率 $L(p)$ 仍然有 0.50。换言之，取伪概率非常高，这是使用方所不愿看到的。究其原因，是因为方案(1|0)的样本量 n 太少了。

3. 尖型的操作特性曲线

如果在 $Ac=0$ 不变的基础上增加样本量，可以得到顶部为尖形的操作特性曲线。例如，方案(50|0)的操作特性曲线如图 6-7 所示。

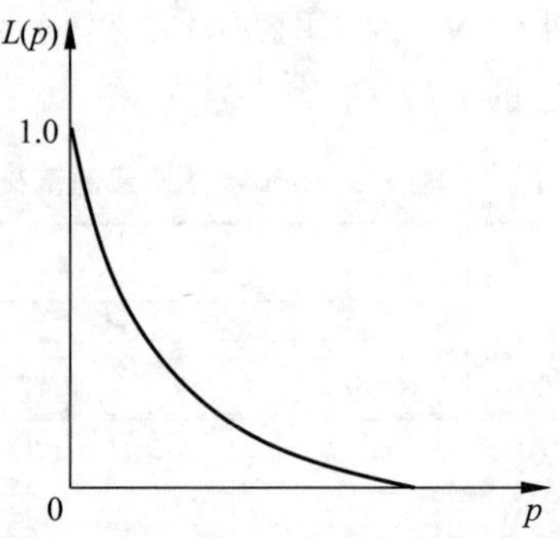

图 6-7　方案(50|0)的操作特性曲线

与方案(1|0)相比,(50|0)的抽样力度加大了,但仍然不允许检出不合格品。因此,即便在 p 较小时,$L(p)$也并不高。对生产方来说,尖型的操作特性曲线显得过于苛刻。

4. 实用的操作特性曲线

尽管理想的操作特性曲线并不存在,但测试人员在设计统计抽样测试方案时,应该尽可能向理想曲线的形状靠拢：当 p 明显符合期望时,$L(p)$应该很高；当 p 变大时,$L(p)$应迅速减小；当 p 严重不符合期望时,$L(p)$应该很小。这也是工程实践中实用的操作特性曲线所呈现的特征,如图 6-8 所示。

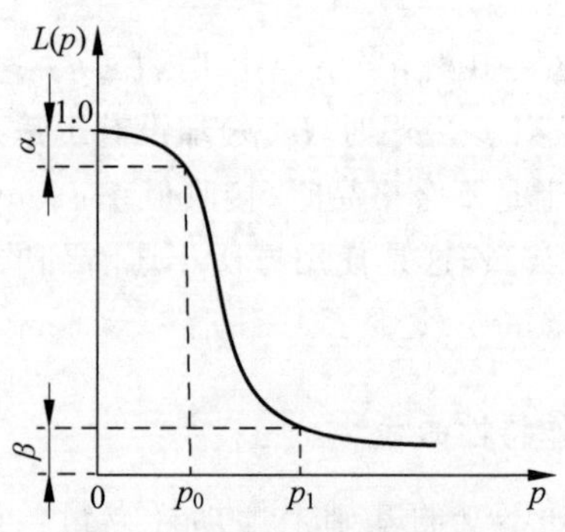

图 6-8　实用的操作特性曲线

图中 p_0、p_1 是两个不合格品率关键点，当批质量较好，即 $p \leqslant p_0$ 时，测试结果应以高概率接收该批，$\alpha = 1 - L(p_0)$ 是生产方可以承受的最大风险，工程实践中常设定为 5%；当批质量较差，即 $p \geqslant p_1$ 时，测试结果应以高概率拒收该批，$\beta = L(p_1)$ 是使用方可以承受的最大风险，常设定为 10%；当 $p_0 < p < p_1$ 时，接收概率应迅速减小。实用的操作特性曲线应该为生产方和使用方都提供满意的保护。

p_0、p_1、α、β 都需要生产方和使用方根据标准和经验协商确定。一旦这些参数确定了，就可以通过联立解如下方程组求得样本量 n 和不合格品数阈值 Ac：

$$\begin{cases} D_0 = N \cdot p_0 \\ D_1 = N \cdot p_1 \\ \alpha = 1 - L(p_0) = 1 - \sum\limits_{d=0}^{Ac} \dfrac{\mathrm{C}_{N-D_0}^{n-d} \cdot \mathrm{C}_{D_0}^{d}}{\mathrm{C}_N^n} \\ \beta = L(p_1) = \sum\limits_{d=0}^{Ac} \dfrac{\mathrm{C}_{N-D_1}^{n-d} \cdot \mathrm{C}_{D_1}^{d}}{\mathrm{C}_N^n} \end{cases}$$

此外，还可以利用一些标准给出的速查表来检索合适的统计抽样测试方案。例如，在国标 GB/T 13262—2008 中，给出了 $\alpha = 5\%$，$\beta = 10\%$ 的方案速查表，如表 6-8 所示。

假设生产方和使用方协商确定的 $p_0 = 2\%$，$p_1 = 8\%$，对应于表 6-8 中的 p_0 区间范围是 1.81～2.00，p_1 区间范围是 7.11～8.00，这两个区间范围所在的行和列交会的单元格中，左上数字为样本量 n，右下数字为不合格品数阈值 Ac，可见该表推荐的统计抽样测试方案为(105|4)。如果行列交会单元格是空白，说明所需样本量过大，GB/T 13262—2008 建议生产方和使用方再次协商，调整 p_0、p_1 值。

6.1.3.2 统计抽样参数对操作特性曲线的影响

由 $L(p) = \sum\limits_{d=0}^{Ac} \dfrac{\mathrm{C}_{N-D}^{n-d} \cdot \mathrm{C}_{D}^{d}}{\mathrm{C}_N^n}$ 可知，N、n、Ac 对操作特性曲线都会产生影响。下面分别进行讲解。

表 6-8　统计抽样测试方案速查表（$\alpha=5\%$，$\beta=10\%$）

p_1 范围 / p_0 范围	5.01～5.60	5.61～6.30	6.31～7.10	7.11～8.00	8.01～9.00	9.01～10.0	10.1～11.2	11.3～12.5	12.6～14.0
1.01～1.12	125 3	115 3	78 2	72 2	64 2	37	35 1	32 1	30 1
1.13～1.25	155 4	115 4	105 3	70 2	64 2	58 2	33 1	31 1	29 1
1.26～1.40	150 4	135 4	100 3	66 2	62 2	58 2	52 2	30 1	28 1
1.41～1.60	175 5	130 4	120 4	90 3	58 2	54 2	50 2	47 2	26 1
1.61～1.80	195 6	155 5	115 4	110 4	78 3	52 2	49 2	45 2	41 2
1.81～2.00	245 8	175 6	140 5	105 4	95 4	70 3	47 2	44 2	41 2
2.01～2.24	290 10	220 8	155 6	125 5	95 4	86 4	62 3	42 2	39 2
2.25～2.50	360 13	260 10	195 8	140 6	110 5	84 4	76 4	56 3	37 2
2.51～2.80	470 18	320 13	230 10	175 8	125 6	100 5	74 4	54 3	50 3
2.81～3.15		415 18	280 13	205 10	155 8	110 5	86 4	66 3	48 3
3.16～3.55			350 17	250 13	180 10	140 8	100 6	78 5	60 4

1. 批量 N 对操作特性曲线的影响

图 6-9 显示了方案(20|0)对应 $N=1000$、$N=200$、$N=100$、$N=50$ 的 4 条操作特性曲线。

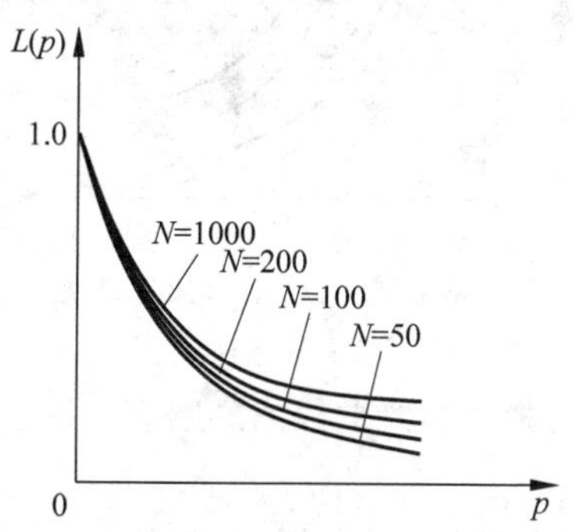

图 6-9 批量 N 对操作特性曲线的影响

其中最大的批量为 1000,最小的批量为 50,二者相差非常悬殊,但是对应的操作特性曲线却非常接近。可见,N 对操作特性曲线形状的影响很小,这也是统计抽样测试方案只用($n|Ac$)来表示的原因。另外,只要 $N \geqslant 10n$,其操作特性曲线就与 $N=+\infty$ 的曲线几乎重合。换言之,只要 $N \geqslant 10n$,增大 N 并不会使生产方风险和使用方风险产生明显变化。因此,在确定了方案($n|Ac$)之后,如果条件允许,可以通过增大批量来减少总的测试成本。

2. 不合格品数阈值 Ac 对操作特性曲线的影响

图 6-10 显示了 $N=1000$ 时,方案(50|3)、(50|2)、(50|1)、(50|0)对应的 4 条操作特性曲线。

可见,Ac 越小,操作特性曲线越向下移,对于给定的不合格品率 p,接收概率 $L(p)$ 越小。样本的不合格品数阈值越小,意味着测试方案越严格,使用方风险越低,而生产方风险越高。$Ac=0$ 对应的就是前已提及的尖型的操作特性曲线。

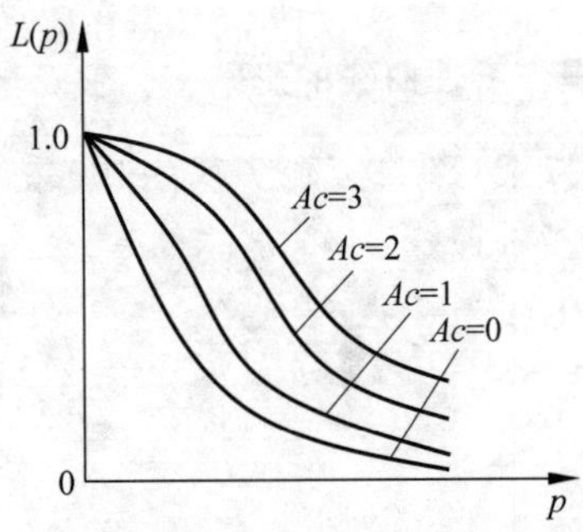

图 6-10　不合格品数阈值 *Ac* 对操作特性曲线的影响

3. 样本量 *n* 对操作特性曲线的影响

图 6-11 显示了 $N=1000$ 时，方案（200|1）、（100|1）、（50|1）、（30|1）对应的 4 条操作特性曲线。

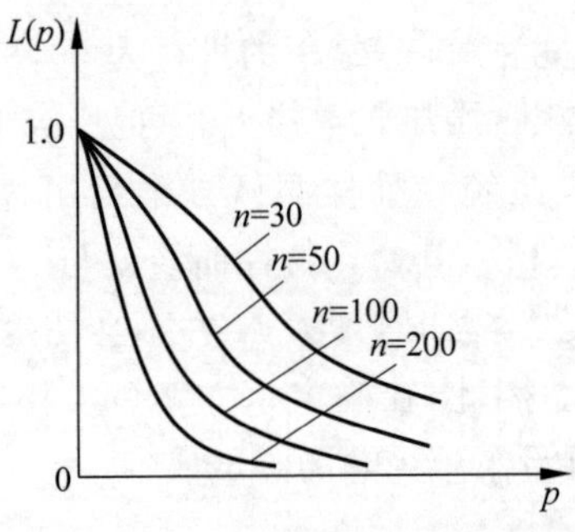

图 6-11　样本量 *n* 对操作特性曲线的影响

可见，n 越小，操作特性曲线越向上移，对于给定的不合格品率 p，接收概率 $L(p)$ 越大。样本量越少，意味着测试方案越宽松，使用方风险越高，而生产方风险越低。

样本量 n 和不合格品数阈值 Ac 对操作特性曲线的影响总结如表 6-9 所示。

同时增加 n 和 Ac，通常能使操作特性曲线更接近理想的阶跃形态，为生产方和使用方都提供更好的保护。但是增加 n 也意味着测试成本的增加。

表 6-9 样本量 n 和不合格品数阈值 Ac 对操作特性曲线的影响总结

方案参数		操作特性曲线	接收概率 $L(p)$	生产方风险 α	使用方风险 β
n	Ac				
↑增加	—不变	↓下移	↓减少	↑增加	↓减少
↓减少	—不变	↑上移	↑增加	↓减少	↑增加
—不变	↑增加	↑上移	↑增加	↓减少	↑增加
—不变	↓减少	↓下移	↓减少	↑增加	↓减少
↑增加	↑增加	前↑后↓	前↑后↓	↓减少	↓减少
↓减少	↓减少	前↓后↑	前↓后↑	↑增加	↑增加

6.2 假设检验

假设被测对象是某信息系统，其有关性能指标的期望为“对于某复杂业务的平均处理时长不超过 160s”。测试者针对该复杂业务进行了 6 次性能测试，测得的处理时长分别为 171s、155s、178s、152s、171s、168s，6 次测试结果的均值为 166s。那么测试人员是否能就此论断被测对象的性能指标不符合预期？

像复杂业务处理时长这样的质量特性，往往受到很多不可控因素的影响，一般应视为随机变量。根据大数定律，当随机变量的测试次数 n 很大时，测试结果的均值趋近于随机变量的数学期望。但是受制于成本，测试次数不能任意增加，偏差在所难免。仅仅 6 次性能测试结果的均值，并不能代表真实的平均处理时长。但是如果测试人员掌握了测试结果的统计规律，就可以分析某一测试结果出现的可能性，进而评估理想与现实相符的概率，这就是假设检验的出发点。假设检验是统计学的基本课题之一，主要解决如何从样本评估总体的问题。在测试活动中，可以将测试输入空间视为由测试输入点组成的总体，将测试用例视为从总体中抽取的样本。面对庞大的测试输入空间和有限的测试成本，要看清现实总是困难重重。无论怎样精挑细选，测试用例都只能片面地反映被测对象的质量特性，正如样本只能片面地反映总体的统计特征。但测试人员仍然需要根据少量测试用例的结果，评估被测对象在整个空间中具有的质量特性。对测试设计而言，假设检验是观察理想与现实相符程度的重要手段，其统计思想可以帮助测试人员得到更合理、更可靠的评估结果，在一定程度上缓解“测试可信性问题”。

6.2.1 抽样分布

统计学中对总体和样本之间关系的研究包括两个方向。第一个方向是从总体到样本的方向，其目的是要研究从总体中抽取的样本应该具有什么样的统计特征，也就是抽样分布问题；第二个方向是从样本到总体的方向，即用样本来评估总体的统计特征，也就是统计推断问题。假设检验是解决统计推断问题的重要方法，而抽样分布特征是假设检验的理论基础。

6.2.1.1 无偏估计

如果所有可能样本的某一数字特征的平均数等于总体的相应数字特征，则称该数字特征为总体相应数字特征的无偏估计。仍然以统计大学生平均身高 μ 为例。假设样本量 $n=20$。由于抽样误差的存在，只用一个样本的均值 $\bar{y}_1$ 来估计 μ 通常是不可行的。为了使统计结果更加精确，测试人员需要多抽取几个样本，然后分别计算出它们的均值，分别记为 $\bar{y}_1, \bar{y}_2, \cdots, \bar{y}_k$。可以将样本均值 $\bar{y}$ 视为随机变量，$\bar{y}_i$ 是该随机变量的一个取值。$\bar{y}$ 的期望值是 $E(\bar{y})$，总体均值为 μ，如果满足 $E(\bar{y})=\mu$，$\bar{y}$ 就是 μ 的一个无偏估计。

下面再看另一个例子。设有一个 $N=4$ 的待测批，其中单位产品的质量特性值分别为 2、3、3、4，可算得该批的数字特征如下。

(1) 批均值：$\mu=\frac{1}{4}(2+3+3+4)=3$。

(2) 批方差：$\sigma^2=\frac{1}{4}[(2-3)^2+(3-3)^2+(3-3)^2+(4-3)^2]=\frac{1}{2}$。

(3) 批标准差：$\sigma=\sqrt{\frac{1}{2}}=0.707$。

现在，如以 $n=2$ 作随机放回抽样，所有可能的样本共有 $N^n=4^2=16$ 个。关注这些样本的如下数字特征。

(1) 样本均值：$\bar{y}=\dfrac{\sum_{i=1}^{n} y_i}{n}$。

(2) 样本方差：$s_0^2=\dfrac{\sum_{i=1}^{n}(y_i-\bar{y})^2}{n}$。

(3) 样本均方：$s^2=\dfrac{\sum_{i=1}^{n}(y_i-\bar{y})^2}{n-1}$。

(4) 样本标准差：$s=\sqrt{\dfrac{\sum_{i=1}^{n}(y_i-\bar{y})^2}{n-1}}$。

计算所有可能样本的上述数字特征，结果如表 6-10 所示。

表 6-10 $n=2$ 的所有可能样本的数字特征

样 本 值	$\bar{y}$	s_0^2	s^2	s
2,2	2.0	0.00	0.0	0.000
2,3	2.5	0.25	0.5	0.707
2,3	2.5	0.25	0.5	0.707
2,4	3.0	1.00	2.0	1.414
3,2	2.5	0.25	0.5	0.707
3,3	3.0	0.00	0.0	0.000
3,3	3.0	0.00	0.0	0.000
3,4	3.5	0.25	0.5	0.707
3,2	2.5	0.25	0.5	0.707
3,3	3.0	0.00	0.0	0.000
3,3	3.0	0.00	0.0	0.000
3,4	3.5	0.25	0.5	0.707
4,2	3.0	1.00	2.0	1.414
4,3	3.5	0.25	0.5	0.707

续表

样 本 值	$\bar{y}$	s_0^2	s^2	s
4,3	3.5	0.25	0.5	0.707
4,4	4.0	0.00	0.0	0.000
总和	48.0	4.00	8.0	8.484

可见，

(1) $\bar{y}$ 的数学期望：$E(\bar{y})=\dfrac{48}{16}=3=\mu$。

(2) s_0^2 的数学期望：$E(s_0^2)=\dfrac{4}{16}=\dfrac{1}{4}\neq\sigma^2$。

(3) s^2 的数学期望：$E(s^2)=\dfrac{8}{16}=\dfrac{1}{2}=\sigma^2$。

(4) s 的数学期望：$E(s)=\dfrac{8.484}{16}=0.530\neq\sigma$。

略去证明，一般有如下结论。

(1) 样本均值 $\bar{y}$ 是总体均值 μ 的无偏估计。

(2) 样本方差 s_0^2 不是总体方差 σ^2 的无偏估计。

(3) 样本均方 s^2 是总体方差 σ^2 的无偏估计。s^2 的计算公式中，分母 $n-1$ 也被称为 s^2 的自由度，在统计学上指计算某一统计量时用到的其他独立统计量的个数。这里计算 s^2 所使用的 n 个样本，因受平均数 $\bar{y}$ 的约束，有一个样本不能独立，或者说不能自由变化，因此自由度为 $n-1$。

(4) s 不是总体标准差 σ 的无偏估计。

6.2.1.2 抽样分布的统计特征

延续上例。待测批中所有单位产品的质量特性值分别为 2、3、3、4，各个质量特性值的出现频次和发生频率如表 6-11 所示。

表 6-11 各质量特性值的出现频次和发生频率统计

质量特性值	出 现 频 次	发 生 频 率
2	1	0.25

续表

质量特性值	出 现 频 次	发 生 频 率
3	2	0.5
4	1	0.25

将质量特性值视为随机变量，其概率分布可近似由图 6-12 所示的柱状图表示。

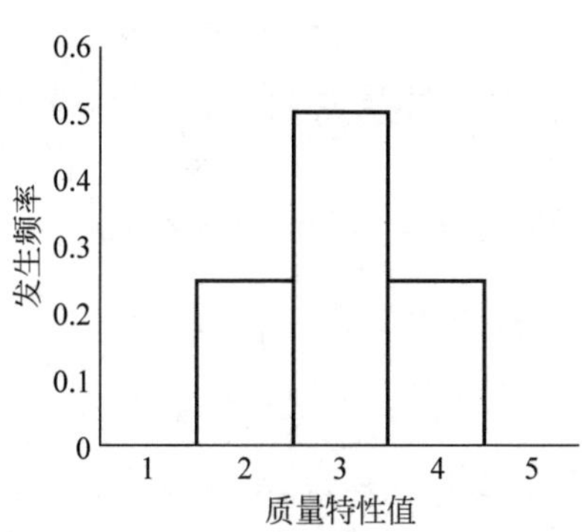

图 6-12　质量特性值的概率分布

以 $n=2$ 作随机放回抽样，样本均值 $\bar{y}$ 的可能取值有 5 种，分别为 2.0、2.5、3.0、3.5、4.0，各取值的出现频次和发生频率如表 6-12 所示。

表 6-12　$n=2$ 时各种样本均值的出现频次和发生频率统计

$\bar{y}$	出 现 频 次	发 生 频 率
2.0	1	0.0625
2.5	4	0.25
3.0	6	0.375
3.5	4	0.25
4.0	1	0.0625

$\bar{y}$ 的概率分布可近似由图 6-13 所示的柱状图表示。

可见，$\bar{y}$ 近似服从正态分布。此外还有：

(1) $\bar{y}$ 的数学期望：$E(\bar{y})=\dfrac{48}{16}=3=\mu$。

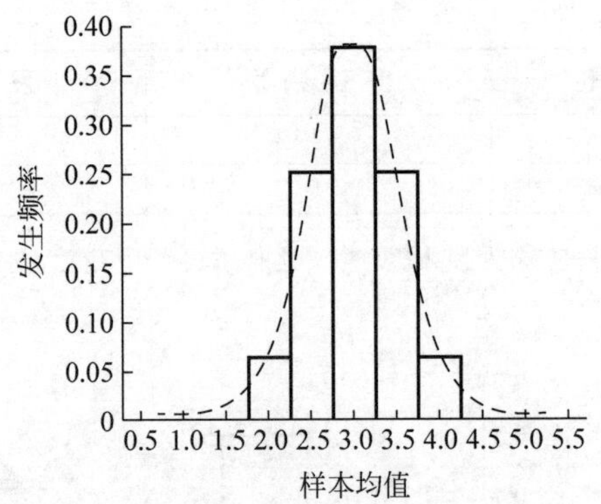

图 6-13　$n=2$ 时样本均值的概率分布

(2) $\bar{y}$ 的方差：$\sigma_{\bar{y}}^2=\dfrac{\sum_{i=1}^{n}[\bar{y}_i-E(\bar{y})]^2}{N^n}=\dfrac{4}{16}=\dfrac{1}{4}=\dfrac{\sigma^2}{n}$。

若以 $n=4$ 作随机放回抽样，样本均值 $\bar{y}$ 的可能取值有 9 种，分别为 2.00、2.25、2.50、2.75、3.00、3.25、3.50、3.75、4.00，各取值的出现频次和发生频率如表 6-13 所示。

表 6-13　$n=4$ 时各种样本均值的出现频次和发生频率统计

$\bar{y}$	出现频次	发生频率
2.00	1	0.0039
2.25	8	0.0313
2.50	28	0.1094
2.75	56	0.2188
3.00	70	0.2734
3.25	56	0.2188
3.50	28	0.1094
3.75	8	0.0313
4.00	1	0.0039

$\bar{y}$ 的概率分布可近似由图 6-14 所示的柱状图表示。

可见，$\bar{y}$ 仍然近似服从正态分布。此外也有：

(1) $\bar{y}$ 的数学期望：$E(\bar{y})=\dfrac{768}{256}=3=\mu$。

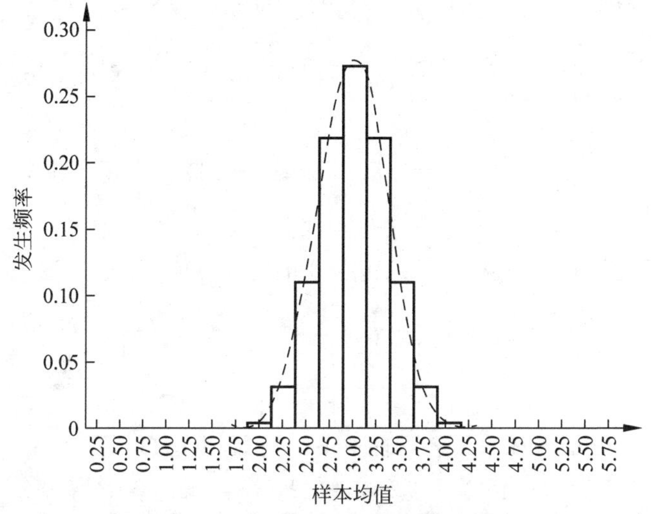

图 6-14　$n=4$ 时样本均值的概率分布

(2) $\bar{y}$ 的方差：$\sigma_{\bar{y}}^2=\dfrac{\sum\limits_{i=1}^{n}[\bar{y}_i-E(\bar{y})]^2}{N^n}=\dfrac{32}{256}=\dfrac{1}{8}=\dfrac{\sigma^2}{n}$。

略去证明，一般地，随机抽样的样本均值 $\bar{y}$ 可视为一个新的随机变量，其统计特征与原总体(即待测批)的统计特征之间存在如下关系。

(1) 如果原总体服从正态分布，无论样本量大小，样本均值 $\bar{y}$ 都服从正态分布。

(2) 如果原总体不服从正态分布，根据中心极限定理，当样本量 $n\to\infty$ 时，样本均值 $\bar{y}$ 趋近于服从正态分布。

(3) 样本均值 $\bar{y}$ 的数学期望与原总体的数学期望相同，即 $E(\bar{y})=\mu$。

(4) 样本均值的方差 $\sigma_{\bar{y}}^2$ 与原总体的方差 σ^2 满足：$\sigma_{\bar{y}}^2=\dfrac{\sigma^2}{n}$。

掌握了样本均值的统计规律，就可以计算出特定测试结果的发生概率，从而为后续的统计假设检验奠定基础。延续上例来说明。待测批质量特性值的数学期望为 $\mu=3$，标准差为 $\sigma=0.707$。从待测

批中随机抽取 $n=4$ 的样本进行测试，可知样本均值 $\bar{y}$ 服从正态分布，即 $\bar{y}\sim N\left(\mu,\frac{\sigma^2}{n}\right)$。可对 $\bar{y}$ 进行标准化，$\bar{y}$ 的概率分布累积函数 $F(x)=P\{\bar{y}\leqslant x\}=\Phi\left(\frac{x-\mu}{\frac{\sigma}{\sqrt{n}}}\right)$。如果想知道测试结果 $\bar{y}\leqslant 2.625$ 出现的可能性，可直接检索标准正态分布表，可知：

$$P\{\bar{y}\leqslant 2.625\}=\Phi\left(\frac{2.625-3}{\frac{0.707}{2}}\right)=\Phi(-1.06)=0.1446$$

根据之前统计的 $\bar{y}$ 各可能取值的概率，也可知：

$$\begin{aligned}P\{\bar{y}\leqslant 2.625\}&=P\{\bar{y}=2.00\}+P\{\bar{y}=2.25\}+P\{\bar{y}=2.50\}\\&=0.1446\end{aligned}$$

这一结果与通过检索标准正态分布表得到的结果一致。

若将待测批视为二项总体，并假设其实际不合格品率为 p，合格产品的质量特性值为 0，不合格产品的质量特性值为 1，则待测批中单位产品质量特性值的数学期望为 $\mu=p$，标准差为 $\sigma=\sqrt{p(1-p)}$。从中抽取 n 件作为样本，则样本的不合格品率等于样本均值。根据抽样分布的统计规律，可知样本不合格品率的数学期望为 p，样本不合格品率的标准差为 $\sqrt{\frac{p(1-p)}{n}}$。

有时候，测试人员会关心被测对象当前版本与上一个版本之间质量特性的对比关系。设当前版本待测批质量特性值的数学期望为 μ_1，标准差为 σ_1，从中抽取了容量为 n_1 的样本，样本均值用 $\bar{y}_1$ 表示；上一个版本待测批质量特性值的数学期望为 μ_2，标准差为 σ_2，从中抽取了容量为 n_2 的样本，样本均值用 $\bar{y}_2$ 表示。略去证明，两个版本样本均值的差值 $\bar{y}_1-\bar{y}_2$ 遵循如下的抽样分布规律。

(1) 如果两个版本待测批都服从正态分布，无论样本量大小，$\bar{y}_1-\bar{y}_2$ 都服从正态分布。

(2) 如果两个版本待测批服从相同的非正态分布，根据中心极限定理，当 n_1 和 n_2 较大时(如大于 30)，$\bar{y}_1-\bar{y}_2$ 接近服从正态分布。

(3) 如果两个版本待测批服从不同的分布，但方差相近，且 n_1 和 n_2 较大时，也可认为 $\bar{y}_1-\bar{y}_2$ 近似服从正态分布。

(4) $\bar{y}_1-\bar{y}_2$ 的数学期望等于两个版本待测批的数学期望之差，即 $\mu_{\bar{y}_1-\bar{y}_2}=\mu_1-\mu_2$。

(5) $\bar{y}_1-\bar{y}_2$ 的方差为：$\sigma^2_{\bar{y}_1-\bar{y}_2}=\frac{\sigma_1^2}{n_1}+\frac{\sigma_2^2}{n_2}$。特别地，若将两个版本的待测批都视为二项总体，实际不合格品率分别为 p_1 和 p_2，则两个版本样本不合格品率差值 $\hat{p}_1-\hat{p}_2$ 的方差为 $\sigma^2_{\hat{p}_1-\hat{p}_2}=\frac{p_1(1-p_1)}{n_1}+\frac{p_2(1-p_2)}{n_2}$。

6.2.2 假设检验原理

假设检验的基本思路是：首先对总体的统计特征提出两种彼此对立的假设，然后由抽样分布计算样本出现的概率，最后根据小概率事件的实际不可能性原理，作出在一定概率意义上应该接受哪种假设的判断。可见，抽样分布规律和小概率事件的实际不可能性原理，是假设检验的理论基础。

6.2.2.1 假设检验的基本方法

仍然以信息系统的性能指标为例。假设某信息系统已在线上运行多年，该系统处理某种复杂业务的时长受多种软硬件因素的影响，有一定随机性，但近似服从正态分布。生产监控的长期历史数据显示，处理时长的平均值为 680s，标准差为 60s。在该系统的最新版本中，研发团队进行了架构调整，并针对复杂业务完成了 25 次性能测试，测得的平均处理时长为 700s。那么，能否由此认定该系统的性能水平发生了变化呢？

尽管从数值上看，测试结果不同于历史数据，但是由于测试次数有限，这个结果也可能是抽样误差造成的。这时，假设检验可以帮助测试人员得到更严谨的结论。下面讨论假设检验的基本方法。

1. 建立假设

首先要对样本所属总体的统计特征提出假设，一般应包括无效假设和备择假设。无效假设记作 H_0，通常设定为总体统计特征与预期一致，针对样本的实际测试结果与期望的差异由抽样误差所致。也就是说，无效假设是“认为理想与现实相符”的假设。

备择假设记作 H_A，通常设定为总体统计特征与预期不一致，并由此导致针对样本的实际测试结果与期望存在差异。也就是说，备择假设是“认为理想与现实不符”的假设。可见，H_0 和 H_A 为对立事件，即 $P(H_0+H_A)=1$。

上例中，信息系统平均处理时长的历史指标为 $\mu_0=680$，$\sigma=60$。测试者在新版本上进行了 25 次性能测试，相当于抽取了 25 个关于处理时长的样本，测得的样本均值为 $\bar{x}=700$。由于 $\bar{x}\neq\mu_0$，测试人员想知道此中差异是否是抽样误差引起的，因此可以将历史指标当作预期，设定无效假设 H_0 为“$\mu=\mu_0=680$”，即新版本的平均处理时长与历史指标一致，都是 680，样本平均处理时长 700 与历史指标 680 的差异，主要由抽样误差所致；设定备择假设 H_A 为“$\mu\neq\mu_0=680$”，即新版本的平均处理时长与历史不一致，样本平均处理时长 700 与历史指标 680 的差异，主要由新旧版本的平均处理时长总体指标差异所致。

2. 确定显著水平α

建立无效假设和备择假设后，要确定一个接受或否定 H_0 的概率标准，这个概率标准叫作显著水平，记作 α。α 是人为规定的小概率的界限，换言之，概率小于 α 的事件将被认为是小概率事件。统计学中，习惯把 $\alpha=0.05$ 称为“差异显著标准”，把 $\alpha=0.01$ 称为“差异极显著标准”。这里的“差异”指的是理想与现实的差异程度。本例中，设 α 为 0.05。

3. 计算抽样测试结果的发生概率

围绕 H_0 中描述的统计特征，将抽样测试结果表述为一个随机事件，用 T 表示。在 H_0 成立的前提下，依据抽样分布规律，可以计算出 T 的发生概率。

对于上面的例子，如果 $H_0: \mu=\mu_0=680$ 成立，那么 $n=25$ 的样本就是从服从正态分布 $N(\mu_0,\sigma^2)$的总体抽取的，根据 6.2.1.2 节讲解的关于抽样分布统计特征的结论，可知样本均值 $\bar{x}$ 作为一个新的随机变量，服从正态分布 $N\left(\mu_0,\frac{\sigma^2}{n}\right)$，$\bar{x}$ 的数学期望为 $\mu_{\bar{x}}=\mu_0=680$，标准差为 $\sigma_{\bar{x}}=\frac{\sigma}{\sqrt{n}}=\frac{60}{\sqrt{25}}=12$，而样本 $\bar{x}=700$ 则是此随机变量的一个可能取值，与其数学期望 $\mu_{\bar{x}}$ 的差异为 $700-680=20$。该样本出现在测试结果中，说明一个随机事件 T 真实地发生了，也就是"样本均值 $\bar{x}$ 与其数学期望 680 的差异达到了 20 及以上"。对 $\bar{x}$ 进行标准化，可求得 $u=\frac{\bar{x}-\mu_{\bar{x}}}{\sigma_{\bar{x}}}=\frac{700-680}{12}=1.67$，查标准正态分布表可知：$P(|u|\geqslant 1.67)=2\times(1-0.95254)=0.09492$。这意味着，在 H_0 成立的前提下，事件 T 发生的概率为 $P(T)=0.09492$。

4. 统计推断

将 $P(T)$与显著水平 α 相比较，若 $P(T)<\alpha$，则 T 是小概率事件。根据小概率事件的实际不可能性原理，可以认为 T 在一次抽样测试中是不可能发生的，这与实际的抽样测试结果矛盾。也就是说，计算 $P(T)$的前提 H_0 是不成立的。因此，应该否定无效假设 H_0，接受备择假设 H_A；反之，若 $P(T)\geqslant\alpha$，则 T 并非小概率事件，这时通常选择接受无效假设 H_0，否定备择假设 H_A。

本例中，$P(T)=0.09492>\alpha=0.05$，因此 T 不是一个小概率事件，可接受 H_0，即认为新版本的平均处理时长与历史指标一致，都是 680，样本平均处理时长 700 与历史指标 680 的差异，主要由抽样误差所致，这就是假设检验的最终结论。

综上所述，假设检验的基本方法可以概括为如下步骤。

(1) 建立“理想与现实相符”的无效假设 H_0 和“理想与现实不符”的备择假设 H_A。

(2) 设定显著水平 α。

(3) 在 H_0 成立的前提下，依据抽样分布规律，计算抽样测试结果的发生概率 $P(T)$。

(4) 将 $P(T)$ 与显著水平 α 相比较，根据小概率事件的实际不可能性原理，得出应接受 H_0 或 H_A 的结论。

如果样本的抽样分布为正态分布，在设定了显著水平 α 之后，也可以通过查如表 6-14 所示的正态离差 u_α 值表，确定对应于 α 的正态离差界限值。

该表的首列表示 α 的第一位小数，首行 α 的第二位小数。譬如当 $\alpha=0.05$ 时，从该表中第二行第六列查得对应的正态离差界限值 $u_\alpha=1.95996$。之后再将样本质量特性值的正态离差与界限值比较，进行统计推断。上例中，$\bar{x}$ 的正态离差为 $u=1.67$，有 $u<u_\alpha$。这说明正态离差没有超过界限值，理想与现实的差异并不显著，结论同样是接受 H_0，否定 H_A。基于正态分布的假设检验也被称为正态离差检验或 u 检验。

6.2.2.2 两尾检验与一尾检验

6.2.2.1 节的例子中，样本均值 $\bar{x}$ 服从正态分布，抽样分布曲线为钟形的正态分布曲线。设定 $\alpha=0.05$，则正态离差界限值为 1.96，这意味着 $\bar{x}$ 落在区间 $(\mu-1.96\sigma_{\bar{x}},\mu+1.96\sigma_{\bar{x}})$ 内的概率为 $1-\alpha=0.95$，落在 $(\mu-1.96\sigma_{\bar{x}},\mu+1.96\sigma_{\bar{x}})$ 外的概率为 $\alpha=0.05$。称区间 $(\mu-1.96\sigma_{\bar{x}},\mu+1.96\sigma_{\bar{x}})$ 为接受区域，其与抽样分布曲线、横坐标轴围成的面积为 $1-\alpha$。称区间 $(-\infty,\mu-1.96\sigma_{\bar{x}})\cup(\mu+1.96\sigma_{\bar{x}},+\infty)$ 为否定区域，其与抽样分布、横坐标轴曲线围成的总面积为

表 6-14 正态离差 u_α 值表

α	0.010	0.020	0.030	0.040	0.050	0.060	0.070	0.080	0.090
0.00	2.57583	2.32635	2.17009	2.05375	1.95996	1.88079	1.81191	1.75069	1.69540
0.10	1.59819	1.55477	1.51410	1.47579	1.43953	1.40507	1.37220	1.34076	1.31058
0.20	1.25357	1.22653	1.20036	1.17499	1.15035	1.12639	1.10306	1.08032	1.05812
0.30	1.01522	0.99446	0.97411	0.95417	0.93459	0.91537	0.89647	0.87790	0.85962
0.40	0.82389	0.80642	0.78919	0.77219	0.75542	0.73885	0.72248	0.70630	0.69031
0.50	0.65884	0.64335	0.62801	0.61281	0.59776	0.58284	0.56805	0.55338	0.53884
0.60	0.51007	0.49585	0.48173	0.46770	0.45376	0.43991	0.42615	0.41246	0.39886
0.70	0.37186	0.35846	0.34513	0.33185	0.31864	0.30548	0.29237	0.27932	0.26631
0.80	0.24043	0.22754	0.21470	0.20189	0.18912	0.17637	0.16366	0.15097	0.13830
0.90	0.11304	0.10043	0.08784	0.07527	0.06271	0.05015	0.03761	0.02507	0.01253

$\frac{\alpha}{2}+\frac{\alpha}{2}=\alpha$，如图 6-15 所示。

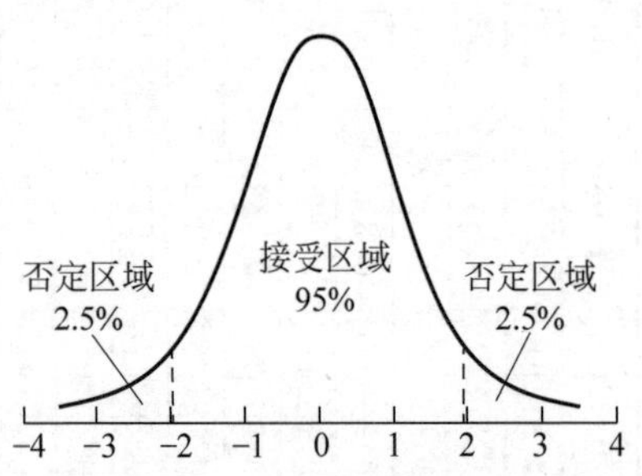

图 6-15　$\alpha=0.05$ 的两尾检验

如果否定区域位于抽样分布曲线的两侧，左侧的概率为 $\alpha/2$，右侧的概率亦为 $\alpha/2$，则称这种假设检验为两尾检验。当抽样测试结果落在接受区域内时，应该接受无效假设 H_0，否定备择假设 H_A；当抽样测试结果落在否定区域内时，应该否定无效假设 H_0，接受备择假设 H_A。上例中，备择假设 H_A 为 $\mu\neq 680$，即 $\mu<\mu_0$ 或 $\mu>\mu_0$，$\bar{x}$ 有可能落在左侧否定区域，也有可能落在右侧否定区域。这就是典型的两尾检验。

但在某些情况下，两尾检验不一定符合实际。延续上例，假设对信息系统的架构调整纯粹以性能优化为目的，那么新版本的性能指标一般不会比历史指标差，也就是说性能指标的基本预期是 $\mu\leqslant\mu_0$。然而 25 次抽样的测试结果显示 $\bar{x}>\mu_0$，测试人员如果想知道这是否由抽样误差所致，这时可以设定无效假设为 H_0：$\mu\leqslant\mu_0$，备择假设为 H_A：$\mu>\mu_0$。否定区域只在抽样分布曲线的一侧，其与抽样分布曲线、横坐标轴围成的面积为 α，如图 6-16 所示。

称这种假设检验为一尾检验，其步骤与两尾检验相同。需要注意的是，如果选择查正态离差 u_α 值表来确定显著水平 α 对应的正态离差界限值，那么一尾检验与两尾检验在查表时有细节区别。假设显著水平为 0.05，两尾检验时，直接按 $\alpha=0.05$ 查表，得到正态离差界限值为 1.96；一尾检验时，需要先将显著水平乘以 2 再查表，即按 $\alpha=0.10$ 查表，得到正态离差界限值为 1.64。为了便于区分，通常将

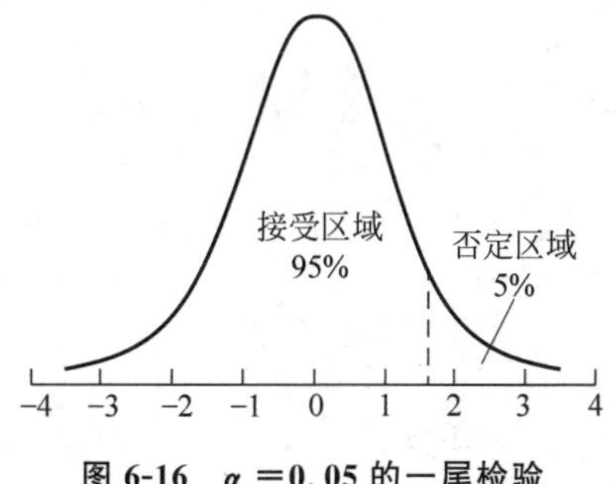

图 6-16　$\alpha=0.05$ 的一尾检验

两尾检验的正态离差界限值记为 $u_{\alpha/2}$，一尾检验的正态离差界限值记为 u_{α}。

6.2.2.3　假设检验的两类错误

假设检验是根据人为设定的显著水平和抽样测试结果，对被测对象的总体质量特性进行推断的方法。同样的测试结果，可能会因为选用不同的显著水平，而得到相反的结论。因此，通过假设检验否定了 H_0，仅仅代表 H_0 成立的概率较小，并不是说已证实 H_0 不正确；接受了 H_0，也仅仅是因为测试结果并不足以推翻 H_0，并不是说已证实 H_0 是正确的。与统计抽样测试一样，假设检验中也可能会犯两类错误：一类是无效假设 H_0 为真，但通过检验却否定了它，也就是第一类错误，或称弃真错误，其概率为显著水平 α；另一类是无效假设 H_0 为假，但通过检验却接受了它，也就是第二类错误，或称取伪错误，其概率常记为 β。举例来说，假设预期和实际的抽样分布曲线分别如图 6-17 中的 l_1 和 l_2 所示。

设 H_0 为 $\mu=\mu_0=0$。显然，理想与现实偏差很大，应该否定 H_0。然而，只要样本值落在 l_1 的接受区域$[C_1,C_2]$内，统计推断的结果就无法否定 H_0。因此取伪概率 β 的值等于 C_1、C_2、l_2、横坐标轴围成的面积，即图 6-17 中的阴影部分。

如果减小显著水平 α，接受区域$[C_1,C_2]$将被扩大，相当于使测试设计方案变得更宽松，更容易接受无效假设 H_0。这时弃真概率会减小，但取伪概率 β 会增加。反之，如果加大显著水平 α，取伪概率 β

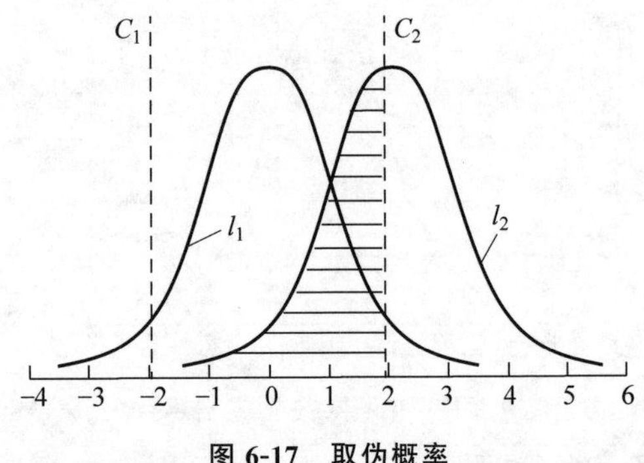

图 6-17　取伪概率

会减小，弃真概率会增加。若希望同时控制两类错误的概率，一般需要在减小 α 的同时增加样本量。

举例说明。假设针对某种疾病，传统药物的治愈率为 $\theta_0=60\%$。在一种新型药物的临床试验中，从全国大量患者里随机选择了 50 名患者进行试用，共治愈 35 名，样本治愈率 $\theta_y=70\%$。测试人员希望通过假设检验判断该新型药物的药效是否优于传统药物。假设检验的具体步骤如下。

(1) 建立无效假设和备择假设。H_0：新型药物治愈率 $\theta=\theta_0=0.6$，H_A：$\theta\neq0.6$。

(2) 设定显著水平。取 $\alpha=0.01$。

(3) 计算临床试验结果的发生概率 $P(T)$。设定临床试验结果代表的随机事件 T 为"新型药物样本治愈率为 70%"。已知样本量 $n=50$，治愈患者数 $y=35$，y 近似服从二项分布。在无效假设 H_0 下，有 $P(T)=\mathrm{C}_{50}^{35}\theta^{35}(1-\theta)^{15}\approx0.04$。

(4) 统计推断。由于 $P(T)>\alpha$，故不能拒绝 H_0，只能认为新型药物与传统药物相比没有显著的改进。

然而，如果扩大临床试验的规模，上述假设检验的结论就可能发生变化。使 $n=120$，在一段时间内治愈患者 84 名，新型药物样本治愈率仍然为 $\theta_y=70\%$。但此时随机事件 T 的发生概率 $P(T)=\mathrm{C}_{120}^{84}\theta^{84}(1-\theta)^{36}\approx0.006$，这时 $P(T)<\alpha$，有充分的理由拒绝 H_0，从而判定新型药物药效优于传统药物。

增加样本量可以减小抽样误差，使得样本的统计特征可以更好地代表总体的统计特征。这样，测试人员对现实的把握就会更加准确，当然测试成本也会随之增长。在6.1.3.2节有关统计抽样测试的讲解中，我们得到过类似的结论。

6.2.2.4 参数区间估计

测试需要看清现实，但受制于资源约束，只能采取部分归纳推理，也就是通过少量测试用例的执行结果，来判断被测对象在整个测试输入空间上的质量表现。本质上，这是以样本来推测总体的一种统计推断活动。参数区间估计就是用样本统计量对总体参数进行估计的一种方法。

估计总体参数的样本统计量称为估计量。对总体的某一个参数而言，可能有多个估计量可供选择，那么哪一个估计量的估计结果最准确呢？一般来说，如果一个估计量具备以下三方面的属性，则可以实现对总体参数的最优估计。

(1) 无偏性。该估计量的数学期望等于总体参数。6.2.1.1节讲解过，样本均值 $\bar{x}$ 是总体均值 μ 的无偏估计，样本均方 s^2 是总体方差 σ^2 的无偏估计。

(2) 有效性。在样本量相同的情况下，该估计量的方差相对最小。

(3) 相容性。该估计量的取值任意接近于总体参数值的概率，随样本量 n 的增加而趋近于1。

例如，样本均值和样本中值都可以用来估计总体均值，其中样本均值具备无偏性、有效性和相容性，可以实现对总体均值的最优估计。然而即便是最优估计，根据抽样分布规律，样本的估计量仍是一个随机变量，不同的样本会有不同的估计值。换言之，通过样本估计量来评估总体参数总会有一定的偏差。因此有必要建立一个置信区间，使总体参数能够以较高的可能落在这个区间内。这种“在一定概率保证下，用样本估计量推断总体参数所在范围”的方法，称为参数区间估计。

假设总体方差σ^2已知，样本量n较大，根据中心极限定理，可以近似认为样本均值$\bar{x}$服从正态分布。因此，$\bar{x}$落在区间$(\mu-u_{\alpha/2}\sigma_{\bar{x}},\mu+u_{\alpha/2}\sigma_{\bar{x}})$内的概率为$1-\alpha$。也即是说，在$1-\alpha$的置信度下，有$\mu-u_{\alpha/2}\sigma_{\bar{x}}\leqslant\bar{x}\leqslant\mu+u_{\alpha/2}\sigma_{\bar{x}}$，进而有$\bar{x}-u_{\alpha/2}\sigma_{\bar{x}}\leqslant\mu\leqslant\bar{x}+u_{\alpha/2}\sigma_{\bar{x}}$。

$[\bar{x}-u_{\alpha/2}\sigma_{\bar{x}},\bar{x}+u_{\alpha/2}\sigma_{\bar{x}}]$即为总体均值$\mu$的置信区间，置信区间的上下限称为置信限，常用$L_1$、$L_2$表示。假设待估计的总体参数为$\theta$，参数区间估计的一般形式可以表示为$P(L_1\leqslant\theta\leqslant L_2)=1-\alpha$。

参数区间估计可用于假设检验。置信区间是在一定置信度保证下的总体参数所在范围。将置信度设置假设检验的显著水平，如果无效假设H_0蕴涵的总体参数落在置信区间以内，就说明H_0与真实情况相符，可以予以接受；反之，如果H_0蕴涵的总体参数落在置信区间以外，则说明H_0与真实情况不符，应予以否定，并接受备择假设H_1。

6.2.3 批不合格品率的假设检验

假设从批量$N=5000$的待测批中抽取$n=305$的样本，经测试，其中不合格品数为92件，合格品数为213件，样本的不合格品率$\hat{p}=\frac{92}{305}=0.302$。如果待测批期望的不合格品率$p_0=0.25$，则$\hat{p}>p_0$，那么能否由此断定待测批的实际不合格品率$p$不符合预期呢？可以采用正态离差检验和卡方检验两种方法进行假设检验，在统计思想的指导下得出相对合理的测试结论。

6.2.3.1 正态离差检验

我们知道，当批量N很大，而样本量n相对批量N较小时（如$N\geqslant 10n$），样本中的不合格品数ξ近似服从二项分布，即$\xi\sim B(n,p)$，其均值为np，标准差为$\sqrt{np(1-p)}$。

对样本量为n的抽样分布而言，n为常量，因此样本的不合格品率$\hat{p}=\frac{\xi}{n}$同样服从二项分布，其均值为p，标准差为$\frac{\sqrt{np(1-p)}}{n}=$

$\sqrt{\dfrac{p(1-p)}{n}}$。进而根据棣模佛-拉普拉斯中心极限定理，当样本量较大时(比如样本中的不合格品数和合格品数都大于 30)，样本不合格品率 $\hat{p}$ 近似服从正态分布。这样就可以采用 6.2.2.1 节讲解的方法，用正态离差检验对批不合格品率 p 进行假设检验，具体的步骤如下。

(1) 建立无效假设和备择假设。H_0：$p=p_0=0.25$，H_A：$p\neq 0.25$。

(2) 设定显著水平。取 $\alpha=0.05$。

(3) 计算正态离差。样本的不合格品率 $\hat{p}=0.302$；$\hat{p}$ 的标准差 $\sigma_{\hat{p}}=\sqrt{\dfrac{p(1-p)}{n}}=0.0248$；正态离差 $u_{\hat{p}}=\dfrac{\hat{p}-p}{\sigma_{\hat{p}}}=2.097$。

(4) 统计推断。由于 $|u_{\hat{p}}|>u_{0.05/2}=1.96$，故否定 H_0。也就是说，当显著水平 $\alpha=0.05$ 时，测试人员根据测试结果认为批实际不合格品率 p 不符合预期。这一测试结论错误的概率为 0.05。

6.2.3.2 卡方检验

假设随机变量 x 服从均值为 μ、方差为 σ^2 的正态分布，在 n 次独立的随机试验中，其取值分别为 $x_1,x_2,\cdots,x_n$，定义另一随机变量 χ^2 为

$$\chi^2=\sum_{i=1}^{n}\left(\frac{x_i-\mu}{\sigma}\right)^2$$

χ^2 的概率分布密度函数为

$$f(\chi^2)=\frac{(\chi^2)^{(v/2)-1}\mathrm{e}^{-\chi^2/2}}{2^{v/2}\Gamma(v/2)}$$

其中，v 代表 χ^2 分布的自由度，并有 $v=n-1$；Γ 是伽马函数，即 $\Gamma(x)=\int_0^{+\infty}t^{x-1}\mathrm{e}^{-t}\mathrm{d}t$。

测试设计思想

χ^2 分布可以在概率意义上刻画理想与现实的偏离程度。假设待测批的质量特性值符合特定的概率分布，并将质量特性值的取值范围划分为 k 个等长的区间，可以计算出样本中的 n 个单位产品落于第 i 个区间中的预期数量 E_i。另外设样本落于第 i 个区间中的实际产品数量为 O_i，则可定义 χ^2 的另一种计算公式为 $\chi^2 = \sum_{i=1}^{k} \frac{(O_i - E_i)^2}{E_i}$，其概率分布密度函数同上，自由度 $v = k - 1$。特别地，当自由度 $v = 1$ 时，需要对该公式进行连续性矫正，这时有 $\chi^2 \approx \sum_{i=1}^{2} \frac{(|O_i - E_i| - 0.5)^2}{E_i}$。

χ^2 分布可以应用在关于批不合格品率的假设检验中，也就是所谓的卡方检验方法。假设样本中实际的不合格品数为 O_1，合格品数为 O_2。而按照期望的不合格品率 p_0，样本中预期的不合格品数 $E_1 = np_0$，合格品数 $E_2 = n(1 - p_0)$。由此可计算出 χ^2 的值，进而做假设检验。例如，针对上例中的待测批不合格品率，卡方检验的步骤如下。

(1) 建立无效假设和备择假设。$H_0: p = p_0 = 0.25, H_A: p \neq 0.25$。

(2) 设定显著水平。取 $\alpha = 0.05$，并据此检索如表 6-15 所示的 χ^2 值表。

对于批不合格品率的假设检验，自由度为 1。因此查表得到 $\chi^2_{0.05,1} = 3.84$。

(3) 计算 χ^2。已知 $O_1 = 92, O_2 = 213, E_1 = 305 \times 25\% \approx 76$，$E_2 = 305 \times (1 - 25\%) \approx 229$。因此 $\chi^2 \approx \sum_{i=1}^{2} \frac{(|O_i - E_i| - 0.5)^2}{E_i} = 4.2103$。

(4) 统计推断。由于 $\chi^2 > \chi^2_{0.05,1}$，故否定 H_0。也就是说，当显著水平 $\alpha = 0.05$ 时，测试人员根据测试结果认为批实际不合格品率 p 不符合预期，这与正态离差检验的结果是一致的。

表 6-15 χ^2 值表

自由度 显著水平	0.995	0.990	0.975	0.950	0.900	0.750	0.500	0.250	0.100	0.050	0.025	0.010	0.005
1	0.00	0.00	0.00	0.00	0.02	0.10	0.45	1.32	2.71	3.84	5.02	6.63	7.88
2	0.01	0.02	0.05	0.10	0.21	0.58	1.39	2.77	4.61	5.99	7.38	9.21	10.60
3	0.07	0.11	0.22	0.35	0.58	1.21	2.37	4.11	6.25	7.81	9.35	11.34	12.84
4	0.21	0.30	0.48	0.71	1.06	1.92	3.36	5.39	7.78	9.49	11.14	13.28	14.86
5	0.41	0.55	0.83	1.15	1.61	2.67	4.35	6.63	9.24	11.07	12.83	15.09	16.75
6	0.68	0.87	1.24	1.64	2.20	3.45	5.35	7.84	10.64	12.59	14.45	16.81	18.55
7	0.99	1.24	1.69	2.17	2.83	4.25	6.35	9.04	12.02	14.07	16.01	18.48	20.28
8	1.34	1.65	2.18	2.73	3.49	5.07	7.34	10.22	13.36	15.51	17.53	20.09	21.95
9	1.73	2.09	2.70	3.33	4.17	5.90	8.34	11.39	14.68	16.92	19.02	21.67	23.59
10	2.16	2.56	3.25	3.94	4.87	6.74	9.34	12.55	15.99	18.31	20.48	23.21	25.19
11	2.60	3.05	3.82	4.57	5.58	7.58	10.34	13.70	17.28	19.68	21.92	24.72	26.76
12	3.07	3.57	4.40	5.23	6.30	8.44	11.34	14.85	18.55	21.03	23.34	26.22	28.30
13	3.57	4.11	5.01	5.89	7.04	9.30	12.34	15.98	19.81	22.36	24.74	27.69	29.82
14	4.07	4.66	5.63	6.57	7.79	10.17	13.34	17.12	21.06	23.68	26.12	29.14	31.32
15	4.60	5.23	6.26	7.26	8.55	11.04	14.34	18.25	22.31	25.00	27.49	30.58	32.80
16	5.14	5.81	6.91	7.96	9.31	11.91	15.34	19.37	23.54	26.30	28.85	32.00	34.27
17	5.70	6.41	7.56	8.67	10.09	12.79	16.34	20.49	24.77	27.59	30.19	33.41	35.72
18	6.26	7.01	8.23	9.39	10.86	13.68	17.34	21.60	25.99	28.87	31.53	34.81	37.16
19	6.84	7.63	8.91	10.12	11.65	14.56	18.34	22.72	27.20	30.14	32.85	36.19	38.58
20	7.43	8.26	9.59	10.85	12.44	15.45	19.34	23.83	28.41	31.41	34.17	37.57	40.00

6.2.3.3 不合格品率差异性的假设检验

产品的质量改进是一个持续的过程。很多时候，测试者需要关心产品质量随版本迭代发生的变化，评判现实与理想是否渐行渐近。假设在产品上一版本的统计抽样测试中，从待测批中共抽取了 $n_1=398$ 的样本，其中不合格品数为 328 件，样本中不合格品率 $\hat{p}_1=0.8241$。另外已知在当前版本的测试中，从待测批中抽取了 $n_2=475$ 的样本，其中不合格品数为 368 件，样本中不合格品率 $\hat{p}_2=0.7747$；从数值上看，$\hat{p}_2$ 相对 $\hat{p}_1$ 有所下降，但这有可能仅仅是由抽样误差造成的结果。根据 6.2.1.2 节讲解的两个样本不合格品率差数的抽样分布规律，测试人员可以进行假设检验，判断当前版本总体不合格品率 p_2 和上一版本总体不合格品率 p_1 是否有显著差异，作为对当前版本的质量评估结论之一，具体的步骤如下。

(1) 建立无效假设和备择假设。$H_0: p_1=p_2, H_1: p_1 \neq p_2$。

(2) 设定显著水平。取 $\alpha=0.05$。

(3) 计算正态离差。当两个版本不合格品率 p_1 和 p_2 未知时，一般假定两个版本待测批的方差相同，即 $\sigma_1=\sigma_2$，同时用两样本不合格品率的加权平均值 $\bar{p}$ 作为对 p_1 和 p_2 的估计，即 $p_1=p_2=\bar{p}=\dfrac{n_1\hat{p}_1+n_2\hat{p}_2}{n_1+n_2}=0.797$，因此 $\sigma_1=\sigma_2=\sqrt{\bar{p}(1-\bar{p})}=0.4022$。另外根据抽样分布规律，有 $\sigma_{\hat{p}_1-\hat{p}_2}=\sigma_1\sqrt{\dfrac{1}{n_1}+\dfrac{1}{n_2}}=0.0272$，且 $\hat{p}_1-\hat{p}_2$ 近似服从正态分布，于是有正态离差 $u=\dfrac{(\hat{p}_1-\hat{p}_2)-(p_1-p_2)}{\sigma_{\hat{p}_1-\hat{p}_2}}=-1.82$。

(4) 统计推断。由于 $|u|<u_{0.05/2}=1.96$，故接受 H_0。也就是说，当显著水平 $\alpha=0.05$ 时，根据测试结果可认为当前版本与上一版本不合格品率的差异并不显著。

6.2.4 软件功能测试中的假设检验

在之前的例子中，讲解了软件性能指标的随机性及相应的假设检验方法。在功能方面，软件往往被认为是确定性产品的典型：用固化的代码描述确定性的信息处理过程，在不出意外的情况下，给定的输入应该能得到确定的输出。然而确实存在某些例外，譬如针对电信网络和股市交易的仿真软件等。这些软件以随机性为设计目标，一个输入可能对应多个输出。换言之，一个测试用例中可能包含多个不同的预期结果，重复执行该用例也可能得到多个不同的实际结果。

面向这一类软件的测试设计，一个基本的出发点是将预期结果与实际结果都视为随机变量。这样判断理想与现实是否相符的问题，就转化为判断两个随机变量是否等价的问题。通常来说，如果两个随机变量有相同的概率分布，就可以认为这两个随机变量等价。这时仍然可以利用假设检验的统计思想进行测试。

将测试用例 t_i 的预期输出结果记为随机变量 E_i，实际输出结果记为随机变量 O_i。将 t_i 重复执行 n 次，得到 n 个实际结果，也就是 O_i 的一组样本。假设测试人员已经知道 E_i 的一些概率分布特征，比如 $E(E_i)=\mu_0$，那么可以建立无效假设 H_0：$E(O_i)=\mu=\mu_0$，备择假设 H_1：$\mu\neq\mu_0$。如果通过假设检验否定了 H_0，接受了 H_1，说明 O_i 与 E_i 的概率分布不一致，因此 O_i 与 E_i 并不等价，测试用例 t_i 的执行结果是失败的。

值得一提的是，当 E_i 方差 σ^2 未知，且用例 t_i 的重复执行次数 $n<30$ 时，如果以 O_i 的均方 s^2 估计 σ^2，则样本均值 $\bar{O}_i$ 的离差 $\dfrac{\bar{O}_i-\mu}{\frac{s}{\sqrt{n}}}$ 不服从正态分布，而是服从 t 分布，具有自由度 $v=n-1$。在进行统计推断时，应查 t 分布表。

另一种情况是，测试人员对于理想的概率分布并没有多少先验知识，但有机会与原型软件、遗留软件或竞品软件进行对比测试。假设使用同一个测试用例 t_i，分别在被测软件和对比软件上重复执行 n_1 和 n_2 次，测试结果分别用随机变量 O_{i1} 和 O_{i2} 表示，且 $E(O_{i1})=\mu_1$，$E(O_{i2})=\mu_2$。可以建立无效假设 H_0：$\mu_1-\mu_2=0$，备择假设

$H_1: \mu_1-\mu_2 \neq 0$。根据 6.2.1.2 节讲解的均值差数 $\bar{O}_{i1}-\bar{O}_{i2}$ 的抽样分布规律,可以计算出 $\bar{O}_{i1}-\bar{O}_{i2}$ 的离差,即

$$\frac{(\bar{O}_{i1}-\bar{O}_{i2})-(\mu_1-\mu_2)}{\sqrt{\frac{s_{i1}^2}{n_1}+\frac{s_{i2}^2}{n_2}}}$$

进而通过 u 检验或 t 检验,判定被测软件与对比软件差异是否显著。

6.3 事件分布列

一旦测试人员完成了测试,并把被测产品交付到用户手上,它就开始了自己的命运征程。测试人员盼望着它能实现用户的所有期望,但老实说测试人员无法预测到底会发生什么——产品会被用户如何使用,实际上是随机事件。如果对这些事件进行统计,会发现不同的事件往往具有不同的发生概率。"事件分布列"就是对产品实际使用过程中所发生事件的统计描述。具体来说,就是用户使用产品时可能发生的一组互斥的随机事件,以及它们相应的发生概率。如果事件 A 的发生概率为 60%,事件 B 的发生概率为 40%,那么事件分布列可以表示为[A,0.6];[B,0.4]。为了更直观清晰,事件分布列通常用表的形式描述,如表 6-16 所示。

表 6-16　事件分布列示例

事　　件	发生概率
用户查询明天北京到上海的国航航班座位可利用情况(AV:PEKSHA/+/CA)	0.5940
用户查询明天北京到上海的南航航班座位可利用情况(AV:PEKSHA/+/CZ)	0.1580
用户查询明天北京到上海的东航航班座位可利用情况(AV:PEKSHA/+/MU)	0.1485
用户查询今天北京到上海的国航航班座位可利用情况(AV:PEKSHA/./CA)	0.0396

续表

事 件	发生概率
用户查询今天北京到上海的南航航班座位可利用情况(AV：PEKSHA/./CZ)	0.0396
用户查询今天北京到上海的东航航班座位可利用情况(AV：PEKSHA/./MU)	0.0099
用户查询明天北京到上海的国航航班座位可利用情况(AV：PEKSHA/+/CA)	0.0060
用户查询明天北京到广州的南航航班座位可利用情况(AV：PEKCAN/+/CZ)	0.0016
用户查询明天北京到广州的东航航班座位可利用情况(AV：PEKCAN/+/MU)	0.0015
用户查询今天北京到广州的国航航班座位可利用情况(AV：PEKCAN/./CA)	0.0006
用户查询今天北京到广州的南航航班座位可利用情况(AV：PEKCAN/./CZ)	0.0004
用户查询今天北京到广州的东航航班座位可利用情况(AV：PEKCAN/./MU)	0.0003

事件分布列在研发生产活动中有很多用途，例如：

(1) 可以根据事件分布列对产品特性的优先级进行排序，进而排定研发和交付计划。这种方法被广泛应用于信息技术领域的敏捷研发模式中。

(2) 事件分布列可以帮助需求得到更精确的表达，由此改进开发者与用户之间的交流。如果一个开发者向用户提出这样的问题：产品维护过程中可能会出现哪些具体事件？这些事件的发生频率有多高？用户将不得不仔细考虑他们需要的运维过程是什么样的。

(3) 事件分布列也可用于性能分析。用每个事件的发生概率乘以系统总的吞吐量，就可以得到每个事件的发生频次，这个指标在性能分析和性能测试中都是十分必要的。

(4) 事件分布列在用户培训方面也很有价值，比如在开发用户手册时，可以依据事件分布列将主要的篇幅留给发生频率更高的事件。

质量是产品特性满足使用要求的程度。因此，决定产品质量的关键因素是"用户将如何使用它"。按照实际用户的使用情况进行测试，才能得到一个合理的质量评估结果。因此，对以质量评估为目的的测试来说，事件分布列有着重要意义。

6.3.1 事件分布列的建立过程

事件分布列的建立是一个逐层细化的过程——从客户分布列层到事件分布列层，逐层分析每一层中包含的元素，并度量各个元素的发生概率，这个过程如图 6-18 所示。

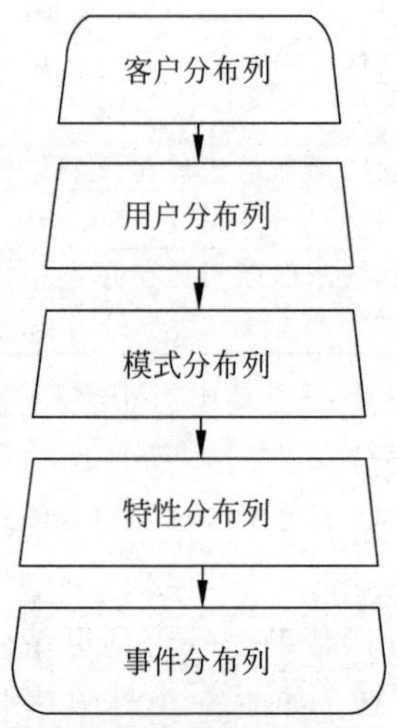

图 6-18 事件分布列的建立过程

对某些被测对象来说，并非所有层次都是必要的。如果只有一位客户，或者所有客户使用产品的方式都一样，那就没必要建立客户分布列。另外，每一层都需要在权衡收益的基础上定义随机事件的颗粒度。例如，在客户分布列层区分重要客户和普通客户，可能是一种收益较高的做法。下面以一个程控电话交换机系统为例，讲解每一层的分析方法。

6.3.1.1 客户分布列

“客户”是采购产品的人或组织。可以根据行业或领域对客户进行分组。客户分布列就是所有客户组及其发生概率。

测试人员可以从已有相关产品的市场数据中得到潜在客户的信息，在此基础上评估被测对象的预期客户构成。当然，在被测对象未来的版本迭代中，客户构成可能发生变化。

客户组的发生概率指的是每个客户组产生的被测产品使用次数的比例。例如，某程控电话交换机系统的全部交易量中，60%来自大型零售商店，40%来自医院。那么客户分布列就是“[大型零售商店，0.60]；[医院，0.40]”。如果难以获取交易量信息，可以考虑用客户组的规模比例来近似。

6.3.1.2 用户分布列

“用户”是使用产品的人或组织。可以根据使用被测对象的方式对用户进行分组。用户分布列就是所有用户组及其发生概率。

有时候用户是客户的客户，有时候用户是客户自己。用户有各种不同的角色，因此他们会以不同的方式来使用被测对象。

用户分布列是从客户分布列中精化而来的。测试人员需要分析每一个客户组，确定其中存在哪些用户组。如果在不同的客户组中存在相同的用户组，则需要进行合并。

用户组的发生概率指的是每个用户组产生的被测产品使用次数的比例。如果难以获取相关信息，可以考虑以用户组的规模比例来近似。例如，保险公司客户组中共有 1000 个用户，其中 900 个是办事员，80 个是管理人员，20 个是精算师，那么办事员用户组的规模比例就是 0.90，管理人员用户组的规模比例就是 0.08，精算师用户组的规模比例就是 0.02。如果存在多个客户组，那么其下用户组的发生概率就是这个比例与客户组发生概率的乘积。如果某个用户组与多个客户组关联，其发生概率是多个客户组下发生概率的和。

在程控电话交换机系统的每个客户组中，用户组包括电话使用者、客服、系统管理员、维护人员。每个用户组的发生概率以用户组的规模比例来近似，所得的用户分布列如表 6-17 所示。

表 6-17　程控电话交换机系统的用户分布列

<table>
<tr><th rowspan="2">用户组</th><th colspan="2">大型零售商店客户
发生概率＝0.60</th><th colspan="2">医院客户
发生概率＝0.40</th><th rowspan="2">该用户组的整体发生概率</th></tr>
<tr><th>客户组内的发生概率</th><th>在整体交易量中的发生概率</th><th>客户组内的发生概率</th><th>在整体交易量中的发生概率</th></tr>
<tr><td>电话使用者</td><td>0.900</td><td>0.540</td><td>0.900</td><td>0.360</td><td>0.900</td></tr>
<tr><td>客服</td><td>0.070</td><td>0.042</td><td>0.050</td><td>0.020</td><td>0.062</td></tr>
<tr><td>系统管理员</td><td>0.010</td><td>0.006</td><td>0.035</td><td>0.014</td><td>0.020</td></tr>
<tr><td>维护人员</td><td>0.020</td><td>0.012</td><td>0.015</td><td>0.006</td><td>0.018</td></tr>
</table>

6.3.1.3　模式分布列

模式指的是为了方便分析而对被测对象功能或特性进行的分组。模式可能是互斥的，也可能是相容的。模式分布列就是所有模式及其发生概率。

划分模式的依据多种多样，常见的有：

(1) 根据使用场景划分，如管理模式、维护模式等。

(2) 根据环境条件划分，如高负载下的降级模式、一般负载下的正常模式等。

(3) 根据系统状态划分，如汽车的自动驾驶模式、人工驾驶模式等。

(4) 根据用户经验划分，如导航系统的新手模式、老司机模式等。

例子中的程控电话交换机系统有 5 种模式：商业使用模式、个人使用模式、客服使用模式、管理模式、维护模式。后三种模式分别对应客服用户组、系统管理员用户组、维护人员用户组，在功能特性上不重叠。商业使用模式、个人使用模式均对应电话使用者用户组，这两种模式下的系统功能特性大致相同，但是相关的特性分布列和事件分布列有很大区别。

假定大型零售商店客户的电话使用者 100％是商业使用模式，医院客户的电话使用者 60%是商业使用模式,40%是个人使用模式,可以在用户分布列的基础上计算出模式分布列,如表 6-18 所示。

表 6-18 程控电话交换机系统的模式分布列

系统模式	发生概率
商业使用模式	0.756
个人使用模式	0.144
客服使用模式	0.062
管理模式	0.020
维护模式	0.018

6.3.1.4 特性分布列

下一步的工作是将每个模式分解为期望的质量特性,并确定每个特性在实际使用过程中的发生概率。在被测对象的实际使用过程中,不同的特性被用到的频率是不同的。例如对一个机票销售系统而言,用户通常进行多次查询之后才会下单,因此航班查询功能的使用频率要远高于机票预订功能。特性分布列提供了不同特性使用频率的量化视图,可以在一定程度上指导设计、开发、测试等各个研发阶段的资源分配。

在评估一个特性对应期望的价值量时,需要对特性使用频率进行充分的考量。假定其他方面都旗鼓相当,那么使用频率越高的特性,对用户而言就越重要,其期望的价值量也就越高。可以认为,特性分布列是测试人员建立被测对象期望树的副产品。

划分特性的颗粒度越小,调配资源的灵活度就越高,但同时对统计数据进行收集、分析、管理的成本也越高。因此测试人员需要进行审慎的权衡。通常情况下,可以复用"被测对象期望具象化分解"的成果,根据资源条件,在期望树中选择规模适当的层级来定义特性。例如程控电话交换机系统中,指令 X 有两个参数 A 和 B。A 可取两个值 A_1 和 A_2,B 可取 3 个值 B_1、B_2 和 B_3,并且参数 A 对系统运行时行为的影响要远大于 B。当测试人员以指令 X 为根节点建立被测对象期望树时,一般会先针对参数 A 进行具象化分解,形成第一

层的两个子期望 $X: A_1B$ 和 $X: A_2B$，其后再对参数 B 进行具象化分解，形成第二层的六个子期望，包括 $X: A_1B_1$、$X: A_1B_2$、$X: A_1B_3$、$X: A_2B_1$、$X: A_2B_2$ 和 $X: A_2B_3$。如果在建立特性分布列方面的预算很有限，测试人员可以只根据第一层的子期望来划分特性，也就是将参数 A 的不同取值视为不同的功能特性。像参数 A 这样对被测对象行为有显著影响、足以作为特性划分依据的影响因素，常被称为"关键输入变量"。

被测对象的特性集合，可以表示为关键输入变量的取舍组合。因此，特性分布列可以采用两种描述方式：一种是显式方式，也就是枚举所有关键输入变量的取值组合以及其发生概率；另一种是隐式方式，也就是只枚举所有关键输入变量的取值及其发生概率。显然，采用隐式方式的前提是各关键输入变量在统计上是独立的。例如，指令 Y 有两个关键输入变量 C 和 D，每个变量有 3 个取值。显式特性分布列的特性集合为 $\{(C_1,D_1),(C_1,D_2),(C_1,D_3),(C_2,D_1),(C_2,D_2),(C_2,D_3),(C_3,D_1),(C_3,D_2),(C_3,D_3)\}$，隐式特性分布列的特性集合为 $\{C_1,C_2,C_3\}$ 和 $\{D_1,D_2,D_3\}$。假设变量 C 的 3 种取值发生概率分别为 0.6、0.3、0.1，变量 D 的 3 种取值发生概率分别为 0.7、0.2、0.1，C 和 D 互相独立，则显式特性分布列示例如表 6-19 所示。

表 6-19　显式特性分布列示例

特　　性	发生概率
(C_1,D_1)	0.42
(C_1,D_2)	0.12
(C_1,D_3)	0.06
(C_2,D_1)	0.21
(C_2,D_2)	0.06
(C_2,D_3)	0.03
(C_3,D_1)	0.07
(C_3,D_2)	0.02
(C_3,D_3)	0.01

隐式特性分布列可表示为 C:{0.6,0.3,0.1}、D:{0.7,0.2,0.1}。或者用如图 6-19 所示的树状图来描述。

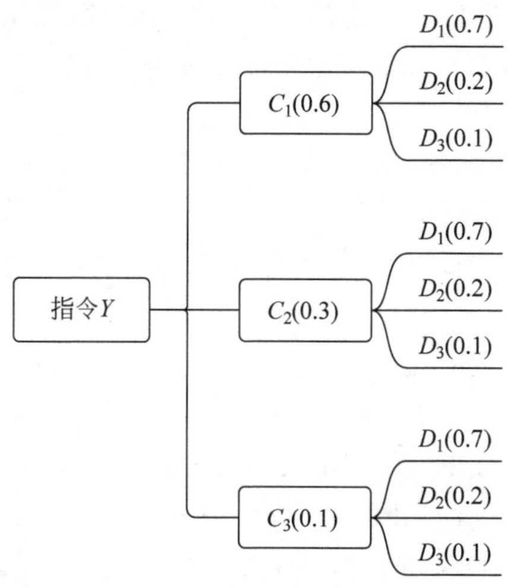

图 6-19 隐式特性分布列示例

树状图中每个分支代表一个关键输入变量的取值,并标注了该取值的发生概率。每个特性都可以对应到树状图中的一条路径,从而计算出该特性的发生概率。

有时显式特性分布列和隐式特性分布列还可以结合使用:先针对一部分相互关联的关键输入变量定义显式特性分布列,并将其视为一个特别的关键输入变量,再与其他互相独立的关键输入变量一起定义隐式特性分布列。

例子中,程控电话交换机系统的管理模式有两个关键输入变量:"指令"和"电话类型"。"指令"有四种可能的取值:添加一个新电话(add)、删除一个电话(del)、重定位或修改电话属性(rc)、更新电话目录(update);"电话类型"有两种可能的取值:数字电话(digital)、模拟电话(analog)。其中,add、del、rc 三种指令都与电话类型有关,update 指令与电话类型无关。因此,该系统管理模式的特性集合中共包含 3×2+1=7 个元素。

对程控电话交换机这样的信息系统来说,度量特性发生概率所需的数据通常来自系统早期版本、竞品或类似系统的日志，这些日志一般是机器可读的。需要注意的是，日志中统计的对象往往是事件而非特性，因此在度量特性的发生概率时需要做归并处理。当然，如果是全新的特性，就只能依靠经验或用户调查进行大致的预估了。

如前所述，特性发生概率在一定程度上反映了特性的价值，也在一定程度上决定了相关被测对象期望的价值量。如果某个特性的发生概率很高，应在测试中应给予其特别的重视，尽可能提高其对应期望的测试充分度。

经过对程控电话交换机系统历史日志的统计，可知每月平均发生 80 次 add 指令、70 次 del 指令、800 次 rc 指令、50 次 update 指令。另外已知系统管理模式的发生概率是 0.02。由此可以得到各指令发生概率的度量结果，如表 6-20 所示。

表 6-20　程控电话交换机系统管理模式中各指令的发生概率

指　　令	管理模式内的发生概率	该指令的整体发生概率
添加一个新电话(add)	0.08	0.0016
删除一个电话(del)	0.07	0.0014
重定位或修改电话属性(rc)	0.80	0.0160
更新电话目录(update)	0.05	0.0010

同样基于历史日志，可知关于不同类型电话的管理业务，发生概率如表 6-21 所示。

表 6-21　程控电话交换机系统中不同电话类型的管理业务发生概率

电 话 类 型	管理模式内的发生概率
数字电话	0.8
模拟电话	0.2

至此已经完成了特性的划分以及发生概率的分析。以显性方式表示程控电话交换机系统管理模式的特性分布列，如表 6-22 所示。

表 6-22 程控电话交换机系统管理模式的特性分布列

管理模式中的特性	发生概率
添加一个新的数字电话	0.00128
添加一个新的模拟电话	0.00032
删除一个数字电话	0.00112
删除一个模拟电话	0.00028
重定位或修改数字电话属性	0.01280
重定位或修改模拟电话属性	0.00320
更新电话目录	0.00100

6.3.1.5 事件分布列

得到了特性分布列之后,接下来就可以针对每个特性对应的期望,在其测试输入空间进一步分析具体事件的分布列。

测试输入空间是测试输入点的集合,每个测试输入点代表被测对象可能进入的一个具体事件。完美的情况是,测试人员可以掌握所有这些事件的发生概率。然而这往往并不现实,因为测试输入空间的规模通常都很庞大。比较可行的办法是按发生概率对测试输入点进行聚类分组,把这些组视为事件分布列中的统计对象。这类似于分割测试的做法,事实上,事件分布列的建立也经常与分割测试相结合:首先依据分割测试的目标,尽可能将测试输入空间划分为一系列同质子空间,每个同质子空间中的所有测试输入点以相同的方式影响期望的实现;继而对每个子空间做进一步细分,将发生概率相近的测试输入点划入一个子空间。最终得到的每个子空间对应一个事件组,这些事件组及其发生概率就构成了事件分布列。

事件组的发生概率,也就是实际使用过程中具体事件落入某个子空间的概率。与特性分布列一样,如果希望通过历史统计数据度量事件组的发生概率,必须收集系统早期版本、竞品或类似系统的大量历史日志,同时要求日志中包含输入数据等信息的详细记录。这样的要求大多数时候显得很苛刻,因此测试人员经常需要依靠对业务和用户的了解,对事件发生概率进行大致估计。当然,这仍然是一件很困难的工作：首先，每个用户有不同的使用习惯；其次，每个用户的使用习惯也会随时间变化。典型的例子是，新手用户和熟练用户使用被测对象的方式往往大相径庭。一个新手用户经常可以在5分钟之内就将一个系统搞崩溃，而这个系统可能已经正常运转了很久。原因就在于，新手用户触发的事件，对于熟练用户来说很可能属于小概率事件。为了得到相对可靠的概率估算结果，测试人员需要与用户进行充分的沟通，获取尽可能全面的、关于用户使用情况的反馈信息。

获取用户反馈信息的方法很多，例如：

(1) 用户访谈。用户访谈是最基本的一种用户反馈信息获取手段，其形式包括结构化和非结构化两种。结构化访谈是指事先准备好详细的问题列表，从而有针对性地与用户进行交流；非结构化访谈则是只定出一个粗略的访谈方向，再根据访谈的具体情况发挥。最有效的访谈是结合这两种方法进行。用户访谈具有良好的灵活性，但是具体实施起来也会面对许多困难，诸如访谈时间难以协调、信息获取与整理的成本较高，等等。

(2) 问卷调查。用户访谈最大的问题在于难以大范围开展，从这个角度上说，问卷调查是一种有效的补充手段。问卷调查的覆盖面可以很广，开展成本相对低廉，且可以很大程度上简化后期的数据统计分析工作。当然，问卷调查无法像用户访谈那样灵活，也难以获得足够深入和丰富的细节信息。因此较好的做法是问卷调查和用户访谈结合使用。具体来说，就是先进行问卷调查，以获得基础信息，进而再有针对性地进行小范围的用户访谈。

(3) 现场观摩。有时通过语言或文字沟通难以获取有效信息，这时走进用户现场进行观摩就是一个直接有效的方法。通过观察用户实际处理业务的过程，能够捕捉到那些高频出现的事件，同时也能推断出哪些属于小概率事件。

对于例子中的程控电话交换机系统，其管理模式中的特性“添加一个新的数字电话”主要与两个影响因素相关，即“电话等级”和“电话号码”。“电话等级”可取整数1～9，其中1、2级代表国际电话，3、4

级代表国内电话,5、6 级代表市级电话,7、8、9 级代表内部电话,不同的电话等级,系统在处理时有不同的逻辑;“电话号码”指分机号,由 4 位整数表示,其中以 0 开头的号码是为特殊用户保留的号段。忽略其他细节,可以依照分割测试的做法,将该特性的测试输入空间划分为 4×2=8 个近似同质的子空间。

该系统早期版本的历史日志中并未记录 add 指令的具体输入数据,无法帮助测试人员评估事件发生概率。但是根据在类似系统上的业务经验,以及问卷调查和用户访谈的结果,测试人员得到了以下信息。

(1) 系统中存储的国际电话号码数量约占 5%,国内电话号码数量约占 15%,市级电话号码数量约占 20%,内部电话号码数量约占 60%。

(2) 服务于特殊用户的业务大致占 5%,服务一般用户的业务大致占 95%。

(3) 大约 95%的用户习惯于使用 1、3、5、7 这四个代号表示电话等级。这说明,不同的电话等级代号发生概率的差异较大,需要进一步分组。

综上,可以估算出关于特性“添加一个新的数字电话”的事件分布列,如表 6-23 所示。

表 6-23 “添加一个新的数字电话”的事件分布列

事　件　组	特性内的发生概率	整体发生概率
为特殊用户添加一个新的国际数字电话,电话等级为 1	0.05×0.05×0.95=0.002375	0.00000304
为特殊用户添加一个新的国际数字电话,电话等级为 2	0.05×0.05×0.05=0.000125	0.00000016
为一般用户添加一个新的国际数字电话,电话等级为 1	0.95×0.05×0.95=0.045125	0.00005776
为一般用户添加一个新的国际数字电话,电话等级为 2	0.95×0.05×0.05=0.002375	0.00000304
为特殊用户添加一个新的国内数字电话,电话等级为 3	0.05×0.15×0.95=0.007125	0.00000912

续表

事　件　组	特性内的发生概率	整体发生概率
为特殊用户添加一个新的国内数字电话,电话等级为4	0.05×0.15×0.05=0.000375	0.00000048
为一般用户添加一个新的国内数字电话,电话等级为3	0.95×0.15×0.95=0.135375	0.00017328
为一般用户添加一个新的国际数字电话,电话等级为4	0.95×0.15×0.05=0.007125	0.00000912
为特殊用户添加一个新的市级数字电话,电话等级为5	0.05×0.20×0.95=0.0095	0.00001216
为特殊用户添加一个新的市级数字电话,电话等级为6	0.05×0.20×0.05=0.0005	0.00000064
为一般用户添加一个新的市级数字电话,电话等级为5	0.95×0.20×0.95=0.1805	0.00023104
为一般用户添加一个新的市级数字电话,电话等级为6	0.95×0.20×0.05=0.0095	0.00001216
为特殊用户添加一个新的内部数字电话,电话等级为7	0.05×0.60×0.95=0.0285	0.00003648
为特殊用户添加一个新的内部数字电话,电话等级为8或9	0.05×0.60×0.05=0.0015	0.00000192
为一般用户添加一个新的内部数字电话,电话等级为7	0.95×0.60×0.95=0.5415	0.00069312
为一般用户添加一个新的内部数字电话,电话等级为8或9	0.95×0.60×0.05=0.0285	0.00003648

在被测对象的版本迭代过程中,对于新增特性相关的事件,除了对其本身的发生概率进行估计之外,还需要对已有事件的发生概率进行更新。假设某新增事件的发生概率估计结果为 p,那么在被测对象的新版本中,已有事件的发生概率一般需要乘以系数$(1-p)$。

另外,随着被测对象的演化,事件分布列也会随之变化。为了追踪这一变化,比较好的方式是在被测对象中内建事件分布列的度量能力,也就是对事件的记录和统计能力。应该注意的是,这样做可能会对被测对象的性能产生负面影响。

6.3.2 基于事件分布列的随机测试

5.1节讲解的随机测试是服从均匀分布的,换言之,测试输入空间中每个测试输入点都有相同的概率被选为测试用例。在缺少先验信息的情况下,从多样化思想出发,均匀采样是合理的设计选择。但是如果已经建立了事件分布列,情况就不同了。事实上,被测对象中的很多缺陷对应的是非常罕见的失效事件,很可能在被测对象的整个生命周期中都处于蛰伏状态,并不会影响用户的使用。如果测试人员在测试设计中忽略了这一点,就容易把大部分资源花费在这些罕见事件才能揭示的缺陷上。站在提升被测对象质量的立场来看,这是很低效的。

以机票销售系统的航班查询功能为例,“北京—上海”“北京—广州”这样的热门航线,被查询的概率要远高于“海拉尔—满洲里”这样的冷门航线。假设查询事件“北京—上海”会触发航班查询功能的一个缺陷 A,查询事件“海拉尔—满洲里”会触发另一个缺陷 B,如果这两个缺陷都遗漏到了用户使用过程中,那么缺陷 A 被用户发现的概率要远高于缺陷 B。换言之,假定缺陷的严重程度相当,那么热门航线的失效事件所带来的风险,要远大于冷门航线的失效事件。如果测试人员决定采用随机测试,并且贯彻着“绝对充分度”所倡导的基于价值/风险进行测试设计的思想,应该在热门航线的事件组里随机选取相对更多的测试用例,把更多的测试资源投入到与热门航线有关的测试中,而不是进行均匀采样,这样才能最大限度地提升测试集的充分度。

这就是基于事件分布列的随机测试的出发点。这种测试设计方法根据被测对象预期使用过程中具体事件的发生概率,从所有可能的测试输入点中随机选取测试用例,其主要步骤如下。

(1) 建立被测对象期望 E_i 的事件分布列。假定 E_i 的测试输入空间 D_i 被分割为 k 个子空间 $D_{i1},D_{i2},\cdots,D_{ik}$,每个子空间代表一个根据发生概率聚类而来的事件组。各事件组的发生概率分别为 p_1,

$p_2,\cdots,p_k$，且 $\sum_{j=1}^{k} p_j=1$。

(2) 根据测试资源约束条件，确定针对该期望进行随机测试的总用例数，记为 N_i。

(3) 在每个子空间 D_{ij} 范围内，以随机抽样的方式选取测试输入点，生成测试用例的数量为 $N_{ij}=N_i \cdot p_j$。

第(2)步中存在一个值得进一步讨论的问题，也就是如何在不同的期望之间进行测试资源的分配。我们知道，越重要的特性，越应该得到充分的测试。而特性发生概率只是影响特性重要程度的因素之一。因此，仅仅依靠特性分布列分配测试资源是片面的，比较合理的办法是基于期望的价值量来确定用例数。假设被测对象的期望集合为$\{E_1,E_2,\cdots,E_n\}$，各期望的价值量分别为 $v(E_1),v(E_2),\cdots,v(E_n)$，为各期望分配的随机测试用例数分别为 $N_1,N_2,\cdots,N_n$，则应有 $\frac{N_i}{\sum_{j=1}^{n} N_j}=\frac{v(E_i)}{\sum_{j=1}^{n} v(E_j)}$。

除了提升测试充分度，基于事件分布列的随机测试的另一个重要意义体现在可靠性评估方面。6.1.1.1 节讲解过可靠性和失效率的概念，可靠性是被测对象在规定的时间及环境条件下实现特定目标的能力，也就是被测对象无故障运行的概率。对于民航机载系统、核反应堆控制系统这样的安全攸关系统来说，可靠性是关键的质量特性。面向这一类系统的测试设计，通常会把可靠性评估作为重点目标。与可靠性相关的主要指标包括：

(1) 平均无故障时间。如果将被测对象实际使用过程中发生的失效视为一个时间轴上的事件序列，记这些事件的发生时间点为 0，$t_1,t_2,\cdots,t_n$，则平均无故障时间为 $\mathrm{MTTF}=\sum_{i=1}^{n-1}(t_{i+1}-t_i)/n$。平均无故障时间越长，被测对象可靠性就越高，用户满意度也就越高。

(2) 失效率。失效率可以用 MTTF 的倒数来定义，即单位时间内发生故障的平均次数；也可以指被测对象实际使用过程中，发生的具体事件为失效事件的概率,这也是通过测试评估可靠性时最常用的指标。失效率越低,被测对象可靠性就越高,用户满意度也就越高。

被测对象的可靠性与用户使用方式、使用环境、使用周期密切相关。为了让可靠性评估结果更加准确,测试应该尽可能真切地模拟用户使用情况。相对于服从均匀分布的随机测试而言,基于事件分布列的随机测试能更好地满足这一要求。基于事件分布列的随机测试相当于产品交付前的预演,一般安排在测试活动的收尾阶段。如果测试中检出了缺陷,可以用整个随机测试集中触发缺陷的测试用例占比来评估失效率;如果未检出缺陷,则需要以置信度的方式描述被测对象的可靠性水平,得出类似这样的论断:"被测对象失效率小于万分之一的置信度达到99%",或者"被测对象平均无故障时间超过10000小时的置信度达到99%"。简言之,为了实现更合理的可靠性评估,测试人员需要估计可靠性评估结果的可靠性。

假定在某个期望的测试输入空间中,被测对象的预期失效率为Θ。这意味着,如果被测对象的可靠性符合预期,那么按照事件分布列进行随机测试的话,每个测试用例触发缺陷的概率为Θ。设随机测试集中的用例数为N,则N个用例都没有触发任何缺陷的概率为$(1-\Theta)^N$,至少发现一个缺陷的概率为$e=1-(1-\Theta)^N$。显然,N越大,e也越大。比如当$\Theta=0.001$时,N与e的关系如表6-24所示。

表 6-24 测试集规模与检出缺陷概率的关系

N	$e=1-(1-\Theta)^N$
500	0.39362
600	0.45135
700	0.50359
800	0.55085
900	0.59361
1000	0.63300
1500	0.77704
2000	0.86480

续表

N	$e=1-(1-\Theta)^N$
2500	0.91802
3000	0.95029
3500	0.96986
4000	0.98172
4500	0.98892
4700	0.99093
5000	0.99328

如果随机测试用例集的规模在4700～5000，可以说，失效率高于0.001的被测对象，无法通过此测试的概率超过99%。也就是说，如果测试通过了，那么被测对象失效率不超过0.001的概率超过99%。因此，可以将e视为失效率不超过Θ的置信水平。此外，在已知Θ和e的情况下，也可以推算出所需的随机测试用例数。例如，假设$e=0.95$，$\Theta=0.001$，此时有$N=\frac{\ln(1-e)}{\ln(1-\Theta)}=\frac{\ln(1-0.95)}{\ln(1-0.001)}\approx 2994$。也就是说，至少需要按照事件分布列选取2994个随机测试用例，才能得到“被测对象失效率不超过0.001的置信水平达到95%”的可靠性结论。

如6.1.1.1节所述，被测对象的可靠性往往会随时间变化，体现为“浴盆曲线”。在一个硬件产品使用周期的早期，制造缺陷可能会造成其失效率较高；经过一定时间的磨合之后，失效率有所降低并趋于平稳；最终在使用周期的终末，老化和磨损又会增加其失效率。对软件而言，可靠性的演化往往与用户有关：当用户刚开始使用某个软件时，很可能以非常规的方式进行操作，从而形成“新手”事件分布列，导致较高的失效率；在用户逐渐熟悉了这个软件之后，操作方式趋于常规，基本都在测试者的射程范围内，软件失效率将降低至一个稳定水平；随着用户使用经验的积累，他们慢慢成为“专家”，用非常规操作尝试解决非常规问题的情况愈加频繁，从而导致软件失效率再次攀升。因此，在开展基于事件分布列的随机测试时，应该及时对事件分布列进行更新维护。

当然,事件分布列的变化只是测试人员可能会面对的众多困难之一。很多时候,测试人员甚至无从获得建立事件分布列的必要信息。即便是使用新系统来替换遗留系统,系统特性的差异也会导致事件分布列不可复用。于是测试人员只能退而求其次,采用服从均匀分布的随机测试来评估可靠性,这时测试行为就与用户实际使用行为存在统计意义上的背离。因此,假设被测对象在期望 E_i 的测试输入空间中实际失效率为 θ_i,测试人员并不能认为每次随机测试失败的概率都是 θ_i。但是如果将测试输入空间 D_i 分割为 k 个子空间 $D_{i1},D_{i2},\cdots,D_{ik}$,并假设每个子空间上缺陷分布相对均匀,那么对于失效率为 θ_{ij} 的子空间 D_{ij} 来说,每次均匀随机测试触发缺陷的概率都近似为 θ_{ij},N_{ij} 次随机测试都没有触发任何缺陷的概率近似是 $(1-\theta_{ij})^{N_{ij}}$,至少发现一个缺陷的概率近似是 $e_{ij}=1-(1-\theta_{ij})^{N_{ij}}$,也就是说,如果 N_{ij} 次随机测试都成功了,那么该子空间失效率不超过 θ_{ij} 的置信概率为 e_{ij}。这样就可以得到每个子空间的可靠性评估结果,进而可以粗略地把 $\theta_i=\max\limits_{1\leqslant j\leqslant k}\{\theta_{ij}\}$ 和对应的置信概率作为整个测试输入空间 D_i 上的可靠性评估结果。这个结果偏悲观,但是比偏乐观要好。使用这种方法的前提是要找到合适的测试输入空间分割方法,以保证每个子空间内缺陷的相对均匀。

另一种可能的情况是,测试人员已经掌握了事件分布列,但是没有足够的资源来实施基于事件分布列的随机测试,只能在已经完成的测试的基础上进行可靠性评估。已经完成的测试可能是基于某种测试充分准则设计的,也可能是根据多样化思想设计的,用例在测试输入空间中的分布情况与事件分布列存在差异。如何来度量这一差异呢?

如前所述,针对每个子空间 D_{ij},测试人员可以根据事件分布列计算出理想的测试用例数,即 $N_{ij}=N_i\cdot p_j$。同时,假设已经完成的测试从 D_{ij} 中实际选取了 $\hat{N}_{ij}$ 个测试用例。基于 6.2.3.2 节的讲解,我们知道 χ^2 分布能够在概率意义上刻画理想与现实的差异程度。针对期望 E_i 的 k 个子空间,可以利用如下公式来计算 χ^2 的值:

$$\chi^2=\sum_{j=1}^{k}\frac{(\hat{N}_{ij}-N_{ij})^2}{N_{ij}}$$

显然,当每个子空间的 $\hat{N}_{ij}$ 与 N_{ij} 都很接近时,χ^2 值很小,根据 χ^2 值表可知,小的 χ^2 值对应的显著水平 α 很高;而当 $\hat{N}_{ij}$ 与 N_{ij} 差异普遍较大时,χ^2 值也较大,对应的显著水平 α 较低。因此,习惯用 χ^2 值对应的显著水平 α 来度量已有测试用例分布对事件分布列的相似度。前面讲解过,利用基于事件分布列的随机测试,得到的可靠性评估结论需要以置信度来描述,即实际失效率 θ 不超过 Θ 的置信度为 $e=1-(1-\Theta)^N$。而如果评估可靠性的测试用例分布与事件分布列有出入,假设根据 χ^2 值查得相似度为 α,则需要在评估结论的置信度上做进一步调节,即 $e'=(1-(1-\Theta)^N)\cdot\alpha$。

6.4 基于统计模型的测试

5.5 节讲解过基于模型的测试,其基本想法是以覆盖模型结构元素为目标进行测试选择。如果在模型中引入概率的概念,模型就具备了统计的特征,典型的例子是马尔可夫链模型。根据此类模型进行测试设计的方法,被称为基于统计模型的测试。

6.4.1 马尔可夫链

在工程实践中,马尔可夫链可以作为许多工程问题和物理现象的数学模型,广泛应用在物理学、生物学、计算机软件、通信、信息和信号处理、语音处理以及自动控制等领域。

马尔可夫链本质上引入了状态迁移概率的迁移系统模型。3.3.1.1 节讲解过,在迁移系统模型中,当一个状态有多个出迁移时,下一个状态是完全随机的,即迁移系统模型并未考虑某个迁移被选择的可能性大小。马尔可夫链在这一点上前进了一步,为每一个迁移赋予了概率。因此,马尔可夫链模型中有三种组件:状态、状态迁移和状态迁移概率。状态必须遵循马尔可夫性质,即当前状态中包含所有决定下一状态所需的信息,也就是所谓的"未来仅仅取决于当下,而与过去无关"。马尔可夫链的状态迁移概率需满足两个约束条件:一是每个状态迁移分配的概率为 0～1;二是每个状态的所有出迁移概率之和为 1。

一个简单的马尔可夫链模型如图 6-20 所示。

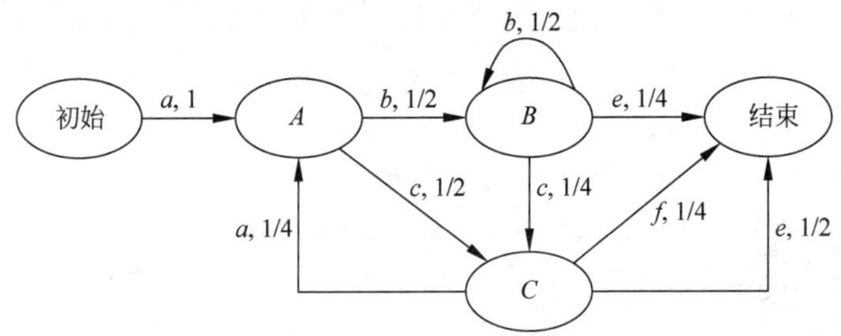

图 6-20 马尔可夫链模型示例

图中的节点表示被测对象可能的状态;有向边表示状态之间的迁移,边上标记了激励迁移发生的输入条件,用小写字母表示,如 a、b、c 等,同时还标记了迁移概率,如 1/2、1/4 等。迁移概率应该反映被测对象在实际使用过程中的统计情况。对迁移概率的估计,依赖于被测对象早期版本、竞品或类似产品的历史数据,用户反馈的信息,以及测试者的业务经验和主观判断。

每一个马尔可夫链模型都有唯一的初态和终态。以针对信息系统的建模为例,初态指的是信息系统开始处理业务之前的初始化状态,终态指的是一次业务处理之后的完成状态。用户使用信息系统进行每一次业务处理时,系统都是从初态开始,经过一系列中间状态,最终达到终态。这样的一条状态流转的路径,描述了被测对象在实际使用过程中的一个具体事件,也就是测试输入空间中的一个测试输入点。测试输入空间的影响因素集合中,不仅包括每一次状态迁移的激励输入,还包括这些输入的发生时序。

可以认为,马尔可夫链以过程化的方式刻画了被测对象的事件分布列。事件对应着马尔可夫链中的状态流转路径,事件发生概率可以根据路径中所有状态迁移的概率来确定。

6.4.2 基于马尔可夫链的测试设计

基于模型的测试利用遍历、搜索等算法，对模型进行自动化的分析处理，选择符合特定准则的测试用例。统计模型的特点在于以概率的方式描述被测对象的实际使用情况，因此基于统计模型的测试主要用于评估被测对象在实际使用过程中的质量水平，如可靠性。根据统计模型选择的测试用例，应该尽可能遵循统计模型中的概率分布要求。

将马尔可夫链描述的状态转移过程作为被测对象期望，测试输入空间中的每一个测试输入点是从初态到终态的一个状态流转路径，测试设计的目标就是在给定资源约束下，选择合适的测试输入点构成测试集，使得测试集中各个状态迁移的发生频率尽量匹配马尔可夫链中的迁移概率。这样，测试集就可以最大程度上反映被测对象的实际使用情况，可以从测试结果得到相对准确的可靠性评估结论，正如 6.3.2 节讲解的那样。

基于马尔可夫链模型选择状态迁移测试用例的步骤大致如下。

(1) 根据给定的测试资源，确定测试集 T 的规模，即用例数 N。初始 T 为空。

(2) 设被测对象当前状态为初态。

(3) 按照当前状态的所有出迁移概率的相对比例，对[0,1]区间进行分割。假设当前状态为 A，该状态共有 3 个出迁移：$A\xrightarrow{b}B$ 的发生概率为 0.3，$A\xrightarrow{c}C$ 的发生概率为 0.5，$A\xrightarrow{d}D$ 的发生概率为 0.2，则将区间[0,1]分割为 3 个子区间，分别为[0,0.3]、[0.3,0.8]、[0.8,1]，每个子区间对应一个出迁移。

(4) 使用伪随机数发生器等手段，生成[0,1]范围内的随机数。

(5) 根据随机数落入的子区间，选择对应的出迁移，进而确定状态迁移激励输入和下一状态。例如，设前状态为 A，伪随机数发生器生成的随机数为 0.69，落入子区间[0.3,0.8]以内，则取激励输入为 c，下一状态为 C。

(6) 将下一状态设为当前状态。

(7) 重复步骤(3)～(6),直到当前状态为终态。选择从初态开始的状态迁移激励输入序列作为测试用例,加入测试集 T。

(8) 重复步骤(2)～(7),直到测试集 T 中用例数达到 N。

根据上述步骤设计的测试集,每个用例都根据马尔可夫链模型中的迁移概率来进行每一步的状态流转。如果以各个状态的出迁移为统计对象,其在测试集中的发生频率将随着 N 的增大渐近等于其迁移概率。以这样的测试集为基础,可以采用 6.3.2 节讲解的方法,对被测对象的可靠性进行评估。在软件领域的净室软件工程方法中,基于马尔可夫链的测试设计是非常重要的质量控制手段。

6.5 软件随机性失效

常见的失效有如下几种表现形式。

(1) 永久性失效,指必须通过主动干预才有可能恢复的失效,如软件设计缺陷导致的失效、硬件损毁导致的失效等。

(2) 间歇性失效,即那些由于不稳定的硬件或软件状态所引起的、间歇出现的失效。

(3) 瞬时性失效,指那些由于偶发的环境条件而引起的失效,持续时间很短,且再次出现的概率较低。

间歇性失效和瞬时性失效都具有随机发生的特点,可统称为随机性失效。随机性失效将导致测试结果的不确定性,即重复执行同一个测试用例时,有时结果与预期相符,有时则不相符。习惯上称这样的测试用例为“脆弱的测试用例”。工程实践中,脆弱的测试用例并不罕见。据统计,某互联网公司的自动化测试平台中平均每天有160 万个用例执行失败,其中 73000 个属于脆弱的测试用例,占比约 4.56%。

由于材料疲劳、物理退化或环境应力等原因,很多硬件失效是随机性的,因此在硬件系统设计中,经常采用内存纠错、校验和、二次传送等方法来减小这类失效带来的影响。

很多软件失效也表现出随机性的特征。测试人员经常发现,当程序发生错误时,如果将程序状态重新初始化并重复相同的操作,错误可能并不会复现。软件的随机性失效是本节的讲解重点。

6.5.1 随机性失效的常见诱因

软件随机性失效的常见诱因包括以下方面。

1. 异步等待

如果被测程序采用异步调用机制,却没有设置合适的应答等待时间,就容易发生随机性失效。举例来说,某开源数据库项目中有如下的代码片段:

```
MiniHBaseCluster cluster = TEST_UTIL.getHBaseCluster();
 MiniHBaseClusterRegionServer firstServer =
      (MiniHBaseClusterRegionServer) cluster.getRegionServer(0);
 firstServer.setHServerInfo(...);
 firstServer.start(...);
Thread.sleep(2000);
if(firstServer.isOnline()){
      int size = cluster.getLiveRegionServerThreads().size();
      ... // 第二个服务器是相似的
}
```

这段代码的含义是:获取集群中的第一台服务器,向其发送异步请求(配置其信息并将其启动),等待 2000ms 后,如果第一台服务器成功上线,就继续对第二台服务器进行类似操作。这段代码的预期行为本来是依次启动集群中的两台服务器,但是如果由于网络延迟或线程调度等问题,服务器响应异步请求的耗时超过了 2000ms,那么第二台服务器就无法启动了。服务器响应时间具有随机性,因此这样的失效是一个随机事件,在测试中会以一定的概率出现。

2. 并发

采用并发机制的软件容易产生不确定的行为。譬如在多线程并发的运行时环境中，线程的执行次序、交互方式具有相当的随机性，有可能产生数据竞争(对某一共享内存单元，存在来自不同线程的多个并发访问，且至少一个为写访问)、原子违背(一个线程中连续相关事件的独立性被其他线程干扰)、死锁(多个进程因为争夺资源而造成互相等待资源)等问题，从而导致随机性失效。举例来说，某开源数据仓库项目中有如下代码片段：

```
if(conf != newConf){
    for(Map.Entry < String, String > entry: conf) {
        if((entry.getKey().matches("hcat. * ")) && (newConf.get
(entry.getKey()) == null)) {
            newConf.set(entry.getKey(), entry.getValue());
        }
    }
    conf = newConf;
}
```

这段代码的含义是：对于新建的一份 map 结构的配置数据，如果其中没有特定的配置项，就将原有配置数据中的相应配置项复制进来。程序以多线程的方式执行这段代码，可能在某个时刻，两个线程 T_1 和 T_2 刚好都通过了第三行条件语句的检查，继而对新建配置数据进行修改。如果 T_2 完成修改的时间较晚，它将覆盖 T_1 之前进行的修改。对 T_1 来说，测试执行结果就表现为一个失效事件。但是如果重新执行测试，这个失效事件很可能就不再发生了。

3. 资源泄漏

如果被测程序没有对资源进行恰当的管理，比如没有及时释放内存或数据库连接，就有可能出现资源泄漏。一旦所剩资源不足以支撑被测对象的正常特性，就会造成失效事件。一些资源自动回收机制可以缓解这一问题，但也使这类失效事件表现出更复杂的随机性。

4. 浮点操作

计算机在存储小数时有长度限制，无法使用二进制来精确表示十进制的浮点型数据。处理浮点数的被测程序如果忽视了对数据精度的处理(比如没有限制小数点后位数,直接进行两个浮点数是否相等的比较),很容易造成随机性失效。

5. **随机性数据**

随机数或带有随机特征的数据结构,也是滋生随机性失效的温床。例如,被测程序中使用了集合型变量,却错误地假定其中的元素有固定的排序,那么程序的运算结果就可能是一个随机性失效事件。

6.5.2 面向随机性失效的测试

同硬件领域一样,软件领域也有很多应对随机性失效的设计原则或方法,譬如使用回调或轮询机制替换异步等待,使用资源锁解决数据竞争问题等。这些原则或方法有时可以消除随机性失效,有时只能相对减小随机性失效的发生概率。

如果在测试过程中发现了无法消除的随机性失效,测试人员需要进一步评估其发生的概率,作为测试结论的一部分。通常的做法,就是在相同条件下将"脆弱的测试用例"重复执行 n 次,在统计的意义上,这相当于针对可能的失效进行一系列随机试验。假设其中失效事件 A 出现的次数为 n_A,则失效事件 A 在这一组重复测试中出现的频率为 $f_n(A)=\frac{n_A}{n}$。根据伯努利大数定律,$f_n(A)$将随 n 的增大趋于稳定。如果资源充足,n 可以足够大(如 $n>30$),就可以取 $f_n(A)$的稳定值作为随机性失效的发生概率,记为 $P(A)$;如果资源不足,n 只能取较小的值,可将该组重复测试的结果视为从二项总体中抽取的样本。"脆弱的测试用例"每次执行的结果是一个随机变量,用 1 代表失效结果,0 代表正常结果,则 $f_n(A)$是样本均值。将 $f_n(A)$视为 $P(A)$的估计量,则 $f_n(A)$满足无偏性、有效性和相容性。利用 6.2.2.4 节讲解的参数区间估计方法,可以由 $f_n(A)$得到 $P(A)$在一定置信度下的大致范围。

当被测对象完成针对随机性失效的修复后,通常需要在相同的条件下再次实施重复测试，并计算新版本的 $f_n(A)$，进而利用6.2.3.3节讲解的方法进行假设检验(将失效概率视为不合格品率)，评估新版本中失效概率是否发生了显著改善。

6.6 统计结构测试

4.1节讲解过基于结构覆盖的充分准则，这类充分准则根据被测对象的实现结构指导测试用例的选取，通常的形式是指定被测对象的某一类结构元素，要求每个结构元素都被测试集覆盖至少一次。例如路径覆盖准则就要求：被测程序流程图中所有从起点到终点的可能路径，都被测试集执行至少一次。将覆盖同一个结构元素的测试输入点归入一个子空间，可以实现对测试输入空间的分割，尽管这样得到的子空间并非同质子空间。因此，可将基于结构覆盖的充分准则视为一种不完备的分割测试策略。

基于结构覆盖的充分准则，在检出缺陷方面的能力并不强，即便是相对严苛的路径覆盖准则。例如经常看到，在能够触发某一路径的测试输入子空间中，能够引发缺陷的测试输入点只占很小的比重。其原因就在于，如果这条路径所实现的处理方式与期望的处理方式存在细微的差异，那么在其对应的子空间中，可能有一小部分测试输入点对应着与期望不符的输出结果。如果每个结构元素仅被测试集覆盖一次，很可能无法命中这样的缺陷。

为了改善这种状况，在资源允许的前提下，可以让每个元素被覆盖的次数更多一些。例如，在触发某一路径的测试输入子空间中，以随机测试的方式选取 N 个测试用例。显然，N 越大，检出缺陷的可能性越高。在前面的章节中数次提到过，结构覆盖充分准则或分割测试一般需要与随机测试相结合，以此来提高测试充分性，加强测试集的缺陷检出能力。有两种可能的结合策略：第一种是先根据结构覆盖充分准则对测试输入空间进行分割，然后在每个子空间里实施随机测试；第二种是先在整个测试输入空间进行随机测试，然后检查是否每个元素都已经被覆盖，针对随机测试很难覆盖到的极值、特殊值等，补充必要的测试用例。显然，第二种策略在很大程度上消解了划分测试输入空间的设计成本，实施起来更容易，同时也能在相当程度上达到增加元素覆盖次数的目的。简言之，这是一种在结构覆盖准则基础上贯彻统计思想的策略，称其为统计结构测试。

在这种测试设计方法中，每个结构元素被覆盖的次数是一个随机变量，其值由两个因子决定。

(1) 第一个因子是随机测试的输入概率分布。通常来说，采用均匀分布并不是一个好主意，有些元素很难被服从均匀分布的随机测试覆盖。为了减少后续补充测试用例的成本，测试人员可以首先分析被测对象的结构，识别出这些难以被覆盖的元素，并找到其对应的测试输入子空间，进而调整随机测试的输入概率分布，增加这些元素被覆盖的概率；或者通过实验的方法，先给定一个简单的初始分布——比如均匀分布，监测各个元素被覆盖的情况，再逐步调整输入概率分布，直到每个元素都获得较高的覆盖频率。

(2) 第二个因子是测试集的规模。即使采用的测试输入概率分布是合理的，可以使每个结构元素尽早被随机测试所覆盖，但如果受限于资源，随机测试集规模太小，最终还是会有一些结构元素成为漏网之鱼。假设某个结构元素被一个随机测试用例覆盖的概率为 p，规模为 N 的测试集至少覆盖该元素一次的概率为 Q_N。则有 $(1-p)^N=1-Q_N$，于是 $N=\ln(1-Q_N)/\ln(1-p)$。换言之，如果希望测试集覆盖该元素的概率达到 Q_N，则测试集中至少要有 $\ln(1-Q_N)/\ln(1-p)$ 个用例。p 越大，所需用例数就越小。

给定一个结构覆盖充分准则，设 S 是与其相关的所有元素的集合。如果随机测试用例集 T 可以使 S 中的每个元素都有至少 Q_N 的概率被覆盖，则称该准则在统计结构测试中以概率 Q_N 被满足。

核工业领域的一些实践已经表明，统计结构测试可以基于一个合适的输入概率分布，实现较高概率的结构覆盖，同时显著提高测试集的缺陷检出能力。

6.7 本章小结

测试活动中充满了不确定性——理想和现实本身的随机性、失效的随机性、部分归纳推理的或然性，这些不确定性正是“测试可信性问题”的根源。如何正确把握这些不确定性，让测试的质量评估结论更可信？统计思想给了测试人员非常重要的指引。

当被测对象以“批”这样的总体形式存在时，统计抽样测试是最常用的测试手段。测试人员在统计抽样测试中观察到的“现实”，实际上只是“现实的局部”，由于抽样误差的存在，观察结果会不可避免地产生失真，导致弃真错误或取伪错误。然而，依据统计的思想，测试人员能够在一定程度上把握这一失真的发生规律，从而优化统计抽样测试方案，控制抽样误差对质量评估结果的影响。

在进行理想与现实的对照时，测试人员想了解的实际上是“理想总体”与“现实总体”的关系。然而工程实践中，测试人员能够观察到的往往只是“理想总体”与“现实样本”的关系。这时，假设检验方法可以帮助测试人员搭起样本和总体之间的桥梁，使测试人员能够以概率的方式刻画理想与现实的相符程度，形成相对严谨的测试结论。

评估质量，也就是评估被测对象满足使用要求的程度。而“使用要求”与被测对象实际使用过程中各种事件的发生概率密切相关。测试人员可以通过建立事件分布列，从统计的角度进一步明确被测对象的使用要求，进而在测试输入空间识别出价值和风险的重点区域。以此为基础进行测试选择，可以有效提升测试集的充分性。

对于安全攸关的被测对象来说，可靠性评估经常是测试的重点目标。借助事件分布列或马尔可夫链模型，测试人员能够让被测对象在测试过程中的可靠性表现，最大限度地接近其在实际使用过程中的可靠性表现。当然，可靠性相关的测试结论仍然需要以概率的方式来描述。

无论被测对象是硬件还是软件，随机性失效都并不罕见。为了在测试结论中说明随机性失效造成的质量风险，测试人员需要通过重复测试、参数区间估计、假设检验等手段评估随机性失效的发生概率及改善情况。

我们知道，基于结构覆盖的充分准则通常只要求每个结构元素被覆盖一次，检出缺陷的能力相当有限。一种改善方式是以随机测试为基础，以结构元素覆盖率为目标调整测试输入概率分布，从而在保证结构覆盖的同时提高缺陷检出能力，这就是统计结构测试的基本思路，也是一种将准则化思想与统计思想相结合的测试设计策略。

本章参考文献

[1] 盛骤，谢式千，潘承毅. 概率论与数理统计. 第四版[M]. 北京：高等教育出版社，2008.

[2] 信海红. 抽样检验技术[M]. 北京：中国计量出版社，2005.

[3] GB/T 13262—2008 不合格品百分数的计数标准型一次抽样检验程序及抽样表.

[4] 辛淑亮. 试验设计与统计方法[M]. 北京：电子工业出版社，2015.

[5] Fowler M. Eradicating non-determinism in tests. https://martinfowler.com/articles/nonDeterminism.html.

[6] Barr E T, Vo T, Le V, et al. Automatic detection of floating-point exceptions[J]. ACM Sigplan Notices, 2013, 48(1): 549-560.

[7] Luo Q, Hariri F, Eloussi L, et al. An empirical analysis of flaky tests[C]// Proceedings of the 22nd ACM SIGSOFT International Symposium on Foundations of Software Engineering. 2014: 643-653.

[8] Musa J D. Operational profiles in software-reliability engineering[J]. IEEE software, 1993, 10(2): 14-32.

[9] Hamlet D. Foundations of software testing: Dependability theory[C]// Proceedings of the 2nd ACM Sigsoft Symposium on Foundations of Software Engineering. 1994: 128-139.

[10] Hamlet R G. Probable correctness theory[J]. Information Processing Letters, 1987, 25(1): 17-25.

[11] Gray J. Why do computers stop and what can be done about it?[C]// Symposium on Reliability in Distributed Software and Database Systems. 1986: 3-12.

[12] Hamlet R. Random Testing[J]. Encyclopedia of Software Engineering, 1994,2: 971-978.

[13] Brown J R, Lipow M. Testing for Software Reliability[C]//Proceedings of the International Conference on Reliable Software. 1975: 518-527.

[14] Currit P A, Dyer M, Mills H D. Certifying the reliability of Software[J]. IEEE Transactions on Software Engineering, 1986, SE-12(1): 3-11.

[15] Cobb R H, Mills H D. Engineering software under statistical quality control[J]. IEEE Software, 1990, 7(6): 45-54.

[16] Allan M. Stavely. 零缺陷程序设计[M]. 夏昕,王尧,译. 北京: 机械工业出版社,2003.

[17] Whittaker J A, Poore J H. Statistical testing for cleanroom software engineering[C]//Proceedings of the Twenty-Fifth Hawaii International Conference on System Sciences. IEEE, 1992, 2: 428-436.

[18] Linger R C. Cleanroom software engineering for zero-defect software [C]//Proceedings of 1993 15th International Conference on Software Engineering. IEEE, 1993: 2-13.

[19] Whittaker J A. Stochastic software testing [J]. Annals of Software Engineering, 1997, 4(1): 115-131.

[20] Linger R C, Trammell C J. Cleanroom software engineering: Theory and practice[M]//Industrial-Strength Formal Methods in Practice. Springer, London, 1999: 351-372.

[21] 雷航,陈丽敏. Markov 链使用模型的测试用例生成方法研究[J]. 电子科技大学学报,2011,40(5): 732-736.

[22] Thévenod-Fosse P, Waeselynck H. An investigation of statistical software testing[J]. Software Testing, Verification and Reliability, 1991, 1(2): 5-25.

[23] P Thévenod-Fosse, Waeselynck H. Statemate applied to statistical software testing[J]. ACM, 1993: 99-109.

[24] Guderlei R, Mayer J. Statistical metamorphic testing programs with random output by means of statistical hypothesis tests and metamorphic testing[C]//Seventh International Conference on Quality Software (QSIC 2007). IEEE, 2007: 404-409.

[25] Guderlei R, Mayer J, Schneckenburger C, et al. Testing randomized software by means of statistical hypothesis tests [C]//Fourth International Workshop on Software Quality Assurance: in Conjunction

with the 6th ESEC/FSE Joint Meeting. 2007：46-54.

[26] 史宁中.统计检验的理论与方法[M].北京：科学出版社，2008.

[27] Parnas D L, Van Schouwen A J, Kwan S P. Evaluation of safety-critical software[J]. Communications of the ACM, 1990, 33(6)：636-648.

[28] Podgurski A, Yang C. Partition testing, stratified sampling and cluster analysis[J]. ACM SIGSOFT Software Engineering Notes, 1993, 18(5)：169-181.

第7章

冗　余

如果将测试用例的期望结果视为描述理想的信息，将测试用例的实际结果视为描述现实的信息，那么，被测对象本身就是将理想传递到现实的信息媒介。测试人员当然希望被测对象能准确无误地完成这一传递。然而绝大多数被测对象是不完备的，在某些测试输入点上，理想到现实的信息传递会发生偏差。为了识别出这种偏差进而改善被测对象，需要以理想信息为准绳，将传递之后的现实信息与之进行对比。在这里，测试人员面对的重要挑战是"测试准绳问题"，也就是如何在理想信息的基础上合理设定测试用例的预期结果。

"测试准绳问题"的难点之一在于，理想经常是模糊的。测试人员有时会意识到应该反对什么，而要回答"应当争取什么"，则要复杂得多。认识理想的第一手资料来自被测对象期望，但被测对象期望对质量特性目标的描述，经常是片面、粗略、抽象的。期望往往不会告诉人们，每个测试输入点应该有什么样的具体结果，特别是当输入/输出的关系相对复杂时。像解偏微分方程这样的处理复杂运算问题的程序，测试人员很难判断一个具体的运算结果是否正确；对于搜索引擎，测试人员也很难判断搜索结果是否完全。模糊的理想会导致测试检出缺陷的能力下降——即便测试用例触发了失效事件，缺陷也很可能从测试人员眼前溜之大吉。

“测试准绳问题”的难点之二在于，理想又经常是沉重的。如果测试人员给测试用例设定的预期结果巨细无遗、面面俱到，那么可能需要投入非常多的时间和精力，来完成理想信息和现实信息的对比。一个常见的现象是，结果校验工作耗费了过多成本，以至于测试人员只能采用相对弱的测试充分准则。过于精密严苛的测试准绳，过于沉重的理想，很容易成为测试人员的负累。

通信领域存在类似的问题。信息的传递是一个物理过程，可能受到信道噪声、雷电、信息处理过程自身缺陷等诸多因素的影响，致使信息在传递之后出现偏差。如何让信息接收方识别出这一偏差？解决这一问题的关键是“冗余”的思想，也就是将待传递的目标信息进行适当的转换，形成校验信息，附加在目标信息上一起进行传递。通信的目的是把目标信息从发送方传递给接收方，就此而言，校验信息是冗余的。然而利用这种冗余信息，接收方就能看清理想，在某种程度上确认传输过程是否发生了错误。可以说，冗余是实现可靠通信的基础。

当然，可靠不是通信的唯一诉求，通信速度也是人们追求的重要目标。在通信系统的设计中，可靠与速度往往是一对矛盾。冗余信息越多，通信系统抵抗信息传递错误的能力就越强，但同时传输信息的负载也会更重，可能会对通信速度造成严重的负面影响，以致预期的传输效率难以达成。这与“测试准绳问题”描述的困境如出一辙。通信理论中的很多方法，正是在解决这对矛盾中逐渐发展起来的，值得我们学习和借鉴。

根据冗余的思想，测试人员可以将被测对象期望中描述的目标信息进行适当的转换，形成测试准绳，与测试结果进行对比，由此判断测试理想与现实是否相符，或者在何种程度上相符。对被测对象的价值实现、对理想传递到现实的过程来说，测试准绳是冗余的，正如开源软件中附带的测试集并不提供实际功能那样。但对于被测对象的质量控制以及测试设计，这样的冗余却是必不可少的。

7.1 差错控制编码

在通信领域,冗余思想集中体现在差错控制编码技术上。如果以发送方意欲传递的原始信息为理想,以接收方收到的实际信息为现实,差错控制编码可以用于判断理想与现实之间的相符程度,求索理想与现实之间的差异。在缓解测试准绳问题方面,差错控制编码可以给测试人员提供非常重要的启示。因此,有必要首先对其最基础的原理和方法做讲解。

7.1.1 基本原理

通信是把内容从发送方传输到接收方的过程。站在接收方的角度来看,发送方要传输的内容存在不确定性,这是通信的前提,否则就没有通信的必要。通信的目的正是消除这一不确定性。信息就是通信中消除了的不确定性,或者说增加了的确定性。一个刚刚参加完高考的学生,在未收到录取通知单之前,自己的前途存在种种不确定性。录取通知书能给他带来消除这些不确定性的信息。

所有的数字通信过程,如移动通信、雷达、遥控遥测、计算机的数据传输等,都可归结成如图 7-1 所示的模型。

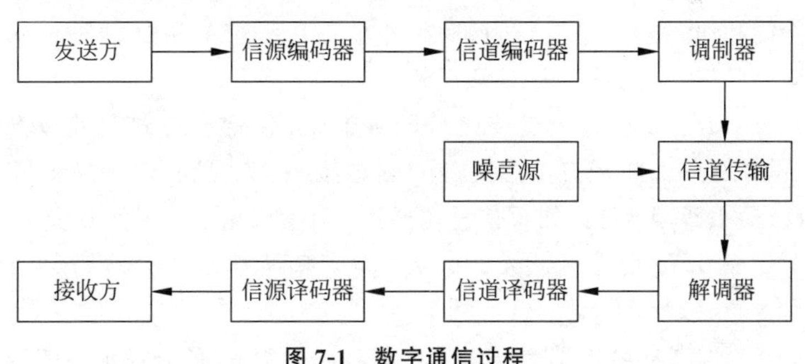

图 7-1 数字通信过程

在发送方,信源编码器把发送方意欲传递的内容转换成二进制形式的信息序列,也就是信息码,并且进行必要的压缩和加密;信道编码器对信息码做进一步加工处理,以提高信息传递的可靠性;调制器将加工后的信息码变换成适于信道传输的信号。在接收方,解调器、信道译码器、信源译码器分别是调制器、信道编码器、信源编码器的逆处理过程。

其中,信道编码器采用的主要手段就是差错控制编码。其基本原理是将要传递的信息码进行分组,每一个码组中附加一定的冗余信息,使其与信息码中的各二进制位(信息码元)按某种规则相互关联。接收方按同样的规则检查这一关联关系,如果发现关联关系被破坏,就可以确认信息在传递过程中发生了错误,理想与现实出现了偏差。按照对信息码处理方法的不同,可以将差错控制编码分为分组码与卷积码两类。

两个等长码组之间对应码元不同的数目,称为两个码组之间的码距。例如,码组 $A=A_1A_2\cdots A_n$,码组 $B=B_1B_2\cdots B_n$,则 A 与 B 之间的码距 $d=\sum_{i=1}^{n}A_i \oplus B_i$。可见,码距使用的度量方式就是 5.2.1 节讲解的汉明距离。针对某个编码方案,任意两个可能的码组之间码距的最小值,称为该编码方案的最小码距。在意欲传递的信息码组中附加冗余信息之后,不同码组之间的码距会增大,编码方案也具备了一定的检错和纠错能力。且冗余信息越多,码距越大,编码方案的检错和纠错能力越强。例如,发送方想要传递 A 和 B 两种不同的消息,可以考虑如下几种编码方案。

(1) 由于发送方只需要区分两种消息,最简单的方案就是将消息 A 编码为 0,将消息 B 编码为 1。该编码方案没有附加任何冗余信息,最小码距为 1。如果信息传递过程中发生错误,比如 0 变成 1,或 1 变成 0,接收方无从发现。因此,该编码方案没有检错和纠错能力。

(2) 将消息 A 编码为 00,其中信息码元为 0,冗余码元是信息码元的一次重复;将消息 B 编码为 11,其中信息码元为 1,冗余码元同样是信息码元的一次重复。该编码方案附加了 1 位冗余码元,最小码距为 2。若码组在传输中产生一位错码,则变成 01 或 10,接收方可以确认该码组发生了错误,因为01或10中冗余码元并非信息码元的重复,不符合编码规则。但接收方无法确定错码是在第一位还是第二位。换言之,该编码具有检出一位错码的能力,但没有纠错的能力。

(3)将消息A编码为000,其中信息码元为0,冗余码元是信息码元的二次重复;将消息B编码为111,其中信息码元为1,冗余码元同样是信息码元的二次重复。该编码方案附加了两位冗余码元,最小码距为3。若码组在传输中产生一位或两位错码,接收方收到的码组不符合编码规则,可以确认该码组发生了错误。这时接收方可以按少数服从多数的原则进行译码,例如接收到110,则认为发送方传输的实际是111,错码发生在第三位。综合来看,该编码具有检出两位错码的能力,以及纠正一位错码的能力。

略去证明,关于最小码距与检错和纠错能力的关系,有如下结论。

(1)如果希望编码方案能检出e位错码,则要求其最小码距$d_{\min}\geqslant e+1$。

(2)如果希望编码方案能纠正t位错码,则要求其最小码距$d_{\min}\geqslant 2t+1$。

针对某种编码方案,增加冗余信息可以使最小码距变大,从而提升检出错误的能力。但同时,需要传递的码组也会变长,相当于加重了通信的负担,降低了传递信息的效率。可见,制造适当的冗余,使通信在可靠性与效率之间取得平衡,是差错控制编码技术的关键。

7.1.2 分组码

分组码是一种经典的差错控制编码。把意欲传递的信息码进行划分,每k个信息码元分为一组。在每一组中,根据一定的规则,由本组中的k个信息码元产生r个冗余码元,输出长为$n=k+r$的一个码组。每一组中的冗余码元仅与本组的信息码元有关,而与别组无关。分组码用(n,k)表示。下面讲解几种常见的分组码。

7.1.2.1 恒比码

恒比码的编码方案是使每个输出码组都含有固定数量的0和1。接收方如果发现0或1的数量不符合预期，就可以确认信息传递过程中发生了错误。

在电报通信中，传输英文字母采用的是“七中取三”恒比码，即输出码组固定为七位，其中总是有三个1和四个0，可能的输出码组共有$C_7^3=35$种，可以覆盖26个英文字母和一些常用符号。

传输汉字时，每个汉字用四位阿拉伯数字表示，而每个阿拉伯数字又用五位输出码组表示，采用“五中取三”恒比码，可能的输出码组共有$C_5^3=10$种，如表7-1所示。

表7-1 “五中取三”恒比码

阿拉伯数字	输出码组
1	01011
2	11001
3	10110
4	11010
5	00111
6	10101
7	11100
8	01110
9	10011
0	01101

五位输出码组原本可以表达$2^5=32$种不同的信息，而“五中取三”恒比码只取了其中10种，引入了较多的冗余信息，具有较强的检错能力。具体来说，这种编码方案能够检出所有奇数个码元的错误，以及部分偶数个码元的错误(不能检出“1变为0”与“0变为1”的错码数目相同的那些错误)。

7.1.2.2 奇偶监督码

奇偶监督码是一种简单且行之有效的分组码。其基本思路是在信息码元后附加一位冗余码元，使得码组中 1 的个数为奇数或偶数。若为奇数，则称为奇数监督码；若为偶数，则称为偶数监督码。也就是说，对 k 位信息码元$a_1a_2\cdots a_k$，奇数监督码方案是在其后附加一位冗余码元 a_{k+1}，使得 $a_1\oplus a_2\oplus\cdots\oplus a_k\oplus a_{k+1}=1$；偶数监督码方案是在其后附加一位冗余码元 a_{k+1}，使得 $a_1\oplus a_2\oplus\cdots\oplus a_k\oplus a_{k+1}=0$。

例如，对于 $k=3$ 的信息码，奇数监督码的输出码组如表 7-2 所示。

表 7-2 奇数监督码的输出码组

序 号	输出码组	
	信息码元	冗余码元
0	000	1
1	001	0
2	010	0
3	011	1
4	100	0
5	101	1
6	110	1
7	111	0

偶数监督码的输出码组如表 7-3 所示。

表 7-3 偶数监督码的输出码组

序 号	输出码组	
	信息码元	冗余码元
0	000	0
1	001	1
2	010	1
3	011	0
4	100	1
5	101	0
6	110	0
7	111	1

根据奇偶监督码中信息码元和冗余码元的关联规则可知，奇偶监督码可以检出奇数位错码，适用于错码发生概率很低、即便发生也是以一位错码为主的场景。

7.1.2.3 汉明码

汉明码从奇偶监督码发展而来，其工作原理如下。

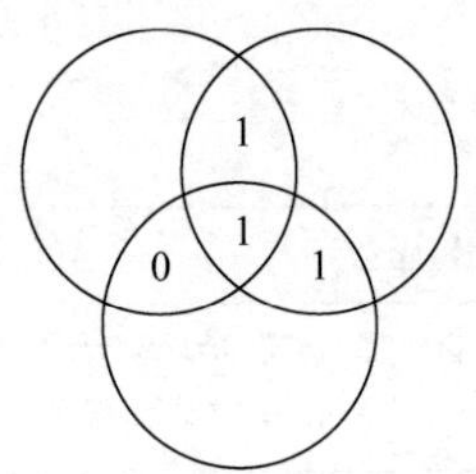

图 7-2 汉明码的信息码元

如图 7-2 所示的文氏图中有三个圆和四个相交区域。为了发送信息码 1101，将四个信息码元分别放在四个相交的区域中，然后在三个剩余的区域中各放置一个冗余码元，使得每个圆中有偶数个 1，如图 7-3 所示。

假设 1101 在传递过程中发生了一位错误，其中一个 1 变成了 0。此时，有两个圆将违背原来的关联规则，在图 7-4 中以轮廓加粗的方式标识。

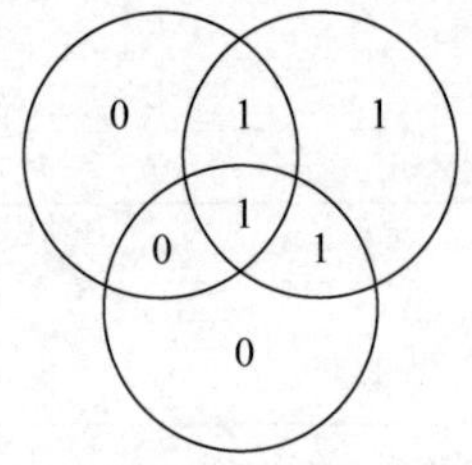

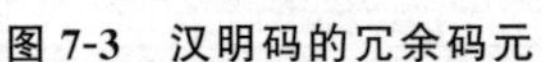

图 7-3 汉明码的冗余码元

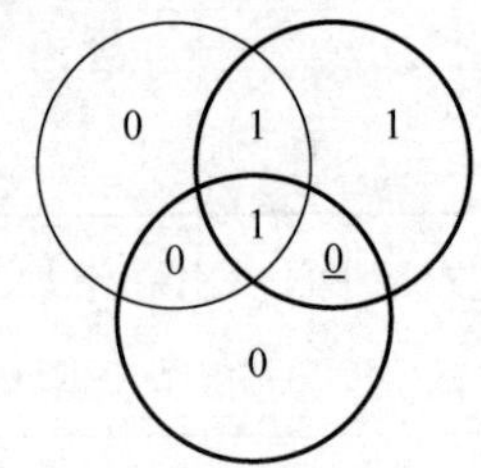

图 7-4 汉明码的检错和纠错原理

这时就已经确认了错误的存在。同时还可知，该错误只与轮廓加粗的两个圆有关系，只可能在这两个圆的相交部分发生，这样就锁定了错码的位置。可见，这种编码方案可以检出并纠正一位错码。

还可以用代数的方法来理解汉明码中的冗余思想。仍然以分组码(7,4)为例，设发送方在编码后输出码组为 $A=a_6\ a_5\ a_4\ a_3\ a_2\ a_1\ a_0$，其中前四位为信息码元，后三位为冗余码元。上述文氏图表达的冗余码元产生规则，可以用如下的线性方程组来描述：

$$\begin{cases} a_2 = a_6 \oplus a_5 \oplus a_4 \\ a_1 = a_6 \oplus a_5 \oplus a_3 \\ a_0 = a_6 \oplus a_4 \oplus a_3 \end{cases}$$

若将四位信息码元也补入方程组，则有

$$\begin{cases} a_6 = a_6 \\ a_5 = a_5 \\ a_4 = a_4 \\ a_3 = a_3 \\ a_2 = a_6 \oplus a_5 \oplus a_4 \\ a_1 = a_6 \oplus a_5 \oplus a_3 \\ a_0 = a_6 \oplus a_4 \oplus a_3 \end{cases}$$

用矩阵形式表述如下：

$$\begin{bmatrix} a_6 \\ a_5 \\ a_4 \\ a_3 \\ a_2 \\ a_1 \\ a_0 \end{bmatrix} = \begin{bmatrix} 1 & 0 & 0 & 0 \\ 0 & 1 & 0 & 0 \\ 0 & 0 & 1 & 0 \\ 0 & 0 & 0 & 1 \\ 1 & 1 & 1 & 0 \\ 1 & 1 & 0 & 1 \\ 1 & 0 & 1 & 1 \end{bmatrix} \cdot \begin{bmatrix} a_6 \\ a_5 \\ a_4 \\ a_3 \end{bmatrix}$$

简记为 $\boldsymbol{A}^{\mathrm{T}} = \boldsymbol{G}^{\mathrm{T}} \cdot [a_6 \quad a_5 \quad a_4 \quad a_3]^{\mathrm{T}}$，或 $\boldsymbol{A} = [a_6 \quad a_5 \quad a_4 \quad a_3] \cdot \boldsymbol{G}$。其中：

$$\boldsymbol{G} = \left[\begin{array}{cccc|ccc} 1 & 0 & 0 & 0 & 1 & 1 & 1 \\ 0 & 1 & 0 & 0 & 1 & 1 & 0 \\ 0 & 0 & 1 & 0 & 1 & 0 & 1 \\ 0 & 0 & 0 & 1 & 0 & 1 & 1 \end{array}\right] = [\boldsymbol{I}_k \quad \boldsymbol{P}^{\mathrm{T}}]$$

$\boldsymbol{I}_k$ 为 k 阶单位矩阵，$\boldsymbol{P}$ 为 $r \times k$ 阶矩阵，称 $\boldsymbol{G}$ 为典型生成矩阵。以此为基础，(7,4)所有可能的输出码组如表 7-4 所示。

表 7-4 汉明码示例

序号	输出码组	
	信息码元	冗余码元
0	0000	000
1	0001	011
2	0010	101
3	0011	010
4	0100	110
5	0101	101
6	0110	011
7	0111	000
8	1000	111
9	1001	100
10	1010	010
11	1011	001
12	1100	001
13	1101	010
14	1110	100
15	1111	111

接收方收到码组后，按相同的规则检查信息码元和冗余码元的关联关系。将描述冗余码元的产生规则的线性方程组改写为如下形式：

$$\begin{cases}1\cdot a_6\oplus 1\cdot a_5\oplus 1\cdot a_4\oplus 0\cdot a_3\oplus 1\cdot a_2\oplus 0\cdot a_1\oplus 0\cdot a_0=0\\1\cdot a_6\oplus 1\cdot a_5\oplus 0\cdot a_4\oplus 1\cdot a_3\oplus 0\cdot a_2\oplus 1\cdot a_1\oplus 0\cdot a_0=0\\1\cdot a_6\oplus 0\cdot a_5\oplus 1\cdot a_4\oplus 1\cdot a_3\oplus 0\cdot a_2\oplus 0\cdot a_1\oplus 1\cdot a_0=0\end{cases}$$

用矩阵形式表述如下：

$$\begin{bmatrix}1&1&1&0&1&0&0\\1&1&0&1&0&1&0\\1&0&1&1&0&0&1\end{bmatrix}\cdot\begin{bmatrix}a_6&a_5&a_4&a_3&a_2&a_1&a_0\end{bmatrix}^{\mathrm{T}}=\begin{bmatrix}0\\0\\0\end{bmatrix}$$

简记为 $\boldsymbol{HA}^{\mathrm{T}}=0$。其中：

$$H=\left[\begin{array}{cccc|ccc}1&1&1&0&1&0&0\\1&1&0&1&0&1&0\\1&0&1&1&0&0&1\end{array}\right]=[\boldsymbol{P}\quad \boldsymbol{I}_r]$$

$\boldsymbol{P}$ 为 $r\times k$ 阶矩阵，$\boldsymbol{I}_r$ 为 r 阶单位矩阵，称 $\boldsymbol{H}$ 为典型监督矩阵。

上式表明了冗余码元和信息码元的关联规则检查要求，即典型监督矩阵与码组转置的乘积应该为 0。这就是接收方用以判定码组是否发生错误的准绳。

7.1.3 卷积码

卷积码的编码方案是：把信息码进行划分，每 k 个信息码元分为一组，在每一组中，根据一定的规则，由本组及之前 m 组的信息码元产生并输出长为 $n(n>k)$ 的一个码组。可见卷积码与分组码的主要区别是，卷积码中的冗余信息不仅与本组的信息码元有关，而且也与其前 m 组的信息码元有关。卷积码用 (n,k,m) 表示。

举例说明。卷积码(2,1,2)的编码器工作机制如图 7-5 所示。

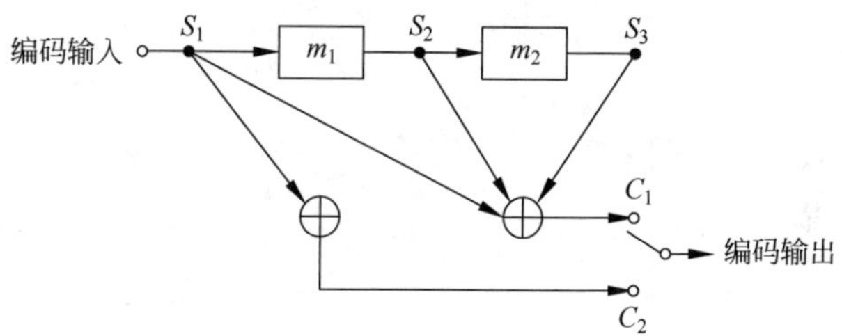

图 7-5 卷积码(2,1,2)的编码器工作机制

该编码器将每一个信息码元分为一组，输出两位码组。其中，m_1 和 m_2 是移位寄存器，构成 S_1、S_2、S_3 三个内部状态变量，S_1 等于当前输入的一位信息码元，S_2 存储上一次输入的一位信息码元，S_3 则存储上上次输入的一位信息码元。C_1、C_2 是两触点转换开关的两个输出变量，构成输出码组，计算公式为

$$\begin{cases}C_1=S_1\oplus S_2\oplus S_3\\C_2=S_1\oplus S_3\end{cases}$$

测试设计思想

假设 S_1、S_2、S_3 起始状态均为 0。若输入的第一位信息码元为 1，$S_1=1$，$S_2=0$，$S_3=0$，根据上述公式，输出码组为 11；若输入的第二位信息码元为 1，状态变量 S_1 右移给 S_2，同时 S_1 接受新的输入，因此 $S_1=1$，$S_2=1$，$S_3=0$，输出码组为 01；若输入的第三位信息码元为 0，状态变量 S_2 右移给 S_3，状态变量 S_1 右移给 S_2，同时 S_1 接受新的输入，因此 $S_1=0$，$S_2=1$，$S_3=1$，输出码组为 01；当输入第四位信息码元时，最早输入的第一位信息码元移出所有移位寄存器，不再与输出码组产生关联。可见，每个输出码组与当前输入、上次输入、上上次输入的信息码元有关。

卷积码编码的状态转换过程可以用树状图描述，如图 7-6 所示。

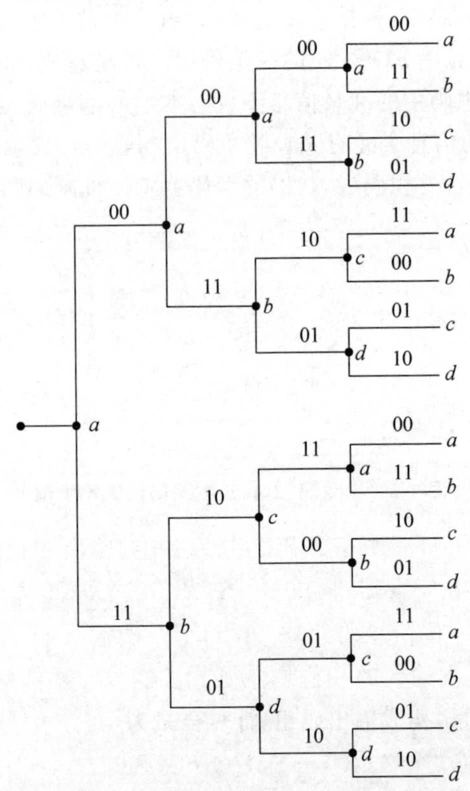

图 7-6 用树状图表示的卷积码编码状态转换过程

令$[S_3\ S_2]$为编码器状态向量，并简记$[0\quad 0]=a$，$[0\quad 1]=b$，$[1\quad 0]=c$，$[1\quad 1]=d$。把a标注于起始节点处。当输入信息码元是0时，由节点出发走上支路；当输入信息码元是1时，由节点出发走下支路。例如，若该编码器第一位输入信息码元为1，则走下支路，并将输出码组11标记于路径上方；若第二位输入信息码元为1，仍然走下支路，将输出码组01标记于路径上方，以此类推。对每个状态向量而言，上下支路对应的输出码组是固定的。

该状态转换过程还可以用状态迁移图来描述，如图7-7所示。

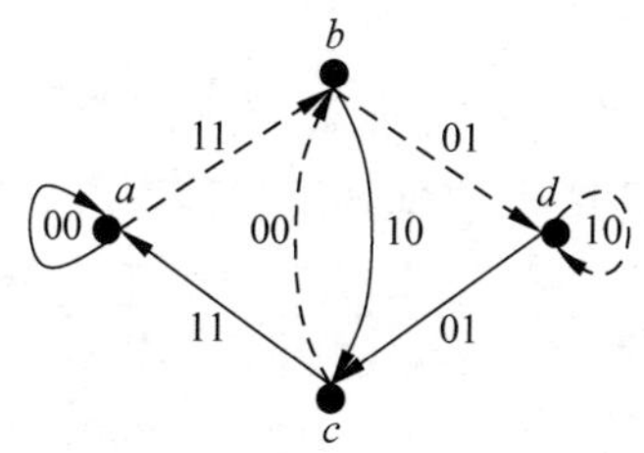

图7-7　用状态迁移图表示的卷积码编码状态转换过程

实线型状态迁移表示输入信息码元为0，虚线型状态迁移表示输入信息码元为1。输出码组标记于迁移上方。

卷积码的译码方法可分为代数译码和概率译码两类，其中概率译码是目前主流的方法。一般来说，卷积码(n,k,m)的纠错能力随m的增加而增强。

7.2　被测对象期望的冗余分解

本质上，被测对象期望刻画了有关质量特性目标的因果关系，即"在什么条件下，被测对象应该有什么表现"。在"因"的层面，测试人员可以采用具象化分解的手段，通过对影响因素的实例化，将期望分解为一系列子期望，以降低观察的难度；在"果"的层面，测试人员也可以通过对期望中质量特性目标的细化，将期望分解为一系列子期望，以缓解测试准绳问题。例如，"信息安全"目标可以被细分"机密性""完整性""可用性"三个子目标。影响"信息安全"目标的因素与这些子目标仍然构成因果关系,从而形成子期望。再比如,某汽车的一个期望为"在各种路况条件下,提供全面的驾驶安全性保障",可在"果"的层面将其细分为如下三个子期望。

(1) 在各种路况条件下,百公里刹车距离都能控制在 39m 以内。

(2) 在各种路况条件下,刹车过程中都可保持转向能力。

(3) 在各种路况条件下,麋鹿测试的车速都可达到 60km/h 以上。

对理想传递到现实的过程来说,被测对象期望中描述的质量特性目标是一种冗余信息。通过目标细化对期望进行分解的过程,可以看作对期望的冗余分解。冗余分解得到的子期望中,质量特性目标相对于父期望更加单纯,验证起来更加容易。因此,出于成本上的考量,很多时候需要将原期望进行冗余分解,用一部分子期望来编织测试准绳。另外,子期望中蕴涵的因果关系相对简明,这就给形式化创造了有利条件。3.3.2 节讲解的形式化规约,一般就是对系统功能特性期望进行冗余分解得到的子期望。

7.2.1 用关系来描述期望

关系是离散数学中刻画元素之间相互联系的一个重要的概念。由两个元素,比如 x 和 y,按照一定次序构成的二元组,称为一个有序对,记作 $\langle x, y\rangle$。其中,x 是它的第一元素,y 是它的第二元素。如果一个集合中的元素都是有序对,则称这个集合是一个关系,通常记作 R。

如果有序对 $\langle x, y\rangle \in R$,可知 x 和 y 之间存在关系 R,可以简单记作 xRy。例如,由 $R=\{\langle a, b\rangle, \langle c, b\rangle, \langle c, a\rangle\}$,可知 aRb,cRb,cRa。

关系 R 的定义域是 R 中所有有序对的第一元素构成的集合,记为 $\mathrm{dom}R=\{x \mid \exists y(\langle x, y\rangle \in R)\}$;关系 R 的值域是 R 中所有有序对的第二元素构成的集合,记为 $\mathrm{ran}R=\{y \mid \exists x(\langle x, y\rangle \in R)\}$。若以二维图形来表示关系,横坐标代表第一元素,纵坐标代表第二元素,则关系 R 的定义域和值域如图 7-8 所示。

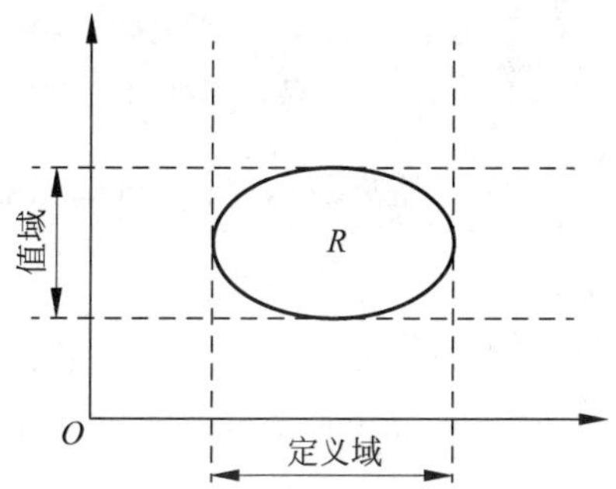

图 7-8 关系的定义域与值域

设 A、B 为集合，以 A 中元素作为第一元素、B 中元素作为第二元素构造有序对，所有这样的有序对组成的集合称为 A 与 B 的笛卡儿积，记作 $A\times B=\{\langle x,y\rangle | x\in A \land y\in B\}$。$A\times B$ 的任何子集所定义的关系，称为从 A 到 B 的关系。

将影响被测对象目标实现的因素定义为一组测试输入变量，测试输入空间 D 就是由这些测试输入变量张成的。类似地，可以将被测对象期望描述的质量特性目标定义为一组测试输出变量，这些变量所张成的空间，称为该期望的测试输出空间，记为 E，其中的点称为测试输出点。被测对象期望描述了"测试输入变量与测试输出变量之间的因果关系"，因此，可以用"从 D 到 E 的一个关系"来表示被测对象期望，其中的有序对记为 $\langle d,e\rangle$。

如果任意测试输入点都只与唯一的一个测试输出点构成有序对，这样的期望描述了确切的因果关系；反之，如果某个测试输入点并未成为任何有序对的第一元素（期望中并未明确该测试输入点的预期输出），或者同一个测试输入点与 $n(n>1)$ 个不同的测试输出点构成有序对，则说明期望对因果关系的描述存在不确定性。显然，不确定性越小，期望提供的信息越多。可以使用信息论中熵的概念来度量这一不确定性。

设 X 是一个离散型随机变量，其取值空间为 χ，概率密度函数为 $p(x)$，则将 X 的熵定义为 $H(X)=-\sum_{x\in\chi} p(x)\log_2 p(x)$。

假设对于期望 R，测试输入点 d 与 n 个测试输出点构成有序对，即 $\langle d, e_i \rangle \in R, i=1,2,\cdots,n$。可以定义 R 针对 d 的熵为 $H(R_d)=-\sum_{i=1}^{n}\left(\frac{1}{n}\log_2 \frac{1}{n}\right)=\log_2 n$。如果 d 未与任何测试输出点构成有序对，可以认为 $H(R_d)=+\infty$。

冗余信息的本质是熵的减少。因此，如果在给定的测试输入点上，一个期望的熵相对更小，说明它能够给测试准绳提供相对更多的冗余信息。

7.2.2 冗余分解

冗余分解的基本方法是在“果”的层面对期望中的目标进行拆分，从而控制期望中的冗余信息量。

举例说明。假设某软件产品的一个期望 M 为：“输出给定整型数组中最大的元素值，以及该元素在数组中的最小索引”。M 的测试输入变量是给定的整型数组 $a[1,\cdots,N]$，其中 $N \geqslant 1$；测试输出变量有两个，分别是保存最大元素值的整型变量 x，以及保存最大元素值在数组中最小索引的整形变量 k。M 中关于目标的冗余信息主要有以下四点。

(1) x 限于数组 a 中存在的元素值。

(2) x 是所有满足限制 1 的值中最大的。

(3) k 限于满足限制 1、2 的元素的索引。

(4) k 是所有满足限制 1、2、3 的值中最小的。

假如测试人员选取了如表 7-5 所示的测试输入点作为测试用例。

表 7-5 针对 M 的一个测试用例

$a[1]$	$a[2]$	$a[3]$	$a[4]$	$a[5]$	$a[6]$	$a[7]$	$a[8]$	$a[9]$	$a[10]$	$a[11]$	$a[12]$
8	7	5	9	9	0	4	8	9	3	2	9

为了得到用例的预期结果，测试人员需要做的是：

(1) 遍历 a 中所有元素。

（2）找到其中的最大值。

（3）确定所有最大值元素的索引。

（4）找到其中最小的索引。

也就是说，必须消化吸收 M 中所有的冗余信息之后，才能确定预期输出为 $x=9,k=4$。这样得到的测试准绳是最精确的，检出缺陷的能力很强，但是建立准绳的成本也很高，有时候甚至需要投入“相当于重建一次被测对象”的工作量。

缓解上述成本问题的一种办法是将期望分解为一组子期望，每个子期望中只保留父期望的一部分冗余信息，例如：

（1）在 x 中保存一个值，这个值大于或等于数组中全部元素，即

$$M_1=\{\langle d,e\rangle \mid (\forall h: 1\leqslant h\leqslant N: x\geqslant a[h])\}$$

（2）在 x 中保存数组 a 中的一个元素，即

$$M_2=\{\langle d,e\rangle \mid (\exists h: 1\leqslant h\leqslant N: x=a[h])\}$$

（3）x 是数组 a 中的元素，在 k 中保存 x 的索引，即

$$M_3=\{\langle d,e\rangle \mid (a[k]=x)\}$$

（4）x 是数组 a 中的元素，在 k 中保存 x 的最小索引，即

$$M_4=\{\langle d,e\rangle \mid (\forall h: 1\leqslant h< k: a[h]\neq x)\wedge a[k]=x\}$$

再举一个稍微复杂的例子。栈是计算机中常用的数据结构，遵循先进后出原则。可以把栈比喻为一摞盘子，最先放的盘子到最后才能被取出，最后放的盘子则是最早被取出，如图 7-9 所示。

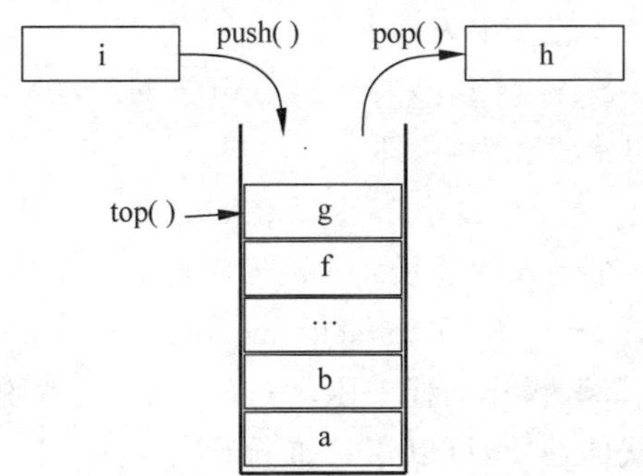

图 7-9 “栈”的概念示意

栈的基本操作包括：

(1) init()操作：重新初始化栈，清空其中的所有元素。

(2) push()操作：向栈顶压入一个元素。

(3) pop()操作：从栈顶弹出一个元素。

(4) top()操作：返回栈顶的元素。

(5) size()操作：返回栈中元素的数量。

(6) empty()操作：判断栈是否为空。

栈是一个典型的有状态的系统。栈的状态由其先进后出的性质，以及初始化之后的所有历史操作决定。在栈的基本操作中，push、pop、init 将修改栈的状态，修改成功则返回 true，修改失败则返回 false，我们称为修改操作；top、size、empty 不改变栈的状态，而是返回栈的状态信息，我们称为查询操作。

假设某软件产品的一个期望 S 是："实现一个栈的功能"。S 的测试输入变量是上述基本操作构成的序列，测试输出变量是操作序列的最终返回结果，用 stack()表示。显然，这个期望包含了太多的冗余信息，直接用作测试准绳的话，结果验证的工作量和复杂程度很可能超出可接受范围。这时我们就需要对 S 进行冗余分解，以便在构造测试准绳时有所取舍。

首先考虑最简单的子目标，即栈的初始化状态应该具有哪些性质。可以建立如下子期望：

(1) 一个空栈的大小为 0，即

$$S_1 = \{\langle d, e\rangle \mid \text{stack(init. size)} = 0\}$$

(2) 栈的初始状态为空，即

$$S_2 = \{\langle d, e\rangle \mid \text{stack(init. empty)} = \text{true}\}$$

(3) 查看一个空栈的栈顶元素内容将返回一个错误，即

$$S_3 = \{\langle d, e\rangle \mid \text{stack(init. top)} = \text{error}\}$$

一旦通过 push 操作向栈中压入一个元素，栈就脱离了初始化状态。针对此时栈的性质，可以建立如下子期望：

(1) push 操作之后，栈一定是非空的，即

$$S_4 = \{\langle d, e\rangle \mid \text{stack(init. push(a). empty)} = \text{false}\}$$

（2）push 操作将一个元素压入栈顶，即

$$S_5 = \{\langle d, e\rangle \mid \text{stack(init. push(a). top)} = \text{a}\}$$

进一步考虑在更复杂的操作过程中，栈的状态应如何变化。用 h、h'、h''表示历史操作序列，特别地，用 $h+$表示一个非空的历史操作序列。可以建立如下子期望：

（1）操作 init 将对栈重新初始化，在 init 之前的历史操作对栈的未来状态没有任何影响，即

$$S_6 = \{\langle d, e\rangle \mid \text{stack(h}'\text{. init. h)} = \text{stack(h}''\text{. init. h)}\}$$

（2）在一个空栈上执行一次 pop 操作不会有任何效果，对栈的未来状态也不会有任何影响，即

$$S_7 = \{\langle d, e\rangle \mid \text{stack(init. pop. h)} = \text{stack(init. h)}\}$$

（3）pop 操作的主要目标是取消最近一次的 push 操作。无论 push(a). pop 是否发生，都不会对栈的未来状态产生影响，即

$$S_8 = \{\langle d, e\rangle \mid \text{stack(init. h. push(a). pop. h+)} = \text{stack(init. h. h+)}\}$$

（4）一次 push 操作会使栈中元素的数量增加 1，即

$$S_9 = \{\langle d, e\rangle \mid \text{stack(init. h. push(a). size)} = \text{stack(init. h. size)} + 1\}$$

（5）在一个历史操作序列中增加一个 pop 操作，会使栈变得更空一些，即

$$S_{10} = \{\langle d, e\rangle \mid \text{stack(init. h. h}'\text{. empty)} \rightarrow \text{stack(init. h. pop. h}'\text{. empty)}\}$$

（6）top 查询操作不会对栈的未来状态产生任何影响，即

$$S_{11} = \{\langle d, e\rangle \mid \text{stack(init. h. top. h+)} = \text{stack(init. h. h+)}\}$$

（7）size 查询操作不会对栈的未来状态产生任何影响，即

$$S_{12} = \{\langle d, e\rangle \mid \text{stack(init. h. size. h+)} = \text{stack(init. h. h+)}\}$$

（8）empty 查询操作不会对栈的未来状态产生任何影响，即

$$S_{13} = \{\langle d, e\rangle \mid \text{stack(init. h. empty. h+)} = \text{stack(init. h. h+)}\}$$

需要注意，子期望 $S_6 \sim S_{13}$ 中，$\langle d, e\rangle$不再代表由一个测试输入点和一个测试输出点构成的有序对，而是代表一个测试输入点集合和一个测试输出点集合构成的有序对。例如在 S_9 中，$d = \{$init. h. push(a). size，init. h. size$\}$，而 $e = \{$stack(init. h. push(a). size)，stack(init. h. size)$\}$。可见，该子期望所提供的冗余信息与不止一个测试

输入点有关。这里所体现的冗余思想，非常类似于 7.1.3 节讲解的卷积码中的冗余思想。

一方面，冗余信息的减少，意味着对预期结果的约束简化了，因此相较冗余分解之前而言，根据任何一个子期望计算预期结果的成本都将明显降低。另一方面，简化预期结果的约束也意味着“一个测试输入点可以与更多的测试输出点构成有序对”，在关系集合的意义上，假设父期望 R 经冗余分解后得到一组子期望 $R_1, R_2, \cdots, R_n$，则应有 $R \subseteq R_i, i=1,2,\cdots,n$。如果满足 $R=\bigcap_{i=1}^{n} R_i$，说明“同时满足所有子期望”等同于“满足父期望”，这时称冗余分解是完备的。

7.2.3 钝化

对 7.2.2 节中的示例期望 M 稍作修改，得到期望 F 为：“在给定的整型数组中检索目标值，如果检索成功，则输出其最小索引并保存给定数组和目标值，否则输出 0”。F 的测试输入变量包括：

(1) 给定的整型数组 $a[N]$，其中 $N \geqslant 1$。

(2) 作为目标值的整型变量 x。

测试输出变量包括：

(1) 代表数组索引的整型变量 k。

(2) 保存给定数组的整型数组 a'。

(3) 保存目标值的整型变量 x'。

可以对 F 进行冗余分解，建立如下一组子期望：

(1) 已知变量 x 存在于数组 a 中，在 a 中查找一个值为 x 的元素，返回该元素的索引 k。即

$$F_1=\{\langle d,e\rangle \mid (\exists h: 1 \leqslant h \leqslant N: a[h]=x) \wedge a[k]=x\}$$

(2) 已知变量 x 存在于数组 a 中，在 a 中查找第一个值为 x 的元素，返回该元素的索引 k。即

$$\begin{aligned} F_2 &= \{\langle d,e\rangle \mid (\exists h: 1 \leqslant h \leqslant N: a[h]=x) \wedge a[k] \\ &= x \wedge (\forall h': 1 \leqslant h' < k: a[h'] \neq x)\} \\ &= F_1 \cap \{\langle d,e\rangle \mid \forall h': 1 \leqslant h' < k: a[h'] \neq x\} \end{aligned}$$

(3) 已知变量 x 存在于数组 a 中,在 a 中查找一个值为 x 的元素,返回该元素的索引 k,同时保留 a 和 x。即

$$F_3 = F_1 \cap \{\langle d, e\rangle \mid a' = a \land x' = x\}$$

(4) 已知变量 x 存在于数组 a 中,在 a 中查找第一个值为 x 的元素,返回该元素的索引 k,同时保留 a 和 x。即

$$F_4 = F_2 \cap \{\langle d, e\rangle \mid a' = a \land x' = x\}$$

(5) 变量 x 是否存在于 a 中是未知的。如果不存在,则令 k 为 0;否则,将值为 x 的元素的索引保存在 k 中。即

$$F_5 = F_1 \cup \{\langle d, e\rangle \mid (\forall h: 1 \leqslant h \leqslant N: a[h] \neq x) \land k = 0\}$$

(6) 变量 x 是否存在于 a 中是未知的。如果不存在,则令 k 为 0;否则,将第一个值为 x 的元素的索引保存在 k 中。即

$$F_6 = F_2 \cup \{\langle d, e\rangle \mid (\forall h: 1 \leqslant h \leqslant N: a[h] \neq x) \land k = 0\}$$

(7) 变量 x 是否存在于 a 中是未知的。如果不存在,则令 k 为 0;否则,将值为 x 的元素的索引保存在 k 中,同时保留 a 和 x。即

$$F_7 = F_3 \cup \{\langle d, e\rangle \mid (\forall h: 1 \leqslant h \leqslant N: a[h] \neq x) \land k = 0\}$$

这些子期望的冗余信息都比父期望少,那么进一步的问题是,这些子期望之间,冗余信息量是相当的吗?下面做进一步考察。

(1) 由于 F_2 要求 k 指向 a 中出现的索引编号最小的 x,而 F_1 只要 k 指向 a 中出现的任意一个 x,因此相对 F_2 来说,F_1 的熵更大,冗余信息更少。

(2) 由于 F_3 要求保留 a 和 x,F_1 则不需要,因此相对 F_3 来说,F_1 的熵更大,冗余信息更少。

(3) 由于 F_4 要求保留 a 和 x,F_2 则不需要,因此相对 F_4 来说,F_2 的熵更大,冗余信息更少。

(4) 由于 F_5 考虑了 x 不在 a 中出现的情况,而 F_1 没有考虑这一点,因此相对 F_5 来说,F_1 的熵更大,冗余信息更少。

(5) 基于与(4)同样的理由,F_2 的冗余信息比 F_6 更少,F_3 的冗余信息比 F_7 更少。

此外还发现,尽管 F_1 的冗余信息比 F_5 和 F_2 更少,但在有序对集合的意义上,F_1 与此二者的关系存在明显的差别:$F_1 \subseteq F_5$,而

$F_1 \supseteq F_2$。事实上，这是在减少期望冗余信息的过程中出现的两种非常典型的现象。$F_1 \subseteq F_5$ 的根源在于"因"的层面，而 $F_1 \supseteq F_2$ 的根源在于"果"的层面。将这两种现象综合在一起，就可以定义期望之间的钝化关系。

> **定义：期望之间的钝化关系**
>
> 给定两个期望 R 和 R'，称 R 钝化了 R'，当且仅当 $\mathrm{dom}R \subseteq \mathrm{dom}R' \wedge ((\mathrm{dom}R) \cap R') \subseteq R$。

$\mathrm{dom}R \subseteq \mathrm{dom}R'$ 着眼于"因"，$((\mathrm{dom}R) \cap R') \subseteq R$ 着眼于"果"。在因果关系有序对张成的二维空间中，如果 R 钝化了 R'，则 R 和 R' 的典型关系如图 7-10 所示。

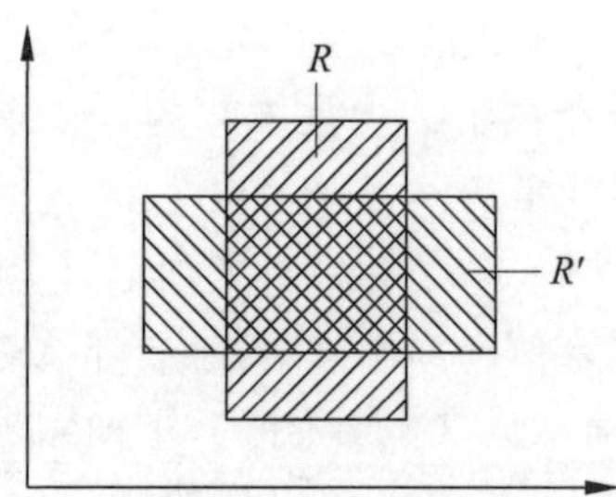

图 7-10　R 钝化了 R'

再举一个简单的例子。用有向箭头表示测试输入点到测试输出点的有序对，设期望 R、R'、R'' 如图 7-11 所示。

根据钝化的定义可知，R 钝化了 R' 和 R''。

对期望定义域外的测试输入点 d，有 $H(R_d) = +\infty$，因此可以借助熵的概念来统一 $\mathrm{dom}R \subseteq \mathrm{dom}R'$ 和 $((\mathrm{dom}R) \cap R') \subseteq R$ 这两方面的约束：如果 R 钝化了 R'，那么对任一测试输入点来说，R 的熵要大于 R' 的熵。换言之，钝化代表着因果关系不确定性的增加，或者说冗余信息的减少。

期望的具象化分解是对某个影响因素的实例化，本质是将测试输入空间进行分割，子期望 R 相对于父期望 R' 来说，定义域的规模减小了，即 $\mathrm{dom}R \subseteq \mathrm{dom}R'$，但 $\mathrm{dom}R$ 内测试输入点的预期结果与 R'

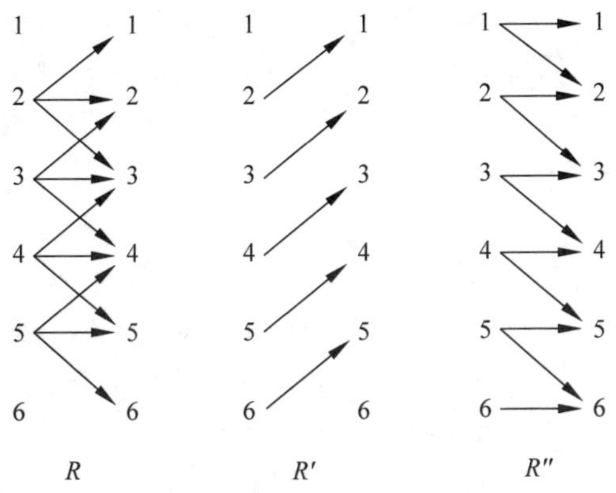

图 7-11 钝化关系的示例

一致，即$((\text{dom}R)\cap R')=R$；期望的冗余分解是对目标的拆分，本质是减少对因果关系有序对的约束，子期望 R 相对于父期望R'来说，定义域不变，即 $\text{dom}R=\text{dom}R'$，同时因果关系有序对集合得到扩充，即$((\text{dom}R)\cap R')\subseteq R$。因此，无论对具象化分解还是冗余分解来说，子期望与父期望的关系都可以用钝化关系来刻画——分解得到的子期望，都钝化了父期望。

7.3 基于属性的测试

5.1 节讲解随机测试时，重点关注的是如何借助多样化思想缓解测试选择问题。实际上在真正实施随机测试的过程中，测试人员经常会面对另一个困难，也就是测试准绳问题。随机测试的用例规模一般较大，通常没有足够的资源去确定每个用例的精确预期结果。另外随机测试一般需要采用自动化方式做测试执行，每个用例的结果校验不可能设计得太复杂、太耗时。简言之，随机测试需要的是一种轻量化的测试准绳。

基于属性的测试意图缓解随机测试中的测试准绳问题。有时候，测试人员可以识别出被测对象的一些必要属性。理想情况下，这些属性不因外部影响因素的变化而变化，在大规模随机测试过程中应始终保持。也就是说，这些属性是所有测试输出点的公共特征，并且通常只提供少量冗余信息，相对容易进行验证。测试人员可以通过冗余分解获得这样的必要属性，以此为基础来建立测试准绳。这类属性的典型例子如：

(1) 程序不变量。在软件领域，程序不变量指的是被测程序中应该保持不变的某些属性，例如变量恒常($x=a$)、变量非零($x\neq 0$)、变量限定范围($a\leqslant x\leqslant b$)、变量之间的线性关系($y=a*x+b$)、变量之间有序($x\leqslant y$)、变量之间的包含关系($x\in y$)等。一旦程序不变量发生变化，就可以确定程序中发生了错误。关于程序不变量，Weyuker 举过一个生动的例子：她曾经在一家石油公司做程序员，这家石油公司会在每个月初执行一个程序，统计公司的总资产和总债务情况。这个程序已经正常工作了很多年。一天 Weyuker 接到会计的电话，说这个程序“突然发疯了”，因为程序给出的公司资产总额是 300 美元。很明显，300 美元不是一个合理的结果，1000 美元也不是。实际上会计的判断根据就是一个限定范围的程序不变量，因为合理的公司资产总额应该在 100 万～1000 万美元。类似的例子很多，比如计算正弦函数的程序，其输出范围应该限于[-1,1]，否则必定存在错误。

(2) 可用性。即被测对象处于可用状态。这是最简单的属性，也是工程实践中最常用于大规模随机测试的准绳。譬如信息安全领域的模糊测试，主要检查的属性就是可用性。在集成电路领域，芯片完成设计后进行上电测试，如果发现电路板冒烟，说明存在严重的短路缺陷。在这里，“不冒烟”就是关于可用性的属性。

(3) 幂等性。指的是任意多次连续执行同一个测试用例，结果均与仅执行一次时相同。例如，对一个列表进行一次以上的排序，结果应该与仅进行一次排序的结果是一样的；又例如，在线上购物时，用户很可能无意间在前端进行了重复操作，产生多次下单请求，这时应该仅进行一次交易处理。

基于属性的测试里体现的冗余思想，非常类似于差错控制编码中的恒比码和奇偶监督码中的冗余思想。恒比码中采用的“属性”是每个输出码组都含有固定数量的 0 和 1；奇偶监督码中采用的“属性”是每个输出码组中 1 的个数为奇数或偶数。

在公理体系中，经常用定理来刻画某个研究对象的属性。如果将被测对象期望视为公理，那么对基于属性的测试来说，“属性”就是从期望推导出来的定理。定理成立是公理成立的必要条件，因此“属性保持”是“期望目标达成”的必要条件。从方便验证结果的角度出发，考虑在“期望目标达成”的前提下，被测对象应该具有哪些更简单的属性——这是实现冗余分解的一种指导思路。

7.4 蜕变测试

蜕变测试是一种缓解测试准绳问题的方法。在蜕变测试中，测试人员并不去验证每个测试用例执行结果的正确性，而是退而求其次，基于被测对象的一些预期属性，验证多个相关测试用例的执行结果是否符合这些属性的要求。称这样的属性为蜕变关系。与“基于属性的测试”的不同之处在于，基于属性的测试关注被测对象在单个测试用例执行结果中体现出来的属性，而蜕变测试关注被测对象在多个测试用例执行结果中体现出来的关联属性。

实施蜕变测试时，首先要对被测对象期望进行冗余分解，找到能够体现不同测试输入点关联属性的子期望，以此为基础定义蜕变关系；然后根据某些充分准则选取测试输入点作为源用例；再根据蜕变关系确定与源用例相关的后继用例。源用例与相关的后继用例构成蜕变组合。可以认为，后继用例是依据蜕变关系，由源用例“蜕变”而来。

7.4.1 蜕变关系

蜕变测试的重点在于，虽然测试人员无法确定每个用例执行结果的正确性，但可以判断源用例和后继用例的执行结果是否满足蜕变关系，从而在一定程度上缓解测试准绳问题。蜕变关系所提供的冗余信息来自多个测试用例，这非常类似于差错控制编码中卷积码的冗余思想。

举例来说明。假设被测程序的功能是计算无向图中两个节点间最短路径的长度，记为 $d(x,y,G)$，其中 G 是无向图，x 是起点，y 是终点。假定该程序的某个测试用例的执行结果为 $d(x,y,G)=13579$。要判断 13579 这个结果是否正确是很困难的，这是测试准绳问题的一个典型表现。如果采用蜕变测试，测试人员首先需要根据图论的某些定理定义蜕变关系，例如 $MR_1=\{\langle d,e\rangle \mid d(x,y,G)=d(y,x,G)\}$，或者 $MR_2=\{\langle d,e\rangle \mid d(x,y,G)=d(x,w,G)+d(w,y,G)\}$，其中 w 是 x 与 y 之间最短路径上的某个节点。

核心思路是，虽然测试人员难以判断 $d(x,y,G)$、$d(y,x,G)$、$d(x,w,G)$、$d(w,y,G)$ 各自是否正确，但测试人员很容易判断这些结果是否满足上述蜕变关系。如果 $d(y,x,G)\neq d(x,y,G)$，程序一定存在缺陷。当然，即便 $d(y,x,G)=d(x,y,G)$，仍然无法确认程序是正确的。本例中，$d(x,y,G)$ 是源用例，$d(y,x,G)$ 是其关于 MR_1 的后继用例，$d(x,w,G)$ 和 $d(w,y,G)$ 是其关于 MR_2 的后继用例。可见，一个源用例的后继用例可能有多个，另外在不同的蜕变关系下可能映射到不同的后继用例。同样，源用例也可能有多个。

另外值得一提的是，本例中 MR_1 的定义利用了一种常见的关联属性，即对称性。对称性又可以体现为以下两种形式：

(1) 不同测试输入变量之间的对称性。设两个测试输入点分别为 x 和 x'，这种形式的对称性表现为 $f(x)=f(x')$，正如 $d(x,y,G)=d(y,x,G)$。另一个典型的例子是求最大公约数的程序 $gcd(u,v)$。如果测试用例是"$u=1309$，$v=693$"，要确定预期结果并不容易。但可以定义蜕变关系 $MR=\{\langle d,e\rangle \mid gcd(u,v)=gcd(v,u)\}$，以"$u=1309$，$v=693$"为源用例，以"$u=693$，$v=1309$"为后继用例，如果源用例和后继用例的执行结果不一致，则被测程序一定存在缺陷。

(2) 测试输入变量与测试输出变量之间的对称性。设测试输入点为 d，对应的测试输出点为 $e=f(d)$。这种形式的对称性表现为 $f(f(d))=d$。以图像处理系统的水平翻转功能为例，将原图像 P

水平翻转后得到图像 P'，将 P' 再次水平翻转后，应该得到原图像 P。因此图像水平翻转功能具有对称性。

要找到类似对称性这样的关联属性，需要测试人员对被测对象期望及相关领域知识有深入的认知。例如，假设被测程序的功能是实现正弦函数 sin()的计算，如果测试人员了解正弦函数的基本性质，容易知道当两个测试用例的输入变量 x_1、x_2 满足 $x_1+x_2=\pi$ 时，一定有 $\sin(x_1)=\sin(x_2)$。这一属性就是被测程序的一种蜕变关系，即 $MR_1=\{\langle d,e\rangle \mid x_1+x_2=\pi \rightarrow \sin(x_1)=\sin(x_2)\}$。进一步，如果测试人员熟悉正弦和角公式，还可以定义更复杂的蜕变关系，即 $MR_2=\{\langle d,e\rangle \mid \sin(x_1+x_2)=\sin(x_1) * \sin\left(\frac{\pi}{2}-x_2\right)+\sin\left(\frac{\pi}{2}-x_1\right) * \sin(x_2)\}$。

当然，并非所有蜕变关系都是相等关系。例如，假设某数据库查询指令 q 的查询条件是 $c_1 \vee c_2 \vee \cdots \vee c_n$。$q$ 的一个可能的蜕变关系是："如果任意 $c_i(1\leqslant i\leqslant n)$ 被移除，查询结果应该是原始查询结果的子集"，即 $MR=\{\langle d,e\rangle \mid q(c_1 \vee c_2 \vee \cdots \vee c_{i-1} \vee c_{i+1} \vee \cdots \vee c_n) \subseteq q(c_1 \vee c_2 \vee \cdots \vee c_n)\}$。该蜕变关系就不是一个相等关系。

利用蜕变关系提供的冗余信息，可以很容易地拓展一些测试相关技术的应用范围。例如在进行缺陷定位时，如果已知某个测试用例的实际执行结果与预期结果不符，那么应该优先在这个用例的执行切片上进行调试，因为该执行切片上必然包含缺陷。这就是"基于执行切片的调试技术"的基本思路。当测试用例的预期结果不明确时，测试人员可以使用蜕变测试对这一方法进行扩展，即使用某个源用例与后继用例的蜕变组合来测试程序，一旦发现了对蜕变关系的违背，那么就优先在该用例组合的执行切片上进行调试（用例组合的执行切片为源用例和后继用例执行切片的并集）。

另一个例子是 4.1 节讲解的"基于频谱的缺陷定位技术"。该技术以统计的方式来评估各程序结构元素中包含缺陷的可能性，比如针对某个语句，统计覆盖该语句的执行成功用例数和执行失败用例数，以及未覆盖该语句的执行成功用例数和执行失败用例数，根据这些统计结果计算出此语句的错误风险值——被越多执行失败用例覆盖的语句，错误的可能越大；被越多执行成功用例覆盖的语句，错误的可能越小，以此来确定各语句的调试优先级。当测试用例的预期结果不明确时，测试人员可以使用蜕变测试对这一技术进行扩展：针对覆盖某个语句的蜕变组合，统计其中违背蜕变关系的组合数量，以及满足蜕变关系的组合数量。被越多违背蜕变关系的蜕变组合覆盖的语句，错误的可能越大；被越多满足蜕变关系的蜕变组合覆盖的语句，错误的可能越小。

7.4.2 测试集的测试准绳

蜕变测试不仅可以缓解测试准绳不明确的问题，还可以缓解测试准绳过于沉重的问题。在软件领域，有时为了节省成本或提高效率，可以采用“批校验器”，把多个测试用例的执行结果整合后进行统一校验，甚至可以考虑对多个执行结果进行有损压缩（如求均值等特征值）后再行校验。譬如对于被测程序 p、期望 f 和测试集 $T=\{t_1, t_2, \cdots, t_n\}$，测试人员可能没有足够的资源来计算 T 中每个用例的预期结果，但是知道 f 具有线性特征 $f(\sum_{i=1}^{n} t_i)=\sum_{i=1}^{n} f(t_i)$，这是一个典型的蜕变关系。根据这一蜕变关系，批校验器 R_f 将 T 中所有用例的执行结果加和后再进行校验，如果存在用例 t，使得 $p(t) \neq f(t)$，则 R_f 将以较高概率判定 T 执行失败，否则 R_f 将以较高概率判断 T 执行成功。

集成电路的测试设计中有类似的做法。当需要实施大规模的测试执行时，由于硬件资源的限制，对所有测试用例的执行结果都进行存储和分析往往是不现实的。通常会将一个测试集的全部预期结果整合成单个数值，称为测试集的预期特征值，并以此作为整个测试集的测试准绳。测试集的预期特征值与多个用例有关，可被视为一种蜕变关系。对被测电路的某个测试集而言，如果测试执行结果的实际特征值与预期特征值不符，则可以断定被测电路存在缺陷。

在集成电路领域，常用的特征值包括“奇偶特征值”“1 计数特征值”“1 概率特征值”“跳变次数特征值”“多项式除法余数特征值”等。这些特征值的设计思路，与差错控制编码中冗余码的设计有很多相似之处。

我们以“1 概率特征值”为例，来讨论蜕变测试在电路领域的应用。电路领域广泛采用随机测试方法，具体形式是按照特定的概率分布，对被测电路的各个输入引脚同时施加互相独立的伪随机输入序列。为了提升测试充分性，随机测试的输入序列一般规模较大，如果对每一个周期的电路输出进行逐个检验，会消耗大量的硬件资源。一种办法是从统计的思想出发，仅记录电路输出为 1 的概率，与被测电路的“1 概率特征值”作比较。

例如，对如图 7-12 所示的电路，假定随机测试输入服从的概率分布为 $P(x_1=1)=P(x_2=1)=P(x_3=1)=P(x_4=1)=P(x_5=1)=p$，根据电路结构，有

$$P(f_1=1)=p^3$$

$$P(f_2=1)=1-(1-p)^2=2p-p^2$$

$$P(f_3=1)=P(f_1=1)P(f_2=1)=2p^4-p^5$$

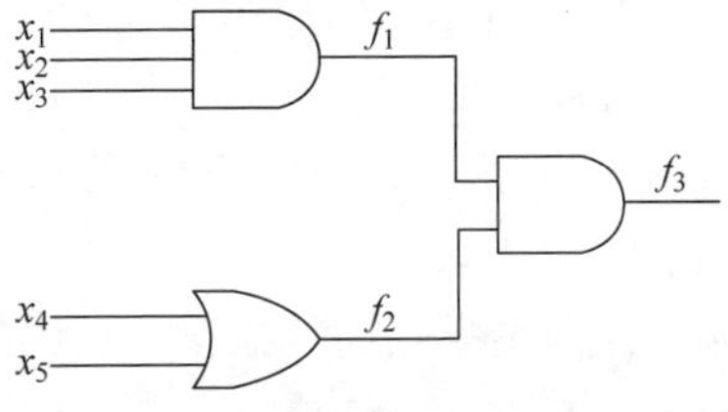

图 7-12 被测电路示例

如果 $p=0.5$，可知电路输出 f_3 为 1 的概率预期为 0.08375，这就是该电路在上述随机测试集下的“1 概率特征值”。假设端线 f_1 处存在固定 1 缺陷，那么 f_3 为 1 的实际概率为 $2p-p^2=0.75$，与“1 概率特征值”存在显著差异，足以帮助测试者检出该缺陷。

7.4.3 在线蜕变测试

“在线测试”一般指在被测产品实际使用过程中开展的测试活动，在软硬件领域有广泛的应用。实施在线测试的目的通常有两种。

(1) 为测试本身服务：利用被测产品实际使用过程中发生的各种具体事件，获取被测对象事件分布列的有关信息，实现更可信的质量评估；或者利用实际使用环境的数据规模、影响因素的真实性和复杂性，挖掘出隐藏较深的缺陷。互联网领域常用的 A/B 测试、线上引流测试等做法正是以此为目的。

(2) 为产品质量服务：将在线测试作为产品功能特性的一部分，使得产品在正常工作的同时，具备故障自动诊断、错误自动修正的能力。本质上是利用测试准绳中的冗余信息，提高被测对象在用户实际使用过程中的可靠性。电路内建在线自测试、软件在线蜕变测试都是以此为目的。

软件的失效有时会发生在一些极为特殊的测试输入点上，而在与之相邻的其他测试输入点上，软件就可以正常工作。换言之，如果失效测试输入点的影响因素取值发生微小的扰动，软件就可以输出正确的结果。在 6.5 节讲解过随机性失效，这种失效将导致程序输出结果的不确定性——基于相同的输入条件重复执行程序，有时结果与预期相符，有时则不相符。假设用户给程序 p 输入数据 d 之后，p 输出了结果 $p(d)$。测试人员并不知道这一结果是否受到了随机性失效的影响，但为了提高结果正确的概率，一种办法是让 p 重复多次执行相同的运算，由此引入冗余信息，以期修正可能发生的随机性错误。重复执行会增加额外的成本，但对于一些关键的软件，很可能是值得的。

在测试人员能力所及的范围内，虽然每次重复执行的外部条件都应该相同，但总会有一些不受控的影响因素发生微小的变化，比如时间、温度、电磁环境等。考虑到这一点，测试人员可以把多次重复执行的输入条件区别视之，比如记为 d、d'、d''。根据被测对象期望，这些微小的差异应不至于影响被测对象的行为，因此重复执行的结

果应该满足 $p(d)=p(d')=p(d'')$。这是一种简单的蜕变关系。实际上，对很多应用来说，大量的输入数据和内部状态在系统行为层面是等效的。例如，传感器对输入数据的识别精度往往并不高，正常情况下对输入数据进行微小的改动并不影响其输出。随机性失效的一种可能表现是，第一次执行时触发了失效，而第二、三次执行的结果都正常，即 $p(d)\neq p(d')=p(d'')$，这就违背了上述蜕变关系。这时可以采用少数服从多数的简单原则确定 p 最终的运算输出结果。

基于一些更复杂的蜕变关系，在线蜕变测试也可以用于对抗确定性失效。设被测程序 p 要实现的期望函数为 $f(x)=\sin(x)$，实际输出为 $p(x)$。与面对随机性失效时一样，测试人员需要多次调用 p，并以统计的方式获得自修正输出结果 $p'(x)$。具体过程如下：

(1) 根据均匀分布生成随机数 x_1，并设 $x_2=x-x_1$。

(2) 调用 p 四次，分别计算 $p(x_1)$、$p\left(\frac{\pi}{2}-x_2\right)$、$p\left(\frac{\pi}{2}-x_1\right)$、$p(x_2)$。

(3) 初步自修正结果为：$y_c=p(x_1)\,p\left(\frac{\pi}{2}-x_2\right)+p\left(\frac{\pi}{2}-x_1\right)p(x_2)$。

(4) 重复步骤(1)～(3) t 次，取 y_c 的众数作为最终自修正结果 $p'(x)$。

这里利用的蜕变关系是 7.4.1 节讲解的正弦和角公式，即 $\sin(x)=\sin(x_1+x_2)=\sin(x_1)\sin\left(\frac{\pi}{2}-x_2\right)+\sin\left(\frac{\pi}{2}-x_1\right)\sin(x_2)$。

再举一个例子。设被测程序 p 要实现的期望函数为 $f(w,x)=wx$，w 和 x 是输入变量，实际输出为 $p(w,x)$。则自修正过程可定义如下：

(1) 根据均匀分布生成两个随机数 r_1 和 r_2。

(2) 调用 p 四次，分别计算 $p(w-r_1,x-r_2)$、$p(w-r_1,r_2)$、$p(r_1,x-r_2)$、$p(r_1,r_2)$。

(3) 初步自修正结果为：$y_c=p(w-r_1,x-r_2)+p(w-r_1,r_2)+p(r_1,x-r_2)+p(r_1,r_2)$。

(4) 重复步骤(1)～(3)t 次，取 y_c 的众数作为最终自修正结果 $p'(x)$。

容易发现，初步自修正结果满足：

$$
\begin{aligned}
y_c &= p(w-r_1,x-r_2)+p(w-r_1,r_2)+p(r_1,x-r_2)+\\
&\quad p(r_1,r_2)\\
&=(w-r_1)(x-r_2)+(w-r_1)r_2+r_1(x-r_2)+r_1r_2\\
&=wx-wr_2-r_1x+r_1r_2+wr_2-r_1r_2+r_1x-\\
&\quad r_1r_2+r_1r_2\\
&=wx\\
&=p(w,x)
\end{aligned}
$$

这同样是一个典型的蜕变关系。每次执行步骤(1)～(3)步，都会基于一组新的随机数得到这样随机化的蜕变组合。

在线蜕变测试的主要思路是利用蜕变关系得到冗余信息，再通过蜕变组合的随机化等方式扩展冗余信息，最后利用取众数等操作实现冗余信息的聚合。在线蜕变测试的测试准绳就是产品的"行为榜样"，可以帮助产品实现错误的自动修正，降低实际使用过程中的失效率。譬如在 $f(w,x)=wx$ 的例子中，假设每次调用被测程序计算 $p(w,x)$的错误率为 $\theta_p=0.01$，可知计算 y_c 的错误率为 $\theta_{y_c}=1-(1-\theta_p)^4\approx0.04$。重复 t 次计算 y_c 并取众数，将得到足够小的失效率。

7.4.4 缺陷检出能力

很多因素都会对一种测试方法的缺陷检出能力造成影响。例如，同一种测试方法用于不同的被测对象时，实际的缺陷检出比率和效率就会存在差异。从测试设计的角度来看，测试方法的缺陷检出能力主要取决于两方面：测试准绳提供了怎样的冗余信息，以及选择了怎样的测试用例。这里以蜕变测试为例做进一步讲解。

7.4.4.1 蜕变关系的冗余信息量

建立蜕变关系的依据是对被测对象期望进行冗余分解之后得到的子期望。"蜕变关系成立"是"原始期望达成"的必要条件,蜕变测试的主要目标是找到"蜕变关系不成立"的蜕变组合,从而检出那些致使"原始期望未达成"的缺陷。

测试准绳中的冗余信息越多,其检出缺陷的能力一般会越强。这是冗余思想导出的一个重要观点。需要强调的是,这一观点谈论的对象是测试准绳的缺陷检出能力,而非测试用例或测试设计方法的缺陷检出能力。对于蜕变测试来说,经由冗余分解可能得到各种各样的蜕变关系,这些蜕变关系会不同程度地保留原始期望的冗余信息。保留冗余信息量相对较多的蜕变关系,其缺陷检出能力通常也较强。一些实证研究得到的初步结论是,"具有丰富语义属性"的蜕变关系更有希望发现缺陷,比如 $k \cdot \gcd(a,b)=\gcd(k \cdot a, k \cdot b)$,或 $\gcd(a,b) \cdot \gcd(c,d)=\gcd(ac,bd)$,其中 gcd()表示求最大公约数的函数;又比如 $\det(A) \cdot \det(B)=\det(AB)$,其中 det()表示求矩阵行列式的函数。所谓"具有丰富语义属性",指的就是蜕变关系描述了被测对象的某些本质特征,很大程度保留了期望中的冗余信息。

上述结论是定性的。当然也有一些定量的考察手段。在 7.2.1 节,针对一个给定的测试输入点,用熵来度量测试准绳(被测对象期望)中冗余信息的含量。对蜕变测试来说,蜕变关系就是测试准绳。考虑最常见的情形,即蜕变关系是涉及两个测试输入点的关联属性。这时,测试人员同样可以借用信息论中的概念,用"互信息"来度量蜕变关系中的冗余信息量。

考虑两个随机变量 X 和 Y,假设其概率密度函数分别为 $p(x)$ 和 $p(y)$,联合概率密度函数为 $p(x,y)$。可以用"条件熵"的概念来描述给定 Y 时 X 不确定度的均值,即

$$
\begin{aligned}
H(X \mid Y) &= \sum_{y} p(y) H(X \mid Y=y) \\
&= -\sum_{y} p(y) \sum_{x} p(x \mid y) \log_2 p(x \mid y)
\end{aligned}
$$

$$= -\sum_{x,y} p(x,y)\log_2 p(x \mid y)$$

将 X 和 Y 之间的"互信息"定义为

$$\begin{aligned}
I(X;Y) &= \sum_{x,y} p(x,y)\log_2 \frac{p(x,y)}{p(x)p(y)} \\
&= \sum_{x,y} p(x,y)\log_2 \frac{p(x \mid y)}{p(x)} \\
&= -\sum_{x,y} p(x,y)\log_2 p(x) + \sum_{x,y} p(x,y)\log_2 p(x \mid y) \\
&= -\sum_{x} p(x)\log_2 p(x) - \Big(-\sum_{x,y} p(x,y)\log_2 p(x \mid y)\Big) \\
&= H(X) - H(X \mid Y)
\end{aligned}$$

可见,互信息 $I(X;Y)$是在给定 Y 的条件下,X 的不确定度的缩减量。也可以说,互信息 $I(X;Y)$是随机变量 X 包含另一个随机变量 Y 的信息量的度量。

将后继用例和源用例的测试输出变量都视作随机变量,分别记作 X 和 Y。则蜕变关系中的冗余信息可以归结为"当源用例输出为 y 时,后继用例输出 x 应该满足什么约束"。蜕变关系中的冗余信息含量,就是在给定 Y 的取值的前提下,X 的不确定度的缩减量,即互信息 $I(X;Y)$。

假设测试人员定义的蜕变关系为 $MR_1=\{\langle d,e\rangle \mid x=y\}$,这时有 $\log_2 p(x \mid y)=\log_2 p(y \mid y)=0$,因此 $H(X \mid Y) = -\sum_{x,y} p(x,y)\log_2 p(x \mid y)=0$。也就是说,由于 MR_1 要求后继用例的输出与源用例的输出相等,在给定源用例输出之后,后继用例的输出也就完全明确了,或者说不确定度为零。这时有 $I(X;Y)=H(X)-H(X \mid Y)=H(X)$,这意味着 MR_1 引入的冗余信息完全抵消了 X 最初的不确定度,任何不满足 $x=y$ 这一约束的后继用例的执行结果,都可以揭示被测对象的缺陷。

再考虑另一种蜕变关系 $MR_2=\{\langle d,e\rangle \mid x\leqslant y\}$,这时显然有 $\log_2 p(x \mid y)\leqslant 0$,因此 $H(X \mid Y)=-\sum_{x,y} p(x,y)\log_2 p(x \mid y)\geqslant 0$,

$I(X;Y)=H(X)-H(X\mid Y)\leqslant H(X)$。也就是说,$MR_2$ 所提供的冗余信息只能在一定程度上消除后继用例输出的不确定性。实际上在给定源用例输出之后,MR_2 只能限定后继用例输出的大致范围,而非精确值,因此其缺陷检出能力不及 MR_1。

7.4.4.2 源用例和后继用例的差异性

蜕变关系决定了如何基于源用例来选取后继用例。例如,对 $MR_1=\{\langle d,e\rangle \mid x_1+x_2=\pi\rightarrow \sin(x_1)=\sin(x_2)\}$,若源用例为 x_1,后继用例必定为 $x_2=\pi-x_1$。软件领域的一些实证研究表明,源用例和后继用例的差异性越大,则蜕变关系检出缺陷的能力越强。这里所谓的差异性,一般指通过执行档案距离来度量的用例多样性。5.4 节讲解过,执行档案记录的是测试用例与被测对象的关联信息,比如软件测试中针对语句覆盖的执行档案,就是由执行用例时覆盖各代码行的次数构成的结构化信息。用例执行档案之间的欧氏距离,可以作为用例差异程度的一种度量手段。如果有一组可选的蜕变关系,并且可以计算出每个蜕变关系的源用例执行档案与后继用例执行档案的平均距离,那么测试人员应该优先选择平均距离最大的蜕变关系,以增强蜕变测试的缺陷检出能力。

测试人员可以从一个假定的场景入手,尝试理解这一建议背后的机理。假设被测程序为 p,期望所要实现的功能为 f。定义的蜕变关系为 $MR=\{\langle d,e\rangle \mid t=-t'\rightarrow P(t)=P(t')\}$,源用例为 t,后继用例为 t'。如果 p 中确实存在一个缺陷,但蜕变测试没能检出这个缺陷,也就是说测试结果满足 $P(t)=P(t')$,这时就存在两种可能的情形:

(1) t 和 t' 的执行都没有触及 p 中存在缺陷的部分,因此它们的输出都是正确的,自然也满足 MR。

(2) t 或 t' 的执行触及了 p 中存在缺陷的部分,但测试结果仍然满足 MR。

如果 t 和 t' 的语句覆盖执行档案之间距离很小,意味着执行 t 和 t' 所覆盖的代码存在很多重叠,假设 t 没能触及 p 中存在缺陷的部分，那么 t' 很可能也是如此。因此情形(1)发生的概率就比较高；相反，如果 t 和 t' 执行档案的距离很大，二者综合起来就可以覆盖相对更多的代码，情形(1)发生的概率自然比较低。

对于情形(2)，如果 t 和 t' 语句覆盖执行档案的距离很小，意味着 t 和 t' 触发的被测对象行为很相似，$P(t)=P(t')$ 的概率就会较高；相反，如果 t 和 t' 语句覆盖执行档案的距离很大，t 和 t' 触发的被测对象行为就会有相当的差异，$P(t)=P(t')$ 的概率自然比较低。这一分析可以扩展至更一般的蜕变关系。蜕变关系的本质是多个测试用例执行结果中体现出来的关联属性，如果不同用例触发的被测对象行为很相似，执行结果之间的关联性就比较强；相反，如果不同用例触发的被测对象行为差异较大，执行结果之间的关联性就比较弱，蜕变关系被违背的可能性就增加了。

7.5 差分测试

差分测试又称对比测试，基本思路是借由被测对象的冗余实现，来缓解测试准绳不明确的问题。

7.5.1 冗余实现

如果将测试准绳视为一个产生测试用例预期结果的实体，那么测试的基本过程可以用图 7-13 描述。

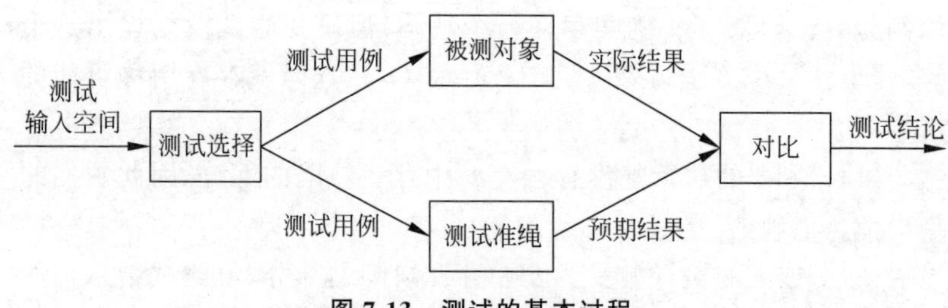

图 7-13 测试的基本过程

根据一定的测试选择策略，测试人员从测试输入空间中选出一部分测试输入点作为测试用例。在被测对象上执行这些用例之后，将产生实际输出结果，同时测试准绳将产生这些用例的预期输出结果。将两个结果进行对比，就可以得到理想与现实是否相符的结论。

差分测试将被测对象的冗余实现作为产生测试用例预期结果的实体。设被测对象为 p，冗余实现为 p'，二者要达成的期望 e 相同，而且实现的方式和主体相对独立。t 是一个针对 e 的测试用例，在 p 和 p' 上执行 t 的实际结果分别为 $p(t)$ 和 $p'(t)$。假设 t 的预期结果 $e(t)$ 不明确，也就是说测试人员无从判断 $p(t)$ 和 $e(t)$ 是否相符。这时，差分测试的做法是将 $p'(t)$ 视为冗余信息，用以构造 t 的测试准绳，如果 $p(t)$ 和 $p'(t)$ 不相符，则认为 t 可能揭示了一个失效，需要对 p 和 p' 做进一步排错，以确认缺陷究竟来自哪一方。

在集成电路领域，这样的冗余实现被称为参考模型。参考模型可以是电路形式化可模拟的规范，也可以是另一种不同形式的电路设计，甚至可以是一个虚拟的模型，只简单给出期望的正确结果。差分测试中，对被测电路和参考模型同时施加相同的测试输入，如果二者结果不同，则有可能检出了被测电路的缺陷。

安全关键领域有一种提高系统可靠性的方法，被称为 N 版本冗余系统设计。一个 N 版本冗余系统由 N 个($N \geqslant 3$)依据同一功能目标独立开发的系统构成。在测试阶段，这些系统之间可以互为冗余实现，通过差分测试方法识别质量特性上的差异，进而检出隐藏的缺陷。系统运行时，则采用少数服从多数的投票原则确定最终输出。N 版本冗余系统的一个显著缺点是开发成本太高。另外“共模失败”“计算精度不足”等也是导致 N 版本冗余系统失效的典型问题。

7.5.2 产品演化过程中的差分测试

差分测试经常在产品演化过程中扮演重要的角色。例如在实施回归测试时，测试人员的主要目的是验证被测对象新版本中的修改是否影响已有特性。这时可以将上一个版本作为当前版本的冗余实现，也就是对于回归测试用例 t，直接将上一个版本的测试执行结果 $p'(t)$ 视为冗余信息，与当前版本的测试执行结果 $p(t)$ 进行对比。很多时候，这种做法可以有效降低回归测试成本。

软件领域有一些回归测试用例自动生成技术，采用差分测试和变异测试相结合的技术来自动生成断言。断言是程序中的一个布尔表达式，用于运行时的程序行为检查，可以作为回归测试用例的测试准绳。如果某次执行中断言结果为真，则认为断言位置的程序行为符合预期，否则认为程序中存在缺陷。可以采用如下步骤建立回归测试用例及其测试准绳。

(1) 针对原始被测程序，采用基于搜索的方法或随机方法自动生成测试用例集。

(2) 为原始被测程序生成一组变异体。

(3) 在原始程序和所有变异体上分别执行测试用例集，记录执行过程中所有可观测的变量值(包括程序输出结果)。

(4) 分析原始程序和变异体在这些变量值上的差异，为每一个差异生成一个断言，形成一个断言集。

(5) 在现有资源约束下，优选该断言集的一个能够杀死最多变异体的子集。

按上述方法自动生成的断言通常用于后续版本的回归测试，其中包含的冗余信息来自被测对象在当前版本中表现出的行为，而并非其预期行为。举例来说，如果一个计算器程序实现了一个错误的求和方法 sum()，返回结果永远是 0。假设一个测试用例的输入参数是 5 和 3，那么自动生成的断言会是 assertEquals(0，sum(5，3))，这显然并不符合预期。另外值得一提的是，为了加强差分测试的缺陷检出能力，上述方法不仅观察程序输出结果，还会观察程序运行过程中的状态信息。在软件领域，这是一种常用的测试准绳强化手段。

与上述应用场景类似，差分测试还常被用于产品换代改造的过程中。当技术的发展累积到一定程度时，即便产品所承载的业务没有变化，在产业竞争的压力下，对产品的技术升级也是势在必行。针对新一代产品的测试，经常遇到测试准绳不清晰的问题。理想的产品换代过程是实现所谓“透明转移”，也就是要保证新一代产品具备与老一代产品相同的功能特性，以减小对用户使用的影响。然而，老一代产品往往由于开发年代久远，需求、设计、测试资料早已散落不全，致使测试人员难以掌握有关其功能特性的精确信息，也就无法确定相关测试用例的预期结果。这时就可以采用差分测试方法，将老一代产品视为新一代产品的冗余实现，分别在新一代产品和老一代产品上执行相同的测试用例，以老一代产品的执行结果为冗余信息，构造测试准绳。如果新一代产品的测试结果不符合测试准绳，则说明新一代产品存在缺陷。这里体现的冗余思想类似于简单重复型的差错控制编码，也就是用信息码元的一次重复作为冗余码元，一旦接收方发现信息码元和冗余码元不一致，就可以断定传输中发生了错误。

上述测试设计策略的一个基本前提是，新一代产品要达成的功能期望与老一代产品完全相同。在具体实践中，这个前提往往过于苛刻。技术升级的诉求难免会使产品功能特性发生一些变化，只要这些变化在用户可接受范围内，就可以认为是合理的。很多情况下，追求绝对的透明转移不仅成本过高，也没有必要。这时候，测试人员需要对 $p(t')$ 中包含的冗余信息进行提纯，过滤掉这些“合理的差异”。

假设某民航旅客服务系统要进行换代改造，主要功能不变，但技术架构要从主机单体服务变成开放平台微服务，同时用户前端要从字符终端变成图形界面终端。以离港航班旅客列表查询功能为例，老一代系统后台服务输出的结果 $p(t')$ 是列表型的字符串，如下所示：

```
PD: CZ3325/29NOV22 * SWA,FOID                    CC0750/NAM
738/73N GTD/19 POS/GATE BDT0705 SD0735 ED0735 SA0930 FT0155
  1. 1MonkeyDLuffy  BN017  36B     R NNG XW0H54 FBA/20KG PSM ASR FF FR
                                             ET CTC CNIN FOID
  2. 1Roronoazoro    BN104  54H     Z NNG XENTQN FBA/20KG PSM FF ET CTC
                                             CNIN FOID
  3. 1Nami              BN023  36H    R NNG XVHJH7 FBA/20KG PSM ASR FF ET
                                             CTC CNIN FOID
  4. 1Usopp             BN118  42K    R NNG XTV8LK FBA/20KG PSM ASR FF ET
                                             CTC CNIN FOID
```

```
 5. 1Sanji          AA2 BN063  46H    T NNG XDDJ86 PSM ET CTC CNIN FOID
 6. 1TonyTonyChopper  BN101  53J    N NNG XXCFBD FBA/20KG PSM FF ET CTC
                                          CNIN FOID
 7. 1NicoRobin       T2 BN062  45J    R NNG XW1K4Y FBA/20KG PSM ET CTC
                                          CNIN FOID
 8. 1Franky            BN107  55C    R NNG XYEHSC FBA/20KG PSM ET CTC
                                          CNIN FOID
 9. 1Brook             BN094  52J    R NNG XTP9SV FBA/20KG PSM ET CTC
                                          CNIN FOID
10. 1Jinbei            BN022  35H    R NNG XDTV4W FBA/20KG PSM ASR FF ET
                                          CTC CNIN FOID
11. 1PortgasDAce       BN039  32H    W NNG XH0QGW FBA/20KG PSM FF ET CTC
                                          CNIN FOID CKIN STSP      +
```

新一代系统后台服务输出的结果 $p(t)$则是 JSON 格式的结构化字符串,如下所示:


```
{
  "AirlineCode": "CZ" "FltNo": "3325" "DepartureDate": "29NOV22"
"CheckInStatus": "CC" "CheckInCloseTime": "0750" "CheckInType": "NAM"
"AircraftType": "738" "AircraftVersion": "73N" "BoardingGateNo": "19"
"AircraftPosition": "GATE" "BoardingTime": "0705" "ScheDepartureTime":
"0735" "EstiDepartureTime": "0735" "ScheArrivalTime.": "0930"
"FlyingTime": "0155" "PsgrInfo": [
  { "DisplayNo": "1" "NumInSurname": "1" "PsgrName": "MonkeyDLuffy"
"BoardingNo": "BN017" "SeatNo": "36B" "ClassCode": "R" "
ArrivalAirport": "NNG" "PNRRecordLocator": "XW0H54" "Items": [ "FBA/
20KG", "PSM", "ASR", "FF", "FR", "ET", "CTC", "CNIN", "FOID" ]},
  { "DisplayNo": "2" "NumInSurname": "1" "PsgrName": "Roronoazoro"
"BoardingNo": "BN104" "SeatNo": "54H" "ClassCode": "Z" "
ArrivalAirport": "NNG" "PNRRecordLocator": "XENTQN" "Items": [ "FBA/
20KG", "PSM", "FF", "ET", "CTC", "CNIN", "FOID" ]},
  { "DisplayNo": "3" "NumInSurname": "1" "PsgrName": "Nami"
"BoardingNo": "BN023" "SeatNo": "36H" "ClassCode": "R" "
ArrivalAirport": "NNG" "PNRRecordLocator": "XVHJH7" "Items": [ "FBA/
20KG", "PSM", "ASR", "FF", "ET", "CTC", "CNIN", "FOID" ]},
  { "DisplayNo": "4" "NumInSurname": "1" "PsgrName": "Usopp"
"BoardingNo": "BN118" "SeatNo": "42K" "ClassCode": "R" "
ArrivalAirport": "NNG" "PNRRecordLocator": "XTV8LK" "Items": [ "FBA/
20KG", "PSM", "ASR", "FF", "ET", "CTC", "CNIN", "FOID" ]},
```

```
{ "DisplayNo": "5" "NumInSurname": "1" "PsgrName": "Sanji"
"PartyConnector": "AA2" "BoardingNo": "BN063" "SeatNo": "46H"
"ClassCode": "T" "ArrivalAirport": "NNG" "PNRRecordLocator": "XDDJ86"
"Items": ["PSM", "ET", "CTC", "CNIN", "FOID" ]},
  { "DisplayNo": "6" "NumInSurname": "1" "PsgrName": "TonyTonyChopper"
"BoardingNo": "BN101" "SeatNo": "53J" "ClassCode": "N"
"ArrivalAirport": "NNG" "PNRRecordLocator": "XXCFBD" "Items": ["FBA/
20KG", "PSM", "FF", "ET", "CTC", "CNIN", "FOID" ]},
  { "DisplayNo": "7" "NumInSurname": "1" "PsgrName": "NicoRobin"
"PartyConnector": "T2" "BoardingNo": "BN062" "SeatNo": "45J"
"ClassCode": "R" "ArrivalAirport": "NNG" "PNRRecordLocator": "XW1K4Y"
"Items": ["FBA/20KG", "PSM", "ET", "CTC", "CNIN", "FOID" ]},
  { "DisplayNo": "8" "NumInSurname": "1" "PsgrName": "Franky"
"BoardingNo": "BN107" "SeatNo": "55C" "ClassCode": "R"
"ArrivalAirport": "NNG" "PNRRecordLocator": "XYEHSC" "Items": ["FBA/
20KG", "PSM", "ET", "CTC", "CNIN", "FOID" ]},
  { "DisplayNo": "9" "NumInSurname": "1" "PsgrName": "Brook"
"BoardingNo": "BN094" "SeatNo": "52J" "ClassCode": "R"
"ArrivalAirport": "NNG" "PNRRecordLocator": "XTP9SV" "Items": ["FBA/
20KG", "PSM", "ET", "CTC", "CNIN", "FOID" ]},
  { "DisplayNo": "10" "NumInSurname": "1" "PsgrName": "Jinbei"
"BoardingNo": "BN022" "SeatNo": "35H" "ClassCode": "R"
"ArrivalAirport": "NNG" "PNRRecordLocator": "MDTV4W" "Items": ["FBA/
20KG", "PSM", "ASR", "FF", "ET", "CTC", "CNIN", "FOID" ]}
 ]
  {"DisplayNo": "11" "NumInSurname": "1" "PsgrName": "PortgasDAce"
"BoardingNo": "BN039" "SeatNo": "32H" "ClassCode": "W"
"ArrivalAirport": "NNG" "PNRRecordLocator": "PHOQGW" "Items": ["FBA/
20KG", "PSM", "FF", "ET", "CTC", "CNIN", "FOID", "CKIN" ] "LabelInfo":
[{ "ItemData": "STSP"}, { "LabelInd": "PD: " "ItemData": "CZ3325/
29NOV19 * SWACC0750/NAM"}, { "LabelInd": "738" "ItemData": "73N GTD/19
POS/GATE BDT0705 SD0735 ED0735 SA0930 FT0155"} ]}
}
```


可见，$p(t)$和$p(t')$的内容差异很大，而这一差异是实现新一代系统改造目标所必需的。新一代系统需要保持不变的质量特性是“准确查询出给定离港航班上的旅客信息”。这时不能直接对比

$p(t)$和$p(t')$，因为$p(t')$提供的冗余信息并非$p(t')$本身，而是其中包含的旅客信息。一种办法是先将$p(t)$和$p(t')$转换为统一的格式，再进行对比；另一种办法是在对比时忽略一些可预见的合理差异。

冗余实现的数量越多，提供给测试准绳的冗余信息就越丰富，差分测试检出缺陷的能力就越强。仍然以上述民航旅客服务系统的换代改造为例。新一代系统的一个功能目标是将老一代主机系统中的航班数据传输到开放平台。测试人员可以采用差分测试方法来验证数据传输的准确性，也就是将开放平台的航班数据与主机平台的航班数据进行对比。为了提高测试充分性，一般会通过数据驱动方式，进行大批量航班的自动对比。开放平台的数据采用关系型数据库存储，查询起来比较容易；而主机平台的数据采用文件式存储，主要的查询方式是一些特定的查询指令，但指令回显结果可能无法覆盖主机数据文件中的所有字段。另一种查询方式是利用早期开发的一种数据同步技术，能够查询到所有字段，但这种技术的应用范围一直限于研发团队内部，并未经过充分验证。

针对这样的情况，可以采用两种策略相结合的差分测试设计。

(1) 将早期开发的数据同步技术视为冗余实现。一方面通过该技术获取主机平台的航班数据，另一方面通过查询数据库获取开放平台的航班数据。进行必要的格式统一之后，将双方进行对比。虽然冗余实现并不是很成熟，但其与待测的新一代系统采用完全不同的技术路线，在实现上出现相同缺陷(也就是所谓“共模失败”)的可能性较小。

(2) 将主机查询指令视为冗余实现。一方面调用这些指令获取主机航班数据的回显结果，另一方面查询开放数据库获取开放平台的航班数据。进行必要的格式统一之后，将双方进行对比。

上述两种冗余实现分别从不同的角度提供了冗余信息，从而增强了差分测试的缺陷检出能力，当然同时也增加了差分测试的实施成本。

7.6 测试准绳的一般性讨论

7.6.1 测试准绳的有效性和完整性

测试准绳决定了测试执行的结果是否正确。有很多材料可以用于编织测试准绳，比如被测对象的属性、蜕变关系、冗余实现等。

设被测对象为 p，被测对象期望为 e，针对 e 的一个测试用例为 t，测试准绳为 o，用 $e(p,t)$ 表示 p 在 t 上是否符合 e，用 $o(p,t)$ 表示 p 在 t 上是否符合 o。如果有 $e(p,t) \Rightarrow o(p,t)$，称测试准绳 o 是有效的。也就是说，如果与测试用例 t 有关的现实与理想相符，那么有效的测试准绳结果一定为真。

在针对数值计算程序的测试中，如果资源非常有限，测试人员常常选取易于确定预期结果的简单输入数据进行测试。例如，被测程序要实现的期望函数为 $f(x)=\log_2 x$，那么测试人员会选取 $x=2^n$ 作为测试用例。忽略那些复杂输入数据的原因，并非是这些数据对测试不重要，而是验证其结果过于困难。这种做法可以被视为一种测试选择策略，也可以从“缓解测试准绳问题”的角度去理解：将原始期望进行冗余分解后，以子期望“$f(2^n)=\log_2(2^n)=n$”作为测试准绳。显然，这个测试准绳是有效的。

实际上，基于冗余分解后的子期望所构建的测试准绳都是有效的。然而在工程实践中，测试人员也经常看到无效的测试准绳。一种常见的情况是测试准绳可能过于精确，比如测试准绳定义的预期输出结果是 1/3，而被测对象实际输出结果是 0.3334，精度符合期望的要求，$e(p,t)$ 为真，但 $o(p,t)$ 却为假。

如果对被测对象 p、期望 e、测试用例 t、测试准绳 o，有 $o(p,t) \Rightarrow e(p,t)$，则称该测试准绳是完整的。正如 4.4.4 节讲解的那样，大多数测试充分准则都假定测试准绳是完整的：“可能测试并不完美，但至少我们知道测过的地方是正确的”。然而实际情况并非如此。由于成本或复杂性等原因，工程实践中采用的测试准绳往往只涉及被测对象输出信息的一部分。如果在其余部分的信息中隐藏了缺陷的线索，那么这样的测试准绳就是不完整的。事实上，基于冗余分解后的子期望所构建的测试准绳一般都是不完整的。

如果对被测对象 p、期望 e、测试用例 t、测试准绳 o，有 $o(p,t)\Leftrightarrow e(p,t)$，也就是说测试准绳 o 是有效且完整的，则称该测试准绳是健全的。健全的测试准绳含有与原始期望相同的冗余信息。

7.6.2 测试准绳的相对强度

不同的测试准绳之间也可以定义相对强弱关系。如果对被测对象 p、测试用例 t、测试准绳 o_1 和 o_2，有 $o_1(p,t)\Rightarrow o_2(p,t)$，则称在 t 上 o_1 强于 o_2，记作 $o_1 \geqslant_t o_2$。换言之，如果在测试用例 t 上 o_1 强于 o_2，且使用 o_1 无法检出缺陷，则使用 o_2 必然也无法检出缺陷。

也可以在统计意义上定义测试准绳的相对强弱关系。对于被测对象 p、测试用例 t、测试准绳 o_1 和 o_2，如果 o_1 比 o_2 检出缺陷的概率更高，则称在测试用例 t 上 o_1 概率强于 o_2，记作 $o_1\ PB_t o_2$。举例来说，假设被测对象是一个搜索程序，期望的主要功能是判断给定数组中是否存在给定值的元素。测试用例 t 的输入变量为数据 $a[n]$ 和给定值 k，其执行结果为 $a[n]$ 中不存在值为 k 的元素。要判断这个执行结果是否正确，可以设定测试准绳 o_1 为“从 $a[n]$ 中随机选择一个元素，检验其是否等于 k”。如果随机选择的元素等于 k，那就说明 t 的执行结果是错误的。显然，o_1 至少有 $1/n$ 的概率可以检出这个缺陷。类似地，还可以设定测试准绳 o_2 为“从 $a[n]$ 中随机选择两个元素，检验其是否等于 k”。o_2 至少有 $2/n$ 的概率可以检出这个缺陷。因此在测试用例 t 上 o_2 概率强于 o_1，即 $o_2\ PB_t o_1$。

从冗余的角度来看，测试准绳强度差异的根源在于冗余信息的含量。通常来说，包含的冗余信息越多，测试准绳就越强。

7.6.3 测试准绳与测试充分准则

将测试用例集和测试准绳综合起来定义的充分准则，能更全面地表征测试集的充分程度。比如，对于航电系统的状态切换管理程序，测试应关注内部状态变量的正确性，因此除了采用修改的条件/

决策覆盖准则建立测试集之外，还应该在测试准绳中观察输出结果和大部分内部变量。再比如，4.2.4 节用变异得分定义变异充分准则："设已有测试集为 T，原始程序的变异体集合为 M。则 T 满足变异充分准则，当且仅当其变异得分为 1"。为了强调测试准绳的作用，可以换用如下方式描述变异充分准则的定义。

> **定义：变异充分准则**
>
> 设已有测试集为 T，原始程序 p 的变异体集合为 M。则 T 满足变异充分准则，当且仅当 $\forall m \in M, \exists t \in T: \neg o(m,t)$。

这意味着，如果 T 是变异充分的，则对 M 中的任意变异体 m，T 中都存在一个用例 t，可以使用其测试准绳检出一个缺陷。如果 T 不满足变异充分准则，说明 T 识别某些变异的能力还有待提高，这时有两种办法：为 T 补充用例，或者强化已有用例所使用的测试准绳。

另外，还可以结合测试准绳定义测试充分准则的相对强弱关系。设被测对象为 p，考虑两个充分准则 C_1 和 C_2，如果对满足 C_1 的任意测试集 T_1、满足 C_2 的任意测试集 T_2，都有$(\exists t_2 \in T_2: \neg o_2(p,t_2)) \Rightarrow (\exists t_1 \in T_1: \neg o_1(p,t_1))$，则称 C_1 强于 C_2。换言之，如果 C_1 强于 C_2，且满足 C_2 的测试集能够使用其某个用例的测试准绳检出 p 的缺陷，那么满足 C_1 的测试集必然也能使用其某个用例的测试准绳检出 p 的缺陷。可见，一旦加强了对测试准绳的关注，测试充分准则就能够与测试集的缺陷检出能力建立起更直接的联系。

4.4.4 节讲解绝对充分度时，提到过"验证置信度"的概念，即经过测试的验证之后，测试人员能够在什么程度上相信理想和现实是相符的，或者说有多少信心接受"合理"但不一定"正确"的结果。显然，验证置信度与测试准绳密切相关。健全的测试准绳能够完美地充当理想的代理，如果经由它的裁决，某个测试用例的执行结果是成功的，那么在这个用例覆盖的测试输入点上，验证置信度就是100%。但如果使用了不健全的测试准绳，验证置信度就势必要打折扣。可见，借助验证置信度的概念，绝对充分度摒弃了传统测试充分性度量的基本假设,即"测过的部分一定是正确的",同时表达了对测试准绳的高度重视。

7.6.4 互相制约的关系

被测对象、被测对象期望、测试用例、测试准绳之间的内在联系可以用图 7-14 表示。

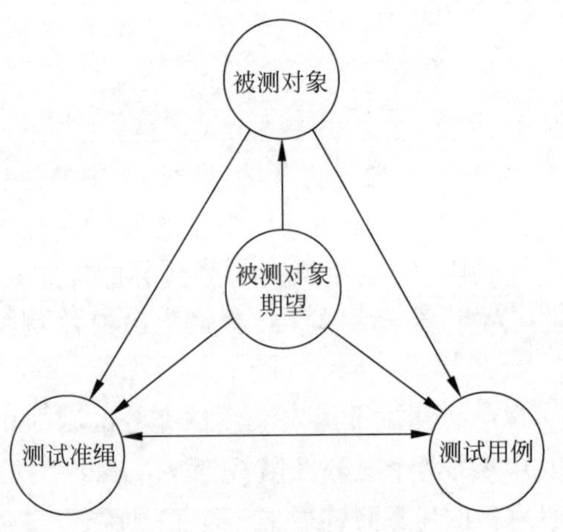

图 7-14 相互制约的关系

被测对象期望是被测对象、测试用例、测试准绳的依据：被测对象试图实现期望,测试用例试图发现在哪些具体事件中被测对象与期望不相符,测试准绳从期望中流射而来,包含期望中的一部分冗余信息,决定测试用例的预期执行结果；另外,被测对象的具体实现方式限制了测试人员的观察手段,因此也限制了测试准绳的冗余信息量；同时,被测对象的具体实现方式还会影响测试选择的策略；测试用例和测试准绳都是测试设计的产物,二者共同决定了测试的效果,即测试能否达成评估质量或检出缺陷的既定目标。

可以将被测对象、被测对象期望、测试用例、测试准绳视为影响测试充分度的一组因子。这些因子之间有着相互制约的关系,改变其中一个,其他某些因子必须随之改变,才能维持相当的测试充分度。

(1) 如果被测对象期望变化了,显然被测对象的实现方式、测试准绳都要随之变化,同时依据期望选择的测试用例集也要进行调整。

(2) 如果被测对象变化了,测试人员观察被测对象的方式也可能随之变化,因此测试准绳也会产生变化,同时依据被测对象结构选择的测试用例集也要进行调整。

(3) 如果降低了测试准绳的强度,那么就需要更多的测试用例来弥补测试充分度。

(4) 如果缩减了测试集的规模,那么就需要更强大的测试准绳来弥补测试充分度。

7.7 模糊冗余信息

笔者一直将测试准绳表述为布尔函数,即对测试用例执行结果的裁决只有"成功"或"失败"两种结论。但必须承认,这种方式有时显得过于武断。比如 7.6.1 节讲解的"预期输出是 1/3、实际输出是 0.3334"的例子,说明太绝对的测试准绳可能反而是无效的。此外,还可以回顾在 6.1.2.5 节讲解的多次抽样通过标准。在统计抽样测试中,常常以不合格品数阈值作为测试准绳。而多次抽样通过标准的主要思路是将这一测试准绳区间化,从确定的值变成区间$[Ac, Re]$。首次抽样时,如果不合格品数 d 小于 Ac 或大于 Re,可以得到确定的测试结论,即待测批合格或不合格;如果 d 介于 Ac 和 Re 之间,说明尚不足以作出合格与否的判定,需要补充进一步的测试。如果必须要在首次抽样之后给出一个结论,那么一个可行的办法是根据 d 与 Ac 和 Re 的相对距离估算待测批合格的概率,即 $P=(d-Ac)/(Re-Ac)$。这时,测试准绳就不再是布尔函数。

为了指导现实与理想的对照,测试准绳可以从两个角度来刻画关于理想的冗余信息:"怎样是对的",以及"怎样是错的"。但很多时候,实际的测试准绳只能给出这样的冗余信息:"怎样可能是对的",以及"怎样可能是错的"。这样的信息称为模糊冗余信息。

测试准绳的作用在于给测试用例执行结果进行分类。分类是人们认识事物、获取知识的重要方法。有些事物有明确的类属,譬如正整数、分布式系统、四十岁以下人群等,待认知对象或者属于,或者不属于其中某一类别,结论必然是明晰的;有些事物没有这种明确的类属关系,譬如天文数字、复杂系统、年轻人等,待认知对象是否属于其中某一类别,经常无法作出肯定的回答。一切对立的两极都通过中介而相互过渡。处于中介过渡环节的事物既有这一极的特征,又有那一极的特征。有些两极的中介状态不发达,允许忽略中介,把事物类属看作非此即彼的;有些两极中间存在发达的中介,两极对立并不充分,必须承认某些对象具有亦此亦彼的特征。事物类属的不明确性,称为模糊性。

7.7.1 模糊数学基础

精确数学的基础是经典集合论,其基本假设是:对于论域上的任一元素 x 和任一集合 A,要么 $x \in A$,要么 $x \notin A$,二者必居其一且只居其一。而模糊数学放弃了上述假设,把元素对集合的隶属关系进行了模糊化,允许论域上存在部分地属于集合又部分地不属于集合的元素,变绝对的隶属为相对的隶属。论域上的经典集合是一个边界确定的区域,如图 7-15 中的 E 所示;模糊集合是一种边界不定的区域,如图 7-15 中的 F 所示。

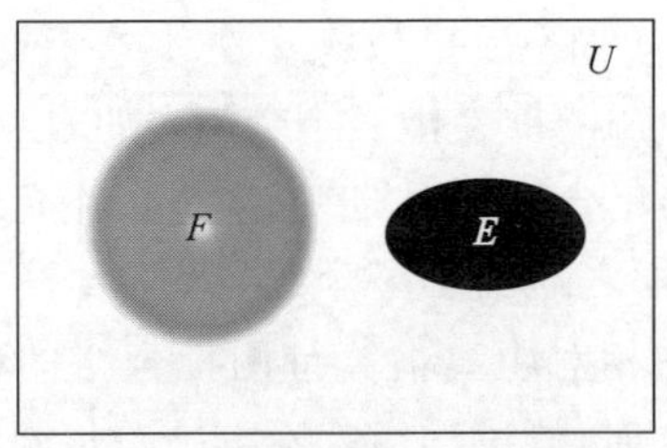

图 7-15　模糊集合与经典集合

在论域 U 之上,经典集合 E 把论域上的元素划分为界限截然分明的两部分,一部分完全属于 E,另一部分完全不属于 E。模糊集合 F 不能如此划分论域,只能讲元素有可能属于 F。不同的元素隶属

于 F 的可能性一般是不同的,可以用隶属度的概念对这一可能性进行定量描述。

设 A 是论域 U 上的一个模糊集合,其隶属函数是一个从 U 到区间[0,1]的实函数 $\mu_A: U \to [0,1]$,对于 U 上的任一元素 u,记其属于 A 的隶属度为 $\mu_A(u)$。若 $\mu_A(u)=1$,则 u 百分之百属于 A;若 $\mu_A(u)=0$,则 u 百分之百不属于 A;若 $0<\mu_A(u)<1$,则 u 在一定程度上属于 A。由此可见,经典集合可被视为模糊集合的特例,即隶属函数只取 0、1 两个数值的模糊集合。

举例来说,假设论域 U 是连续的实数区间[0,100],其中的元素代表人的年龄。在 U 上定义模糊集合 Y(年轻)、O(年老),其隶属函数可分别定义如下:

$$\mu_Y(u)=\begin{cases}1 & 0\leqslant u\leqslant 25\\ \left[1+\left(\dfrac{u-25}{2}\right)^{2}\right]^{-1} & 25<u\leqslant 100\end{cases}$$

$$\mu_O(u)=\begin{cases}0 & 0\leqslant u\leqslant 50\\ \left[1+\left(\dfrac{u-50}{5}\right)^{-2}\right]^{-1} & 50<u\leqslant 100\end{cases}$$

$\mu_Y(u)$的曲线如图 7-16 中实线所示,$\mu_O(u)$的曲线如图 7-16 中点画线所示。

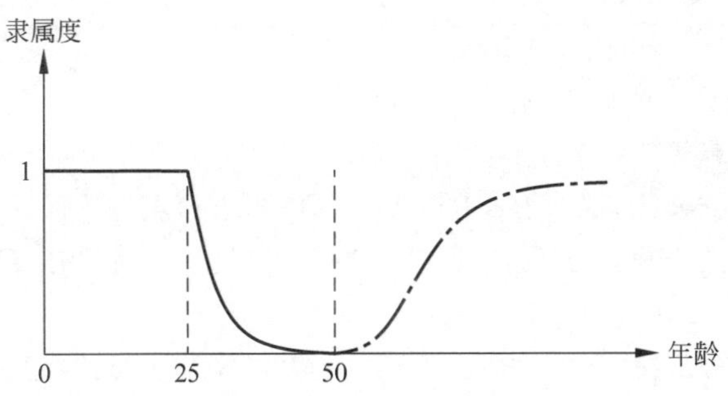

图 7-16 隶属函数曲线的示例

设有限论域 $U=\{u_1,u_2,\cdots,u_n\}$,u_i 对模糊集合 A 的隶属度可简记为 μ_{Ai},则 A 可以表示为 $A=(\mu_{A1}/u_1,\mu_{A2}/u_2,\cdots,\mu_{An}/u_n)$。如

果固定元素的排序，那么还可以进一步简记为 $A=(\mu_{A1},\mu_{A2},\cdots,\mu_{An})$。用这种方式描述的模糊集合又被称为模糊向量。

模糊集合的基本运算也是并、交、补，所用符号与经典集合相同，但含义模糊化了。

(1) 并运算：模糊集合 A 与 B 的并集仍然是模糊集合，记作 $A\cup B$，其隶属函数定义为 $\mu_{A\cup B}(u)=\max(\mu_A(u),\mu_B(u))$。

(2) 交运算：模糊集合 A 与 B 的交集仍然是模糊集合，记作 $A\cap B$，其隶属函数定义为 $\mu_{A\cap B}(u)=\min(\mu_A(u),\mu_B(u))$。

(3) 补运算：模糊集合 A 的补集仍然是模糊集合，记作 A^c，其隶属函数定义为 $\mu_{A^c}(u)=1-\mu_A(u)$。

例如，设 $A=(0.5,0.1,0.7,0.9,0.2)$，$B=(1,0.6,0.3,0.4,0.8)$，则有。

$$\begin{aligned}A\cup B&=(\max(0.5,1),\max(0.1,0.6),\max(0.7,0.3),\\&\quad\max(0.9,0.4),\max(0.2,0.8))\\&=(1,0.6,0.7,0.9,0.8)\\A\cap B&=(\min(0.5,1),\min(0.1,0.6),\min(0.7,0.3),\\&\quad\min(0.9,0.4),\min(0.2,0.8))\\&=(0.5,0.1,0.3,0.4,0.2)\\A^c&=(1-0.5,1-0.1,1-0.7,1-0.9,1-0.2)\\&=(0.5,0.9,0.3,0.1,0.8)\end{aligned}$$

模糊集合的运算满足如下规律：

(1) 幂等律：$A\cup A=A$；$A\cap A=A$。

(2) 交换律：$A\cup B=B\cup A$；$A\cap B=B\cap A$。

(3) 结合律：$(A\cup B)\cup C=A\cup(B\cup C)$；$(A\cap B)\cap C=A\cap(B\cap C)$。

(4) 分配律：$A\cup(B\cap C)=(A\cup B)\cap(A\cup C)$；$A\cap(B\cup C)=(A\cap B)\cup(A\cap C)$。

(5) 德摩根律：$(A\cup B)^c=A^c\cap B^c$；$(A\cap B)^c=A^c\cup B^c$。

(6) 吸收律：$A\cup(B\cap A)=A$；$A\cap(B\cup A)=A$。

(7) 零律：$A\cup U=U$；$A\cap\varnothing=\varnothing$。

(8) 同一律：$A \cap U = A$；$A \cup \varnothing = A$。

(9) 余补律：$\varnothing^c = U, U^c = \varnothing$。

(10) 双重否定律：$(A^c)^c = A$。

需要注意，模糊集合运算并不满足排中律($A \cup A^c = U$)和矛盾律($A \cap A^c = \varnothing$)。这是模糊性的本质体现。

另外，由模糊集合的定义可知：

(1) 模糊集合 A 和 B 相等，当且仅当 $\forall u \in U$，有 $\mu_A(u) = \mu_B(u)$。

(2) 模糊集合 A 和 B 存在关系 $A \subseteq B$，当且仅当 $\forall u \in U$，有 $\mu_A(u) \leqslant \mu_B(u)$。

以模糊集合刻画模糊性的关键是确定隶属度，通常的做法是依据经验或统计方法。之前提到过的多次抽样通过标准的例子中，根据 d 与 Ac 和 Re 的相对距离估算待测批合格的概率，即 $P = (d - Ac)/(Re - Ac)$，实际上就是在确定隶属度。

7.7.2 测试结论的模糊性

分类总是依据某个标准进行的，测试准绳采用的标准就是关于被测对象预期质量特性的冗余信息。有时候测试人员运气不错，对理想有充分的把握，测试准绳中的冗余信息可以清晰刻画预期质量特性是什么样的，比如“正确的输出结果应该是 3.1415，其他的输出都是错误的”。依据这样的冗余信息，可以得到明确的测试结论，即“理想与现实相符”或“理想与现实不相符”；而有时候测试人员所掌握的冗余信息只能大致描述预期质量特性应该是什么样的，比如“小于 3 或大于 4 的输出结果必然是错误的，3 到 4 之间的输出结果有可能是正确的”，依据这样的模糊冗余信息，往往只能得到模糊的测试结论，即“理想与现实在某种程度上是相符的”。

2.3.1 节讲解过被测对象期望实现水平的概念，即期望的实现价值量 $v(R_E)$ 与价值量 $v(E)$ 的比值。实现价值量代表测试人员对现实的观察结果，价值量代表测试人员对理想的观察结果，因此实现水平就是通过测试得到的、针对某一期望的质量评估结论。如果将被测对象所有可能的实现视为论域 U，定义模糊集合 I_E 为"被测对象的实现满足期望 E"，那么实现水平本质上刻画的就是被测对象对 I_E 的隶属度 μ_{I_E}。当 $\mu_{I_E}=1$ 时，被测对象完全实现了预期的价值，理想与现实完全相符；当 $\mu_{I_E}=0$ 时，被测对象没有实现任何预期的价值，理想与现实完全不符。工程实践中，$\mu_{I_E}=0$ 和 $\mu_{I_E}=1$ 都是比较罕见的情况，主要原因在于：

(1) 被测对象的实现总是以被测对象期望为依据，除非是极端特殊的情况，被测对象总是可以实现一部分期望的价值，即 $v(R_E)>0$。

(2) 然而被测对象中不可避免地存在缺陷，导致被测对象实现的价值不及预期，因此有 $v(R_E)<v(E)$。

(3) 难以确切地看清现实。测试选择问题、测试完整性问题时常困扰着测试人员，尽管测试人员可以依靠一些测试设计思想缓解这些问题，但要想实现绝对全面的测试还是非常困难，多数情况下只能根据某些测试充分准则评估测试集的充分度，进而对 $v(R_E)$ 进行估计。

(4) 难以确切地看清理想。很多时候，测试准绳中的冗余信息并不足以完整、精准地描述理想，使得测试人员无法对理想和现实进行精确的对照。

由此可见，对于面向质量评估的测试而言，模糊性是测试结论的一般特征。大多数情况下，恰当的测试结论并非"被测对象是否符合期望"，而是"被测对象关于期望的隶属度为多少"。

7.8 本章小结

如果将被测对象期望视为一种代表理想的信息，那么被测对象的使命就是要将其传输到现实中。将测试视为这一信息传输过程的差错控制手段，测试准绳就是由理想信息转换而来的冗余信息。将观察现实获得的信息与冗余信息进行对照，测试人员就能够判断这一信息传输过程是否发生了错误。借鉴通信领域的实践，测试人员可以根据冗余的思想来编织合适的测试准绳。

本质上,被测对象期望描述了测试输入变量与测试输出变量之间的因果关系。当测试人员从“果”的层面对期望中的目标进行拆分时,期望中的冗余信息将被分解到一系列子期望中,这些子期望将成为建立测试准绳的基础。在被测对象期望的冗余分解和具象化分解过程中,子期望和父期望的关系都可以用“钝化”来描述,即因果关系不确定性的增加。

基于属性的测试方法关注某些恒常的简单属性,以此作为测试准绳。蜕变测试关注的则是被测对象在多个测试用例执行结果中体现出来的关联属性,即蜕变关系。蜕变关系中包含的冗余信息不仅有助于缓解“测试准绳问题”,还有可能经由进一步的扩展和聚合,为被测对象赋予在线错误自修正的能力。通常来说,测试准绳中的冗余信息越多,其检出缺陷的能力越强。为此,测试人员应尽可能在蜕变测试中选择那些“具有丰富语义属性”的蜕变关系,或者“源用例和后继用例的差异性较大”的蜕变关系。

差分测试方法使用的测试准绳,其冗余信息来自被测对象的冗余实现。冗余实现并非仅见于安全关键领域,被测产品的历史版本或上代产品都可视为一种冗余实现。

尽管大多数测试充分准则都假定“测试准绳可以完美判定理想与现实是否相符”,但实际情况并非如此。如果测试人员在测试充分准则中加强对测试准绳的重视,就有可能在测试充分准则与“测试集的缺陷检出能力”之间建立起更直接的联系,从而使这些准则更合理地反映测试集的充分程度。

很多时候,“理想”所提供的冗余信息是模糊的,这导致测试人员只能以统计的方式给出质量评估结论。模糊数学为测试人员提供了一些必要的手段。

软件领域的研发生产实践中,有一些实用工具可以很好地支持基于属性的测试,如 QuickCheck、Hypothesis 等。在 Hypothesis 的官方文档里藏着一段动人的文字,描述了一位测试者在平凡生活中的英雄梦想,值得与各位读者共勉:

Hypothesis是为何而生的？对一个使用者来说，Hypothesis可以帮助你更容易地写出好的测试。然而对我这个作者而言，Hypothesis的目标不仅于此。即便这么说有点狂妄，但我真地认为，Hypothesis的存在是为了逼迫这个世界进入高质量软件的新时代。

软件正在吞噬这个世界，软件的缺陷将给世界带来可怕的灾难。虽然每一个开发者都知道测试有多重要，但极少有人可以面不改色地说自己的代码经过了充分的测试。原因就在于，写出好的测试太难了。如果你的代码里存在设计缺陷，那么你写的测试里往往也有同样的问题。

很多测试工具可以帮到开发者，却乏人问津。例如早在1999年就已问世的Quickcheck，绝大多数人听都没听过，更别提是否用过了。

Hypothesis致力于用高质量、简洁的方式实现高等测试技术，给普罗大众带来福音。我会从别人那里乞求、借用甚至偷窃任何一切可以改善测试的好方法，只要我能。如果不能，我就自己发明新方法。

QuickCheck是Hypothesis的启蒙，后续我计划引入模糊测试技术、覆盖率引导的随机测试技术等，同时我也在积极寻求其他的建议和想法。

在我看来，如果你还不能接受Hypothesis，说明Hypothesis存在某些问题，需要我去努力解决：基于属性的测试跟你的工作流不匹配？这是Hypothesis的问题，需要我进一步研究如何将Hypothesis与更多的研发模式进行集成；生成测试数据时遇到太多困难？这是Hypothesis的问题，需要我进一步研究如何将过程简化，比如从已有的数据中自动派生新数据；觉得Hypothesis用起来太复杂？这是Hypothesis的问题，我将会提供尽可能更易用的API。

我知道这看起来是个过于远大的抱负，但我期望能够一步一个脚印地实现它。到目前为止，Hypothesis 是 Quickcheck 在主流语言中最优秀的实现，同时还有效地推动了这一技术的发展。所以我想——我有乐观的理由。

所有测试设计思想的诞生，都来源于测试者对质量孜孜不倦的追求，对学问精益求精的打磨。更重要的，是守护世界的雄心壮志。

本章参考文献

[1] Ali Mili，Fairouz Tchier. 软件测试概念与实践[M]. 颜炯，译. 北京：清华大学出版社，2016.

[2] Thomas M. Cover，Joy A Thomas. 信息论基础[M]. 阮吉寿，张华，译. 北京：机械工业出版社，2007.

[3] 屈婉玲，耿素云，张立昂. 离散数学[M]. 2 版. 北京：清华大学出版社，2008.

[4] Ernst M D，Perkins J H，Guo P J，et al. The Daikon system for dynamic detection of likely invariants[J]. Science of Computer Programming，2007，69(1-3)：35-45.

[5] Gotlieb A. Exploiting symmetries to test programs[C]//14th International Symposium on Software Reliability Engineering，2003. ISSRE 2003. IEEE，2003：365-374.

[6] Segura S，Fraser G，Sanchez A B，et al. A survey on metamorphic testing [J]. IEEE Transactions on Software Engineering，2016，42(9)：805-824.

[7] Cao Y，Zhou Z Q，Chen T Y. On the correlation between the effectiveness of metamorphic relations and dissimilarities of test case executions[C]// 2013 13th International Conference on Quality Software. IEEE，2013：153-162.

[8] Chen T Y，Huang D H，Tse T H，et al. Case studies on the selection of useful relations in metamorphic testing[C]//Proceedings of the 4th Ibero-American Symposium on Software Engineering and Knowledge Engineering (JIISIC 2004). 2004：569-583.

[9] Davis M D，Weyuker E J. Pseudo-oracles for non-testable programs[C]// Proceedings of the ACM'81 Conference. 1981：254-257.

[10] McKeeman W M. Differential testing for software[J]. Digital Technical Journal, 1998, 10(1): 100-107.

[11] Barr E T, Harman M, McMinn P, et al. The oracle problem in software testing: a survey[J]. IEEE Transactions on Software Engineering, 2014, 41(5): 507-525.

[12] Staats M, Whalen M W, Heimdahl M P E. Programs, tests, and oracles: the foundations of testing revisited [C]//2011 33rd International Conference on Software Engineering (ICSE). IEEE, 2011: 391-400.

[13] Weyuker E J. On testing non-testable programs [J]. The Computer Journal, 1982, 25(4): 465-470.

[14] Xie X, Wong W E, Chen T Y, et al. Metamorphic slice: An application in spectrum-based fault localization [J]. Information and Software Technology, 2013, 55(5): 866-879.

[15] Blum M, Wasserman H. Program result-checking: A theory of testing meets a test of theory[C]//Proceedings 35th Annual Symposium on Foundations of Computer Science. IEEE, 1994: 382-392.

[16] Manolache L I, Kourie D G. Software testing using model programs[J]. Software: Practice and Experience, 2001, 31(13): 1211-1236.

[17] Chen T Y, Kuo F C, Liu H, et al. Metamorphic testing: a review of challenges and opportunities [J]. ACM Computing Surveys (CSUR), 2018, 51(1): 1-27.

[18] Ammann P E, Knight J C. Data diversity: An approach to software fault tolerance[J]. IEEE Transactions on Computers, 1988, 37(4): 418-425.

[19] Richardson D J, Aha S L, O'malley T O. Specification-based test oracles for reactive systems[C]//Proceedings of the 14th International Conference on Software Engineering. 1992: 105-118.

[20] Staats M, Whalen M W, Heimdahl M P E. Better testing through oracle selection (nier track)[C]//Proceedings of the 33rd International Conference on Software Engineering. ACM, 2011: 892-895.

[21] Fraser G, Zeller A. Mutation-driven generation of unit tests and oracles [C]//Proceedings of the 19th International Symposium on Software Testing and Analysis. 2010: 147-158.

[22] Fraser G, Arcuri A. Evosuite: Automatic test suite generation for object-oriented software[C]//Proceedings of the 19th ACM Sigsoft Symposium and the 13th European Conference on Foundations of Software Engineering.

2011：416-419.

[23] Pastore F, Mariani L, Fraser G. Crowdoracles: Can the crowd solve the oracle problem?[C]//2013 IEEE Sixth International Conference on Software Testing, Verification and Validation. IEEE, 2013：342-351.

[24] Liu H, Kuo F C, Towey D, et al. How Effectively Does Metamorphic Testing Alleviate the Oracle Problem?[J]. IEEE Transactions on Software Engineering, 2014, 40(1)：4-22.

[25] 李晓维，吕涛，李华伟，李光辉. 数字集成电路设计验证[M]. 北京：科学出版社，2010.

第8章

推　理

推理是数学和逻辑学的基本思维方式，是由前提推导出结论的过程。推理的思想可以帮助测试人员缓解测试设计中的"正确性判定问题"。

测试的典型模式可概括为：从测试输入空间中选择一部分测试输入点作为测试用例，根据这些测试用例的执行结果评估被测对象在整个测试输入空间中的质量表现。这一过程实质上就是根据推理的思想，通过观察被测对象的个别行为，推导出其一般特性。当然，正如7.7.2节讲解的，这样的推导结果通常是模糊性的，需要以统计的方式来描述。

然而，以质量评估为目的测试，其终极追求仍然是验证被测对象的正确性，也就是证明被测对象的理想与现实完全相符。更何况，也有很多场合需要测试人员给出确切的正确性结论，比如航空航天、核工业等安全攸关领域的测试。枚举的测试方法可以帮助测试人员做到这一点，其代价是高昂的测试实施成本。另一种可能的选择就是借助归纳、演绎等推理手段，证明被测对象是正确的，或部分正确的。

8.1 被测对象的正确性

当测试人员称被测对象"正确"时，通常想表达的是这样一种质量评估结论：在所有可能的情况下，被测对象的质量特性表现都符合期望。换言之，在期望的测试输入空间中，任何测试输入点对应的实际输出结果都满足期望的要求。

7.2.1 节讲解过，被测对象期望的本质是"测试输入变量与测试输出变量之间理想的因果关系"，可以用"从测试输入空间 D 到测试输出空间 E 的一个关系 R"来描述，R 中有序对的第一元素是测试输入点，第二元素是期望的测试输出点；另一方面，可以用另一个从 D 到 E 的关系 P 来描述被测对象的实现，因为被测对象的本质就是基于 R 所构建的"测试输入变量与测试输出变量之间现实的因果关系"。P 中有序对的第一元素是测试输入点，第二元素是实际的测试输出点。如果一个有序对 $\langle d,e\rangle$ 满足 $\langle d,e\rangle\in(R\cap P)$，说明在测试输入点 d 上，实际输出与预期输出相符，被测对象的实现满足 R 的要求。借助上述理想与现实的关系模型，可以对被测对象正确性的相关概念做进一步讲解。

8.1.1 正确性的概念

举例说明。假定 $R=\{\langle 0,0\rangle,\langle 0,1\rangle,\langle 0,2\rangle,\langle 1,1\rangle,\langle 1,2\rangle,\langle 1,3\rangle,\langle 2,2\rangle,\langle 2,3\rangle,\langle 2,4\rangle,\langle 3,3\rangle,\langle 3,4\rangle,\langle 3,5\rangle\}$，$R$ 的定义域 $\mathrm{dom}R=\{0,1,2,3\}$，这也正是 R 的测试输入空间。同时，假定 R 有如下一组可能的实现：

$P_1=\{\langle 0,1\rangle,\langle 1,2\rangle,\langle 2,3\rangle,\langle 3,4\rangle\}$

$P_2=\{\langle 0,1\rangle,\langle 1,2\rangle,\langle 2,3\rangle,\langle 3,4\rangle,\langle 4,5\rangle,\langle 5,6\rangle,\langle 6,7\rangle\}$

$P_3=\{\langle 0,1\rangle,\langle 1,2\rangle,\langle 2,4\rangle\}$

$P_4=\{\langle 0,1\rangle,\langle 1,2\rangle,\langle 2,4\rangle,\langle 4,8\rangle,\langle 5,10\rangle,\langle 6,12\rangle\}$

$P_5=\{\langle 0,1\rangle,\langle 1,2\rangle,\langle 2,4\rangle,\langle 3,6\rangle\}$

$P_6=\{\langle 0,1\rangle,\langle 1,2\rangle,\langle 2,4\rangle,\langle 3,6\rangle,\langle 4,8\rangle,\langle 5,10\rangle,\langle 6,12\rangle\}$

从集合的角度观察这组实现与 R 的关系，结果如表 8-1 所示。

表 8-1 不同的实现与期望的关系

实现	dom*P*	dom*P*∩dom*R*	*R*∩*P*	dom(*R*∩*P*)
P_1	{0,1,2,3}	{0,1,2,3}	{⟨0,1⟩,⟨1,2⟩,⟨2,3⟩,⟨3,4⟩}	{0,1,2,3}
P_2	{0,1,2,3,4,5,6}	{0,1,2,3}	{⟨0,1⟩,⟨1,2⟩,⟨2,3⟩,⟨3,4⟩}	{0,1,2,3}
P_3	{0,1,2}	{0,1,2}	{⟨0,1⟩,⟨1,2⟩,⟨2,4⟩}	{0,1,2}
P_4	{0,1,2,4,5,6}	{0,1,2}	{⟨0,1⟩,⟨1,2⟩,⟨2,4⟩}	{0,1,2}
P_5	{0,1,2,3}	{0,1,2,3}	{⟨0,1⟩,⟨1,2⟩,⟨2,4⟩}	{0,1,2}
P_6	{0,1,2,3,4,5,6}	{0,1,2,3}	{⟨0,1⟩,⟨1,2⟩,⟨2,4⟩}	{0,1,2}

从中可总结出如下特征：

(1) P_1、P_2、P_5、P_6 的定义域包含 dom$R$。可见这些被测对象考虑了与 R 相关的所有可能的输入情况，可以在 R 的任何一个测试输入点上产生实际输出结果。

(2) P_3、P_4 的定义域中都未包含 3，可见它们都没有考虑输入为 3 的情况，而这个测试输入点在 R 中是有明确定义的。但是在 P_3、P_4 的定义域与 dom$R$ 的交集{0,1,2}上，P_3、P_4 的输出结果都满足 R 的要求。

(3) P_1、P_2 不仅可以在 R 的任何一个测试输入点上产生实际输出结果，并且实际输出结果都满足 R 的要求。

在这个例子的基础上，给出如下形式化定义。

定义：完整覆盖期望的被测对象

设 R 是一个被测对象期望的关系模型，P 是一个被测对象的关系模型。称 P 是完整覆盖 R 的被测对象，当且仅当 dom$R\subseteq$ dom$P$。

也就是说，如果 dom$P$ 是 dom$R$ 的超集，称 P 完整覆盖了 R。显然，如果希望一个被测对象正确实现了某个期望，它首先应该完整覆盖这个期望。

> **定义：部分正确的被测对象**
>
> 设 R 是一个被测对象期望的关系模型，P 是一个被测对象的关系模型。称 P 是关于 R 部分正确的被测对象，当且仅当 $\mathrm{dom}(R\cap P)=\mathrm{dom}R\cap\mathrm{dom}P$。

dom$R\cap$dom$P$ 表示 P 覆盖 R 的部分。如果在这部分测试输入点上，实际输出与预期输出相符，则称被测对象是部分正确的。

> **定义：正确的被测对象**
>
> 设 R 是一个被测对象期望的关系模型，P 是一个被测对象的关系模型。称 P 是关于 R 正确的被测对象，当且仅当 $\mathrm{dom}(R\cap P)=\mathrm{dom}R$。

如果在整个测试输入空间 dom$R$ 上，实际输出都与预期输出相符，则称被测对象是正确的。易知，一个被测对象 P 关于期望 R 正确，当且仅当 P 是关于 R 部分正确的，并且 P 完整覆盖了 R。

8.1.2 正确性度量

对于大部分以质量评估为目的的测试设计方法，“部分正确”的概念代表了它们评估能力的极限。从测试的角度看，关系模型 R 代表理想，P 代表现实，测试集 T 则包括了全部可观察、可把握的现实事件，因此可以认为 T 就是 dom$P$ 本身。由于测试成本的限制，测试集 T(dom$P$)通常只能覆盖 dom$R$ 中很小的一部分。这样的测试集即便全部执行通过——即 $\mathrm{dom}(R\cap P)=\mathrm{dom}P$，也只能认为被测对象是部分正确的，或者说在一定概率上是正确的。这个概率就是被测对象的正确性水平，也可以理解为 7.7.2 节讲解的被测对象关于期望的隶属度。在安全攸关领域中，基于测试的正确性度量是重要的质量评估方式。

和正确性相近的一个概念是可靠性，也就是在给定的用户、环境、时间条件下，被测对象不发生错误的概率。正确性与可靠性的不同在于，正确性不强调用户、环境、时间等前提条件。可靠性度量的结论类似于："在95%的使用场景下，被测对象发生故障的概率不会超过1%"，或"在给定条件下，被测对象失效率小于0.1%的置信水平是99.9%"。而正确性度量的结论应该类似于"被测对象正确的概率不低于99.9%"或"对于任意的输入，被测对象给出正确输出的概率高于99.9%的置信水平是90%"。

6.3.2节讲解过如何借助随机测试和统计手段评估被测对象的可靠性。这一思路同样可以应用于正确性度量中。假设被测对象正确的概率不低于 p，采用服从均匀分布的随机测试集，可以粗略认为每个测试用例执行成功的概率不低于 p。设随机测试集中的用例数为 N，则测试集全部执行通过的概率不低于 p^N，至少发现一个缺陷的概率不高于 $e=1-p^N$。习惯将 e 视为正确概率不低于 p 的置信水平。例如，假设在1000个随机输入下被测对象 P 的输出结果都符合预期，那么对于任意输入，P 给出正确输出的概率不低于99.7%的置信水平为 $1-0.997^{1000}=95\%$。

另一种思路是通过评估测试集的充分度，间接度量被测对象的正确性。诚然，测试集执行通过是被测对象正确的必要条件，而非充分条件。但执行通过的测试集越充分，被测对象正确的概率也越高。在这个意义上，可以把测试集的充分性理解为"当所有用例执行通过时，该测试集能够证明被测对象正确性的能力"。在前面讲解过的各种测试充分准则中，绝对充分度最适合用来度量正确性。假设一个测试集其绝对充分度达到了百分之百，则称这样的测试集是完备的。如果一个完备的测试集全部执行通过，则足以断定被测对象是正确的，或者说其正确的概率为百分之百。然而在工程实践中，完备的测试集往往难以实现，绝对充分度也并非一个实用的充分准则。退而求其次，可以采用其他度量型充分准则来评估测试集的充分度，相对粗略地将其视为被测对象正确性的度量结果。

8.2 演绎

演绎是最基本的推理方法之一。依据已被确认的前提和公认的逻辑规则,推导出某个结论的过程,就是演绎推理的过程。有时候,测试人员可以基于某些前提和规则,演绎出被测对象正确的结论。

8.2.1 演绎推理基础

3.3.2.1 节讲解过命题逻辑。如"被测对象是正确的"这样一个陈述句,其中所表达的判断结果可能为真,也可能为假,这个陈述句就是一个命题。命题是演绎推理所关注的最基本的成分。不同的命题可以用联结词关联起来,构成命题公式。常见的联结词包括否定($\neg$)、合取($\wedge$)、析取($\vee$)、蕴涵($\rightarrow$)、等价($\leftrightarrow$)等。演绎推理的前提和结论一般都以命题公式来表述。

命题公式的等值演算是演绎推理的重要组成部分,其依据是结合律、分配律、德摩根律、假言易位律等 16 组等值演算规律。需要注意,这些演算规律是基于精确数学的,与 7.7.1 节讲解的模糊集合运算规律存在明显的差异。

设 $A_1,A_2,\cdots,A_k$、B 都是命题公式,$A_1,A_2,\cdots,A_k$ 是演绎推理的前提,B 是演绎推理的结论。则演绎推理的形式结构可表示为命题公式$(A_1\wedge A_2\wedge\cdots\wedge A_k)\rightarrow B$。若无论 $A_1,A_2,\cdots,A_k$、B 中的命题变项赋值为何,都有 $A_1\wedge A_2\wedge\cdots\wedge A_k$ 为假,或者当 $A_1\wedge A_2\wedge\cdots\wedge A_k$ 为真时,B 也为真,则称由前提 $A_1,A_2,\cdots,A_k$ 推出 B 的演绎推理是有效的,并称 B 是有效的结论。这时$(A_1\wedge A_2\wedge\cdots\wedge A_k)\rightarrow B$ 为重言式,即取值永远为真的命题公式,记作$(A_1\wedge A_2\wedge\cdots\wedge A_k)\Rightarrow B$,或用图示法记为

$$\begin{array}{c} A_1 \\ A_2 \\ \vdots \\ A_k \\ \hline B \end{array}$$

横线上方分别列出各项前提，横线下方是有效结论。

演绎推理的过程，本质上是一个描述推理过程的命题公式序列，其中每个命题公式或是已被确认的前提，或是由某些前提应用推理规则得到的结论。序列中的最后一个命题公式即为演绎推理的最终结论。可见演绎推理的主要活动，就是根据推理规则从序列中已有的公式推导出新的公式，并将其添加到公式序列中。因此，推理规则是演绎推理的逻辑核心。基于精确数学的数理逻辑中，常用的推理规则包括：

(1) 前提引入规则：在演绎的任何步骤上都可以引入前提。一类重要的前提是公理，也就是公认为真的命题，例如，“过直线外的任意一点，都存在与该直线平行的唯一一条直线”，就是欧氏几何中的一条公理。

(2) 结论引入规则：在演绎的任何步骤上得到的结论，都可以作为后续演绎步骤的前提予以引入。

(3) 等值置换规则：在演绎的任何步骤上，命题公式中的子公式都可以用与之等值的公式置换，得到公式序列中的又一个公式。

(4) 假言推理规则：若公式序列中已有 $A \rightarrow B$ 和 A，则 B 是有效结论，可以作为新的命题公式添加到序列中。该规则可以表示为

$$\begin{array}{c} A \rightarrow B \\ A \\ \hline B \end{array}$$

(5) 附加规则：

$$\begin{array}{c} A \\ \hline A \vee B \end{array}$$

(6) 化简规则：

$$\begin{array}{c} A \wedge B \\ \hline A \end{array}$$

(7) 拒取式规则：

$$\begin{array}{c} A \rightarrow B \\ \neg B \\ \hline \neg A \end{array}$$

(8) 假言三段论规则：

$$\frac{\begin{array}{c}A \to B\\ B \to C\end{array}}{A \to C}$$

(9) 析取三段论规则：

$$\frac{\begin{array}{c}A \vee B\\ \neg B\end{array}}{A}$$

(10) 构造性二难推理规则：

$$\frac{\begin{array}{c}A \to B\\ C \to D\\ A \vee C\end{array}}{B \vee D}$$

(11) 破坏性二难推理规则：

$$\frac{\begin{array}{c}A \to B\\ C \to D\\ \neg B \vee \neg D\end{array}}{\neg A \vee \neg C}$$

(12) 合取引入规则：

$$\frac{\begin{array}{c}A\\ B\end{array}}{A \wedge B}$$

(13) 归结规则：

$$\frac{\begin{array}{c}A \vee B\\ \neg A \vee C\end{array}}{B \vee C}$$

遵循推理规则进行演绎推理，能够保证当前提成立时，结论必然成立。推理规则是从客观因果规律中提炼出来的，不同领域里有着不同的因果规律，因此也可以定义不同的推理规则，以方便演绎推理的进行。

在某些情形下，基于命题的演绎推理有明显的局限性。例如，考虑如下命题：

p：凡偶数都能被 2 整除。

q：6 是偶数。

r：6 能被 2 整除。

显然，$(p \wedge q) \rightarrow r$ 应该是正确的演绎推理，但是基于命题的演绎推理不能得出这一结论，原因是其无法把握命题之间的内在联系和数量关系。

改进方法是在命题中引入个体词、谓词和量词，建立形如 $\forall xF(x)$ 的谓词逻辑公式。其中 x 是个体词，指所研究对象中可以独立存在的、具体的或抽象的个体，如果未明确取值范围（即个体域），则可以指宇宙间一切事物；$F(x)$ 是谓词，用来刻画个体词的性质，或个体词之间的相互关系；$\forall$ 是全称量词，与个体词连用表示个体域中的所有个体。另外还有存在量词 $\exists$，与个体词连用表示个体域中的某个个体。

假设谓词 $E(x)$ 代表"x 为偶数"，$D(x)$ 代表"x 能被 2 整除"。则命题 p"凡偶数都能被 2 整除"可以转换为如下谓词逻辑公式：

$$\forall x(E(x) \rightarrow D(x))$$

若上述公式为真，就意味着对任意 x，如果 x 是偶数，那么 x 就能被 2 整除。6 是偶数，因此 6 能被 2 整除。这样就完成了 $(p \wedge q) \rightarrow r$ 所不能完成的演绎推理。

谓词逻辑公式仍然是命题，因此同样满足 16 组等值演算规律。此外还满足如下与量词有关的演算规律。

1. 量词消去律

设个体域为有限集 $D=\{a_1, a_2, \cdots, a_n\}$，则有

$$\forall xA(x) \Leftrightarrow A(a_1) \wedge A(a_2) \wedge \cdots \wedge A(a_n)$$

$$\exists xA(x) \Leftrightarrow A(a_1) \vee A(a_2) \vee \cdots \vee A(a_n)$$

2. 量词否定律

$$\neg \forall xA(x) \Leftrightarrow \exists x \neg A(x)$$

$$\neg \exists x A(x) \Leftrightarrow \forall x \neg A(x)$$

3. 量词辖域收缩与扩张律

设谓词 B 中不含个体词 x，则有

$$\forall x(B \rightarrow A(x)) \Leftrightarrow B \rightarrow \forall x A(x)$$

$$\exists x(B \rightarrow A(x)) \Leftrightarrow B \rightarrow \exists x A(x)$$

$$\forall x(A(x) \rightarrow B) \Leftrightarrow \exists x A(x) \rightarrow B$$

$$\exists x(A(x) \rightarrow B) \Leftrightarrow \forall x A(x) \rightarrow B$$

4. 量词分配律

$$\forall x(A(x) \land B(x)) \Leftrightarrow \forall x A(x) \land \forall x B(x)$$

$$\exists x(A(x) \lor B(x)) \Leftrightarrow \exists x A(x) \lor \exists x B(x)$$

8.2.2 正确性演绎推理

在软件领域，缓解“正确性判定问题”的一种方法是采用演绎推理来证明程序的正确性。

将描述程序行为的命题公式记为 $P\{S\}Q$。其中 S 是被测程序，P 和 Q 是关于程序变量的子命题公式，P 称为 S 的前置条件，Q 称为 S 的后置条件。P 和 Q 共同刻画了程序输入和输出之间预期的因果关系，本质上代表被测对象期望。命题公式 $P\{S\}Q$ 的含义是：如果程序 S 执行前程序变量的值使得前置条件 P 为真，则程序 S 执行完成时，程序变量的值将使后置条件 Q 为真。如果能够通过演绎推理证明 $P\{S\}Q$ 为有效结论，那就证明了程序 S 的实现与期望相符，或者说程序 S 是正确的。

例如，程序 S 的期望功能是计算自然数的阶乘，这个程序中的变量 x 在程序开始执行时，存放用户输入的自然数 k；在程序执行终止时，存放待输出的结果。只要能够证明对输入的任意自然数 k，S 计算的结果确实是 k 的阶乘，那就证明了 S 是正确的。为此，建立命题公式 $x==k\{S\}x==k!$，其含义为：若 S 执行前 x 的值等于 k，则 S 执行完毕后 x 的值等于 $k!$。程序执行前的条件 $x==k$ 称为 S 的

前置条件，执行后的条件 $x==k!$ 称为 S 的后置条件。

计算机程序由变量、语句等基本元素构成，主要用于数据处理，可以实现数据的运算、输入、输出、复制、删除、修改等操作。每一种程序设计语言都预设了特定的编码逻辑，比如变量赋值的逻辑、语句执行控制流转的逻辑等。这些逻辑由计算机底层原理保证，不证自明。为了方便进行程序正确性的演绎推理，可以根据这些逻辑建立一组公理和推理规则。例如：

1. 赋值公理

$$P[e]\{x=e\}P[x]$$

其中，e 是程序中的表达式，x 是程序变量。$P[e]$表示 e 满足 P，$P[x]$表示 x 满足 P。执行赋值语句$\{x=e\}$的结果是为程序变量 x 赋予表达式 e 的值。赋值公理的含义是，若执行赋值语句前 $P[e]$成立，那么执行赋值语句$\{x=e\}$后 $P[x]$也必然成立。

2. 顺序规则

$$\frac{\begin{array}{c}P\{S_1\}R\\R\{S_2\}Q\end{array}}{P\{S_1;S_2\}Q}$$

顺序规则依据的是顺序结构的控制流转逻辑。如果被测程序 S 是由顺序执行的两段子程序 S_1 和 S_2 构成的，即 $S=S_1;S_2$，可以设置一个中间命题 R，作为 S_1 的后置条件和 S_2 的前置条件，先分别证明 $P\{S_1\}R$ 和 $R\{S_2\}Q$ 成立，再由顺序规则即可推导出 $P\{S\}Q$ 成立。

3. 条件规则

$$\frac{b \wedge P\{B\}Q}{P\{\text{if } b\ B\}Q}$$

条件规则依据的是选择结构的控制流转逻辑。如果被测程序 S 形如 if b B，可以将条件 b 提取为前置条件之一，先证明 $b \wedge P\{B\}Q$

成立，再由条件规则即可推导出 $P\{S\}Q$ 成立。

4. **分支规则**

$$\frac{\begin{array}{c} b \wedge P\{B_1\}Q \\ \neg b \wedge P\{B_2\}Q \end{array}}{P\{\text{if } b\ B_1 \text{ else } B_2\}Q}$$

分支规则依据的同样是选择结构的控制流转逻辑。如果被测程序 S 形如 if b B_1 else B_2，可以将条件 b 和 $\neg b$ 提取为前置条件，先分别证明 $b \wedge P\{B_1\}Q$ 和 $\neg b \wedge P\{B_2\}Q$ 成立，再由分支规则即可推导出 $P\{S\}Q$ 成立。

5. **循环不变式规则**

$$\frac{b \wedge I\{B\}I}{I\{\text{while } b\ B\} \neg b \wedge I}$$

循环规则依据的是循环结构的控制流转逻辑。假设被测程序 S 形如 while b B。如果能找到一个命题 I，并证明 $b \wedge I\{B\}I$ 成立，则由循环规则即可推导出 $I\{\text{while } b\ B\} \neg b \wedge I$ 成立。命题 I 称为循环不变式，在循环体的执行过程中，I 的真值保持不变。

除了上述基于程序自身逻辑特征的公理和推理规则之外，还可以将一般数理逻辑中的推理规则进行适当改造，以适应程序正确性证明的需要。比如：

1. **左强化规则**

$$\frac{\begin{array}{c} P \rightarrow P' \\ P'\{S\}Q \end{array}}{P\{S\}Q}$$

左强化规则派生于假言三段论规则，主要用于强化前置条件，即当 $P'\{S\}Q$ 已经被证明成立时，将前置条件 P' 强化为 P：因为 $P'\{S\}Q$ 成立，如果 S 的执行始于 P' 为真的状态，那么执行完成时 Q 为真。再由蕴涵式 $P \rightarrow P'$ 可知，P 为真必然有 P' 为真，因此 $P\{S\}Q$ 成立。

2. 右弱化规则

$$\frac{\begin{array}{c}P\{S\}Q' \\ Q' \rightarrow Q\end{array}}{P\{S\}Q}$$

右弱化规则同样派生于假言三段论规则，主要用于弱化后置条件，即当 $P\{S\}Q'$已经被证明成立时，将后置条件 Q'弱化为 Q：因为 $P\{S\}Q'$成立，如果 S 的执行始于 P 为真的状态，那么执行完成时 Q'为真。再由蕴涵式 $Q' \rightarrow Q$ 可知，Q'为真必然有 Q 为真，因此 $P\{S\}Q$ 成立。

3. 循环规则

$$\frac{\begin{array}{l}P \rightarrow I \\ b \wedge I\{B\}I \\ \neg b \wedge I \rightarrow Q\end{array}}{P\{\text{while } b\ B\}Q}$$

综合循环不变式规则、左强化规则和右弱化规则，即可得到循环规则：因为 $b \wedge I\{B\}I$ 成立，由循环不变式规则有 $I\{\text{while } b\ B\}\neg b \wedge I$ 成立；又因为 $P \rightarrow I$ 成立，根据左强化规则有 $P\{\text{while } b\ B\}\neg b \wedge I$；最后考虑 $\neg b \wedge I \rightarrow Q$，由右弱化规则可知 $P\{\text{while } b\ B\}Q$ 成立。

程序正确性证明的演绎推理过程可以是“正向”的，也可以是“反向”的。正向过程从公理和已知前提出发，使用推理规则推导出中间结论，将中间结论作为已知前提继续推导，直到获得最终结论。反向过程是先参考可用的推理规则，将最终结论分解为一组中间结论，必要的话可以逐层细分，直到中间结论可以归根于公理或已知前提。

仍然以计算自然数阶乘的程序 S 为例，来说明正向的演绎推理过程。设程序 S 的代码如下：

```
public int factorial(int y) {
    int x = 1;
    while (y > 0) {
        x = y * x;
        y = y - 1;
```

```
        }
        return x;
    }
```

S 的期望功能是计算用户输入的自然数 n 的阶乘 $n!$，最终保存在变量 x 中。假设 S 执行之前，n 已经赋值给变量 y，则可以定义前置条件为 P：$y \geqslant 0 \wedge y == n$，定义后置条件为 Q：$x == n!$。我们的目标是证明 $P\{S\}Q$ 成立。首先，显然有以下前提成立：

$$y>0 \wedge x \times y! == n! \rightarrow y>0 \wedge (y \times x) \times (y-1)! == n!$$

将 $y \times x$ 赋值给 x，由赋值公理可得：

$$y>0 \wedge (y \times x) \times (y-1)! == n! \{x=y \times x\} y>0 \wedge x \times (y-1)! == n!$$

由上述两式，利用左强化规则可得：

$$y>0 \wedge x \times y! == n! \{x=y \times x\} y>0 \wedge x \times (y-1)! == n!$$

将 $y-1$ 赋值给 y，由赋值公理可得：

$$y>0 \wedge x \times (y-1)! == n! \{y=y-1\} y \geqslant 0 \wedge x \times y! == n!$$

由上述两式，利用顺序规则可得：

$$y>0 \wedge x \times y! == n! \{x=y \times x; y=y-1\} y \geqslant 0 \wedge x \times y! == n!$$

即

$$y>0 \wedge y \geqslant 0 \wedge x \times y! == n! \{x=y \times x; y=y-1\}$$
$$y \geqslant 0 \wedge x \times y! == n!$$

由上式，利用循环不变式规则可得(其中条件 b 为 $y>0$，循环不变式 I 为 $y \geqslant 0 \wedge x \times y! == n!$)：

$$y \geqslant 0 \wedge x \times y! == n! \{\text{while}(y>0) x=y \times x; y=y-1\}$$
$$y \leqslant 0 \wedge y \geqslant 0 \wedge x \times y! == n!$$

再引入如下前提：

$$y \geqslant 0 \wedge y == n \wedge x == 1 \rightarrow y \geqslant 0 \wedge x \times y! == n!$$

由上述两式，利用左强化规则可得：

$$y \geqslant 0 \wedge y == n \wedge x == 1 \{\text{while}(y>0) x=y \times x; y=y-1\}$$
$$y \leqslant 0 \wedge y \geqslant 0 \wedge x \times y! == n!$$

再引入如下前提：

$$y \leqslant 0 \wedge y \geqslant 0 \wedge x \times y! == n! \rightarrow y == 0 \wedge x \times y! == n! \rightarrow x == n!$$

由上述两式,利用右弱化规则可得:

$$y \geqslant 0 \wedge y == n \wedge x == 1\{\text{while}(y>0)x=y\times x; y=y-1\}x==n!$$

将 1 赋值给 x,由赋值公理可得:

$$y \geqslant 0 \wedge y == n\{x=1\}y \geqslant 0 \wedge y == n \wedge x == 1$$

由上述两式,利用顺序规则可得:

$$y \geqslant 0 \wedge y == n\{x=1; \text{while}(y>0)x=y\times x; y=y-1\}x==n!$$

这就是要证明的最终结论 $P\{S\}Q$。

再举一个例子来说明反向的演绎推理过程。用另一种方式实现计算自然数阶乘的程序 S,代码如下:

```
public int factorial2(int z) {
    int x = 1;
    int y = 1;
    while (y != z + 1) {
        x = x * y;
        y = y + 1;
    }
    return x;
}
```

S 的期望功能仍然是计算用户输入的自然数 n 的阶乘 $n!$,最终保存在变量 x 中。假设 S 执行之前,n 已经赋值给变量 z,则可以定义前置条件为 P: $z==n$,定义后置条件为 Q: $x==n!$。我们的目标是证明最终结论 $P\{S\}Q$,即如下命题成立:

$$z==n\{x=1; y=1; \text{while}(y\neq z+1)(x=x\times y; y=y+1)\}x==n!$$

首先参考顺序规则,设置中间命题为 $z==n \wedge x==1 \wedge y==1$,定义中间结论:

$$v_0: z==n\{x=1; y=1\}z==n \wedge x==1 \wedge y==1$$

$$v_1: z==n \wedge x==1 \wedge y==1\{\text{while}(y\neq z+1)$$
$$(x=x\times y; y=y+1)\}x==n!$$

针对 v_0,参考顺序规则,设置中间命题为 $z==n \wedge x==1$,定义第二级中间结论:

$$v_{00}: z==n\{x=1\}z==n \wedge x==1$$

$$v_{01}: z==n \wedge x==1\{y=1\}z==n \wedge x==1 \wedge y==1$$

由赋值公理可知 v_{00} 和 v_{01} 均成立。因此，由顺序规则可知 v_0 成立。

针对 v_1，参考循环规则，设置循环不变式为 $z==n \wedge x==(y-1)!$，定义第二级中间结论：

v_{10}：$z==n \wedge x==1 \wedge y==1 \rightarrow z==n \wedge x==(y-1)!$

v_{11}：$z==n \wedge x==(y-1)! \wedge y \neq z+1\{x=x \times y; y=y+1\}$
$z==n \wedge x==(y-1)!$

v_{12}：$z==n \wedge x==(y-1)! \wedge y=z+1 \rightarrow x==n!$

易知 v_{10} 和 v_{12} 成立。针对 v_{11}，参考顺序规则，设置中间命题为 $z==n \wedge x==y!$，定义第三级中间结论：

v_{110}：$z==n \wedge x==(y-1)! \wedge y \neq z+1\{x=x \times y\} z==n \wedge x==y!$

v_{111}：$z==n \wedge x==y!\{y=y+1\} z==n \wedge x==(y-1)!$

由赋值公理可知 v_{111} 成立。

针对 v_{110}，参考右弱化规则，设置中间命题为 $z==n \wedge x==y! \wedge y \neq z+1$，定义第四级中间结论：

v_{1100}：$z==n \wedge x==(y-1)! \wedge y \neq z+1\{x=x \times y\}$
$z==n \wedge x==y! \wedge y \neq z+1$

v_{1101}：$z==n \wedge x==y! \wedge y \neq z+1 \rightarrow z==n \wedge x==y!$

v_{1101} 显然成立。由赋值公理可知 v_{1100} 也成立。因此，由右弱化规则可知 v_{110} 成立。向上回溯，由顺序规则可知 v_{11} 成立；继续向上回溯，由循环规则可知 v_1 成立；最后，由顺序规则可知 $P\{S\}Q$ 成立。

由以上两个例子可以看出，针对软件的正确性演绎推理，其复杂性相当高。由于需要设置合适的中间命题和循环不变式，推理过程难以实现自动化，因此在工程实践中的应用范围非常有限。尽管如此，演绎推理的思想还是非常有价值的。如果测试人员能在测试设计中恰当运用这一思想，使正确性演绎推理成为其他测试方法的助力，就有可能更好地缓解正确性判定问题。

举例来说，假设某被测程序为 p，其期望 F 是“实现对数组中元素按从小到大排序的功能”。也就是说，输入一个给定数组 s，p 应该

对 s 中的元素按从小到大排序，构成新的数组 s' 并输出。可以想见，直接对 p 进行正确性演绎推理是很困难的：为了证明 s' 中的元素符合从小到大的顺序，需要维护复杂的循环不变式，证明过程非常繁琐。但是，要证明"s' 是 s 的重新排序"是很容易的：只要 p 对 s 中元素的操作只涉及位置的交换，就足以证明该子目标能够得到满足。因此，我们可以将 f 进行冗余分解，得到如下两个子期望：

F_1：s' 中的元素符合从小到大的顺序。

F_2：s' 是 s 的重新排序。

易知，上述冗余分解是完备的，即 $F=F_1 \cap F_2$。对 F_2，采用演绎推理方法证明 p 的正确性；而对 F_1，可以采用其他测试设计方法，以具体的测试用例来检验 p 对其实现的程度。如果只基于 F_1 来编织测试准绳，结果校验的成本并不高，因为只需要检查 s' 中的每个元素都不大于下一个元素即可。相对而言，在结果校验时考察 F_2 就要困难得多，特别是当数组规模较大时。由此可见，将正确性演绎推理与其他测试设计方法相结合，可以在一定程度上突破各自的局限性。

上述例子是从"拆解理想"的角度降低正确性演绎推理的复杂性。有时候，"拆解现实"也可以达到类似的效果。假设被测程序 p 由一组模块 $p_1, p_2, \cdots, p_n$ 构成。显然，证明任一模块 p_i 的正确性，要比证明 p 的正确性容易得多。假如可以证明 $p_1, p_2, \cdots, p_n$ 都正确，同时各模块之间的连接方式也是正确的，那么就能够证明 p 是正确的。类似地，也可以将被测程序视为一组"执行切片"的并集。如果能证明每个"执行切片"都是正确的，就证明了被测程序是正确的。当正确性演绎推理的难度随被测对象结构规模呈指数增长时，这种处理方式往往是划算的。

8.3 归纳

归纳是另一种基本的推理方法，是从个性中找共性、从特殊性中抽绎出一般性的过程。近代以来，人们在科学问题上逐渐排斥权威和神秘主义，相信一切全称命题都应该以观察和实验为基础，理想的研究方法是建立在实验、观察和思维之上的论证。同时,经验需要由知性来补充,归纳法本身就超越了经验的范围。对各种偶然的情况进行抽象,借以寻求客观规律,进而以规律来把握事实,这就是归纳的思想。

8.3.1 归纳推理基础

归纳推理可以细分为部分归纳推理和完全归纳推理两类。

(1) 部分归纳推理是指前提中考察了某类事物的部分对象具有(或不具有)某种属性,从而得出该类事物具有(或不具有)这种属性的推理。例如,测试人员通过观察发现,甲乌鸦是黑的,乙乌鸦是黑的,丙乌鸦也是黑的,由此得到结论:天下所有的乌鸦都是黑的。这就是部分归纳推理,因为甲、乙、丙乌鸦只是乌鸦中的部分对象。部分归纳推理的前提与结论之间的联系是或然的,也就是说,即使前提为真,其结论也不必然为真。这是因为,部分归纳推理的背后一般都依赖着特定的假设,只有当假设成立时,前提才能推导出结论。

(2) 相对地,完全归纳推理需要考察某类事物中的全部对象,因此是一种必然性推理。要实现完全归纳推理,一种方式是逐个考察每一个研究对象,直接完成对某类事物中所有对象的遍历;另一种方式是考察某类事物中的一部分研究对象,再借助推理规则得到其余对象的考察结论,间接完成对所有对象的遍历。后一种方式的典型是数学归纳法。设 $n_0 \in \mathbf{N}$,且对于被测对象 P 来说,在 n_0 具有预期性质 f,即 $f(n_0)$ 为真。如果能证明 $f(n_0) \rightarrow f(n_0+1)$ 成立,那么根据假言推理规则,可知 $f(n_0+1)$ 为真。如果还能证明 $f(n_0+1) \rightarrow f(n_0+2)$ 成立,则可知 $f(n_0+2)$ 为真。一般地,若能验证 $f(n_0)$ 为真,又能证明对于 $\forall n(n \geqslant n_0)$,均有 $f(n) \rightarrow f(n+1)$ 成立,那么对于 $\forall n(n \geqslant n_0)$,均有 $f(n)$ 为真。这就是数学归纳法的基本思路。

依据准则化思想、多样化思想进行的测试设计,都是通过考察部分测试输入点来判断被测对象在整个测试输入空间上的质量特性,本质上属于部分归纳推理;依据枚举思想进行的测试设计,本质上属于完全归纳推理。

8.3.2 基于模型的正确性归纳推理

绝大多数情况下，测试可用的资源相当有限，测试人员只能选择一小部分测试输入点作为测试用例，根据测试结果进行部分归纳推理，得出"以偏概全"的测试结论。前面讲解的很多测试设计方法，出发点都是为了减少测试结论中的偏颇。然而，假如测试人员在测试之前已经掌握了某些重要的先验知识，比如被测对象的实现符合某一类数学模型，那么上述问题将得到很大程度的缓解，甚至可以仅用少量测试用例实现完全归纳推理，从而证明被测对象的正确性。

举例说明。假设一个数据处理程序 P 的期望是：接受一个实数 x 作为输入，输出一个一元 n 次多项式 $f(x)=\sum_{i=0}^{n}a_i x^i$ 的值。$f(x)$ 就是数据处理过程的理想模型。假如测试人员已经确认，P 所实现的数据处理功能确实是一个一元多项式函数，但还不能肯定其阶次和各个系数是否符合期望。设 P 所实现的真实模型为 $g(x)=\sum_{i=0}^{m}b_i x^i$。可以定义 $h(x)=f(x)-g(x)=\sum_{i=0}^{\max(m,n)}c_i x^i$，其中

$$c_i=\begin{cases}a_i-b_i & i\leqslant \min(m,n)\\ a_i & m<i\leqslant n\\ -b_i & n<i\leqslant m\end{cases}$$

$h(x)$ 也是一元多项式，阶次为 $\max(m,n)$，因此对于方程 $h(x)=0$ 来说，至多有 $\max(m,n)$ 个解。换言之，如果 P 的实现 $g(x)$ 与期望 $f(x)$ 不一致，那么最多有 $\max(m,n)$ 个不同的输入值，其对应的实际输出可能等于预期输出，即 $f(x)=g(x)$。只要测试集中的用例数大于 $\max(m,n)$，并且所有用例的执行结果都符合预期，那就足以得出确定性的归纳结论，即 P 在整个测试输入空间中都满足 $f(x)=g(x)$。

可见，"被测对象的实现模型符合期望"是非常强大的先验条件，其引入会让测试设计大幅简化。在上例中，测试人员无须对测试用例进行精心的选择，只要随机选取 $\max(m,n)+1$ 个不同的用例，就能够证明程序的正确性。甚至，就算不满足"测试用例数大于

$\max(m,n)$”这个条件，也可以认为程序正确的概率非常高：假设 P 的测试输入空间中有 N 个测试输入点，而按均匀分布选取的测试集 T 中有 k 个用例，且 $k \leqslant \max(m,n)$。如果 $g(x)$ 与期望 $f(x)$ 不一致，那么测试输入空间中只有最多 $\max(m,n)$ 个点满足 $f(x)=g(x)$。如果按均匀分布随机选择一个测试输入点 t 作为测试用例，恰好满足 $f(t)=g(t)$ 的概率是 $\frac{\max(m,n)}{N}$，T 中的 k 个用例均满足 $f(t)=g(t)$ 的概率是 $\prod_{j=0}^{k-1}\frac{\max(m,n)-j}{N-j}$。通常来说 N 远远大于 $\max(m,n)$，因此 $\prod_{j=0}^{k-1}\frac{\max(m,n)-j}{N-j}$ 是一个很小的值。可见，如果 T 中的 k 个用例执行结果都满足预期，则很大概率上 P 的实现 $g(x)$ 与期望 $f(x)$ 是一致的。

通常来说，一种先验条件越强大，其被满足的难度也越高。理想模型可以从被测对象期望中分析出来，相对容易获取；而现实模型的建立则需要对被测对象的实现方式有深入、全面、准确的把握，这通常并非易事。工程实践中，如果测试资源非常有限，同时测试人员对产品开发团队和开发过程有充足的信心，可以选择相信“被测对象的实现模型符合期望”，并以此作为测试设计的基本假设，从而显著降低测试成本。例如在软件领域，很多测试者习惯于以该假设为前提开展测试设计，乐观地相信程序控制流层面的理想模型和现实模型一致，仅仅依靠被测对象期望中的信息来识别同质子空间(也就是所谓“黑盒测试中的等价类划分法”)。需要警惕，这是一种风险较高的简化处理方式。一旦该假设不成立，就会严重影响测试充分性。仍然假设某被测程序的理想模型 $f(x)$ 为一元二次多项式，但是在设计过程出现了错误，导致现实模型 $g(x)$ 变成了正弦函数，如图 8-1 所示。

如果未对被测程序的实现方式进行充分调查，错误地假设现实模型和理想模型一样是一元二次多项式，并且恰好选取了图 8-1 中 3 个黑点的横坐标作为测试用例，记测试集为 $T=\{x_i \mid i=1,2,3\}$。测试结果显示，$f(x_i)=g(x_i)$，$i=1,2,3$，由此得到“被测程序正确”

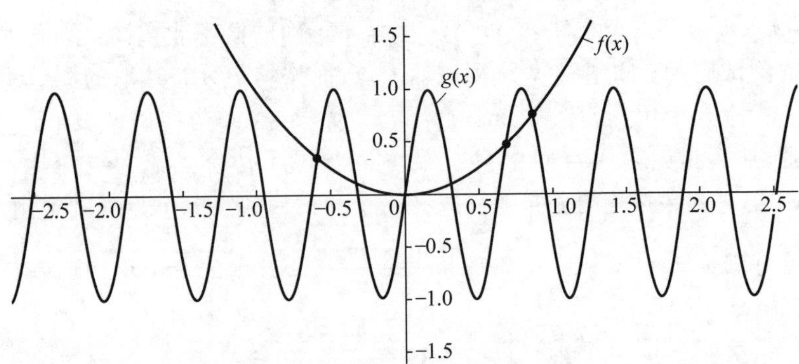

图 8-1　理想模型与现实模型的差异

的测试结论。但是实际上,这个结论是完全错误的。模型是被测对象的骨架,在理想与现实的对照中,涉及"模型是否正确"的判断,自然要慎之又慎。

有时因为条件所限,测试人员无法深入被测对象的实现细节,通过分析的方法建立被测对象的现实模型。一种可行的办法是利用系统辨识技术,根据输入/输出来推断被测对象的现实模型信息。系统辨识是一种重要的建模方法,其思路是在输入和输出数据的基础之上,按照某一准则,在一组给定的模型类中选择一个与数据拟合得最好的模型。系统辨识广泛应用于工业控制领域,由辨识得到的系统模型是控制方案设计的基础。在软件领域,有测试者提出了程序推断技术,即根据被测程序的输入/输出数据推断程序的行为模型,并进一步评估测试集的充分性。程序推断本质上体现了系统辨识的思想。值得注意的是,系统辨识方法本身也是一种部分归纳推理方法,其结果存在或然性。因此,由辨识得到的现实模型并非确切的先验知识,测试人员需要在被测对象的正确性度量中充分考虑这一点。

8.3.3　基于蜕变关系的正确性归纳推理

部分正确性的概念很容易引发另一方面的思考:既然测试人员可以从测试输入空间的角度来定义部分正确性(被测对象在某些情况下是正确的),那么是否也可以从测试输出空间的角度来定义部分正确性呢(被测对象在预期质量特性的某些方面是正确的)？由此定义的部分正确性,能否成为通往正确性结论的桥梁？事实上,“模型正确”描述的就是这样的部分正确性。此外,基于蜕变关系的正确性归纳推理同样体现了这一想法。

8.3.3.1 利用符号执行证明蜕变关系的成立

7.4 节讲解过,蜕变关系是对被测对象期望进行冗余分解得到的子期望,代表了不同测试输入点之间应该满足的关联属性。蜕变测试的主要思路是借助蜕变关系缓解测试准绳问题,通过寻找“蜕变关系不成立”的蜕变组合,检出那些致使“原始期望未达成”的缺陷。而从正确性判定问题的角度来看,如果测试人员能证明某个蜕变关系在整个测试输入空间上都成立,那就意味着被测对象至少在相应的关联属性方面是正确的,这对于其正确性的评估有非常积极的意义。“蜕变关系成立”不仅是被测对象正确的必要条件,在某些情况下还可能变成正确性归纳推理的重要前提。

在软件领域,证明蜕变关系成立的一种办法是利用符号执行技术。符号执行是一种程序静态分析技术,其基本思路是使用抽象的符号代替具体值来模拟程序的执行,当遇到分支语句时,它会探索每一个分支,将分支条件加入到相应的路径约束条件中。符号执行结束时,可以针对每一条可能的执行路径,得到符号化的执行结果,以及完整的路径约束条件。若路径约束条件可解,则说明该路径是可达的,并且可以求得符合该路径约束条件的具体输入值。如果程序在这些具体的输入值上执行,它将采用与符号执行完全相同的路径,并以相同的方式终止。

对于给定的被测对象 P 及其蜕变关系 MR,利用符号执行技术证明蜕变关系成立的主要步骤包括:

(1) 首先用符号输入向量 I 对 P 进行符号执行,对所有可能的路径,设符号输出分别为 $O_1,O_2,\cdots,O_n$,对应的路径约束条件分别为 $C_1,C_2,\cdots,C_n$。

(2) 然后以 I 为源用例,根据 MR 生成其后继用例 I'。使用符

号输入向量 I' 对 P 进行第二次符号执行，对所有可能的路径，得到符号输出，分别为 $O'_1, O'_2, \cdots, O'_m$，对应的路径约束条件分别为 C'_1，$C'_2, \cdots, C'_m$。注意 m 不一定等于 n，比如蜕变关系要求 $I' = |I|$，那么第二次符号执行就不会触发与负输入有关的路径。

(3) 最后，遍历所有不冲突的 C_i 和 C'_j 组合，检查对应的 O_i 和 O'_j 是否满足 MR。针对由 MR 定义的任一蜕变组合，其源用例必然满足某个路径约束条件 C_i，其后继用例必然满足某个路径约束条件 C'_j，并且 C_i 和 C'_j 可以被 I 和 I' 中使用的符号所同时满足。因此，遍历所有不冲突的 C_i 和 C'_j 组合，也就遍历了所有可能的蜕变组合。如果对于任意一个不冲突的 C_i 和 C'_j 组合，对应的 O_i 和 O'_j 都满足 MR，就证明了 MR 在整个测试输入空间都是成立的。

举例说明。假设被测程序 Med 的期望是：输入 3 个整型参数，输出其中的中位数。其代码实现如下：

```
public int Med(int a, int b, int c) {
    int med;
    med = c;
    if (b < c)
        if (a < b)
            med = b;
        else {
            if (a < c)
                med = a;
        }
    else if (a > b)
        med = b;
    else {
        if (a > c)
            med = a;
    }
  return med;
}
```

记三个输入参数构成的输入向量为 I。将期望的求中位数功能用函数 median()表示，将被测程序实际实现的功能用函数 Med()表示。如果能够证明，对于任意 I，都有 Med(I) = median(I)，那就证明了被测程序 Med 是正确的。而 Med 正确的一个必要条件是，调换输入参数顺序不影响中位数的计算结果。设对三个参数调换顺序后构成的输入向量为$\pi(I)$，则正确的被测程序至少应该满足 $\mathrm{Med}(I)=\mathrm{Med}(\pi(I))$，例如 $\mathrm{Med}(1,2,3)=\mathrm{Med}(3,1,2)$。这是一个典型的蜕变关系，首先证明这个蜕变关系是成立的。

显然，针对三个参数做任何形式的顺序调换，都可以通过反复实施两个元操作来完成，即 $\tau_1(a,b,c)=(a,c,b)$ 和 $\tau_2(a,b,c)=(b,a,c)$。例如，为了把(a,b,c)变成(c,a,b)，可以对(a,b,c)依次实施 τ_1 和 τ_2。因此，为了证明蜕变关系 $\mathrm{Med}(I)=\mathrm{Med}(\pi(I))$在整个测试输入空间上成立，只需要证明 $\mathrm{Med}(a,b,c)=\mathrm{Med}(a,c,b)$以及 $\mathrm{Med}(a,b,c)=\mathrm{Med}(b,a,c)$在整个测试输入空间上成立。

使用符号输入向量(a,b,c)对 Med 进行符号执行，执行结果如表 8-2 所示。

表 8-2 源用例(a,b,c)的符号执行结果

执 行 路 径	路径约束条件	符 号 输 出
P_1：(1,2,3,4,11)	C_1：$a<b<c$	O_1：b
P_2：(1,2,3,5,6,11)	C_2：$b\leqslant a<c$	O_2：a
P_3：(1,2,3,5,11)	C_3：$b<c\leqslant a$	O_3：c
P_4：(1,2,7,8,11)	C_4：$c\leqslant b<a$	O_4：b
P_5：(1,2,7,9,10,11)	C_5：$c<a\leqslant b$	O_5：a
P_6：(1,2,7,9,11)	C_6：$a\leqslant c\leqslant b$	O_6：c

可见，Med 共存在 6 条可能的执行路径，任何具体的测试输入点都满足且只能满足其中一条执行路径的约束条件。

视(a,b,c)为符号化的源用例，对其实施元操作 τ_1，得到符号化的后继用例(a,c,b)。使用后继用例(a,c,b)对 Med 进行第二次符号执行，执行结果如表 8-3 所示。

表 8-3 后继用例(a,c,b)的符号执行结果

执 行 路 径	路径约束条件	符 号 输 出
P_1'：(1,2,3,4,11)	C_1'：$a<c<b$	O_1'：c
P_2'：(1,2,3,5,6,11)	C_2'：$c\leqslant a<b$	O_2'：a
P_3'：(1,2,3,5,11)	C_3'：$c<b\leqslant a$	O_3'：b

续表

执行路径	路径约束条件	符号输出
P'_4：(1,2,7,8,11)	C'_4：$b \leqslant c < a$	O'_4：c
P'_5：(1,2,7,9,10,11)	C'_5：$b < a \leqslant c$	O'_5：a
P'_6：(1,2,7,9,11)	C'_6：$a \leqslant b \leqslant c$	O'_6：b

测试的目标是证明对于任意的测试输入点(a,b,c)，都有$\text{Med}(a,b,c)=\text{Med}(a,c,b)$，也就是说，对于满足任何一条执行路径约束条件的所有测试输入点，都有$\text{Med}(a,b,c)=\text{Med}(a,c,b)$。秉持完全归纳推理的思想，测试人员可以逐一考察每一条执行路径的约束条件。

当(a,b,c)满足C_1，即$a<b<c$时，$\text{Med}(a,b,c)$的输出是b。同时，在后继用例(a,c,b)的6条可能路径的约束条件C'_1、C'_2、…、C'_6中，唯一能够得到满足的是C'_6。而当(a,c,b)满足C'_6时，$\text{Med}(a,c,b)$的输出也是b。换言之，只要源用例满足C_1，对应的后继用例必然满足C'_6，并且$\text{Med}(a,b,c)=\text{Med}(a,c,b)=b$。

当(a,b,c)满足C_2，即$b \leqslant a<c$时，$\text{Med}(a,b,c)$的输出是a。同时，在后继用例(a,c,b)的6条可能路径的约束条件C'_1、C'_2、…、C'_6中，C'_5和C'_6都是有可能得到满足的：当(a,c,b)满足C'_5时，$\text{Med}(a,c,b)$的输出也是a；当(a,c,b)满足C'_6时，$\text{Med}(a,c,b)$的输出是b，但是由于$b \leqslant a<c$和$a \leqslant b \leqslant c$必须同时成立，可知$b=a$。因此，只要源用例满足$C_2$，对应的后继用例必然满足$C'_5$或$C'_6$，并且$\text{Med}(a,b,c)=\text{Med}(a,c,b)=a$。

以此类推，可以证明当(a,b,c)满足C_3、C_4、C_5、C_6时，都有$\text{Med}(a,b,c)=\text{Med}(a,c,b)$。由此得证，对于任意的测试输入点$(a,b,c)$，都有$\text{Med}(a,b,c)=\text{Med}(a,c,b)$，即由元操作$\tau_1$构造的任意蜕变组合都满足蜕变关系。

用同样的方法，可以证明对于任意的测试输入点(a,b,c)，都有$\text{Med}(a,b,c)=\text{Med}(b,a,c)$，即由元操作$\tau_2$构造的任意蜕变组合也满足蜕变关系。至此，就证明了蜕变关系$\text{Med}(I)=\text{Med}(\pi(I))$在整个测试输入空间成立。

8.3.3.2 利用蜕变关系外推正确性

既然蜕变关系代表不同测试输入点之间的关联属性，那么在正确性归纳推理的过程中，就有可能让蜕变关系充当推理规则的角色。仍然以上述求中位数的程序 Med 为例。

(1) 首先设计符号测试用例(x,y,z)，满足 $x \leqslant z \leqslant y$。该用例满足路径约束条件 C_6，可触发执行路径 P_6。使用该用例对 Med 进行符号执行，得到的符号执行结果为 z，容易验证这个结果是正确的，即 $\mathrm{Med}(x,y,z)=\mathrm{median}(x,y,z)$。

(2) 设 $I=(a,b,c)$是任意整型输入向量。$\pi(I)=(a',b',c')$是对 I 中三个参数 a、b、c 调换顺序得到的向量，调换顺序的目的是满足 $a' \leqslant c' \leqslant b'$，这样上述符号测试用例$(x,y,z)$就能够代表$(a',b',c')$了，于是由上述符号执行结果可知 $\mathrm{Med}(a',b',c')=\mathrm{median}(a',b',c')$。

(3) 根据“调换输入参数顺序不影响中位数的计算结果”的属性，可知 $\mathrm{median}(a',b',c')=\mathrm{median}(a,b,c)$。

(4) 8.2 节已经证明了蜕变关系 $\mathrm{Med}(a',b',c')=\mathrm{Med}(a,b,c)$ 在整个测试输入空间成立。综上，可知对于任意整形输入参数 a、b、c，都有 $\mathrm{Med}(a,b,c)=\mathrm{Med}(a',b',c')=\mathrm{median}(a',b',c')=\mathrm{median}(a,b,c)$。

本例中，以符号执行方式完成的测试只覆盖了一条执行路径，或者说测试集只覆盖了测试输入空间的一小部分。然而通过蜕变关系，测试人员可以将一条路径的测试结果外推至全部六条路径，将一个用例的测试结果外推至整个测试输入空间，最终证明被测对象的正确性。

即使不能证明整个测试输入空间上的正确性，利用蜕变关系也可以将测试结果外推至更多的测试输入点，从而改善测试集的充分性，得到更全面的质量评估结论。例如，被测程序 p 所期望实现的功能函数是 $f(x)$，而 $f(x)$具有性质：$f(k*x)=k*f(x)$，其中 k 是非零整数，这是一个典型的蜕变关系。假设测试人员已经证明了该蜕变关系是成立的，也就是说在整个测试输入空间上都有 $p(k*x)=k*p(x)$。同时 p 在某个具体测试输入点（如 $x=2$）上测试通过，即 $p(2)=f(2)$。那么根据蜕变关系，有 $p(k*2)=k*p(2)=k*f(2)=f(k*2)$，于是可以断言 $p(4)$、$p(6)$、$p(8)$……也都是正确的。可见，利用蜕变关系，测试人员有可能将一个测试用例的执行结果外推至无穷多个测试输入点。

蜕变关系的外推能力和其本身证明难度之间存在制衡关系。比如在上例中，尽管蜕变关系的外推能力很强，但是要证明其在整个输入空间上成立却很难。相对而言，像 $f(-x)=-f(x)$ 这样的蜕变关系就更容易证明，但其外推能力也弱了一些，只能将一个测试用例的结果外推到另一个测试输入点上。

8.4 等价性证明

8.3.2 节讲解过，如果已知被测对象的现实模型和理想模型相同，那么就有可能以较小的代价证明被测对象的正确性。甚至有时理想模型可以完全代表被测对象期望，现实模型可以完全代表被测对象自身，只要证明了理想模型和现实模型是等价的，就直接证明了被测对象是正确的。

在数字集成电路领域，主要的被测对象是在不同抽象层次上完成的电路设计产出物。依照抽象程度从高到低的顺序，电路设计可分为功能规范设计、算法级/微体系结构级设计、寄存器传输级设计、门级设计和物理级设计。以门级设计为例，其主要产出是网表，也就是用基础的逻辑门描述集成电路实现方式的文件。门级设计的依据是更高抽象层次的寄存器传输级设计，其中用硬件描述语言刻画了集成电路的预期行为。根据寄存器传输级设计，集成电路设计人员通过人工设计或工具辅助设计等方式，完成逻辑综合、可测性综合、布局布线等工作，最终产出相应的网表。

评估“某个层次的设计产出物是否正确”的问题，常常被转化为“评估该层设计与相邻的较高层次的设计之间是否等价”的问题。解决此问题的一个主要手段就是等价性证明。例如，针对组合电路门级设计的测试，主要目的是验证网表描述的组合电路逻辑是否符合寄存器传输级设计的定义。借助成熟的电子设计辅助工具，可以将组合电路网表描述的电路逻辑、寄存器传输级设计定义的电路逻辑都抽象为布尔函数，分别作为现实模型和理想模型。只要证明了这两个布尔函数是等价的，就证明了门级设计是正确的。在软件领域，针对代码中的布尔表达式，也可以采用这种等价性证明的思路进行测试。本节主要讲解面向布尔函数的等价性证明方法。

8.4.1 标准形式

布尔函数可以被转换为某种等价的标准形式。标准形式的一个主要特征就是它对每个布尔函数的表示都是唯一的。如果将两个布尔函数转换为标准形式后，得到的结果是相同的，那么就证明了这两个布尔函数是等价的。

8.4.1.1 真值表

真值表是最基本的标准形式。例如，某被测电路的寄存器传输级设计中定义的期望逻辑是布尔函数 $f=ab+c$。而在其门级设计中，网表所描述的集成电路实现方式如图 8-2 所示。

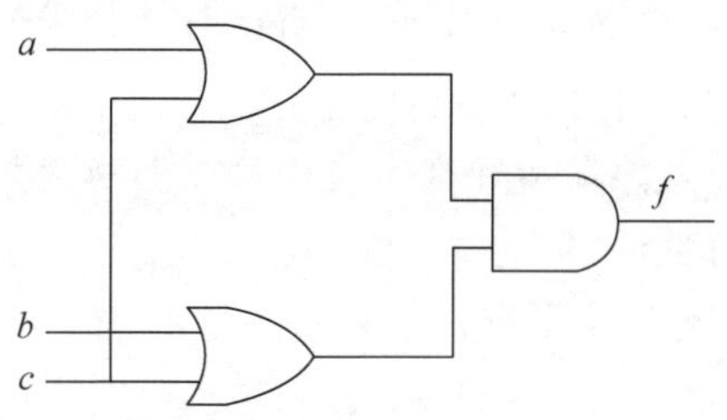

图 8-2 某被测电路的门级设计

表示为布尔函数则是 $p=(a+c)(b+c)$。对于这种小规模的布尔函数，容易验证 f 和 p 所对应的真值表是一致的，都如表 8-4 所示。

表 8-4　f 和 p 的真值表

a	b	c	f/p
0	0	0	0
0	0	1	1
0	1	0	0
0	1	1	1
1	0	0	0
1	0	1	1
1	1	0	1
1	1	1	1

也就是说,对于任何可能的布尔输入组合,f 和 g 的布尔输出都是相同的。这样就证明了 f 和 p 是等价的。

然而在工程实践中,真值表并非一种实用的标准形式。因为随着被测电路输入变量数的增加,真值表的规模呈指数级增长,由此带来了难以缓解的存储空间问题和计算复杂度问题。

8.4.1.2　范式

布尔函数的另一类标准形式是范式,包括主析取范式和主合取范式。下面以主析取范式为例来说明。主析取范式是由有限个简单合取式构成的析取式,要求其中每个简单合取式都是极小项,也就是要求布尔函数中的每个布尔变量或它的否定式不能同时出现,而二者之一必出现且仅出现一次,且每个简单合取式中的布尔变量按角标或字母顺序排列。任何布尔函数都存在与之等价的唯一的主析取范式。因此,只要理想模型和现实模型可以转换为相同的主析取范式,就完成了等价性证明。

假设布尔函数 A 中含有 n 个布尔变量 $p_1,p_2,\cdots,p_n$,将其转换为主析取范式的步骤如下。

(1) 求 A 的析取范式 $A'=B_1\vee B_2\vee\cdots\vee B_s$,其中 B_j 为简单合取式,$j=1,2,\cdots,s$。

(2) 若 A'中的某简单合取式 B_j 中既不含布尔变量 p_i,又不含 $\neg p_i$,则将 B_j 按如下方式展开:

$$B_j \Leftrightarrow B_j \wedge 1 \Leftrightarrow B_j \wedge (p_i \vee \neg p_i) \Leftrightarrow (B_j \wedge p_i) \vee (B_j \wedge \neg p_i)$$

并使每个简单合取式中的布尔变量按角标或字母顺序排列。继续这一过程,直到 A' 中所有简单合取式都被展成长度为 n 的极小项 m_k,其角标 k 按成真赋值对应的十进制值来定义。

(3) 消去重复出现的布尔变量、矛盾式、重复出现的极小项。例如,用 p_i 代替 $p_i \vee p_i$,用 0 代替 $p_i \wedge \neg p_i$,m_k 代替 $m_k \vee m_k$。

(4) 将极小项按角标从小到大的顺序排列,得到主析取范式如 $m_1 \vee m_3 \vee m_5$。

例如,要将布尔函数 $\neg(p \to q) \vee \neg r$ 转换为主析取范式,首先求其析取范式:

$$\begin{aligned} & \neg(p \to q) \vee \neg r \\ \Leftrightarrow & \neg(\neg p \vee q) \vee \neg r \\ \Leftrightarrow & (p \wedge \neg q) \vee \neg r \end{aligned}$$

其中,简单合取式 $p \wedge \neg q$ 和 $\neg r$ 都不是极小项。将 $p \wedge \neg q$ 进行展开:

$$\begin{aligned} & (p \wedge \neg q) \\ \Leftrightarrow & (p \wedge \neg q) \wedge 1 \\ \Leftrightarrow & (p \wedge \neg q) \wedge (\neg r \vee r) \\ \Leftrightarrow & (p \wedge \neg q \wedge \neg r) \wedge (p \wedge \neg q \wedge r) \end{aligned}$$

$(p \wedge \neg q \wedge \neg r)$和$(p \wedge \neg q \wedge r)$都是极小项。对$(p \wedge \neg q \wedge \neg r)$来说,成真赋值为 100,对应的十进制值为 4,因此可以表示为 m_4。类似地,$(p \wedge \neg q \wedge r)$可以表示为 m_5。

将 $\neg r$ 展开:

$$\begin{aligned} & \neg r \\ \Leftrightarrow & 1 \wedge 1 \wedge \neg r \\ \Leftrightarrow & (p \vee \neg p) \wedge (q \vee \neg q) \wedge \neg r \\ \Leftrightarrow & (p \wedge q \wedge \neg r) \vee (p \wedge \neg q \wedge \neg r) \vee (\neg p \wedge q \wedge \neg r) \vee (\neg p \wedge \neg q \wedge \neg r) \\ \Leftrightarrow & m_6 \vee m_4 \vee m_2 \vee m_0 \end{aligned}$$

最后将所有极小项去重,并按角标从小到大的顺序排列,得到 $\neg(p \to q) \vee \neg r$ 的主析取范式:

$$
\begin{aligned}
&\neg(p \rightarrow q) \vee \neg r \\
&\Leftrightarrow m_4 \vee m_5 \vee m_6 \vee m_4 \vee m_2 \vee m_0 \\
&\Leftrightarrow m_0 \vee m_2 \vee m_4 \vee m_5 \vee m_6
\end{aligned}
$$

将一个布尔函数转换为主析取范式或主合取范式的计算复杂度也是指数级的。另外在最坏的情况下，范式的规模也会随输入变量数的增加呈指数级增长。

8.4.1.3 二叉判定图

在集成电路等价性证明中，最常用的一种标准形式就是二叉判定图，它以图的形式来表示布尔函数。二叉判定图是一种有向无环图，它的每个非终端节点用布尔函数中的布尔变量标记。每个节点有两条出边，分别标为 0 和 1，用以表示这个布尔变量的赋值。可以从布尔函数中随机选取一个变量作为根节点并与其 0/1 出边连接。每条边的末端连接下一个变量节点。继续这一过程，直到所有的变量都出现过为止。最后一个变量的所有出边都指向具有常数值 0 或 1 的终端节点。终端节点的值由从根节点到该节点的路径上所有边的值决定，代表了布尔函数的输出结果。例如，对布尔函数 $f=ab+c$，按布尔变量字母顺序构造的二叉判定图如图 8-3 所示。

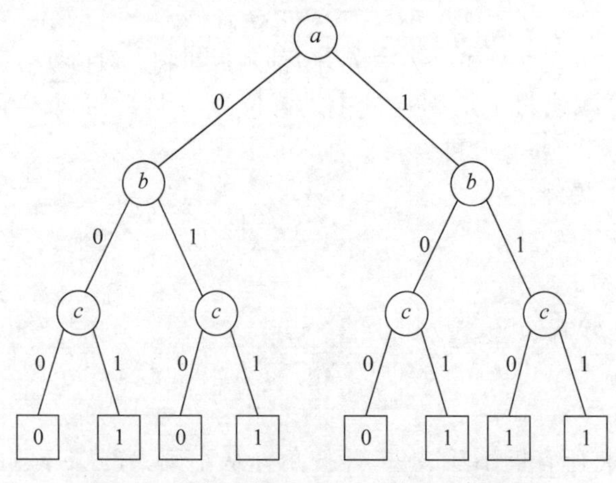

图 8-3 布尔函数 $f=ab+c$ 的二叉判定图

容易看出，这个二叉判定图中存在冗余节点。譬如，当 $a=0$ 时，变量 b 的取值不会影响 f 的最终结果；当 $a=1$、$b=1$ 时，变量 c 的取值不会影响 f 的最终结果。因此可以消去 $a=0$ 之后的 b 节点，以及 $a=1$、$b=1$ 之后的 c 节点，如图 8-4 所示。

进一步发现，$a=0$ 和 $b=0$ 之后有着同构的子图。可以合并同构的部分，如图 8-5 所示。

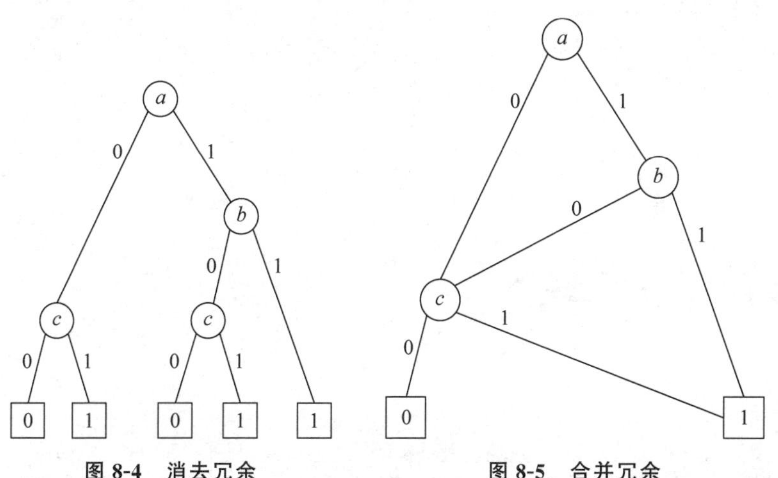

图 8-4　消去冗余　　**图 8-5　合并冗余**

消去、合并了二叉判定图中的所有冗余之后，得到的结果称为简化二叉判定图。任意布尔函数在给定的布尔变量排序下，都存在一个唯一的简化二叉判定图，因此可以用于等价性证明。此外，与其他标准形式相比，简化二叉判定图的计算复杂度相对较小，规模爆炸问题也不那么突出，在工程实践中有广泛的应用。

8.4.2 等价性反例

另一种证明等价性的思路是反证法，反证法是一种非常常见的推理证明方法。比如，为了证明结论 B 为真，可以先证明 $\neg B$ 会推出矛盾，即证明 $\neg B \Rightarrow (r \land \neg r)$ 成立。由于 $r \land \neg r$ 恒为假，如果有 $\neg B \Rightarrow (r \land \neg r)$，则必有 $\neg B$ 为假，即 B 为真。

在布尔函数的等价性证明方面，反证法的开展思路是：将理想

模型 f 和现实模型 p 通过一个异或条件组合起来，得到布尔函数 $f \oplus p$。如果 f 和 p 不是等价的，那么一定存在一组布尔变量赋值，即等价性反例，使得 $f \oplus p = 1$。若 $f \oplus p = 1$ 能够推出矛盾，则证明了等价性反例不存在，于是可知 f 和 p 是等价的。

仍然以 $f = ab + c$ 和 $p = (a + c)(b + c)$ 为例。$f \oplus p$ 的组合逻辑如图 8-6 所示。

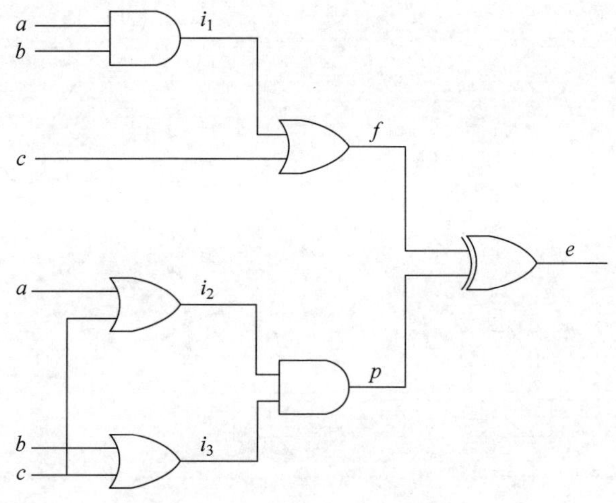

图 8-6　$f \oplus p$ 的组合逻辑

假设 $f \oplus p = 1$，则有 $f = 0 \wedge p = 1$，或者 $f = 1 \wedge p = 0$。先考虑 $f = 0 \wedge p = 1$ 的情况：

$$
\begin{aligned}
& f = 0 \wedge p = 1 \\
\Rightarrow\ & c = 0 \wedge i_1 = 0 \wedge i_2 = 1 \wedge i_3 = 1 \\
\Rightarrow\ & c = 0 \wedge (a = 0 \vee b = 0) \wedge (a = 1 \vee c = 1) \wedge (b = 1 \vee c = 1) \\
\Rightarrow\ & c = 0 \wedge (a = 0 \vee b = 0) \wedge a = 1 \wedge b = 1 \\
\Rightarrow\ & c = 0 \wedge a = 1 \wedge b = 0 \wedge b = 1
\end{aligned}
$$

推出矛盾。类似地，由 $f = 1 \wedge p = 0$ 也可以推出矛盾。于是可知 $f \oplus p = 1$ 将推出矛盾，因此 $f \oplus p = 1$ 不成立，等价性反例不存在，得证 f 和 p 是等价的。

值得一提的是，上述求等价性反例的思路，还可以进一步应用在电路测试设计的其他方面。网表只是集成电路研发生产过程的中间产品，即便完成了上述等价性证明，也只能认为网表的布尔函数模型符合寄存器传输级设计的期望。在门级设计的后续环节中，还可能引入各种各样的缺陷，比如 4.2.3.1 节讲解的单固定缺陷。之前，为了找到能够检出单固定缺陷的测试用例，使用真值表进行枚举，成本是比较高的。借助等价性反例求解的思路，可以有效提高测试用例设计的效率。

假设被测电路有 n 个输入节点，其布尔函数模型为 $f(x_1,\cdots,x_i,\cdots,x_n)$，在输入节点 x_i 上存在 s-a-0 单固定缺陷。如果某个测试用例 $(x_1,\cdots,x_i,\cdots,x_n)$ 能够检出该缺陷，说明在执行该用例时，输入布尔变量 x_i 会被 s-a-0 缺陷从 1 篡改为 0，并且电路输出与预期不同。也就是说，测试用例需要满足：

$$\begin{cases}x_i=1\\f(x_1,\cdots,x_i=1,\cdots,x_n)\oplus f(x_1,\cdots,x_i=0,\cdots,x_n)=1\end{cases}$$

例如，某被测电路如图 8-7 所示。

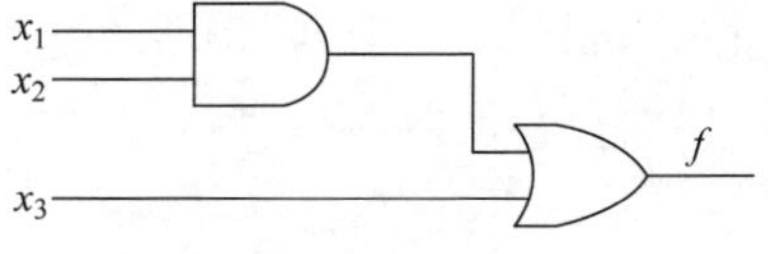

图 8-7 某被测电路

该电路的布尔函数模型为 $f(x_1,x_2,x_3)=x_1x_2+x_3$。为了检出输入节点 x_2 的可能存在的 s-a-0 缺陷，测试用例需要满足：

$$\begin{cases}x_2=1\\f(x_1,x_2=1,x_3)\oplus f(x_1,x_2=0,x_3)=(x_1+x_3)\oplus x_3\\\qquad\qquad=\overline{(x_1+x_3)}x_3+(x_1+x_3)\bar{x}_3\\\qquad\qquad=x_1\bar{x}_3=1\end{cases}$$

可知所需的测试用例为{110}。

8.5 基于缺陷的测试

任何一个测试用例的执行结果,无论失败还是成功,都能够为测试人员提供关于被测对象正确性的一些有价值的信息:如果测试用例执行失败了,说明被测对象中存在缺陷,可以肯定被测对象不是"正确"的;如果测试用例执行成功了,说明被测对象中不存在某些特定的缺陷,于是被测对象便离"正确"近了一步。以排除缺陷为动机的测试,被称为"基于缺陷的测试"。如果能够证明被测对象中不存在任何可能的缺陷,就证明了被测对象是正确的。"基于缺陷的测试"由此来缓解正确性判定问题,本质上是通过反证法进行正确性推理。

如果要利用执行成功的测试用例来排除缺陷,就需要在缺陷与测试用例之间建立联系。4.2 节讲解了基于缺陷的充分准则,通常这类准则可以保证测试集能够检出某一类缺陷(如果被测对象中存在这类缺陷)。回顾软件领域的变异充分准则。假设被测程序的上一个稳定版本是 p,其中的特性已经通过了充分的测试和生产检验,可以认为是一个"正确"的版本。当前待测版本是 p',为了验证 p 中已有的特性在 p' 中仍然符合预期,需要为 p' 建立回归测试集 T。使用典型变异算子对 p 进行一系列改动,模拟 p' 中可能由代码修改所引入的各种缺陷,得到变异体集合 M。记测试输入空间是 D,如果 $\forall m \in M:(\exists t \in D: m(t) \neq p(t)) \Rightarrow (\exists t \in T: m(t) \neq p(t))$,则称测试集 T 是变异充分的。这个定义与 4.2.4 节给出的基于变异得分的定义是等价的,因为对于任意变异体 m,$\exists t \in D: m(t) \neq p(t)$ 意味着变异体 m 并非等价变异体,$\exists t \in T: m(t) \neq p(t)$ 则意味着测试集 T 能够杀死变异体 m。如果变异充分的回归测试集 T 在 p' 上全部执行成功,说明 p' 中不存在变异体集合 M 所模拟的所有缺陷。进一步,如果接受如下两个假设:

(1) 耦合效应假设,也就是假定:如果测试集能杀死某些单个的变异体,那么也能杀死这些变异体的组合变异。

(2) 完美程序员假设,也就是假设被测程序基本正确,即便有缺陷,也是与正确程序偏离度很小的缺陷。

那么,就可以认为 M 中包含了 p'中可能存在的各类缺陷。通常,每个典型变异算子可以模拟一类缺陷。每一类缺陷在 p'中的具体表现形式也许有无穷多种,但是出于成本的限制,每个典型算子只能生成有限个变异体。例如,假设 p 的代码实现如下:

```
public int linear(int x, int y) {
    x = x * y + 3;
    return (x * 2);
}
```

p 的期望是实现函数 $f(x,y)=2xy+6$。在 p'中,第 2 行的常量 3 可能会被错误地替换为任意其他数值,每一个数值就代表了一个可能的缺陷,因此第 2 行可能会发生的常量替换缺陷有无穷多个。使用常量替换变异算子可以模拟这一类缺陷,但是只能生成有限个变异体。即使测试集 T 能够杀死这些变异体,也不能排除第 2 行发生常量替换缺陷的可能性。

解决上述问题的一种办法是利用 8.3.3.1 节讲解的符号执行技术。符号执行既可以用一个符号输入来指代无穷多的可能输入,也可以用一个符号实现来指代无穷多的可能实现。将上例中被测程序 p 第 2 行的常量 3 用符号常量 $F(F\neq3)$替代,得到如下所示的符号化程序 m:

```
public int linear(int x, int y) {
    x = x * y + F;
    return (x * 2);
}
```

F 代表了无穷多的可能的常量,所以 m 代表了无穷多的常量替换变异体。对应测试用例($x=5,y=6$),p 的输出结果是 66,结果符合期望。使用该用例对 m 进行符号执行,得到符号输出结果为 $(30+F)*2$。假设存在某个常量替换变异体,测试用例($x=5,y=6$)

无法将其杀死，也就是说该变异体的输出结果与原始程序 p 的输出结果相同，即 $(30+F)*2=66$。解此方程得到 $F=3$，与前提 $F\neq 3$ 矛盾。至此得到结论，用例($x=5, y=6$)可以杀死所有常量替换变异体。换言之，用例($x=5, y=6$)能够排除第 2 行可能发生的所有常量替换缺陷。

符号化的测试用例同样可以达到排除缺陷的目的。假设被测程序 q 的代码实现如下：

```
public double computeArea(double a, double b, double incr) {
    double v = a * a + 1;
    double area = 0;
    while (a + incr <= b) {
        area = area + v * incr;
        a = a + incr;
        v = a * a + 1;
    }
    incr = b - a;
    if (incr >= 0) {
        area = area + v * incr;
        return area;
    } else {
        System.out.println("illegal values for a and b!");
        return 0;
    }
}
```

q 的期望是针对给定的输入变量 a、b、incr，计算(a,b)区间内曲线 x^2+1 与横坐标围成的面积，其代码实现中借用了积分的思想。对应符号化测试用例(a=A,b=B,incr=I)且 B≥A,A+I>B,q 的符号输出结果为(A * A+1) * (B−A)。考虑第 3 行可能发生的常量替换缺陷，将第 3 行的常量 0 用符号常量 F(F≠0)替代，得到符号化程序 n。同样，n 代表了无穷多的常量替换变异体。仍然使用用例(a=A,b=B,incr=I)，对 n 进行符号执行，得到符号输出结果为 F+(A * A+1) * (B−A)。假设用例(a=A,b=B,incr=I)无法杀死某个 n 所代表的常量替换变异体，也就是说变异体的输出结果与原始程序 q 的输出结果相同,即 $F+(A*A+1)*(B-A)=(A*A+1)*(B-A)$,解得 $F=0$,与前提 $F\neq 0$ 矛盾。至此得到结论,用例($a=A$, $b=B$, $incr=I$)能够排除第 3 行可能发生的所有常量替换缺陷。

通过类似符号执行这样的形式化方法,测试人员有可能以有限的测试用例彻底排除某一类缺陷发生的可能性。进而,如果测试人员还可以界定出缺陷的类型范围,那就有条件排除所有可能的缺陷,完成正确性推理。

8.6 测试设计中的假设

以质量评估为目的,以准则化思想、多样化思想为依据,以部分归纳推理为手段的测试设计,一般只能以模糊的方式评估被测对象的正确性。其原因在于,这样的测试设计通常是建立在某些假设之上的。这些假设并非必然成立,测试者只是出于一些理由,在一定程度上相信其成立。常见的理由源自以下几方面。

(1) 测试者对被测对象实际使用方式的认知,如用户使用习惯、事件分布列、线上流量等。

(2) 测试者对被测对象实现方式的认知,如工作原理、系统架构、开发工具、制造工艺等。

(3) 测试者对被测对象期望的扩展认知,如价值量、隐性需求、业务潜规则等。

(4) 测试者在测试设计之前对被测对象质量水平的预判,涉及生产过程标准化和自动化程度、开发团队素质和经验水平、研发生产基础设施先进程度、研发全过程质量保障水平、研发资源充裕程度、被测对象历史版本质量水平、第三方组件质量水平等多方面的考量。

可见,测试设计中的假设带有测试者强烈的主观色彩。有人将测试视为一门艺术,其根源就在于此。当然,毋庸置疑的是,理性仍然占据着测试设计的统治地位。至此的所有讲解,充分地说明了这一点。只是有的时候,测试成本的限制要求测试人员必须作出某些主观假设。测试人员能做的,是尽可能选择合理的假设,并在测试结论中充分考虑假设成立的置信水平。

8.6.1 测试充分准则中的假设

前面讲解过很多测试充分准则，由这些准则所定义的“充分的测试”，大多以特定的假设为基础。只有当假设成立时，满足准则的测试集才能判定被测对象的正确性。

一般地，设被测对象为 p，其期望为 f，测试输入空间为 D。当测试人员选择用满足某个充分准则的有限测试集 $T=\{t_1,t_2,\cdots,t_n\}$ 来确认 p 的正确性时，需要基于以下假设：

$$H_a:(p(t_1)=f(t_1)\wedge p(t_2)=f(t_2)\wedge\cdots\wedge p(t_n)=f(t_n))\Rightarrow\forall x\in D: p(x)=f(x)$$

如果该假设成立，且测试集 T 执行成功，则可以确认被测对象是正确的。这一推理逻辑可以形式化为以下谓词逻辑公式：

$$H_a\wedge S(T)\Rightarrow C(p)$$

其中，谓词 $S(T)$ 表示 T 执行成功，谓词 $C(p)$ 表示 p 是正确的。根据谓词逻辑等值演算规律中的假言易位律，上述公式等价于

$$\neg C(p)\Rightarrow\neg H_a\vee\neg S(T)$$

也就是说，如果 T 在一个不正确的被测对象上执行成功，那就说明假设不成立；或者，如果被测对象不正确，且假设成立，那么 T 必定执行失败。

上述命题 H_a 以统一的形式化方式描述了测试充分准则中的假设。工程实践中，具体的假设是多种多样的。例如 4.3.1 节讲解的，基于变更的回归测试充分准则所依赖的原始程序正确假设、废弃用例可识别假设、回归测试可控假设。又例如，针对模拟电路设备的测试充分准则一般是以“插值”假设为基础的，即假定：如果设备功能在两个相近的工作点上符合预期，那么在这两个点中间的所有工作点上都符合预期。这些假设大多源自工程实践经验，成立的可能性较高，但只能以较小的力度来控制测试集的规模。

又例如，8.3.2 节提到过一种假设，即“被测对象的实现模型符合期望”。相对而言，这就是一种很苛刻的假设，很多时候并不成立。

倚赖这一假设,可能只需要很少的测试用例,就可以证明被测对象是正确的。

另一种常见的假设是:“如果被测对象在某个测试输入点上的质量特性符合期望,那么在包含该测试输入点的某个子空间上,被测对象的质量特性都符合期望”。这同样是一种苛刻的假设,3.2.1 节讲解了确认其成立的难度:“必须综合分析来自现实和理想的信息,才有可能从测试输入空间中划分出真正的同质子空间”。在这一假设下,每个子空间中只需要选取一个测试用例。

一般来说,假设越宽松,成立的置信水平就越高,但是对减小测试集规模的作用也越小;假设越苛刻,对减小测试集规模的作用也越显著,但是其成立的置信水平就会比较低。最宽松的假设是可测性假设,即“被测对象在所有测试输入点上的实际特性,都是可以通过测试来激发和观察的”,对应的是穷尽测试集;最苛刻的假设是正确性假设,即被测对象的现实与理想完全相符,对应的是空测试集。工程实践中,各种测试充分准则的假设强度与测试集规模都在这两极之间,其背后体现的是测试充分性与测试成本的权衡。在这个意义上,依据准则化思想进行测试设计的过程,可以被视为一个“通过调整假设来优化测试选择策略”的过程,如图 8-8 所示。

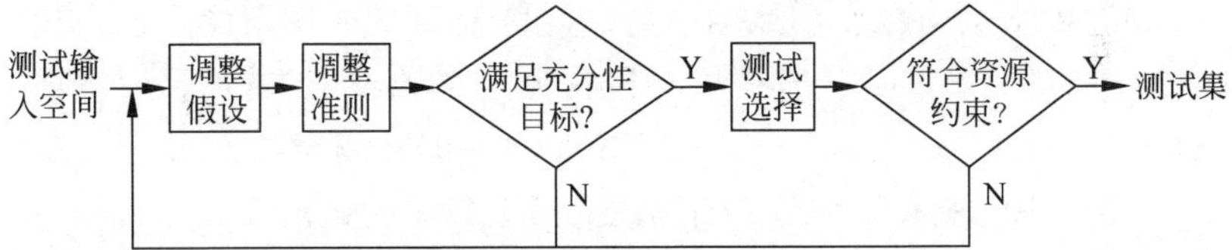

图 8-8 依据准则化思想进行测试设计的过程

8.6.2 测试准绳中的假设

不可忽视的是,正确性判定问题与测试准绳问题息息相关。正如刚刚提到的,“通过穷尽测试集证明被测对象的正确性”有赖于可测性假设,也就是要求测试者可以准确判断被测对象在每个测试输入点上的正确性。而这正是测试准绳问题所描述的困境:很多时候，理想是模糊而沉重的，测试人员只能把握理想的一部分。即使只针对一个测试输入点，测试人员也很可能无法确认现实与理想是否完全相符。对测试充分准则来说，可测性假设已经是很宽松的假设。然而测试准绳问题提示这一假设往往难以成立。8.6.1节给出的正确性推理 $H_a \wedge S(T) \Rightarrow C(p)$，实际上是以一个隐含假设为前提：只要测试用例执行通过，就代表被测对象在相应的测试输入点上是正确的。换言之，设 $C(T)$ 代表"被测对象在 T 中的所有测试输入点上是正确的"，则 $S(T) \Rightarrow C(T)$。如果抛弃这一假设，上述推理应该表述为 $H_a \wedge C(T) \Rightarrow C(p)$。

正如7.2节所述，测试人员经常需要对被测对象期望进行冗余分解，用包含较少冗余信息的子期望来编织测试准绳。仍然设被测对象为 p，其期望为 f，测试输入空间为 D。对于任意测试输入点 x，如果完整的理想输出结果 $f(x)$ 难以确定，或完整的实际输出结果 $p(x)$ 难以观察，测试人员可以对 f 进行冗余分解，得到一组子期望 $f_1, f_2, \cdots, f_n$。假定冗余分解是完备的，即 $f = f_1 \cap f_2 \cap \cdots \cap f_n$。不失一般性，选取其中的 m 个子期望建立测试准绳 o，即 $o = f_1 \cap f_2 \cap \cdots \cap f_m, m \leqslant n$。由子期望 f_i 定义的理想输出结果为 $f_i(x)$，对应 f_i 的实际输出结果为 $p(x)_{f_i}$。用谓词 $C(x)$ 代表"$p(x) = f(x)$"，即被测对象在测试输入点 x 上是正确的。用谓词 $S_i(x)$ 代表"$p(x)_{f_i} = f_i(x)$"，即被测对象在 x 上符合子期望 f_i。用谓词 $S(x)$ 代表"$S_1(x) \wedge S_2(x) \wedge \cdots \wedge S_m(x)$"，即被测对象在 x 上符合测试准绳中的所有子期望。当测试人员选择用测试准绳 o 来确认 p 在测试输入点 x 的正确性时，需要基于以下假设：

$$H_o: S(x) \Rightarrow C(x)$$

如果该假设成立，且 p 在 x 的测试执行结果符合测试准绳 o，则可以确认 p 在 x 上符合 f。

工程实践中，依赖这种假设开展测试设计的做法是非常普遍的。仍然使用7.2节举过的例子，设被测对象为 p，期望"在各种路况条件下，提供全面的驾驶安全性保障"为 f，其测试输入空间为 $D=$ {"铺装道路"，"泥泞道路"，"沙石道路"，"冰雪道路"}。经过冗余分解，可以得到 f 的一组子期望：

f_1："在各种路况条件下，百公里刹车距离都能控制在 39m 以内"。

f_2："在各种路况条件下，刹车过程中都可保持转向能力"。

f_3："在各种路况条件下，麋鹿测试的车速都可达到 60km/h 以上"。

选择测试输入点"铺装道路"作为测试用例，记为 t。设 $S(t)$代表"$p(t)=f(t)$"，$S_i(t)$代表"$p(t)_{f_i}=f_i(t)$"。假设上述冗余分解是完备的，即 $f=f_1\cap f_2\cap f_3$，于是 $S(t)\Leftrightarrow S_1(t)\wedge S_2(t)\wedge S_3(t)$。也就是说，为了验证 $S(t)$是否为真，需要分别验证 $S_1(t)$、$S_2(t)$、$S_3(t)$是否为真。然而麋鹿测试的成本较高，现有资源可能只允许测试人员针对 $S_1(t)$和 $S_2(t)$进行验证。幸运的是，测试人员已经知道在冰雪道路上麋鹿测试的成绩是 70km/h，于是可以合理地假定：在铺装道路上被测对象满足 f_3 的概率非常高。最终测试人员选择 f_1 和 f_2 来构建测试准绳，即 $S(t)\Leftrightarrow S_1(t)\wedge S_2(t)$，并假设 H_o：$S(t)\Rightarrow C(t)$成立。如果被测车辆在铺装道路上的测试执行结果同时满足"百公里刹车距离能控制在 39m 以内"和"刹车过程中可保持转向能力"，则可以认为其在铺装道路上"可以提供全面的驾驶安全性保障"。

一个测试集执行成功了，到底意味着什么？若测试设计的主要目的是"以部分归纳推理为手段来推断被测对象的正确性"，那么测试人员很可能需要依赖测试充分准则中的假设、测试准绳中的假设，为测试执行结果赋予测试人员所期求的意义。明确这些假设，有助于建立更加准确及合理的质量评估结论。可以用如下谓词逻辑公式表述这一观点：

$$H_a\wedge H_o\wedge S(T)\Rightarrow C(p)$$

8.7 本章小结

证明被测对象的正确性，是质量评估的极致追求，也是很多安全攸关领域的切实需要。在缓解"正确性判定问题"方面，测试人员主要的武器有两件：其一是枚举的思想，其二就是推理的思想。

依托理想与现实的关系模型，本章给出了“正确性”和“部分正确性”的形式化定义。但是对大部分测试设计方法只能给出“部分正确”的质量评估结论，需要以统计手段度量被测对象正确的概率。

演绎是从一般到特殊的推理方法。从公认的公理、已知的前提出发，根据被测对象所处领域内的推理规则，推导出“被测对象正确”的命题成立，这就是正确性演绎推理的基本过程。测试人员可以通过“拆解理想”或“拆解现实”的方式降低正确性演绎推理的复杂性，从而拓展其应用范围。

归纳是从特殊到一般的推理方法。限于资源约束，以测试选择为基础进行质量评估的测试设计，本质上都是部分归纳推理。然而，如果测试人员能在测试选择之前确认“被测对象的实现模型符合期望”，则有可能以较低的成本实现完全归纳推理，完成被测对象的正确性证明。此外，测试人员可以将描述测试输入点之间关联属性的蜕变关系，视为正确性归纳推理中的外推规则。一旦证明了蜕变关系在整个测试输入空间上成立，就有条件将个别用例的测试结果外推至更多，甚至所有测试输入点，由此缓解正确性判定问题。当然，蜕变关系的外推能力和其本身证明难度之间存在着制衡关系。

当理想和现实都可以用同一类形式化模型来代表时，测试人员可以采用等价性证明方法验证理想与现实是否完全相符。如果以布尔函数作为这样的形式化模型，等价性证明的一种思路是将理想模型与现实模型都转换为真值表、范式、二叉判定图这样的布尔函数标准形式。另一种思路是反证法，也就是证明等价性反例不存在。

“基于缺陷的测试”同样以反证法为指导思想：如果能证明被测对象中不包含任何可能的缺陷，就证明了被测对象是正确的。在软件领域，基于符号化的变异测试方法，测试人员有可能在很有限的资源条件下完成这样的证明。

以测试用例集的执行结果来推断被测对象的正确性，通常需要依赖充分准则和测试准绳两方面的假设。充分准则方面的假设指的是：满足准则的测试集，其执行结果可以外推至整个测试输入空间。

测试准绳方面的假设指的是：任一用例的执行结果，可以完全代表被测对象在该测试输入点的正确性结论。如果一个测试集中的用例全部执行通过，并且该测试集满足某一充分准则，那么这些假设成立的置信水平，就是被测对象正确的概率。

本章参考文献

[1] Hamlet D. Foundations of software testing: dependability theory[C]// Proceedings of the 2nd ACM Sigsoft Symposium on Foundations of Software Engineering. 1994: 128-139.

[2] Hamlet R G. Probable correctness theory[J]. Information Processing Letters, 1987, 25(1): 17-25.

[3] Duran J W, Wiorkowski J J. Toward models for probabilistic program correctness[J]. ACM Sigsoft Software Engineering Notes, 1978, 3(5): 39-44.

[4] 梯利. 西方哲学史[M]. 葛力，译. 北京：商务印书馆，2015.

[5] Liu H, Kuo F C, Towey D, et al. How effectively does metamorphic testing alleviate the Oracle problem?[J]. IEEE Transactions on Software Engineering, 2014, 40(1): 4-22.

[6] Gardiner S. Testing Safety-Related Software: A Practical Handbook[M]. Springer Science & Business Media, 2012.

[7] Weyuker E J. Assessing test data adequacy through program inference[J]. ACM Transactions on Programming Languages and Systems (TOPLAS), 1983, 5(4): 641-655.

[8] Chen T Y, Kuo F C, Liu H, et al., Metamorphic testing: a review of challenges and opportunities[J]. ACM Computing Surveys (CSUR), 2018, 51(1): 1-27.

[9] Chen T Y, Tse T H, Zhou Z Q. Semi-proving: An integrated method for program proving, testing, and debugging[J]. IEEE Transactions on Software Engineering, 2010, 37(1): 109-125.

[10] 穆歌，李巧丽，孟庆均，黄一斌. 系统建模[M]. 2版. 北京：国防工业出版社，2013.

[11] 屈婉玲，耿素云，张立昂. 离散数学[M]. 2版. 北京：清华大学出版社，2008.

[12] 李晓维,吕涛,李华伟,李光辉. 数字集成电路设计验证[M]. 北京：科学出版社,2010.

[13] 雷绍充,邵志标,梁峰. 超大规模集成电路测试[M]. 北京：电子工业出版社,2008.

[14] Wile B,Goss J C,Roesner W. 全面的功能验证：完整的工业流程[M]. 沈海华,乐翔,译. 北京：机械工业出版社,2010.

[15] Morell L J. A theory of fault-based testing[J]. IEEE Transactions on Software Engineering,1990,16(8)：844-857.

[16] Chen T Y,Tse T H,Zhou Z Q. Fault-based testing without the need of oracles[J]. Information and Software Technology,2003,45(1)：1-9.

[17] Bernot G, Gaudel M C, Marre B. Software testing based on formal specifications：a theory and a tool[J]. Software Engineering Journal, 1991,6(6)：387-405.

[18] Gaudel,M. Formal Methods and Testing：Hypotheses, and Correctness Approximations. FM (2005).

[19] Bertolino,Antonia. Software Testing Research：Achievements, Challenges, Dreams. Future of Software Engineering (FOSE '07) (2007)：85-103.

[20] Howden W E. Theoretical and empirical studies of program testing[J]. IEEE Transactions on Software Engineering,1978(4)：293-298.

[21] Parnas D L, Van Schouwen A J, Kwan S P. Evaluation of safety-critical software[J]. Communications of the ACM,1990,33(6)：636-648.

第9章

控　制

“控制”是一种广泛存在的活动。工程实践中的操作、调节、校正，社会生活中的指挥、管理、制裁等，都可被视为控制活动。围绕控制活动中的实际问题发展出来的学科是控制理论，其中体现的主要思想包括反馈、稳定性、能控能观性等。

控制活动主要涉及施控者和受控者两种实体，控制过程就是施控者影响和支配受控者行为的过程。“施控者行为”和“受控者行为”构成一对因果关系。可以说，因果关系是控制理论的哲学基础。7.2.1节讲解过，被测对象期望的本质就是被测对象输入/输出之间的因果关系。而验证这一因果关系在何种程度上成立，正是测试的基本目标。在这个意义上，测试的主要任务可以概况为：为被测对象施加特定的测试输入，观察测试输入与测试输出之间是否符合预期的因果关系。从控制的角度来看，预期的因果关系体现为测试输入对测试输出的控制效果。测试用例所对应的具体事件，实际上就是发生在被测对象上的一个控制活动。

控制活动中的施控者和受控者也可以是一些子活动或子过程。测试活动主要包括测试设计和测试执行两个子活动，测试设计产出的是测试执行方案，由此决定测试执行的具体方式，因此可以认为测试设计活动是施控者，测试执行活动是受控者。再比如，产品研发制造的整个过程中，测试是最主要的质量控制环节。通过测试检出的缺陷,或者经由测试得到的质量评估结论,决定了后续开发生产过程的调整方向和措施。因此在产品质量的维度上,可以认为测试活动是施控者,开发生产活动是受控者。

总而言之,测试和控制之间有着千丝万缕的联系。从已有的研究和实践成果中可以看到,控制思想可以在测试设计中发挥重要的价值,帮助测试人员更好地实现测试的目标,缓解“测试选择问题”。

9.1 自适应测试

日常生活中,“自适应”一般指生物通过主动调整自己的习性以适应环境变化的一种能力。工程实践中,“自适应”一般指系统或过程根据处理对象和环境因素的变化,自动调整研发、生产、运行手段,以实现最优的工程结果。容易看出,若要实现“自适应”,至少需要完成两件事:一是掌握“变化”的是什么;二是“自动调整”以适应变化。

测试设计的基础是关于被测对象的各种信息,如被测对象期望、事件分布列、执行档案等。依据这些信息,测试人员运用各种测试设计思想和方法,设计出测试执行方案,也就是测试用例集和用例执行顺序。在测试执行的过程中,会陆续检出一些缺陷,这为测试人员提供了很重要的新信息,足以让测试人员对被测对象产生新的认知,进而优化已有的测试执行方案。而且,在测试执行过程结束之前,有关缺陷检出情况的信息是不断动态更新的,因此测试人员需要以自动的方式进行测试执行方案的调整,这就是自适应测试的基本思路。

9.1.1 反馈控制基础

自适应测试的理论基础是反馈控制原理。把系统现在的行为结果作为影响系统未来行为的原因,这种操作被称为反馈。以现在的行为结果去加强未来的行为,是正反馈;以现在的行为结果去削弱未来的行为,是负反馈。

反馈控制的最初目的是解决控制理论中的调节问题,也就是如何控制系统输出“达到并保持于某一个预设的工作点”。相对于“达到"而言,更难的是"保持"。因为实际存在的种种干扰因素,总会使系统输出跑偏,远离预设工作点。这时,控制的核心任务就是抑制和克服这些干扰的破坏作用。

譬如,空调系统要保证室内的温度稳定在设定温度。从空调启动到室温稳定的过程就是控制过程,被控对象在控制过程结束后进入的状态称为稳态。理想状态下,稳态应该就是预设的工作点,但实际中往往很难做到。通常的办法是指定一个许可误差范围,如果室温与设定温度的差异在许可误差范围内,空调系统的控制器就输出控制信号,让制冷或制热器暂停工作;如果室温与设定温度的差异超出了许可误差范围,控制器就会启动制冷或制热器,如此循环。空调控制系统通过反馈结构实现上述控制过程,如图 9-1 所示。

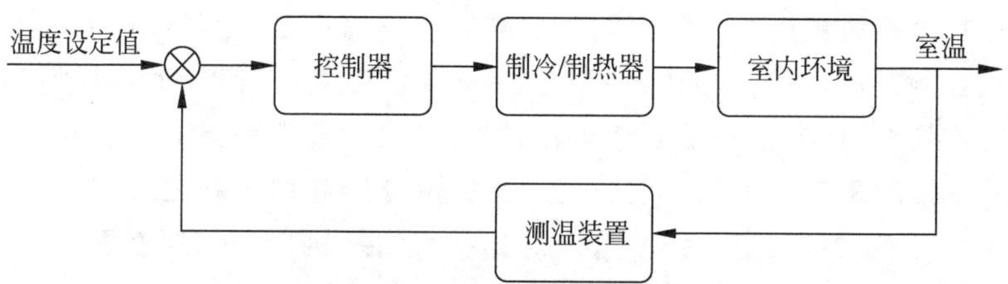

图 9-1 空调系统的反馈控制结构

对空调控制系统来说,温度设定值就是系统输入,室内环境就是被控对象,室温就是整个控制系统的输出,制冷或制热器就是执行机构。影响室内环境的主要因素是制冷或制热器的输出,而制冷/制热器的工作状态由控制器的输出决定。测温装置对室温进行实时测量,并将测量结果持续反馈给控制器。控制器的最终输入是室温设定值与测定值做减法运算的结果。这就是反馈结构的基本实现方式。

在一般的反馈控制中,被控对象的输出信息被反向传送到输入端,与体现控制目标的系统输入进行比较,根据二者的差异决定控制方式,驱动执行机构去调整被控对象的状态,逐步缩小系统输出与输入的差异,最终达到控制目标。这体现了反馈控制的特征:不但布置任务,而且检查执行效果。反馈控制方案的着眼点是消除被控对象实际工作点与预设工作点的差异,但只有存在一定的差异,控制过程才能启动和持续。可见,反馈控制采用的是以差异减小差异的控制策略。

在系统实现结构上,反馈控制要求设置反馈环节,形成从输出端到输入端的信息反馈通道。从输入端到输出端的前向信息通道,加上反馈通道,构成了一个信息传递的闭环。因此反馈控制也称为闭环控制。没有反馈通道的控制方式被称为开环控制。开环控制系统的结构比闭环控制系统简单,系统构建成本相对较低,因此在工程实践中有很多应用。但开环控制系统抵抗意外干扰的能力较弱,其可用的必要条件是,测试人员需要对被控对象和外界干扰因素有非常准确的把握,能够根据干扰因素的具体情况,实时调整控制方式,将干扰因素对被控对象输出的影响减弱到可以接受的程度,以此来实现控制目标。像自动贩卖机这种系统,数学模型明确,工作环境稳定,干扰的种类和来源都已知,就可以采用开环控制方式,以适当的补偿措施来抑制干扰。然而一旦干扰的影响超出意料之外,被控对象就可能偏离预定工作轨迹。例如在流水线机器手的控制系统中,意外的电力波动可能影响电机的正常工作,致使机器手的位置发生较大偏移,超出系统的可控范围,甚至造成严重后果。

相对而言,反馈控制无须监测干扰,也不用采取抑制干扰的补偿措施,抗意外干扰的能力要强得多。工程实践中的复杂控制系统大多采用反馈控制方式。生命机体适应环境的能力也主要依靠反馈控制,通过反馈不断缩小与环境要求的差距。社会系统也广泛存在反馈控制,民主和法制建设都有赖于政府和民众之间的信息反馈渠道。一切自适应机制的主要基础就是反馈作用,通过反馈修正错误、积累经验、求得进步。

9.1.2 自适应测试中的反馈控制

5.3 节讲解过自适应随机测试,这是一种典型的自适应测试方法,其优化目标是提高缺陷检出效率。在随机测试的执行过程中,每完成一个测试用例的执行,测试人员就可以获得更多有关被测对象缺陷分布的反馈信息。同时经验告诉测试人员,缺陷往往具有连续分布的特征。因此,站在测试执行过程的任何一个时间节点上,如果已经执行完的用例都没有检出缺陷,那么这些用例附近的区域同样很难找到缺陷。在下一步的执行中,为了能尽快检出缺陷,测试人员应该选取尽量远离这些用例的其他用例来测试。也就是说,测试设计活动可以利用测试执行活动产生的反馈信息,即缺陷不在那里,来调整测试执行方案,优化测试执行的输出效果。在自适应测试中,测试设计活动和测试执行活动构成了这样一种反馈控制的结构,如图 9-2 所示。

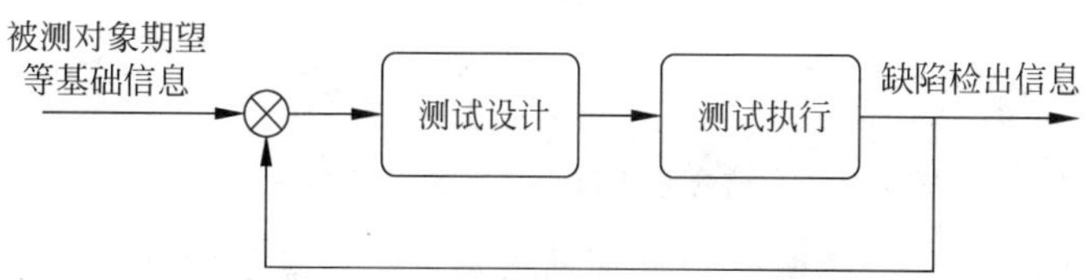

图 9-2 自适应测试的反馈控制结构

测试设计与测试执行相辅相成,这不仅是自适应测试的基本特征,也是体现在很多测试设计方法中的优秀实践准则。测试执行需要以测试设计为指导,而随着测试执行的展开,测试人员关于被测对象的知识也逐渐增加。利用这些知识,又可以反过来对测试设计进行改进。这样,测试设计就变成了一个动态优化的过程,与测试执行相伴前行。

根据具体测试设计策略的不同,测试人员可以对上述反馈控制结构进行必要的调整和扩展。下面以"基于系统辨识的自适应测试"为例来说明。

3.3 节讲解过模型检测,5.5 节讲解过基于模型的测试,8.3.2 节讲解过基于模型的正确性归纳推理。模型是测试人员理解和描述被测对象的重要手段,很多测试设计策略都建立在"理想"模型和"现实"模型的基础上。然而建模是相当富有挑战性的工作,特别是对现实模型而言,需要测试人员对被测对象的输入/输出特性和实现机制有深刻、全面的认知。测试过程的初期,这些方面的认知很难一步到位，建立的模型只能是粗略、初步的。通过在测试过程中持续的观察，测试人员将逐渐掌握更多有关被测对象的信息，也就有条件建立起更精确的现实模型。

如 8.3.2 节所述，系统辨识技术能够帮助测试人员从被测对象的输入/输出信息中提炼出现实模型。将系统辨识用在反馈回路上，形成的反馈控制结构如图 9-3 所示。

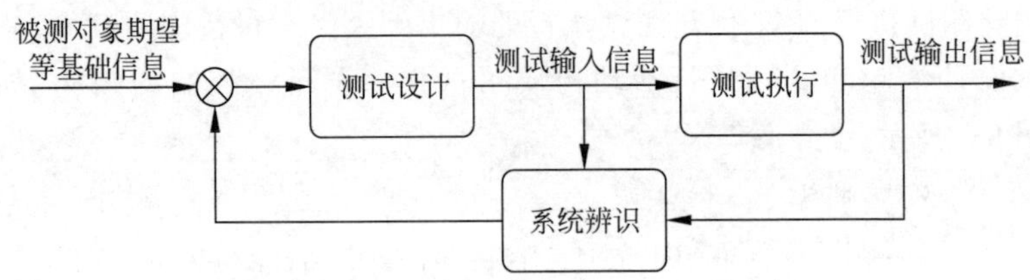

图 9-3 结合系统辨识技术的反馈控制结构

在这一结构中，测试设计活动根据已有的现实模型制定测试执行方案，确定测试输入信息。这些信息与测试执行活动产生的测试输出信息一起，经由系统辨识环节的处理，生成更精确的现实模型，进一步反馈给测试设计活动。

9.1.3 测试用例自适应排序

自适应随机测试在测试设计活动和测试执行活动之间建立了反馈控制闭环，从而有效提高了缺陷检出效率。这种思路不仅适用于随机测试，也适用于更一般的测试方法。

在软件领域，缺陷连续分布现象的另一种表述是缺陷集群效应，即大部分缺陷集中分布在少量程序单元（如代码行、函数、类）中。换言之，如果测试人员从某个程序单元中检出了缺陷，那么该单元就成为了“高风险地区”，其中很可能还存在更多缺陷。在测试执行过程中，一旦发现了这样的高风险地区，测试人员应该及时调整后续测试用例执行的顺序，为那些更贴近高风险地区的用例赋予更高的执行优先级，以便更高效地检出剩余的缺陷。这就是测试用例自适应排序的基本想法，本质上仍然是将测试执行活动中获得的信息反馈给测试设计活动，实现测试设计对测试执行的反馈控制。

假设被测程序为 p，p 中的代码行集合为$\{l_1,l_2,\cdots,l_n\}$，测试用例集为 T。同时假定测试人员已经知道每个用例覆盖了哪些代码行，也就是说 T 中的任意用例 t 的执行档案 $\boldsymbol{P}_t=[c_1^t,c_2^t,\cdots,c_n^t]^{\mathrm{T}}$ 是已知的。在测试执行过程中，测试人员采用用例自适应排序方法，从 T 中逐一选出用例并执行，该过程包括以下步骤：

(1) 在测试执行过程伊始，测试人员从 T 中选择覆盖最多代码行的用例，作为第一个执行的用例，并将其从 T 移到已执行完成的用例集合 T'中。

(2) 根据 T'中的用例检出缺陷的情况，为每个代码行 l_i 赋予权重 w_{l_i}：假设已检出的缺陷总数为 n。如果 T'中有一部分用例覆盖过 l_i，且这部分用例共检出了 m 个缺陷，则为 l_i 赋予权重 $w_{l_i}=\dfrac{m}{n}$；如果 T'中没有任何用例覆盖过 l_i，为了更早确认其中是否有缺陷，应该为 l_i 赋予较高权重，通常令 $w_{l_i}=1$。最终得到各代码行的权重向量 $\boldsymbol{W}=[w_{l_1},w_{l_2},\cdots,w_{l_n}]^{\mathrm{T}}$。

(3) 为 T 中每个用例 t 赋予优先级 p：以 t 的执行档案和代码行权重向量的内积作为 t 的优先级量化评估结果，即 $p=\boldsymbol{P}_t^{\mathrm{T}}\cdot\boldsymbol{W}=[c_1^t,c_2^t,\cdots,c_n^t]\cdot[w_{l_1},w_{l_2},\cdots,w_{l_n}]^{\mathrm{T}}$。最终，选择 T 中优先级最高的作为下一个执行的用例，并将其从 T 移到 T'中。

(4) 回到步骤(2)，直到 T 为空。

举例说明。假设被测程序 p 中共有 10 行代码，分别记为 l_1，l_2，$\cdots$，l_{10}。待执行测试用例集 T 中共有 5 个用例，分别记为 t_1，t_2，$\cdots$，t_5。每个用例的执行档案如表 9-1 所示。

表 9-1　各用例的执行档案

代码行用例	t_1	t_2	t_3	t_4	t_5
l_1	1	1	1	1	1
l_2	1	1			
l_3			1	1	1
l_4	1				
l_5		1			

续表

代码行用例	t_1	t_2	t_3	t_4	t_5
l_6			1		
l_7				1	1
l_8	1				
l_9				1	
l_{10}					1

每执行完一个测试用例，该用例被移动到 T'中，同时测试人员可以获知这个用例能够检出哪些缺陷。例如，执行完 t_1 后，发现 t_1 能够检出缺陷 f_1、f_6 和 f_{10}。假设测试执行全部完成后，T'中各用例检出缺陷的情况如表 9-2 所示。

表 9-2 各用例检出缺陷的情况

缺陷用例	t_1	t_2	t_3	t_4	t_5
f_1	1	1			
f_2			1	1	
f_3					1
f_4			1		
f_5		1			
f_6	1	1			
f_7			1	1	
f_8				1	
f_9			1	1	1
f_{10}	1				

测试人员的目标是在测试执行过程中不断优化用例执行顺序，以便尽快检出更多缺陷。以下是测试用例自适应排序的过程：

（1）最初，T 中包含全部待选用例，而 T'为空。从 T 中选择语句覆盖率最高的用例作为第一个执行的用例，也就是从 t_1、t_4、t_5 中随机选取一个。假定我们选出的是 t_1，执行 t_1 之后检出了缺陷 f_1、f_6 和 f_{10}。将 t_1 移到 T'中。

（2）在选择第二个执行的用例时，先计算各代码行的权重：当前

已检出缺陷总数为 $n=3$,同时 s_1、s_2、s_4、s_8 已经被 t_1 覆盖过,且 t_1 检出了 $m=3$ 个缺陷,因此为 s_1、s_2、s_4、s_8 赋予权重 $m/n=1$;其他的代码行都未被覆盖过,因此均赋予权重 1。

(3) 然后计算 T 中每个待选用例的优先级:将每个用例所覆盖代码行的权重加和,得到待选用例 t_2、t_3、t_4、t_5 的优先级分别为 3、3、4、4。从优先级最高的两个用例 t_4、t_5 中随机选取一个,作为第二个用例来执行。假设选中的是 t_5,并且进一步检出了缺陷 f_3 和 f_9,检出缺陷总数达到 $n=3+2=5$。将 t_5 移到 T'中。

(4) 在选择第三个执行的用例时,首先重新计算各代码行的权重:s_1 被 t_1 和 t_5 都覆盖过,这两个用例共检出了 5 个缺陷,因此为 s_1 赋予权重 $5/5=1$;s_2、s_4、s_8 被 t_1 覆盖过,t_1 检出了 3 个缺陷,因此为 s_2、s_4、s_8 赋予权重 $3/5=0.6$;s_3、s_7、s_{10} 被 t_5 覆盖过,t_5 检出了 2 个缺陷,因此为 s_3、s_7、s_{10} 赋予权重 $2/5=0.4$;剩余的 s_5、s_6、s_9 仍未被任何用例覆盖过,因此均赋予权重 1。

(5) 然后计算 T 中每个待选用例的优先级:将每个用例所覆盖代码行的权重加和,得到 t_2 的优先级为 $1+0.6+1=2.6$,t_3 的优先级为 $1+0.4+1=2.4$,t_4 的优先级为 $1+0.4+0.4+1=2.8$。选择优先级最高的用例 t_4 作为第三个执行的用例。这样就进一步检出了缺陷 f_2、f_7 和 f_8,检出缺陷总数达到 $n=5+3=8$。将 t_4 移到 T'中。

(6) 延续上述过程,可以确定第四个执行的用例是 t_3,最后一个执行的用例是 t_2。最终 T 为空,测试执行完成。

测试用例自适应排序方法还可以应用于回归测试设计。正如 4.3 节所述,在被测对象的版本迭代过程中,测试人员关心"每一个新版本引入的变更是否对已有特性造成了不良影响",因此回归测试是重要的质量控制手段。由于测试成本的限制,通常需要对回归测试集中的用例进行优先级排序,再根据资源情况进行取舍。对某一个回归测试用例而言,优先级排序的一个重要原则是:该用例在当前待测版本中检出缺陷的可能性越大,其优先级应该越高。那么如何衡量该用例检出缺陷的可能性呢?测试的依据仍然是缺陷集群效应,不过是其在时间域的表现形式:一个回归测试用例在近期版本中检出缺陷的次数越多,其在当前待测版本中再次检出缺陷的可能性也越大。因此,测试人员可以把回归测试集在近期版本中的缺陷检出情况视为反馈信息,借以调整当前版本的回归测试用例排序。在这一场景中,基本思想仍然是测试设计活动对测试执行活动的反馈控制,只不过当前版本的测试执行信息并不直接反馈给当前版本的测试设计,而是先存入历史数据库,在下个版本中才成为测试设计的输入,其控制结构如图 9-4 所示。

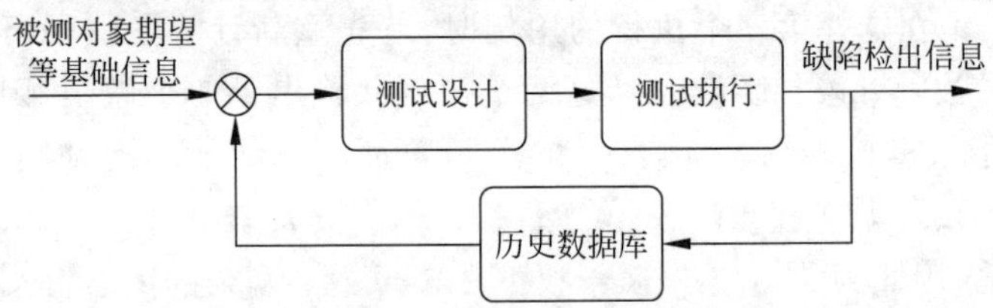

图 9-4　结合历史数据库的反馈控制结构

举例说明。假设被测程序为 p,当前待测版本是 V1.9。回归测试集 T 中共有 14 个用例,记为 $t_1, t_2, \cdots, t_{14}$。在近期的 8 个版本中,各用例的执行结果如表 9-3 所示(执行失败记为 F,执行成功记为 P)。

表 9-3　各用例在近期版本中的执行结果统计

版本用例	t_1	t_2	t_3	t_4	t_5	t_6	t_7	t_8	t_9	t_{10}	t_{11}	t_{12}	t_{13}	t_{14}
V1.1	F	P	F	P	F	F	P	P	P	P	P	P	F	F
V1.2	P	F	P	F	F	F	P	P	F	F	P	P	P	F
V1.3	F	P	F	P	F	F	P	P	P	F	P	P	P	P
V1.4	P	P	P	F	F	P	F	P	P	P	P	P	P	F
V1.5	F	P	P	P	F	F	P	P	P	F	P	P	P	F
V1.6	F	P	F	P	F	F	P	P	P	F	P	F	P	F
V1.7	P	F	F	P	P	P	F	F	P	F	F	P	P	P
V1.8	F	P	P	P	F	P	P	P	P	F	P	P	P	F
检出缺陷次数	5	2	4	2	7	5	2	1	1	6	1	1	1	6

在设计 V1.9 的回归测试用例执行顺序时，可以从历史数据库中取出表 9-3 中的信息，按各用例在 V1.1～V1.8 版本中检出缺陷次数的大小，为各个用例设定执行优先级，如($t_5,t_{10},t_{14},t_1,t_6,t_3,t_2,t_4,t_7,t_8,t_9,t_{11},t_{12},t_{13}$)。测试执行完成后，将 V1.9 的测试执行结果更新到历史数据库中，留待下个版本使用。可见，这里采用的并非即时反馈，而是延时反馈。

9.1.4 符号随机测试

单纯的随机测试，缺陷检出效率较差，其原因可以从两方面来看。

(1) 随机测试用例在测试输入空间上的分布特征，只具有统计意义上的多样性。或者说，单纯的随机测试，对多样化思想的贯彻并不到位。在实际的测试过程中，特别是当用例量较小时，单纯的随机测试并无法保证用例充分散布。

(2) 在测试输入空间上随机生成的测试用例，能够深入被测对象实现细节的概率较小。譬如对软件来说，随机测试用例很难覆盖一些触发条件苛刻的程序执行路径，也就难以检出这些路径上存在的缺陷。

和自适应随机测试一样，符号随机测试也是一种运用反馈控制思想、具备自适应能力的测试设计方法，目的都是利用测试执行活动产生的导向性信息，优化随机测试用例的生成过程，改善随机测试的缺陷检出效率。所不同的是，自适应随机测试利用的反馈信息是“已执行用例在测试输入空间的分布情况”，针对的是上述第一方面的原因；而符号随机测试利用的反馈信息是“已执行用例对被测对象实现结构的覆盖情况”，针对的是上述第二方面的原因。

在实现层面，符号随机测试是一种将随机测试和符号执行结合起来的技术。8.3.3.1 节讲解过软件领域的符号执行技术，这种技术使用变量符号代替具体的测试输入值，模拟执行程序，得到各条执行路径约束条件的符号表达式，然后尝试对表达式进行约束求解，以得到能够触发各条程序路径的具体测试输入值。符号执行的局限性在于，实际程序的执行路径数量可能非常庞大，路径约束表达式也可能非常复杂,求解的难度和成本常常令人难以接受。简言之,符号执行有精准打击的能力,但实施困难。相对而言,随机测试的特点则是实施容易,打击精度却不高。若将二者恰当结合起来,就有希望更好地解决问题。

符号随机测试的主要步骤如下:

(1) 依据均匀分布,在测试输入空间中随机选取一个测试输入点作为测试用例,记为 t_i。

(2) 执行 t_i,并记录相应执行路径约束条件的符号表达式 φ_i。

(3) 修改 φ_i(例如对 φ_i 中的某个分支条件取反),产生一个新的路径约束条件符号表达式 ψ_i。若无法产生新的路径约束条件符号表达式,或超出资源限制,跳转至步骤(1)。

(4) 对 ψ_i 进行约束求解。若不可解,跳转至步骤(1)。

(5) 将约束求解的结果作为下一个测试用例,跳转至步骤(2)。

举例说明。假设被测程序 p 的测试输入变量为整数 x 和整数 y。p 的代码实现如下:

```
public int f(int x) {
    return 2 * x;


public int h(int x, int y) {
    if (x != y) {
        if (f(x) == x + 10) {
            /* error */
        }
    }
    return 0;
}
```

在 h()方法的第 4 行包含一个缺陷。只要某个测试用例覆盖了这一行代码,就可以检出该缺陷。然而这对单纯的随机测试来说,却是个异常艰难的任务。因为能够覆盖这一行代码的测试输入点,只存在于测试输入空间的一个非常狭小的区域内,而随机生成的测试用例落进这一区域的概率很小。

下面来看符号随机测试是如何解决这一问题的，主要过程如下：

(1) 针对 h()方法，在二维整型测试输入空间中随机选择一个测试用例，如($x=269167349$，$y=889801541$)，记为 t_1。

(2) 在 p 上执行 t_1，记录其执行路径约束条件的符号表达式 φ_1：$(x_0 \neq y_0) \wedge (2x_0 \neq x_0+10)$。显然，这个用例无法覆盖 h()方法的第4行代码。

(3) 对 φ_1 的最后一个分支条件取反，得到新的路径约束条件符号表达式 ψ_1：$(x_0 \neq y_0) \wedge (2x_0 = x_0+10)$。

(4) 对 ψ_1 进行约束求解，得到一个新的测试用例 t_2($x=10$，$y=889801541$)。这个用例已经可以覆盖 h()方法的第4行代码，检出其中的缺陷。

可见符号随机测试的主要思路是：利用测试执行活动反馈的执行路径信息，在符号化的基础上进行变换，搜索到一条新的执行路径及其对应的新用例，以拓展测试执行活动的路径覆盖范围。符号随机测试不仅体现了反馈控制的思想，其设计理念也在一定意义上代表了一类所谓"基于搜索"的测试方法。在这一类方法中，特定的测试目标被定义为适应值函数，如结构覆盖率、测试执行时长等，由此量化及区分不同测试输入点的优劣。例如，若以分支覆盖率为测试目标，可以先度量每一个测试输入点与各个分支的距离：如果程序控制流进入某个分支的判断条件是"$x=42$"，那么对测试输入点 $x=10$ 而言，其与该分支的距离就是 $42-10=32$。继而可以将每一个测试输入点的适应值定义为其与所有分支的距离之和。测试选择的过程，就是围绕适应值函数进行搜索寻优的过程。符号随机测试采用的适应值函数是路径覆盖率，搜索的起点是随机生成的测试用例，搜索的目标是能够覆盖新路径、提升路径覆盖率的新用例。

9.2 可测性

经验丰富的测试者在面对不同的被测对象时，经常会有一种差异化的直观感受：有些被测对象测试起来很方便、很简单，有些则很麻烦、很复杂。造成这种感受的原因之一，是被测对象本身固有的一种属性，称为可测性。

研发生产实践中永远存在着质量和资源的天平。当产品质量要求较高且资源相对充裕时，天平会偏向质量一端，这时可以选择更强的测试充分准则，在统计抽样测试中抽取更多的样本，采用更强的测试准绳，这些积极的测试设计策略能给予测试人员更充足的质量信心；而当资源严格受限且产品质量要求不高时，天平会偏向资源一端，测试人员只能采取相对保守的测试设计策略，在资源约束下尽力而为。无论在哪种情况下，具有良好可测性的被测对象都是测试人员所乐见的：质量优先时，良好的可测性意味着更低的测试成本；资源优先时，良好的可测性意味着更高的测试充分度。当然，前提是测试人员在测试设计中对可测性给予了充分的考量，根据被测对象的可测性水平来选取合适的测试策略。

9.2.1 能控性与能观性

影响可测性最核心的两个因素，是被测对象的能控性和能观性。这是来自控制理论的两个概念，也是从控制和观测角度表征被测对象结构的两个基本特性。

从系统整体的角度来看，“输入/输出”代表的是系统的外部变量，“状态”代表的则是系统的内部变量。能控性反映的是系统的输入对状态的制约能力，也就是说，系统中的状态变量能不能完全由输入去影响和控制；能观性反映的是从外部对系统内部的观测能力，也就是说，系统中的状态变量能不能完全由输出来反映。如果系统内部每个状态变量都可由输入完全影响，则称系统的状态为完全能控。如果系统内部每个状态变量都可由输出完全反映，则称系统的状态为完全能观。

例如，给定一个线性时不变系统，其状态变量为 x_1 和 x_2，输入变量为 u，输出变量为 y。其输入引起状态变化的过程，可以用如下微分方程描述：

$$\begin{bmatrix}\dot{x}_1\\ \dot{x}_2\end{bmatrix}=\begin{bmatrix}4 & 0\\ 0 & -5\end{bmatrix}\begin{bmatrix}x_1\\ x_2\end{bmatrix}+\begin{bmatrix}1\\ 2\end{bmatrix}u$$

其状态变量和输出变量的关系可以用如下方程描述：

$$y=\begin{bmatrix}0 & -6\end{bmatrix}\begin{bmatrix}x_1\\ x_2\end{bmatrix}$$

整理为标量方程组形式：

$$\begin{cases}\dot{x}_1=4x_1+u\\ \dot{x}_2=-5x_2+2u\\ y=-6x_2\end{cases}$$

可以直观看出，状态变量 x_1 和 x_2 都可由输入变量 u 完全影响，系统的状态完全能控。状态变量 x_2 可由输出变量 y 完全反映，但状态变量 x_1 和输出变量 y 没有关系，系统状态并不完全能观。

另一个关于能控性和能观性的典型例子是电桥。假设电桥电路结构如图 9-5 所示。

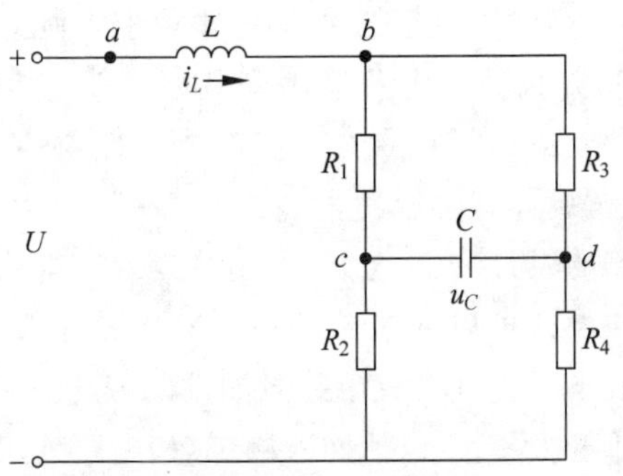

图 9-5 某电桥电路结构

端电压 U 为输入变量，i_L 和 u_C 分别为该电路系统的两个状态变量，同时 u_C 也是输出变量。电桥的状态不同，该电路系统表现出的能控性和能观性也不同。

(1) 如果电桥中各电阻满足 $\dfrac{R_1}{R_2}\neq\dfrac{R_3}{R_4}$，则输入电压 U 能控制 i_L

和 u_C 的变化，系统状态完全能控。另外，通过输出变量 u_C 能够反映 i_L，因此系统完全能观。

(2) 反之，当 $\frac{R_1}{R_2}=\frac{R_3}{R_4}$ 时，电桥中 c 点和 d 点的电位始终相等，恒有 $u_C=0$，输入变量 U 只能影响 i_L，因此系统状态不完全能控。同时，输出变量 u_C 也不能再反映 i_L，系统状态不完全能观。

控制和观察是测试中最主要的两项任务，因此被测对象的能控性和能观性对测试设计格外重要。举例来说，图 9-6 所示门电路的输入端 A 存在 s-a-1 缺陷。

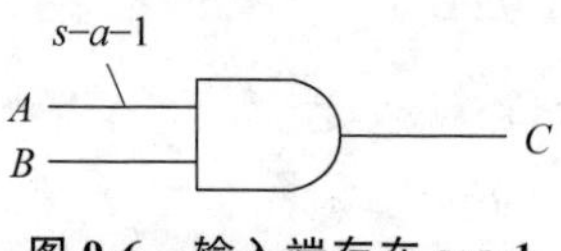

图 9-6　输入端存在 s-a-1 缺陷的被测电路

为了检出该缺陷，测试人员需要将输入端 A 的电平置为 0，将输入端 B 的电平置为 1，并且观察输出端 C 的电平是 0 还是 1。如果是 1，就说明被测电路存在缺陷。设想上述电路是一个复杂电路中的一部分，为了检出这个固定 1 缺陷，测试人员需要设计合适的测试用例，通过电路输入将端线 A 的电平取值控制为 0，端线 B 的电平取值控制为 1，并且通过电路输出来观察端线 C 的电平是 0 还是 1。如果被测电路在 A、B 点具有良好的能控性，在 C 点具有良好的能观性，那么测试设计就会容易很多。

在集成电路的设计和制造中，可测性是一个非常重要的设计指标。好的可测性设计可以使电路的内部状态易于设置及观察，从而大幅降低测试成本。提升集成电路可测性的方法主要有三类：

(1) 专用可测性设计，包括插入测试点、电路分块等。

(2) 结构化可测性设计，如针对时序电路的扫描路径设计等。

(3) 内建自测试，也就是在电路内部建立测试用例生成、执行、结果分析的子电路。

这些方法都是从提升电路能控性和能观性入手。下面以“插入测试点”为例做简要说明。电路设计中的测试点有两类：控制点和观察点。控制点是用于改善电路能控性的原始输入点，而观察点是用于改善电路能观性的原始输出点。假设某被测电路的结构如图 9-7 所示。

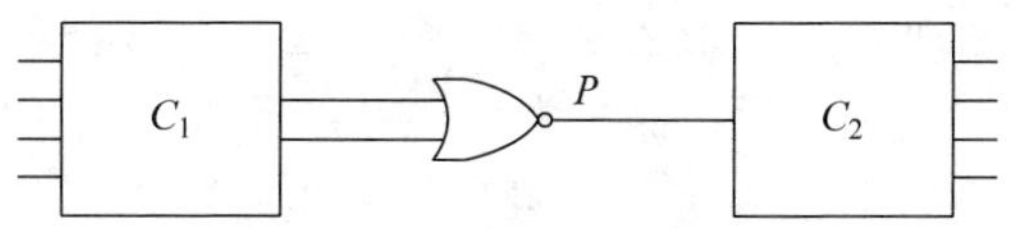

图 9-7 某被测电路的结构

模块 C_1 的输入是整个电路的输入，模块 C_2 的输出是整个电路的输出。显然，或非门输出节点 P 的信号很难通过电路输出观察到。为了提高能观性，可以在电路中插入观察点——相当于增加一个额外的输出引脚。改造后的电路结构如图 9-8 所示。

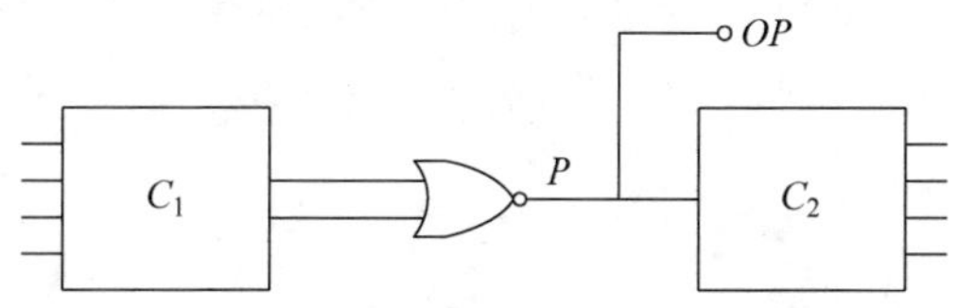

图 9-8 插入观察点

另一方面，模块 C_2 的输入值也很难通过电路输入进行控制。为了提高能控性，可以进一步在电路中插入两个控制点，改造后的电路结构如图 9-9 所示。

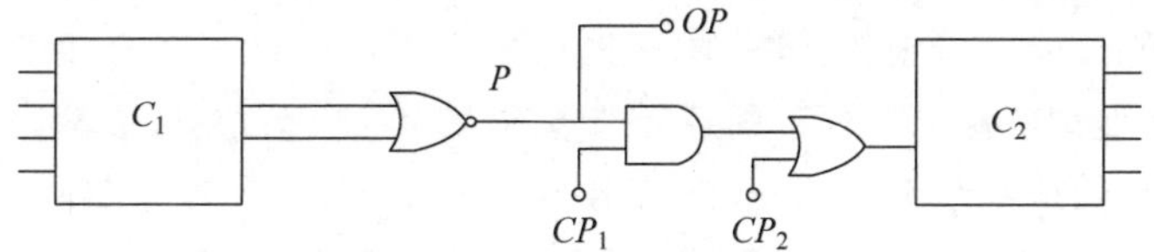

图 9-9 插入控制点

如果将控制点 CP_1/CP_2 的电平设为 10，控制点的引入不会影响被测电路的行为；如果将 CP_1/CP_2 的电平设为 00 或 11，就可以很方便地将模块 C_2 的输入值置为 0 或 1。

值得一提的是，能控性、能观性与测试所针对的系统层级息息相关。2.2 节讲解过分层测试，譬如硬件系统的测试就可以按所针对的系统层级分为单元级测试、芯片级测试、板级测试、系统级测试，软件系统的测试则可以分为单元测试、集成测试、系统测试、验收测试。

一般来说,系统层级越低,输入/输出变量与内部状态变量就越接近,能控性、能观性就越好。假若测试人员想在某个缓存单元中创造缓冲区全满的状态,在单元级测试中会相对容易,只需要控制缓存单元的输入信号,把数据推入缓冲区且不再弹出就可以了。然而在更高层的芯片级测试中,完成这一工作就困难得多,这是因为芯片级输入远离缓冲区,在发挥控制作用时会受到很多干扰,比如被测缓存单元周围的其他单元可能连续地从缓冲区弹出数据,阻碍缓冲区进入全满状态。类似地,假若测试人员想在测试执行之后校验某个程序内部变量的值,在单元测试中是很简单的,只需要在测试代码中添加关于该变量的断言即可。而在集成测试或系统测试中,可能就需要对被测程序进行能观性改良,将这个变量暴露在接口输出报文或日志中。

9.2.2 路径敏化法

有时候,被测对象内部状态是否能反映在测试输出变量中,不仅取决于被测对象自身的实现结构,还与外部输入有关。这种情况下,测试设计就与能观性产生了更密切的联系。

如 4.2.3 节所述,电路领域的测试设计大多采用基于缺陷的充分准则。针对特定的缺陷,测试设计的主要任务是选择合适的测试输入,使得被测电路内部的目标节点进入特定状态,并保证缺陷造成的失效效应能够传导至电路输出端。简言之,就是要让缺陷"被激活"且"能观"。贯彻这一思路的典型代表是路径敏化法,其主要步骤包括:

(1) 激活:设计测试输入,使电路中的目标节点进入特定状态。例如,对于目标节点的 s-a-1 或 s-a-0 缺陷,测试输入应使得该处逻辑值为 0 或 1。

(2) 敏化:选择一条端线路径,沿此路径可把缺陷产生的失效效应从目标节点传播到电路输出端。失效效应在输出端的表现是:激活缺陷后在电路输出端观察到的结果,与电路无缺陷时的结果不同,称此端线路径为敏化路径。

(3) 确认：选定敏化路径后，为了保证失效效应能顺利传播到输出端，应该根据敏化路径上元器件的输入/输出逻辑关系，确定这些元器件上各输入端的逻辑值。例如，对于敏化路径上的与门，应该对其不在敏化路径上的输入端赋以逻辑值1。对于敏化路径上的或门，应该对其不在敏化路径上的输入端赋以逻辑值0。

(4) 蕴涵：根据上一步已确认的端线逻辑值，推导出所需的测试输入。

(5) 一致性检查：如果“激活”与“蕴涵”所要求的测试输入值存在矛盾，跳转至步骤(2)，选择一条新的敏化路径，重新进行确认和蕴涵。

举例说明。假设某被测电路结构如图9-10所示。

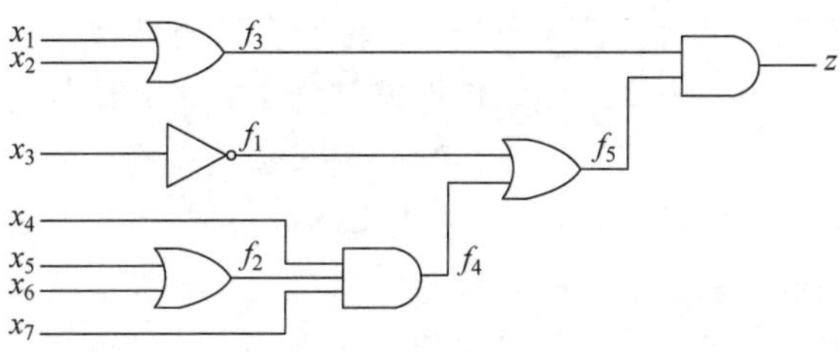

图9-10　某被测电路

测试目标是验证 f_4 处是否存在 s-a-1 缺陷。采用路径敏化法，测试设计的主要过程为：

(1) 激活：假设 f_4 处存在 s-a-1 缺陷，即 $f_4/1$。为激活该缺陷，应控制电路输入，使得 $f_4=0$，因此要求 $x_4(x_5+x_6)x_7=0$。

(2) 敏化：$f_4/1$ 的失效效应传播到电路输出端的路径只有一条，即 $f_4 \rightarrow f_5 \rightarrow z$。

(3) 确认：由电路结构可知，f_1 和 f_5 分别是同一个或门的输入和输出，f_1 不在敏化路径上。要把故障 $f_4/1$ 的失效效应传播到 f_5，须使 $f_1=0$；此外，f_3 和 z 分别是同一个与门的输入和输出，f_3 不在敏化路径上。要把失效效应传播到输出端 z，须使 $f_3=1$。

(4) 蕴涵：$f_1=0$ 要求被测电路输入值满足 $\bar{x}_3=0$；$f_3=1$ 要求被测电路输入值满足 $x_1+x_2=1$。

(5) 一致性检查:"激活"和"蕴涵"所要求的测试输入值应满足:

$$\begin{cases} x_4x_5x_7+x_4x_6x_7=0 \\ x_5+x_6=1 \end{cases}$$

上式有多个解,每一个解都可用于检出 f_4 处的 s-a-1 缺陷。比如,以其中一个解 $x_1\ x_2\ x_3\ x_4\ x_5\ x_6\ x_7=\{1110111\}$ 作为测试用例,如果 f_4 处没有 s-a-1 缺陷,则被测电路输出为 $z=0$;如果 f_4 处存在 s-a-1 缺陷,则被测电路输出为 $z=1$。这表明缺陷造成的失效效应在电路输出端是能观的。

9.2.3 面向能观性的测试充分准则

控制理论中,能观性和能控性之间存在着微妙的平衡关系:当两个线性系统满足对偶性条件时(即两个系统的模型在某种意义上是对称的),其中一个系统的能控性就等价于另一系统的能观性。这种平衡关系实质上反映了系统控制问题和系统观测估计问题的紧密联系。对测试设计而言,能控性和能观性也应该保持类似的平衡,因为控制和观察在测试活动中同样重要。9.2.2 节讲解的路径敏化法就是一个很好的例子。在 7.6.3 节重新定义了变异充分准则,补充强调了测试准绳的作用,这种做法体现的也是对能观性的重视。

实际上,常见的测试充分准则大多聚焦于能控性问题,而鲜见对能观性的关注:基于结构覆盖的充分准则,主要考虑如何激活被测对象的内部结构元素;基于缺陷的充分准则,主要考虑如何激活缺陷;基于变更的回归测试充分准则,主要考虑如何激活被测对象中发生变更的部分。要达成这些充分准则的测试目标,需要满足一个隐含的前提:缺陷只要被激活了,就必然能够被观察到。换言之,能观性不成问题。显然这并不是现实。秉持"能观性应与能控性保持平衡"的观点,测试人员可以在这些充分准则中引入面向能观性的约束,提升它们检出缺陷或评估质量的潜力。

以控制流覆盖准则为例来说明。在软件领域的工程实践中,语句覆盖准则是最基本、最常用的控制流覆盖准则,一般以语句覆盖率(测试集覆盖的代码行数/被测程序总代码行数)来评价测试集的充

分程度。假设被测程序是一段由硬件描述语言编写的代码,如下所示:

```
1. a = x + y;
2. b = inp;
3. c = r + s;
4. out = a * b + a;
```

被测程序的输入变量是 x、y、inp、r、s,输出变量是 out。在第 4 行存在一个缺陷:第一次出现的变量 a 实际上应该是变量 c,正确的代码实现应该是 out=c * b+a。测试集 T 中只有一个用例 t,其测试输入变量取值为 x=5,y=10,inp=0,r=8,s=12,预期结果为 out=15。显然,t 能够覆盖被测程序的每一行代码,语句覆盖率为 100%。但是 t 无法检出第 4 行存在的缺陷,因为测试执行结果与预期结果相符。从能观性的角度来究其原因,第 3 行代码中定义的变量 c 的值,并没有反映到测试输出变量 out 中,因此第 3 行语句的执行效果并没有被验证到,或者说变量 c 不能观。就此而论,语句覆盖率并不能恰当反映测试集的充分性,忽视能观性的覆盖率统计结果容易虚高。

一种改进办法是在语句覆盖率中引入能观性约束。首先可以分析测试集所使用的测试准绳,针对测试准绳所关注的程序输出变量,采用数据流分析、程序执行切片等技术,确定哪些代码行会影响这些输出变量,这样的代码行被称为“经验证的代码行”。由此可定义面向能观性的语句覆盖率:经验证的代码行数/总代码行数。

对于上例,测试集 T 的测试准绳关注输出变量 out,而 out 只与变量 a 和 b 有关,因此影响 out 的只有第 1、2、4 行代码,这三行代码是“经验证的代码行”。因此,面向能观性的语句覆盖率统计结果为 3/4=75%。虽然 T 仍然没有检出缺陷,但是改进后的覆盖率统计结果表明,测试并不充分。这时测试人员会想办法补充用例,以满足测试充分准则的要求,很快测试人员会发现这是徒劳的,同时也会发现第 4 行存在的缺陷。

9.2.4 可测性度量

在不同的领域中，测试人员为了度量被测对象的可测性，提出过很多方法。我们以软件领域的一种基于统计的方法为例进行讲解。

对于以检出缺陷为目的的测试来说，被测对象的可测性表现为其隐藏缺陷的能力。有时候，被测对象就像一个喜欢藏东西的淘气小朋友，而测试人员就像不停找东西的苦命家长。有的小朋友非常精于此道，把家长的手机藏到大衣柜的最深处，就算手机响铃了也很难听到声音……我们可以说，这样的被测程序，隐藏缺陷的能力很强，可测性比较低；而有的被测程序，隐藏缺陷的能力较弱，可测性就比较高。

软件程序是代码行、函数、模块等结构元素的集合。要通过测试找到程序某个结构元素中隐藏的缺陷，需要满足三个条件：测试用例的执行能覆盖该元素，从而激活缺陷；缺陷能够使程序内部状态(如某些变量的取值)发生异常变化；内部状态的异常能够传导到输出，从测试执行结果中反映出来。一个结构元素中的缺陷是否易于被检出，或者说该元素可测性的高低，取决于上述三个条件得到满足的概率。因此，我们可以分三个步骤来分析一个结构元素的可测性。

1. 执行分析

对被测程序实施基于事件分布列的随机测试，设随机测试集为 T。为了降低成本，T 可以采用很弱的测试准绳，比如“被测程序不发生崩溃”。记录 T 中每一个测试用例的执行档案，并据此计算能覆盖目标元素的测试用例在 T 中的占比，也就是目标元素在随机测试中被覆盖的概率，记为 p_E。

2. 感染分析

将 T 中能覆盖目标元素的用例筛选出来，构成新的测试集 T'。使用典型变异算子作用于目标元素，生成一组原始被测程序的变异体，以模拟目标元素中可能存在的缺陷。分别在原始被测程序和每

一个变异体上执行 T'，并记录每个用例执行之后程序中所有内部变量的值，作为该用例的执行结果。对任一变异体 m 来说，如果某个用例 t 在 m 上的执行结果与其在原始被测程序上的执行结果不一致，说明在 t 的触发下，m 对应的缺陷能够感染某些内部变量（称这些变量为目标元素的感染变量），引发程序内部状态的变化。类似 t 这样能触发感染事件的用例在 T'中的占比，就是 m 对应的缺陷能够影响程序内部状态的概率。在所有变异体中，这一概率的最小值就是感染分析的结果，记为 p_I。

3. 传播分析

将 T'中能触发感染事件的用例筛选出来，构成新的测试集 T''。在被测程序上执行 T''，执行过程中对目标元素的每一个感染变量进行一系列随机扰动，并统计程序输出结果受到扰动影响的概率。在所有感染变量中，这一概率的最小值就是传播分析的结果，记为 p_P。如果 p_P 的值很小，说明内部变量的异常变化难以传播到输出端。另一种度量方式是计算被测程序输出变量与感染变量之间的互信息。如果互信息的值很小，说明内部状态的异常信息很容易在传播过程中被掩盖。

很明显，执行分析着眼于能控性的度量，而感染分析、传播分析则着眼于能观性的度量。我们可以将目标元素的可测性定义为上述三方面概率的乘积，即 $p_E \cdot p_I \cdot p_P$。进一步，可以将被测程序的可测性定义为其所有结构元素可测性的最小值。

由于在执行分析中采用了基于事件分布列的随机测试，执行分析的结果在一定程度上反映了目标元素在程序实际使用中被触发的频率。进而，可测性度量的结果就可以反映出目标元素对程序可靠性的影响程度。如果目标元素的可测性很高，则意味着一旦其中存在缺陷，在产品实际使用过程中造成程序失效的概率就很高；如果目标元素的可测性很低，那么其中的缺陷也很难在实际使用中暴露。站在可靠性的立场上看，可测性低反而可能是一种优势。因此，在资源严格受限的情况下，测试人员应该瞄准那些暴露风险较高的缺陷，将测试集中于可测性较高的元素；反之，在质量优先的情况下，测试人员需要将更多的测试资源投入到可测性较低的元素中去——设计更大规模的测试集、设计更强的测试准绳，以更大的力度来挖掘缺陷。可见，可测性度量的结果可以帮助测试人员更合理地调配测试资源，同时也给测试设计提供了非常有价值的信息。

9.3 稳定性

稳定性是控制理论和工程中一个核心概念，也是控制系统正常工作的基本前提之一。处于平衡状态下的系统，当受到外界影响因素的扰动时，有可能偏离原来的平衡状态。所谓稳定性，就是指当扰动消失后系统仍然能恢复到原有平衡状态的能力。如果一个系统再也无法在足够的精度内回到原有的平衡状态，那么此系统的这个平衡态便是不稳定的。

图 9-11 所示的场景是对稳定性概念的一个直观说明。

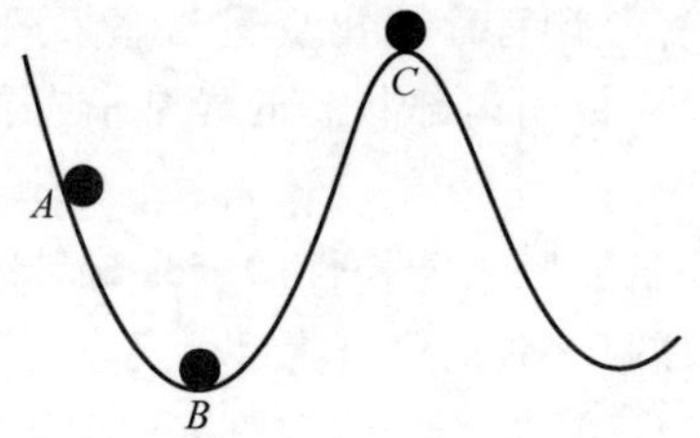

图 9-11 稳定性

图 9-11 中小球初始静止位置是 B 点，在没有外力作用时，小球将保持静止不动。对轨道和小球组成的系统来说，这是一个平衡状态。若给小球一个外力，使之移动到 A 点，然后让它做自由运动。由于摩擦力和空气阻力的作用，小球将在一段时间的震荡之后重新静止于 B 点，因此系统的这一平衡状态是稳定的。若小球初始静止位置是 C 点，对系统来说也是一个平衡状态。但是当小球受到外力扰动时，将从 C 点滚落并无法再回到 C 点，因此这是一个不稳定的平衡状态。可见，系统的稳定与否和系统所处的平衡状态相关。若

系统只有唯一的平衡状态，则在该平衡状态处的稳定性就可视为整个系统的稳定性；若系统具有多个平衡状态，其稳定性必须分别讨论。

控制的基本目标就是保证系统的稳定性。只有在系统稳定的前提下，才有条件进一步考虑精度、响应速度等其他指标。如果系统不稳定，那么随着时间的推移，系统的输出必然会发散到系统的极限，造成系统故障。

实现系统稳定最主要的控制方式是闭环控制。正如 9.1.1 节所述，如果测试人员对被控对象和外界干扰因素有非常准确的把握，可以采用开环控制方式：当系统受到已知扰动的影响时，扰动可由事先设计的补偿机制予以抵消，系统可以依旧保持在原来的平衡状态。但是当受到未知扰动时，开环控制的补偿机制就无法修正输出偏差，整个系统的抗干扰能力很弱，这是测试人员在许多场合都不能接受的。相对而言，闭环控制根据输出偏差自动调整控制力度，提供的抗干扰能力就强了很多。

被控对象、控制器、反馈回路共同构成了闭环控制系统。在研发生产活动中，若以开发制造活动为被控对象，以测试活动为控制器，以产品目标质量水平为系统输入，以产品实际质量水平为系统输出，则整个研发生产活动可被视为一个闭环控制系统，如图 9-12 所示。

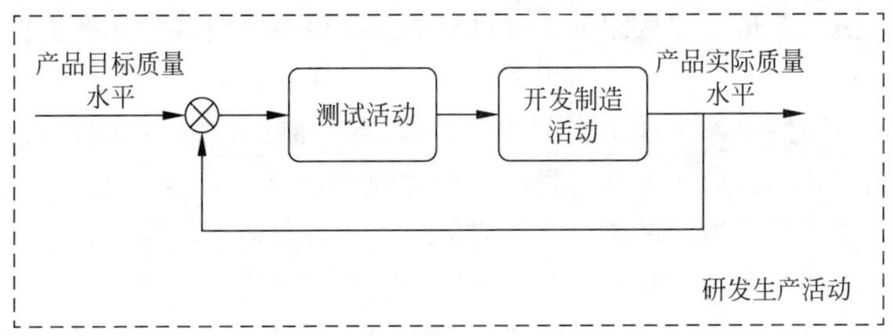

图 9-12 研发生产闭环控制系统

控制器是一个稳定的系统中不可或缺的一部分。设计控制器的目的其实就是改变原有的系统结构，为系统创造稳定的平衡状态。好的测试设计，可以让测试活动充分发挥控制器应有的作用，使得研发生产活动保持稳定，持续交付质量符合预期的产品：当受到需求变更、资源调整、设备老化等外界扰动的影响，产品实际质量水平与目标相差较大时，测试活动将给出较差的质量评估结论，或者检出较多的缺陷，形成一个较大的控制量作用于开发制造活动，促使开发制造者修复缺陷、改进设计，以提高产品质量；当产品实际质量水平与目标的差距逐渐缩小时，测试形成的控制量也越来越小，整个研发生产活动逐渐回到稳定状态。

控制器需要根据被控对象的具体结构特征来设计。同样，测试也需要根据被测对象和开发制造活动的具体特点来设计。在本书中，笔者尝试做了很多形而上的抽象，试图提炼不同领域中测试设计方法的共性，以体现其背后的共通思想。然而在真正的工程实践中，只有思想是不够的，好的测试设计一定要充分结合具体领域的专业知识、具体工程的实际问题、具体团队的工作特点。

9.4 本章小结

测试活动本身可以被视为一种控制活动，也可以被视为其他活动中的控制环节。反馈、能控能观性、稳定性等控制思想，在测试设计中有着重要的指导意义。

测试人员能够从测试执行过程中获取很多对测试设计有价值的信息，例如“未检出缺陷的用例在测试输入空间的分布情况”“已执行用例对被测对象实现结构的覆盖情况”等。测试设计与测试执行之间存在相辅相成的关系：测试执行需要由测试设计进行控制，测试设计也需要根据测试执行的反馈信息实现动态调整。当二者共同构筑起这样的反馈控制结构时，测试活动就在一定程度上具备了“自适应”的特征：根据实际执行效果来实时优化测试选择策略，使得测试集的充分性、缺陷检出效率得到持续的提升。

被测对象的能控性和能观性，反映了对其实施测试的难易程度，即可测性。测试人员在进行测试设计时，对能控性和能观性都应保有相当程度的关注，因为控制和观察在测试活动中同样重要。电路领域的路径敏化法是贯彻这一理念的典型。此外,针对各种着重强调能控性的充分准则,如果测试人员为其引入面向能观性的约束,就可以让这些准则更好地达成其测试目标。借助一些统计手段,测试人员可以对被测对象的可测性进行量化评估,进而根据评估结果更合理地调配测试资源。

为了使研发生产活动始终保持稳定,能够持续交付质量符合预期的产品,测试是必不可少的控制器。从闭环控制的角度来认识研发生产活动及其稳定性,有助于测试人员更深刻地理解测试设计与被测对象、与开发制造活动的关系。

本章参考文献

[1] 苗东升. 系统科学精要[M]. 北京:中国人民大学出版社,2006.

[2] Chen T Y,Kuo F C,Merkel R G,et al. Adaptive random testing: The art of test case diversity[J]. Journal of Systems and Software,2010,83(1): 60-66.

[3] Anderson J, Salem S, Do H. Improving the effectiveness of test suite through mining historical data[C]//Proceedings of the 11th Working Conference on Mining Software Repositories. 2014: 142-151.

[4] Najafi A, Shang W, Rigby P C. Improving test effectiveness using test executions history: an industrial experience report[C]//2019 IEEE/ACM 41st International Conference on Software Engineering: Software Engineering in Practice (ICSE-SEIP). IEEE,2019: 213-222.

[5] Laali M, Liu H, Hamilton M, et al. Test case prioritization using online fault detection information[C]//Reliable Software Technologies-Ada-Europe 2016: 21st Ada-Europe International Conference on Reliable Software Technologies, Pisa, Italy, June 13-17, 2016, Proceedings 21. Springer International Publishing,2016: 78-93.

[6] Cai K Y. Optimal software testing and adaptive software testing in the context of software cybernetics[J]. Information and Software Technology, 2002,44(14): 841-855.

[7] Hu H,Jiang C H,Cai K Y. Adaptive software testing in the context of an improved controlled Markov chain model[C]//2008 32nd Annual IEEE

International Computer Software and Applications Conference. IEEE, 2008: 853-858.

[8] McMinn P. Search-based software test data generation: a survey[J]. Software Testing, Verification and Reliability, 2004, 14(2): 105-156.

[9] Fraser G, Arcuri A. Evosuite: Automatic test suite generation for object-oriented software[C]//Proceedings of the 19th ACM Sigsoft Symposium and the 13th European Conference on Foundations of Software Engineering. 2011: 416-419.

[10] 谢晓园,许蕾,徐宝文,等.演化测试技术的研究[J].计算机科学与探索, 2008,2(5): 18.

[11] Sen K, Marinov D, Agha G. CUTE: A concolic unit testing engine for C [J]. ACM SIGSOFT Software Engineering Notes, 2005, 30(5): 263-272.

[12] Godefroid P, Klarlund N, Sen K. DART: Directed automated random testing[C]//Proceedings of the 2005 ACM SIGPLAN Conference on Programming Language Design and Implementation. 2005: 213-223.

[13] Pacheco C, Lahiri S K, Ernst M D, et al. Feedback-directed random test generation[C]//29th International Conference on Software Engineering (ICSE'07). IEEE, 2007: 75-84.

[14] Cadar C, Engler D. Execution generated test cases: How to make systems code crash itself[C]//Model Checking Software: 12th International SPIN Workshop, San Francisco, CA, USA, August 22-24, 2005. Proceedings 12. Springer Berlin Heidelberg, 2005: 2-23.

[15] 聂长海.软件测试的概念与方法[M].北京:清华大学出版社,2013.

[16] Schuler D, Zeller A. Assessing oracle quality with checked coverage[C]// 2011 Fourth IEEE International Conference on Software Testing, Verification and Validation. IEEE, 2011: 90-99.

[17] Koster K, Kao D C. State coverage: A structural test adequacy criterion for behavior checking[C]//proceedings of the the 6th joint meeting of the European software engineering conference and the ACM SIGSOFT symposium on the foundations of software engineering. 2007: 541-544.

[18] Voas J M. PIE: A dynamic failure-based technique[J]. IEEE Transactions on software Engineering, 1992, 18(8): 717.

[19] Voas J, Morell L, Miller K. Predicting where faults can hide from testing [J]. IEEE Software, 1991, 8(2): 41-48.

[20] 郑大钟.线性系统理论[M].2版.北京:清华大学出版社,2002.

[21] Williams T W, Parker K P. Design for testability: A survey[J]. Proceedings of the IEEE, 1983, 71(1): 98-112.

[22] Binder R V. Design for testability in object-oriented systems [J]. Communications of the ACM, 1994, 37(9): 87-101.

[23] Ali Mili, Fairouz Tchier. 软件测试概念与实践[M]. 颜炯, 译. 北京: 清华大学出版社, 2016.

[24] 雷绍充, 邵志标, 梁峰. 超大规模集成电路测试[M]. 北京: 电子工业出版社, 2008.

[25] 李晓维, 吕涛, 李华伟, 李光辉. 数字集成电路设计验证[M]. 科学出版社, 2010.

质检5